工学结合·基于工作过程导向的项目化创新系列教材
国家示范性高等职业教育机电类“十三五”规划教材

机械基础

Jixie Jichu

▲主　编　唐迎春　柳亚平
▲副主编　王旭晖　郭　英

中国·武汉

内容简介

本书根据教育部最新的职业教育教学改革要求，结合作者多年专业教学经验和中德企业合作实践经验，按照行业企业岗位技能要求进行编写。

本书涵盖了“工程力学”“机械设计基础”“工程材料”三门课程的内容，突出职业技能需求，采用案例分析法，遵循以项目应用为目的的原则来组织内容。主要包括：概述，机械中的工程力学，机械工程材料，常用机构，带传动、链传动与螺旋传动，齿轮传动，轮系与减速器，连接，轴系零部件，机械中的润滑和密封等内容。

本书编写过程中，设置了“能力与知识目标”来帮助学生建立知识系统，设置了“实训项目”来帮助学生掌握岗位技能，设置了“知识树”来帮助学生总结和归纳。书中有知识，有案例，有实训，有助于培养学生的机械基础实践技能，为学生就业打好基础。

本书的学习参考学时为60～120学时，适合于高职院校机械类专业学生使用，同样适合于专业工程人员参考使用，或者部分学生专升本学习使用。

图书在版编目(CIP)数据

机械基础/唐迎春，柳亚平主编.—武汉：华中科技大学出版社，2019.8
工学结合·基于工作过程导向的项目化创新系列教材
国家示范性高等职业教育机电类“十三五”规划教材
ISBN 978-7-5680-5488-1

Ⅰ.①机…　Ⅱ.①唐…　②柳…　Ⅲ.①机械学-高等职业教育-教材　Ⅳ.①TH11

中国版本图书馆CIP数据核字(2019)第181977号

机械基础
Jixie Jichu

唐迎春　柳亚平　主编

策划编辑：袁　冲
责任编辑：狄宝珠
封面设计：孢　子
责任监印：朱　玢
出版发行：华中科技大学出版社(中国·武汉)　电话：(027)81321913
武汉市东湖新技术开发区华工科技园　邮编：430223
录　　排：武汉正风文化发展有限公司
印　　刷：武汉科源印刷设计有限公司
开　　本：787mm×1092mm　1/16
印　　张：16.5
字　　数：450千字
版　　次：2019年8月第1版第1次印刷
定　　价：48.00元

本书若有印装质量问题，请向出版社营销中心调换
全国免费服务热线：400-6679-118　竭诚为您服务
版权所有　侵权必究

目录 MULU

第1章
概述

1

机械的发展历史与人类文明的发展史紧密相连。在我国，原始社会时期，人们就学会使用石头来制作简单的劳动工具，在公元前 2800 年，中国中原地区出现了木质机械，用于耕地，这时的机械已经具有动力、传动和工作三个部分。18 世纪从英国发起的工业革命，开启了以机器代替手工工具的时代。随着近代科学技术的飞速发展和新能源的开发使用，机械技术已经渗透到经济、军事等各个领域。例如手机就是通信技术、微电子技术和机械技术的结合，太空探索是空间技术和机械技术的结合等。从某些意义上讲，机械技术发展水平已经成为国家科技水平和现代化程度的重要标志之一。

那么，什么是机器？什么是机械？

人类在长期的生产实践中为了适应自身的生产和生活需要，创造出了机器，如洗衣机、自行车、汽车、内燃机、机床等。

机器的种类很多，其构造、用途各不相同，但它们都有一些共同的特征。下面以内燃机为例来进行分析。

1.1 机器的共同特征

图 1-1 所示的单缸内燃机，它主要由缸体 1、活塞 2、连杆 3、曲轴 4、齿轮 5 和 6、凸轮 7、进气阀推杆 8、排气阀推杆 9、进气阀 10、排气阀 11 等组成。当燃气推动活塞在气缸内作直线往复移动时，通过连杆使曲轴作连续转动，从而把燃料燃烧的热能转换为机械能。曲轴的连续转动又通过齿轮 5 与齿轮 6 的啮合传动，带动凸轮轴转动，进而通过控制进气阀 10 和排气阀 11 定时启闭，使可燃混合气体定时进入气缸，废气定时排出气缸。

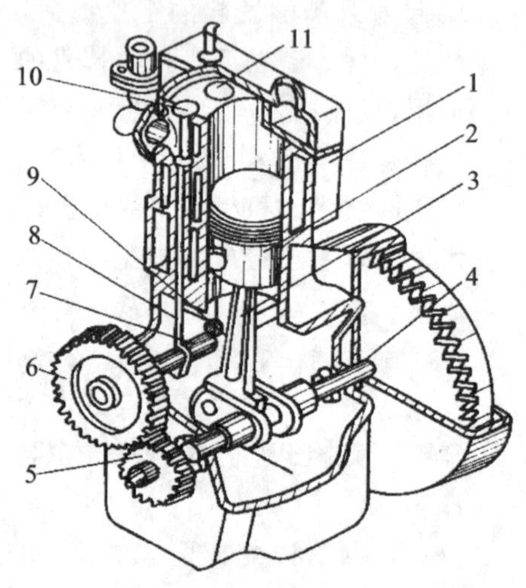

图 1-1 单缸内燃机

1—缸体；2—活塞；3—连杆；4—曲轴；5，6—齿轮；7—凸轮；
8—进气阀推杆；9—排气阀推杆；10—进气阀；11—排气阀

通过分析可知，机器具有下列共同特征：

(1) 它们都是人为的多种实体的组合；

(2) 各实体之间具有确定的相对运动；

(3) 能够代替人的劳动或减轻人的劳动强度，完成机械功或转换机械能；

(4) 能收获、传递、加工和处理电子信息。

凡具备以上 4 个特征的实体组合，称为机器。只具备前两个特征的，则称为机构。机构主要用来传递和变换运动，机器主要用来传递和变换能量。如图 1-1 中，由缸体 1、活塞 2、连杆 3、曲轴 4 构成了曲柄滑块机构，它将活塞的直线往复运动转换成曲柄的连续转动；由缸体 1、凸轮 7、进气阀推杆 8、排气阀推杆 9 构成了凸轮机构，它将凸轮轴的连续转动转换成推杆的直线往复运动；由缸体 1、齿轮 5 和齿轮 6 构成了齿轮机构，它可以改变从动轴的转动速度和转动方向。

通常，人们将机器与机构统称为机械。

零件是组成机器的基本要素，是生产制造的最小单元。各种机器常用的零件称为通用零件，如螺母、齿轮、弹簧等，如图 1-2 所示。在特定的机器中用到的零件称为专用零件，如风机叶片、吊钩、活塞头等，如图 1-3 所示。

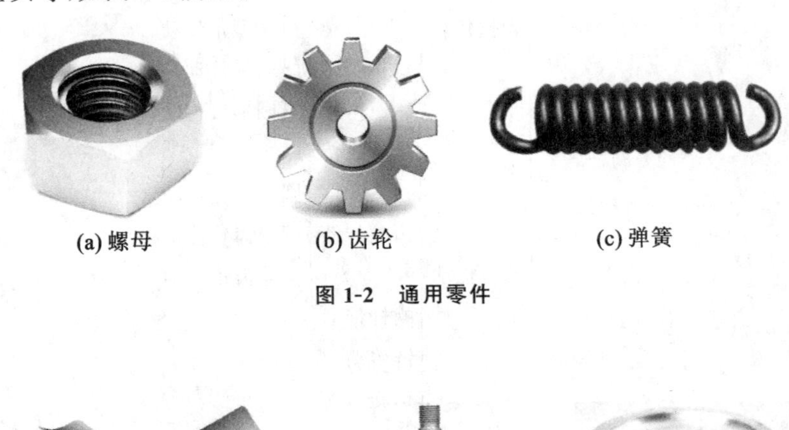

(a) 螺母　(b) 齿轮　(c) 弹簧

图 1-2　通用零件

(a) 风机叶片　(b) 吊钩　(c) 活塞头

图 1-3　专用零件

一个零件或几个零件的刚性组合称为构件。构件是组成机构的运动单元，但构件本身没有相对运动。

1.2　机器的组成

机器的种类很多，用途各异。但是一台完整的机器往往由以下 5 部分构成。

(1) 动力源：机器的动力来源，可以是人力、电能、水能、风能、核能、太阳能等。常见的有电动机和内燃机。

(2) 执行机构：直接完成工作任务的部分，往往处于整个机械传动路线的末端。

(3)传动装置：把动力源的运动和动力传递给执行机构的装置，介于动力源和执行机构之间，可以改变运动速度、运动方式和力或转矩的大小。常见的传动方式有机械、液压、气动和电动传动等多种方式。其中，机械传动是一种最基本的传动方式，应用也最普遍，按照传递方式和动力方式的不同，机械传动的分类如图 1-4 所示。

(4) 控制系统：人机交流的中介，使人能够根据自己的意图实现对机器进行操纵的机构。机器上的各种按钮、开关、手柄都是控制机构。此外，机器上的行程开关、传感器、计算机控制等也可以成为控制系统的组成部分。常见的控制系统有机械、电动、气动、液压和计算机技术等多种控制方式。

(5) 信息处理系统：用于采集、处理、传输信息。

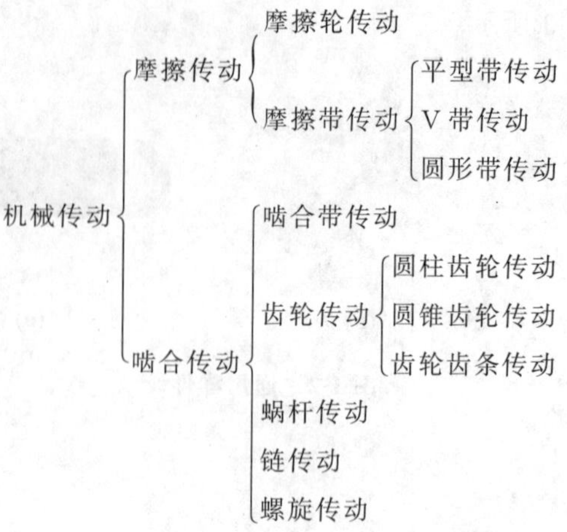

图 1-4　机械传动的分类

1.3　机械的类型

(1) 动力机械，如电动机、内燃机、发电机、液压机等，主要用来实现机械能和其他形式能量间的转换。

(2) 加工机械，如轧钢机、包装机和各种机床等，主要用来改变物料的形状、结构、性质及状态。

(3) 运输机械，如汽车、飞机、轮船、输送机等，主要用来改变人或物料的空间位置。

(4) 信息机械，如电脑、手机、打印机、传真机、摄像机等，主要用来获取、传递、加工、处理、输送电子信息。

实训项目：分析单缸内燃机的特征

单缸内燃机是将燃气燃烧时的热能转换为机械能的机器，包括曲柄滑块机构、齿轮机构和凸轮机构。各机构作用如表 1-1 所示。

表 1-1　组成单缸内燃机各机构的作用

名　称	组　成	作　用
曲柄滑块机构	缸体 1、活塞 2、连杆 3、曲轴 4	将活塞的直线往复运动转换成曲柄的连续转动
齿轮机构	由缸体 1、齿轮 5 和齿轮 6	改变从动轴的转动速度和转动方向
凸轮机构	缸体 1、凸轮 7、进气阀推杆 8、排气阀推杆 9	将凸轮轴的连续转动转换成推杆的直线往复运动

知识树

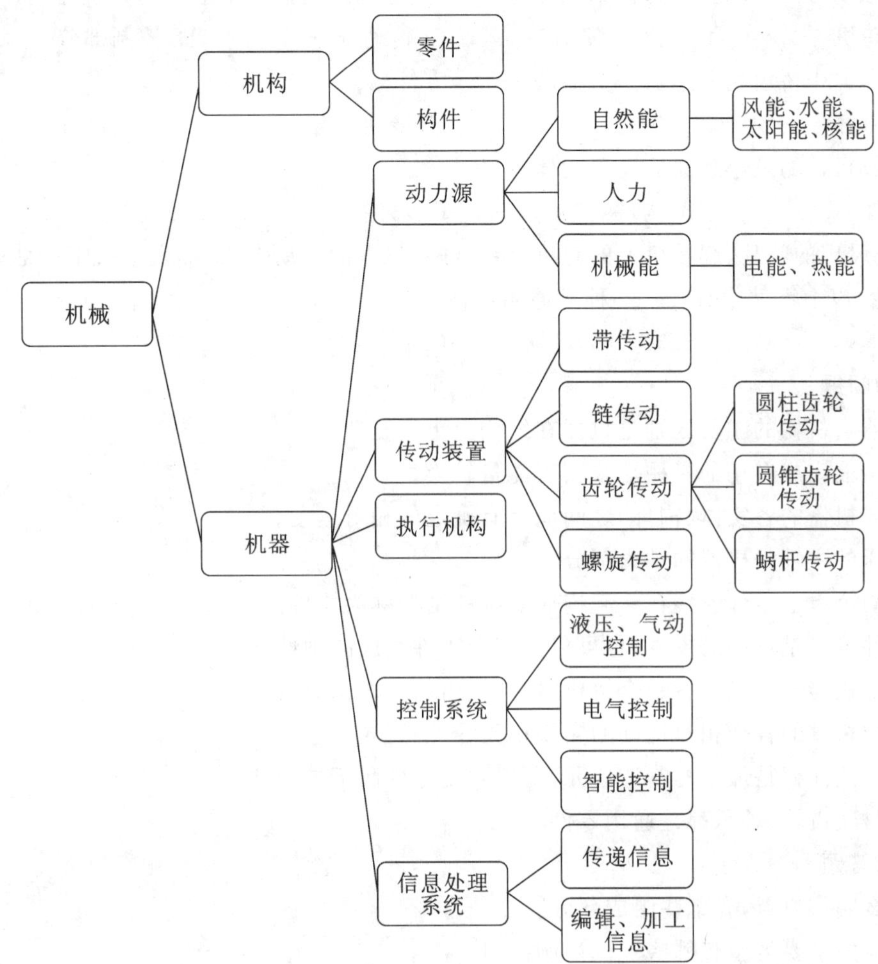

【巩固与练习】

一、选择题

1.（　　）是构成机械的最小单元，也是制造机械时的最小单元。

A. 机器　　B. 零件　　C. 构件　　D. 机构

2. 两个构件之间以线或点接触形成的运动副，称为（　　）。

A. 低副　　B. 高副　　C. 移动副　　D. 转动副

3. 具有确定相对运动构件的组合称为（　　）。

A. 机器　　B. 机械　　C. 机构　　D. 构件

4.（　　）是用来减轻人的劳动，完成做功或者转换能量的装置。

A. 机器　　B. 机构　　C. 构件　　D. 零件

5.（　　）是主要用来传递和变换运动的装置。

A. 机器　　B. 机构　　C. 构件　　D. 零件

6. 机器的动力来源是(　　)。

A. 原动机　　B. 执行部分　　C. 传动部分　　D. 控制部分

7. 将原动机的运动和动力传给工作部分,传递运动或转换运动形式的是机器的(　　)。

A. 原动机　　B. 执行部分　　C. 传动部分　　D. 控制部分

8. 汽车的中桥齿轮差速器是机器的(　　)零件。

A. 动力部分　　B. 执行部分　　C. 传动部分　　D. 控制部分

9. 组成机构的最小独立运动单元体是(　　)。

A. 零件　　B. 构件　　C. 部件　　D. 机器

10. 电风扇的叶片、起重机上的起重吊钩、洗衣机上的传动带、柴油发动机上的曲轴和减速器中的齿轮,以上零件中有(　　)种是通用零件。

A. 2　　B. 3　　C. 4　　D. 5

二、判断题

1. 机器与机构的主要区别是机器在结构上更为复杂。(　　)

2. 机构能完成有用的机械功或实现能量转换。(　　)

3. 组成机器的各实体(构件)之间应具有确定的相对运动。(　　)

4. 车床的主轴是机器的动力部分。(　　)

5. 由两个以上零件连接在一起构成的刚性结构称为构件。(　　)

6. 构件可以是单一的零件,也可以是多个零件组成的刚性结构。(　　)

7. 一部机器可以只含有一个机构,也可以由数个机构组成。(　　)

8. 组成机械的各个相对运动的实物称为零件。(　　)

9. 整体式连杆是最小的制造单元,所以它是零件而不是构件。(　　)

10. 螺栓、齿轮、轴承都是通用零件。(　　)

三、简答题

1. 什么叫作机器,有哪些组成部分?

2. 机器的主要类型有哪些?试举例说明。

四、讨论

观察身边的常见机器,举例填写表1-2,同学之间可以相互讨论。

表1-2　常见机器

机器名称	动力源	执行机构	传动方式	控制系统类型	主要机构

第2章

机械中的工程力学

机械设备是零部件的集合体，机器和机构的运动是由于力的作用引起的，因此，工程力学是机械工程发展的重要基础。工程力学是研究构件在载荷作用下的平衡规律及构件承载能力的一门学科。工程力学的内容极为广泛，本模块所述的是工程力学中最基础的内容，包含静力学和材料力学两部分。

能力目标

1. 能按照要求取分离体，绘制分离体受力图。
2. 能运用平面力系的平衡方程求解未知力。
3. 能运用平面解法解决空间力系的平衡问题。
4. 能根据构件受力特点判别构件产生的变形。
5. 能按照要求做出变形构件的内力图，从而判断危险截面。
6. 能运用各种变形强度条件进行强度计算。

知识目标

1. 掌握力、力系、力矩和力偶的概念及性质。
2. 掌握物体及物系受力图的画法。
3. 掌握平面力系平衡方程的含义及应用。
4. 掌握轴向拉压、剪切挤压、扭转和平面弯曲的受力变形特点。
5. 掌握截面法求内力，作内力图。
6. 掌握各种变形强度计算，包括校核强度、确定截面尺寸和计算许可载荷。

2.1 静 力 学

当物体处于静止或匀速直线的运动状态时，称之为平衡。平衡是机械运动的特殊形式。静力学就是研究物体在力系作用下的平衡规律的科学。静力学研究的主要内容就是建立物体上力系的平衡条件，并根据平衡条件来解决实际工程应用中构件的受力问题。

2.1.1 力及其性质

1. 力

力是物体间相互的作用。这种作用有两种效应，一是改变物体的运动状态，二是改变物体的几何形状和尺寸。前者称为力的外效应，后者称为力的内效应。力对物体的作用效果取决于力的大小、方向、作用点这三个要素。

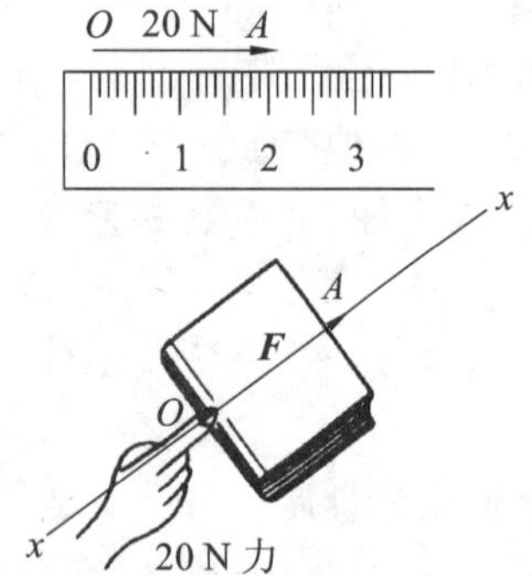

图 2-1 力的表示法

力是矢量。凡是矢量，在图上均可用带箭头的有向线段表示，如图 2-1 所示，线段的长短表示力的大小，箭头指向表示力的方向，箭头的起点或终点为力的作用点。用符号表示力矢量时，应用黑体的大写字母如 **F**、**W**、**G** 等表示，矢量的模即为力的大小，用一般大写字母 F、W、G 等表示。

在国际单位制中，力的常用单位是牛(N)或千牛(kN)。

2. 力系

同时作用在物体上的一组力称为力系。对物体作用效果相同的力系称为等效力系。在作用效果相同的前提下，用一个简单力系代替前力系的过程称为力系的简化。若一个力与一个力系等效，则该力称为力系的合力，而力系中的各力称为合力的分力。

力系有各种不同的类型。按力系中各力是否作用在同一平面内，可将力系分为平面力系和空间力系。平面力系是基础，本章重点讨论平面力系。平面力系按力作用线位置关系又可分为平面汇交力系、平面平行力系和平面任意力系。在平面力系中，各力的作用线交于一点的称为平面汇交力系[见图 2-2(a)]，各力的作用线相互平行的称为平面平行力系[见图 2-2(b)]，各力的作用线在平面内任意分布的称为平面任意力系[见图 2-2(c)]。

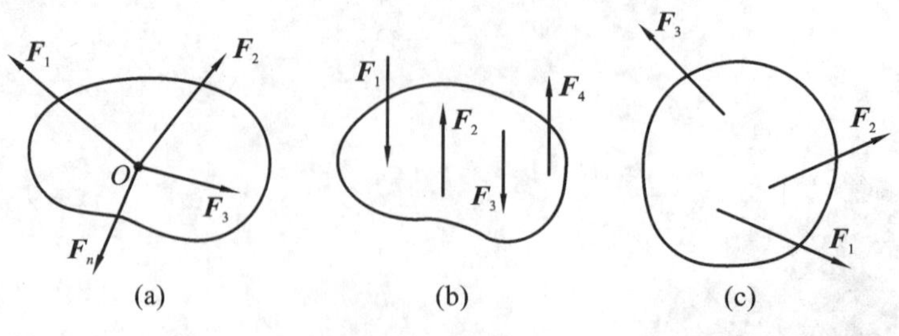

图 2-2 平面力系

工程中常涉及物体的平衡问题。所谓平衡是指物体相对于地球保持静止或作匀速直线运动。例如，静止在地面上的厂房、机床的床身、桥梁以及在直线轨道上匀速行驶的列车等，都处于平衡状态。当物体处于平衡状态时，作用于物体上的力系必须满足一定的条件，此条件称为力系的平衡条件，而这个力系就称为平衡力系。

为使问题简化，静力分析中通常将物体视为刚体，即在力的作用下不变形，或可以忽略其变形的物体。

3. 力的基本性质

1）二力平衡公理

作用于同一刚体上的两个力，使刚体保持平衡的充分必要条件是：这两个力大小相等，方向相反，且作用在同一直线上。二力平衡如图 2-3 所示。

在工程中，常把只受两力作用而平衡的构件称为二力构件，或称二力杆。二力构件所受的两个力必沿两力作用点的连线，且等值、反向，如图 2-4 所示。

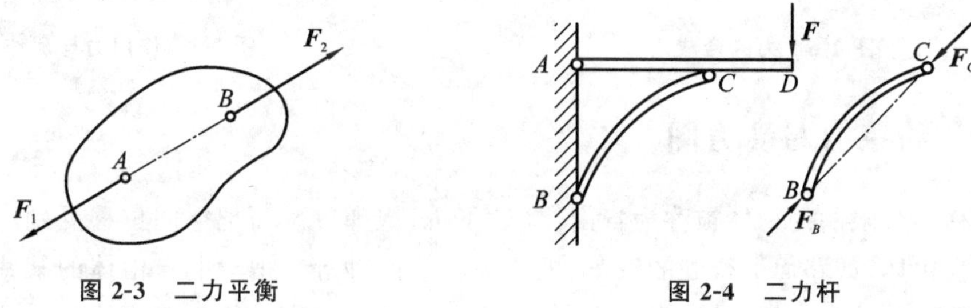

图 2-3　二力平衡　　　　图 2-4　二力杆

2）加减平衡力系公理

在刚体上增加或减去一组平衡力系不改变原力系对刚体的作用效应。

根据此性质可导出力的可传性原理，见图 2-5。即刚体上的力可沿其作用线滑移到任意位置，不改变该力对刚体的作用效应。由此可见，力对刚体的作用效应与力的作用点在作用线上的位置无关，所以对于刚体，力的三要素为：力的大小、方向和作用线。

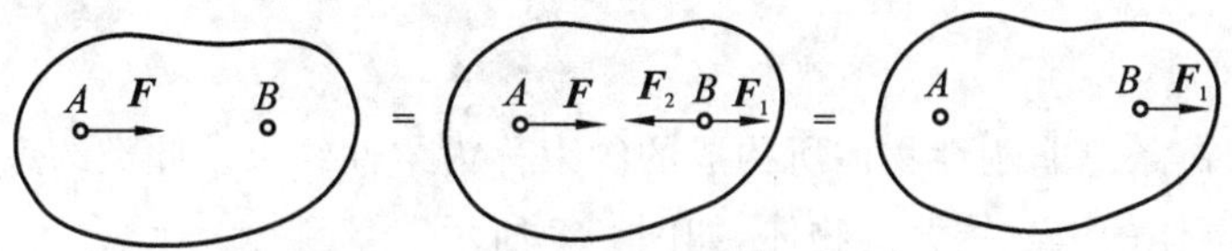

图 2-5　力的可传性

3）平行四边形公理

作用在物体上某一点的两个力，可以合成为作用于该点的一个合力，合力的大小和方向由这两个力为邻边所构成的平行四边形的对角线确定，如图 2-6(a)所示。

在求合力时，也可不必作出力的平行四边形，只需画出力三角形即可，如图 2-6(b)所示。力三角形的作法是：作矢量 AB 代表力 $\boldsymbol{F}_1$，再从 $\boldsymbol{F}_1$ 的终点 B 作矢量 BC 代表 $\boldsymbol{F}_2$，最后从 $\boldsymbol{F}_1$ 的起点 A 向 $\boldsymbol{F}_2$ 的终点 C 作矢量 AC，即为合力 $\boldsymbol{F}_R$，这一合成方法称为力三角形法则。

由两个力合成的力三角形法可推广到多个力合成的力多边形法则，如图 2-6(c)所示。

4）作用与反作用公理

两物体间的作用力与反作用力总是同时存在，且两力大小相等，方向相反，沿同一直线分别作用在这两个物体上，如图 2-7 所示。

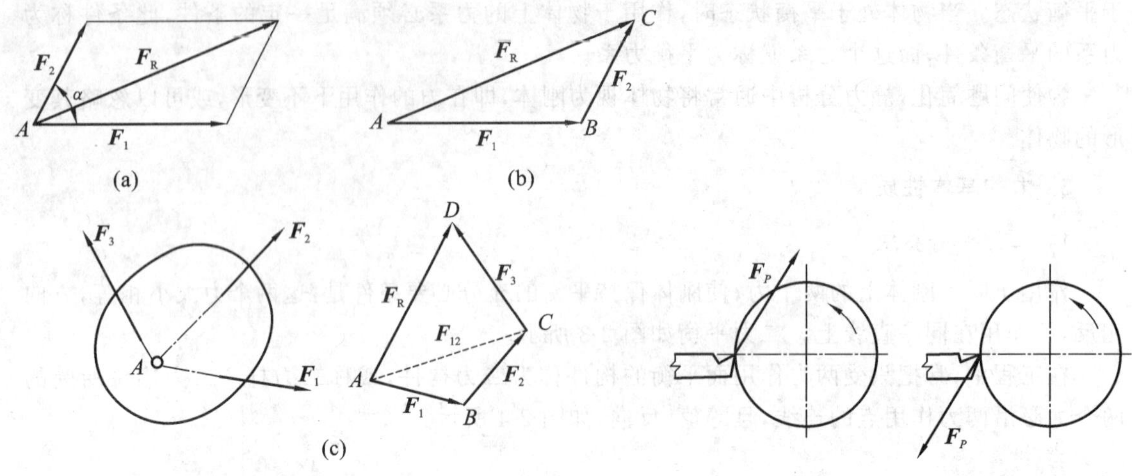

图 2-6　力的合成　　　　图 2-7　作用力与反作用力

2.1.2　约束力与受力图

空间位移不受限制的物体被称为自由体,如飞机、炮弹等。而把空间位移受到一定限制的物体称为非自由体,如路面上行驶的汽车、机器中转动的轴等。把对非自由体的某些位移起限制作用的物体称为约束。例如,地面对汽车、轴承对轴都是约束。约束对物体位移的限制是通过力的作用来实现的。这种力称为约束力或约束反力。

作用在物体上的力可分为两种,一是主动力,它是使物体产生运动或运动趋势的力,如:物体的重力,刀具作用在工件上的切削力等;二是约束力。一般情况下,物体所受的主动力往往是给定或测定的,而约束力要由平衡条件求得。

1. 常见的约束类型

1）柔性约束

由绳索、皮带、链条等非刚性物体所构成的约束称为柔性约束。此类约束只能受拉,不能受压,约束力必沿着柔体的中心线背离物体,如图 2-8 所示。

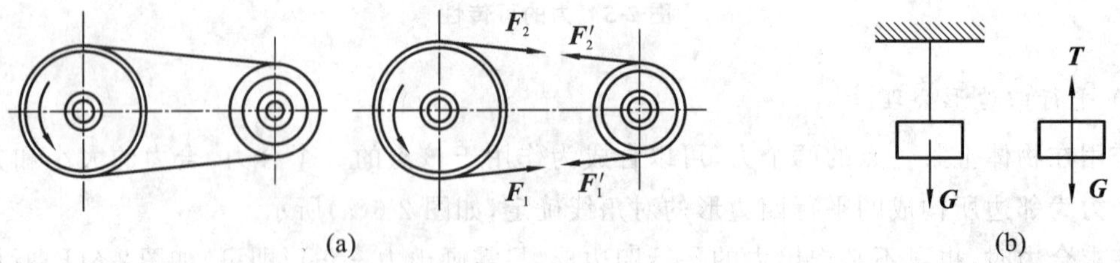

图 2-8　柔性约束

2）光滑面约束

当物体接触面间的摩擦可忽略不计时,光滑平面或曲面对物体所构成的约束称为光滑面约束。这类约束只能限制物体沿着接触表面公法线方向压入支承面,该力必通过接触点沿着接触表面的公法线方向,指向被约束的物体,图 2-9(a)所示为光滑平面约束,图 2-9(b)所示为光滑曲面约束。

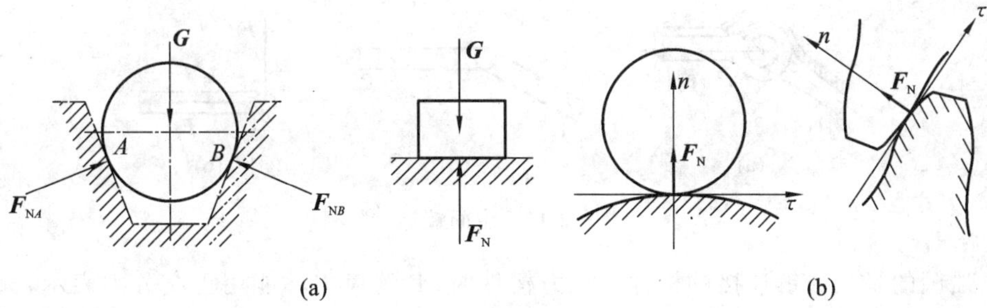

图 2-9　光滑面约束

3）光滑圆柱铰链约束

两个带有圆孔的物体，用光滑圆柱销相连接而形成的约束称为圆柱铰链约束，如图 2-10(a)所示。这种约束使物体只能绕销轴作相对转动，被约束物体间的相对移动受到限制。铰链约束从约束特性上看属于光滑面约束，但这种光滑面约束接触点的位置往往难以确定，故约束力的方向也不易确定。因此，通常用通过铰链中心的两个正交分力 $\boldsymbol{F}_x$、$\boldsymbol{F}_y$ 来表示，其分力的方向可以假设，如图 2-10(b)所示。

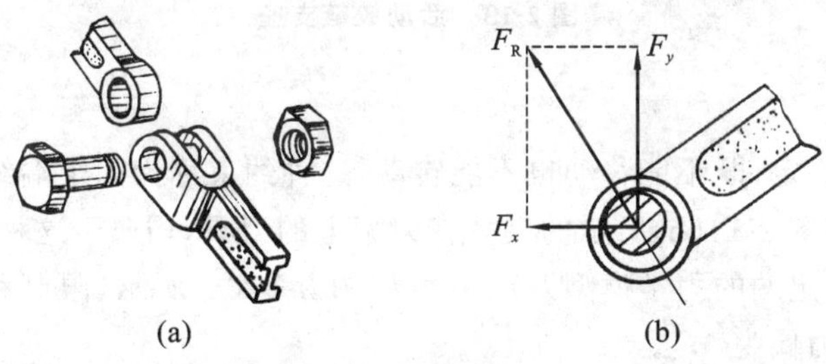

图 2-10　圆柱铰链约束

光滑圆柱铰链约束有以下几种形式。

(1) 固定铰链支座。当铰链连接的构件中有一构件为固定构件(支座)时构成的约束称为固定铰链支座，如图 2-11(a)所示，图 2-11(b)是固定铰链支座的力学模型。

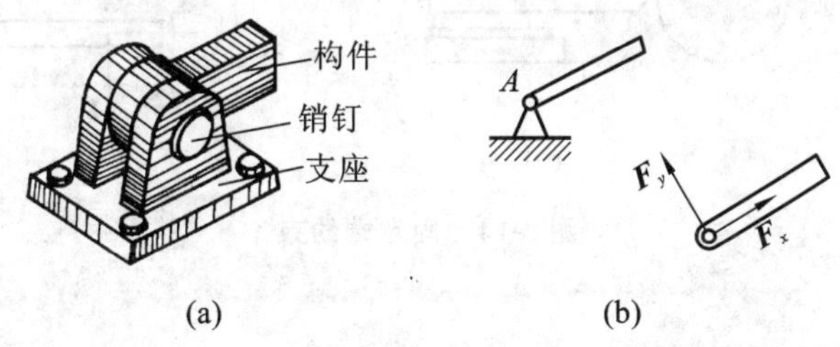

图 2-11　固定铰链支座

(2) 中间铰链。当铰链连接的两构件均为活动构件时构成的约束称为中间铰链，如图 2-12(a)所示，图 2-12(b)是中间铰链的力学模型。

(3) 活动铰链支座。它是在铰链支座的底部安放若干辊子，辊子又与光滑面接触，并可沿光滑面移动，如图 2-13(a)所示。图 2-13(b)为活动铰链支座的力学模型。这种约束只能限制物体沿垂直于支承面方向的运动，故约束力通过铰链中心，垂直于支承面，指向或背离被约束物体[见图 2-13(c)]。

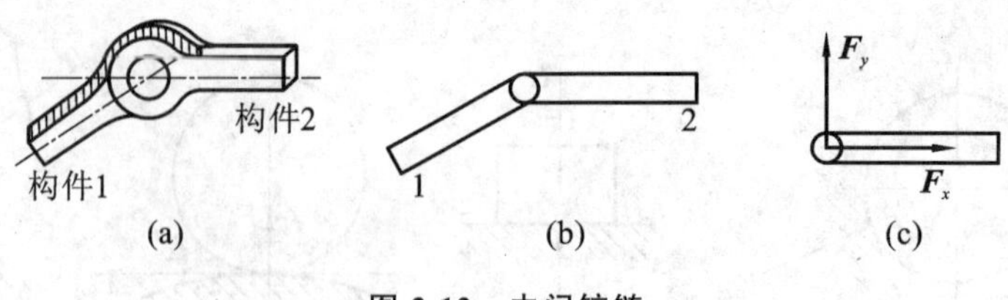

图 2-12　中间铰链

必须强调的是当铰链连接的构件为二力构件时，其约束力不能用正交分力表示，只能用一个力来表示，该力的作用线必沿二力构件或二力杆两受力点的连线，方向可以假设。如图 2-4 所示的支架中，若不计 BC 杆的重力，则 BC 杆为二力杆，其固定铰链支座 C 和中间铰链 B 对杆的约束力只能分别用一个力表示，即 $\boldsymbol{F}_B$ 与 $\boldsymbol{F}_C$。

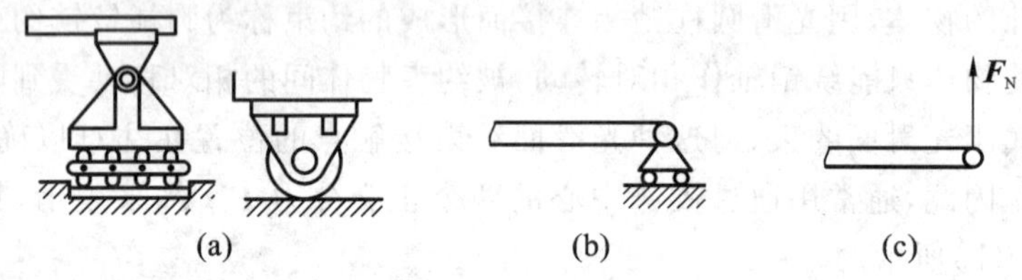

图 2-13　活动铰链支座

4）固定端约束

物体的一端完全固定，既不能移动也不能转动，这种约束称为固定端约束。如图 2-14(a)所示的建筑物上的阳台，图 2-14(b)所示的夹持在刀架上的刀具，均属于这种约束。

在平面问题中，固定端的力学模型及约束力如图 2-14(c)所示，限制移动的约束力为 $\boldsymbol{F}_{Ax}$、$\boldsymbol{F}_{Ay}$，限制转动的约束力偶为 $\boldsymbol{M}_A$。

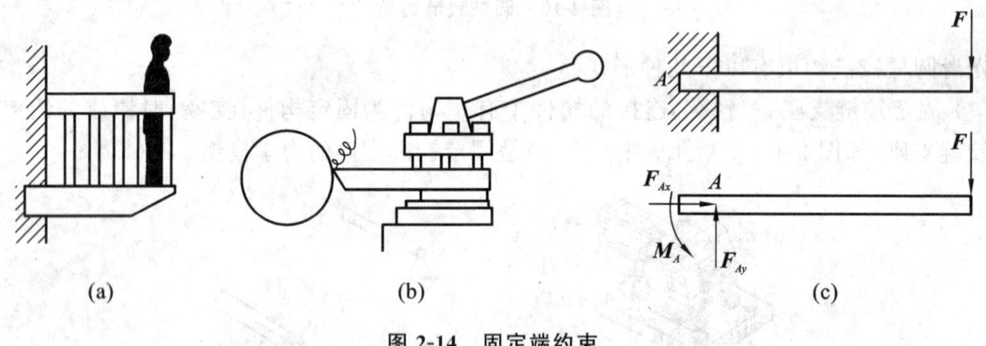

图 2-14　固定端约束

2. 受力图

为清晰表达物体的受力情况，常将研究对象的约束解除并从周围物体中分离出来。这种分离出来的研究对象称为分离体。在分离体上画出其所受的全部主动力和约束力，即得到物体的受力图。

画受力图的基本步骤如下。

1）确定研究对象，画出分离体

按问题的已知条件和要求，确定研究对象（可以是一个物体，也可以是几个物体的组合或整个系统），解除与研究对象连接的约束，用简单的形状表示出研究对象，即画出分离体。

2）画出全部主动力

在分离体上画出如重力、切削力等主动力。

3）画约束力

在分离体上去掉约束的地方，根据约束类型和约束性质画出约束力。

【例 2-1】 如图 2-15(a)所示，匀质杆 AB 重 $\boldsymbol{G}$，A 端为固定铰链支座，B 端与光滑的垂直墙面接触，D 处作用有与杆垂直的作用力 $\boldsymbol{F}$，试画出 AB 杆的受力图。

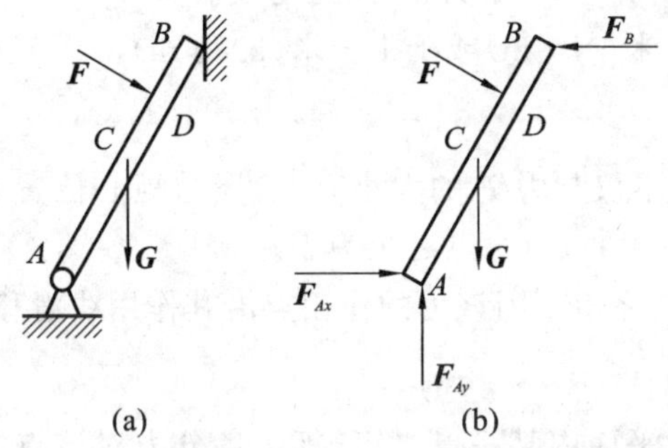

图 2-15 例 2-1 图

解：(1) 取杆为研究对象，将杆解除约束，画出分离体；

(2) 画出主动力，杆 AB 所受的主动力有 $\boldsymbol{G}$ 和 $\boldsymbol{F}$；

(3) 画出约束力，B 点为光滑接触面，约束力 $\boldsymbol{F}_B$ 垂直于墙面作用在 B 点，指向杆；A 处为固定铰链，其约束力用互相垂直的两个分力 $\boldsymbol{F}_{Ax}$、$\boldsymbol{F}_{Ay}$ 表示。杆的受力图如图 2-15(b)所示。

【例 2-2】 试画出如图 2-16 所示组合梁各部分及整体的受力图。

解：分别取梁 AB、BC 及组合梁整体为研究对象。梁 AB 是二力构件，所以 $\boldsymbol{R}_A$、$\boldsymbol{R}_B$ 必沿 AB 连线方向，如图 2-16(b)所示。直梁 BC 受主动力 $\boldsymbol{F}$，B 点受 $\boldsymbol{R}_B$ 的反作用力 $\boldsymbol{R}'_B$，C 点受固定铰链约束力(用正交的两个分力 $\boldsymbol{N}_{Cx}$、$\boldsymbol{N}_{Cy}$ 表示)，如图 2-16(c)所示。组合梁 ABC 中内力 $\boldsymbol{R}_B$、$\boldsymbol{R}'_B$ 因是系统中构件之间的内力所以无须表示。

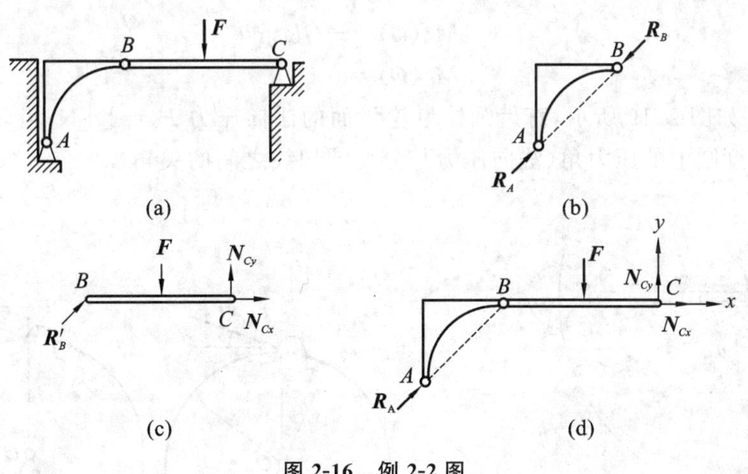

图 2-16 例 2-2 图

2.1.3 力矩

1. 力矩的概念

以用扳手拧螺母为例，如图 2-17 所示。由经验可知，使螺母转动的效应不仅与力 $\boldsymbol{F}$ 的大小

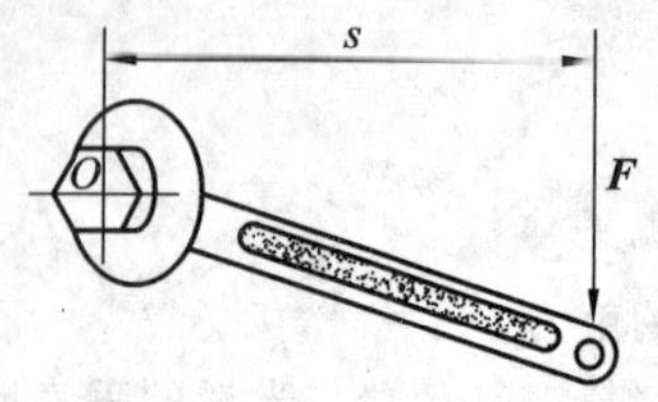

图 2-17　力对点之矩

有关，而且与转动中心 O 点至力 $\boldsymbol{F}$ 的作用线的垂直距离 s 有关。把 $\boldsymbol{F}$ 与 s 的乘积定义为力对转动中心 O 点的矩，简称力矩，用 $M_O(\boldsymbol{F})$ 表示。记作

$$M_O(\boldsymbol{F})=\pm Fs \tag{2-1}$$

式中：O 称为力矩的中心，简称矩心；

s 为力臂，其"±"号规定为：使物体绕矩心逆时针转动时力矩为正，反之为负。

力矩常用的单位为牛·米(N·m)或千牛·米(kN·m)。

2. 力矩的性质

(1) 力矩的大小或转向不仅与力 $\boldsymbol{F}$ 的大小有关，还与矩心位置有关，力的大小为零或力的作用线通过矩心时(即力臂 $s=0$)，力对点之矩为零。

(2) 对刚体而言，力对点之矩不因该力的作用点沿其作用线滑移而改变。

3. 合力矩定理

平面汇交力系的合力对平面内某一点之矩，等于各分力对该点之矩的代数和，此即为合力矩定理。若用 $\boldsymbol{F}_R$ 表示力系的合力，$\boldsymbol{F}_1$，$\boldsymbol{F}_2$，…，$\boldsymbol{F}_n$ 表示力系的各分力，则合力矩定理的表达式为

$$M_O(\boldsymbol{F}_R)=M_O(\boldsymbol{F}_1)+M_O(\boldsymbol{F}_2)+\cdots+M_O(\boldsymbol{F}_n)=\sum M_O(\boldsymbol{F}) \tag{2-2}$$

应用合力矩定理求力矩的方法称为工程实用计算法。求力矩时，如果力臂不易求出，可将力分解为两个易确定力臂的分力(通常是正交分解)，然后应用合力矩定理计算力矩(见例 2-4 解法二)。

【例 2-3】 如图 2-18 所示，摆锤重为 $\boldsymbol{G}$，重心 A 到悬挂点 O 的距离为 R。求图示三个位置重力 $\boldsymbol{G}$ 对点 O 之矩。

解：图 2-18 所示三种情况下，力的大小、作用点、矩心均相同，但力臂不同，因而三种情况下力对 O 点之矩不同。根据力矩的定义可求出图示三个位置力对 O 点之矩分别为

位置 1：　$M_O(\boldsymbol{G})=-GR$

位置 2：　$M_O(\boldsymbol{G})=-GR\sin\theta$

位置 3：　$M_O(\boldsymbol{G})=0$

【例 2-4】 如图 2-19 所示，直齿圆柱齿轮齿面的法向压力 $F_n=1$ kN，齿轮的分度圆直径 $d=100$ mm，分度圆上的压力角(法向压力与分度圆切线之间的夹角)$\alpha=20°$，求法向力 $\boldsymbol{F}_n$ 对齿轮中心 O 之矩。

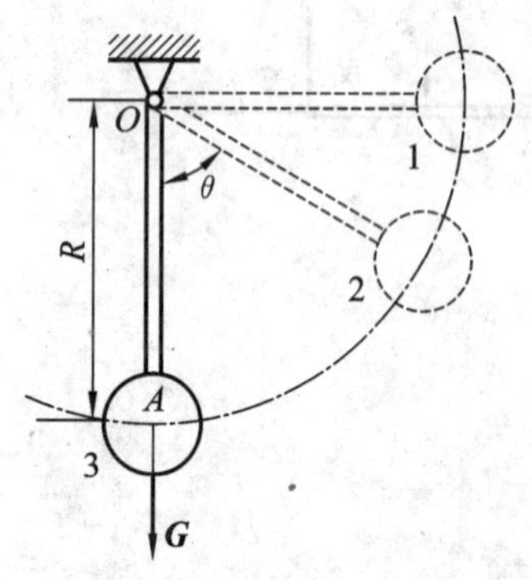

图 2-18　例 2-3 图

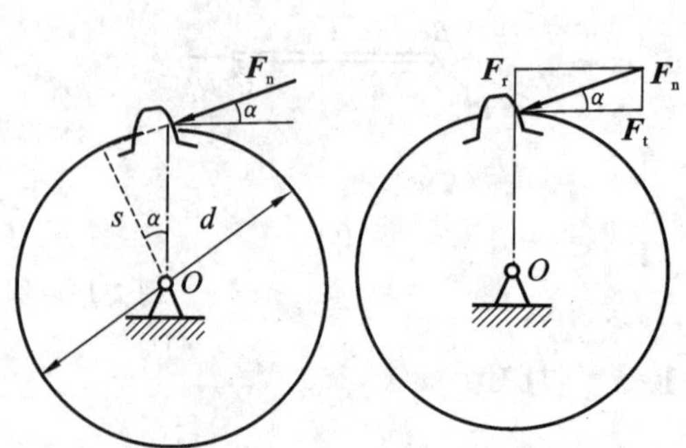

图 2-19　例 2-4 图

解法一：由力矩的定义直接计算力矩。

因为力臂：

$$s=\frac{1}{2}d\cos\alpha$$

所以：$\boldsymbol{F}_n$ 对齿轮中心 O 之矩为

$$M_O(\boldsymbol{F}_n)=F_n s=\frac{1}{2}F_n d\cos\alpha=\left(\frac{1}{2}\times1\ 000\times0.1\times\cos20^\circ\right)\text{N}\cdot\text{m}\approx47\ \text{N}\cdot\text{m}$$

解法二：用合力矩定理计算力矩。

将法向压力 $\boldsymbol{F}_n$分解为圆周力 $\boldsymbol{F}_t$和径向力 $\boldsymbol{F}_r$，即

$$F_t=F_n\cos\alpha$$

$$F_r=F_n\sin\alpha$$

应用合力矩定理，有：

$$M_O(\boldsymbol{F}_n)=M_O(\boldsymbol{F}_t)+M_O(\boldsymbol{F}_r)=\frac{1}{2}F_n d\cos\alpha+0=\left(\frac{1}{2}\times1000\times0.1\times\cos20^\circ\right)\text{N}\cdot\text{m}\approx47\ \text{N}\cdot\text{m}$$

2.1.4　力偶

1. 力偶和力偶矩

在实际生产和生活中，我们常见到汽车司机用双手转动方向盘，钳工用丝锥攻螺纹，人们用两个手指旋转钥匙开门等。这时在方向盘、丝锥、钥匙上都有一对等值、反向、不共线的力的作用，它们能使物体转动。力学上把作用在同一物体上的一对大小相等、方向相反、作用线相互平行且不共线的两个力称为力偶，用符号$(\boldsymbol{F},\boldsymbol{F}')$或 $\boldsymbol{M}$ 来表示。在力偶中，两力作用线所决定的平面称为力偶的作用面，作用线之间的垂直距离 d 称为力偶臂。力偶与力偶矩如图 2-20 所示。

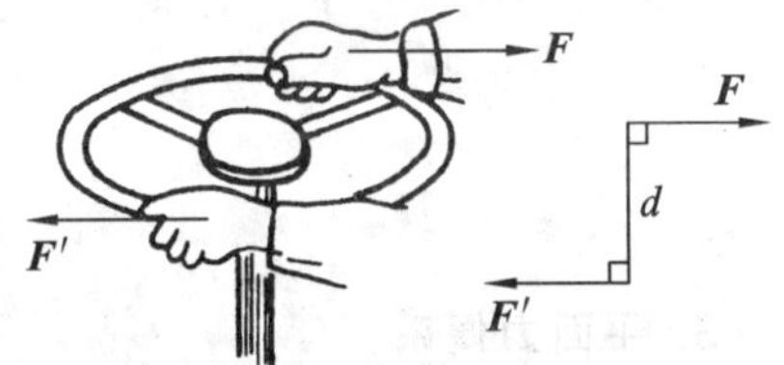

图 2-20　力偶与力偶矩

由经验可知，在力偶的作用面内，力偶使物体产生的转动效应，取决于力 $\boldsymbol{F}$ 的大小，力偶臂 d 的长短及力偶的转向，力学中用力偶中的一个力与力偶臂的乘积 Fd 冠以正负号，作为力偶在其作用面内对物体产生转动效应的度量，称为力偶矩。即

$$M=\pm Fd \tag{2-3}$$

其正、负号规定为：使物体逆时针转动的力偶矩为正，反之为负。力偶矩的单位与力矩的单位相同。

综上所述，力偶对物体的转动效应，取决于力偶矩的大小、力偶的转向与力偶作用面的方位这三个要素。

2. 力偶的性质

性质 1　力偶无合力。

力偶在任意坐标轴上的投影的代数和恒为零(见图 2-21)，因此力偶中的两个力不可能有合力，即力偶不能与一个力等效，也不可能与一个力平衡。力偶只能与力偶等效，也只能与力偶平衡。

性质 2　力偶对其作用面内任一点之矩恒等于力偶矩，而与矩心位置无关。

如图 2-22 所示，已知力偶$(\boldsymbol{F},\boldsymbol{F}')$的力偶矩为 $M=Fd$，在力偶作用面内任取一点 O 作为矩心，设 O 到 $\boldsymbol{F}'$的垂直距离为 a，则力偶$(\boldsymbol{F},\boldsymbol{F}')$对 O 点之矩为

$$M_O(\boldsymbol{F})+M_O(\boldsymbol{F}')=F(a+d)-F'a=Fd$$

与矩心位置无关。

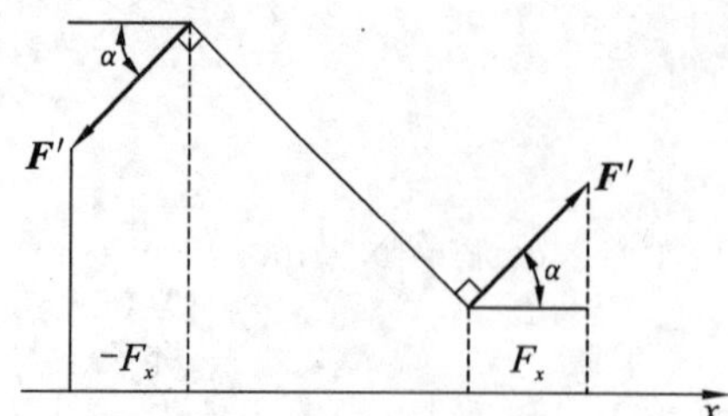

图 2-21　力偶在任意坐标轴上的投影

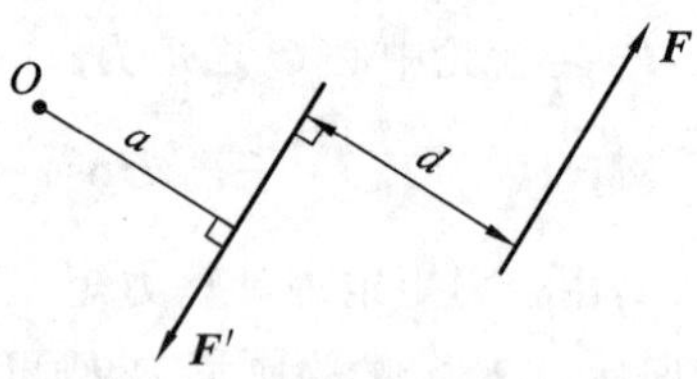

图 2-22　力偶中的力对任一点之矩

性质 3　作用于同一平面内的两个力偶，若其力偶矩相等，则两力偶彼此等效。

由性质 3 可知：只要保持力偶的三个要素不变，可以任意改变力偶中力的大小和力偶臂的长短或将力偶在其作用面内任意转移，均不改变它对刚体的作用效应，因此，可以将力偶用一带箭头的弧线表示，弧线箭头所在的平面为力偶作用面，弧线箭头的指向表示力偶的转向，M 表示力偶矩的大小(见图 2-23)。

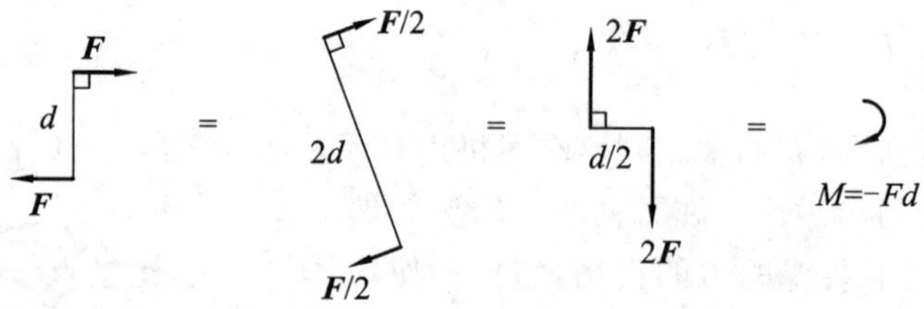

图 2-23　力偶的等效

3. 平面力偶系

物体上有两个或两个以上的力偶作用时，这些力偶组成力偶系。若力偶系中各力偶的作用面均在同一平面内，则称为平面力偶系。由力偶的性质可知，平面力偶系的合成结果为一合力偶，合力偶的力偶矩等于力偶系中各力偶矩的代数和，即

$$\sum M = M_1 + M_2 + \cdots + M_n \tag{2-4}$$

2.1.5　平面力系的平衡方程

1. 力在平面直角坐标轴上的投影、合力投影定理

1) 力在直角坐标轴上的投影与分解

若力 $\boldsymbol{F}$ 作用在平面 xOy 中，其作用点为 A，从力矢 $\boldsymbol{F}$ 的起点 A 和终点 B 分别向 x、y 轴作垂线，得垂足 a、b 和 a'、b'，如图 2-24 所示。线段 ab 和 $a'b'$ 分别为力 $\boldsymbol{F}$ 在 x、y 轴上的投影，分别用 $\boldsymbol{F}_x$、$\boldsymbol{F}_y$ 表示。力的投影为代数量，其正负规定如下：若从起点 a 到终点 b(或从 a' 到 b')的指向与 x 轴(或 y 轴)的正向一致，投影为正，反之为负。设 $\boldsymbol{F}$ 与 x 轴所夹锐角为 α，显然有

$$\left.\begin{aligned} F_x &= +F\cdot\cos\alpha \\ F_y &= -F\cdot\sin\alpha \end{aligned}\right\} \tag{2-5}$$

【例 2-5】　求如图 2-25 所示的各力在 x、y 轴上的投影。

解：$\boldsymbol{F}_1$ 在两轴上的投影分别为

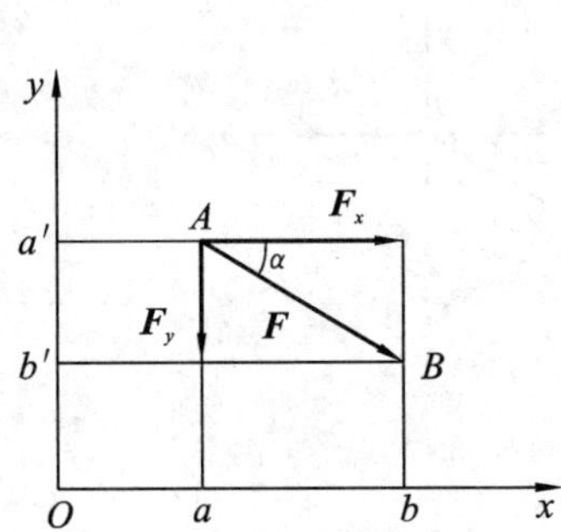

图 2-24　力的投影与分解

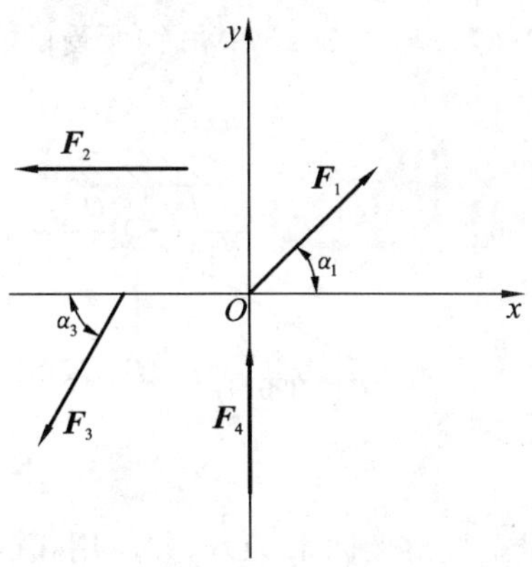

图 2-25　例 2-5 图

$$\begin{cases} F_{1x} = F_1 \cos\alpha_1 \\ F_{1y} = F_1 \sin\alpha_1 \end{cases}$$

$\boldsymbol{F}_2$ 与 x 轴平行，在两轴上的投影分别为

$$\begin{cases} F_{2x} = -F_2 \\ F_{2y} = 0 \end{cases}$$

$\boldsymbol{F}_3$ 在两轴上的投影分别为

$$\begin{cases} F_{3x} = -F_3 \cos\alpha_3 \\ F_{3y} = -F_3 \sin\alpha_3 \end{cases}$$

$\boldsymbol{F}_4$ 处于 y 轴上，在两轴上的投影分别为

$$\begin{cases} F_{4x} = 0 \\ F_{4y} = F_4 \end{cases}$$

若已知力 $\boldsymbol{F}$ 在坐标轴上的两个投影 $\boldsymbol{F}_x$、$\boldsymbol{F}_y$，则有：

$$\left.\begin{aligned} F &= \sqrt{F_x{}^2 + F_y{}^2} \\ \tan\alpha &= \left|\frac{F_y}{F_x}\right| \end{aligned}\right\} \tag{2-6}$$

式中 α 取锐角，$\boldsymbol{F}$ 的指向由 F_x、F_y 的正负号来确定。

2）合力投影定理

设 $\boldsymbol{F}_{\mathrm{R}}$ 为平面力系 $\boldsymbol{F}_1, \boldsymbol{F}_2, \cdots, \boldsymbol{F}_n$ 的合力，则有：

$$\left.\begin{aligned} F_{\mathrm{R}x} &= F_{1x} + F_{2x} + \cdots + F_{nx} = \sum F_x \\ F_{\mathrm{R}y} &= F_{1y} + F_{2y} + \cdots + F_{ny} = \sum F_y \end{aligned}\right\} \tag{2-7}$$

即合力在某一轴上的投影，等于其各分力在同一轴上投影的代数和，此即为合力投影定理。

若合力的投影已知，可由下式求得合力的大小与方向

$$\left.\begin{aligned} F_{\mathrm{R}} &= \sqrt{F_{\mathrm{R}x}{}^2 + F_{\mathrm{R}y}{}^2} \\ \tan\alpha &= \left|\frac{F_{\mathrm{R}y}}{F_{\mathrm{R}x}}\right| \end{aligned}\right\} \tag{2-8}$$

也可表示为

$$\left.\begin{aligned} F_{\mathrm{R}} &= \sqrt{\left(\sum F_x\right)^2 + \left(\sum F_y\right)^2} \\ \tan\alpha &= \left|\frac{\sum F_y}{\sum F_x}\right| \end{aligned}\right\} \tag{2-9}$$

【例 2-6】 求图 2-26 中吊钩所受的合力。

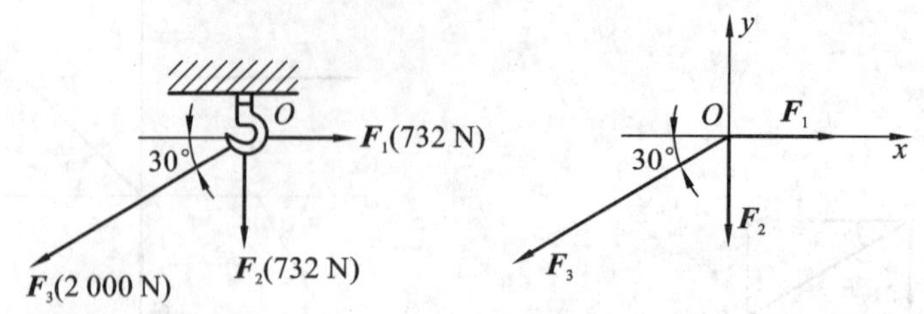

图 2-26 例 2-6 图

解：建立直角坐标系 xOy，并应用式(2-7)求出：

$$F_{Rx}=F_{1x}+F_{2x}+F_{3x}=(732+0-2\ 000\cos30°)\text{N}=-1\ 000\ \text{N}$$

$$F_{Ry}=F_{1y}+F_{2y}+F_{3y}=(0-732-2\ 000\sin30°)\text{N}=-1\ 732\ \text{N}$$

再应用式(2-8)求得：

$$F_R=\sqrt{F_{Rx}^2+F_{Ry}^2}=\sqrt{(-1\ 000)^2+(-1\ 732)^2}\text{N}=2\ 000\ \text{N}$$

$$\tan\alpha=\left|\frac{F_{Ry}}{F_{Rx}}\right|=\left|\frac{-1\ 732}{-1\ 000}\right|=\sqrt{3}$$

$$\alpha=60°$$

因为 F_{Rx} 和 F_{Ry} 均为负值，所以合力 F_R 在第三象限，与 x 轴所夹锐角为 60°，作用线通过原力系的汇交点 O。

2. 平面力系的平衡方程

1）力沿作用线的平移

作用于刚体上的力 $\boldsymbol{F}$，可以从原作用点等效平行移动到刚体内任意一点，但必须同时附加一个力偶，其力偶矩 M 为原力 $\boldsymbol{F}$ 对新作用点之矩，如图 2-27 所示。

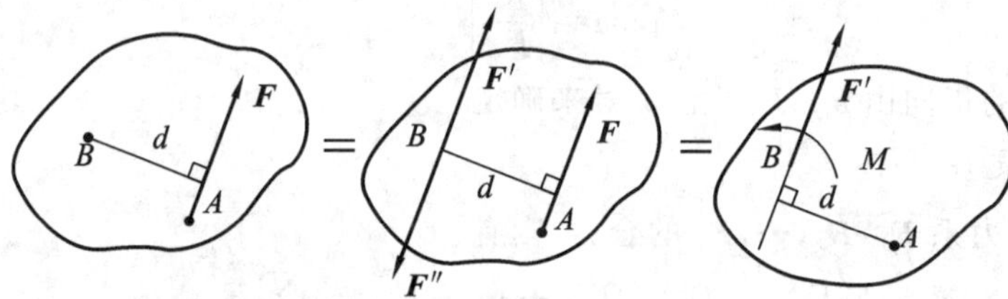

图 2-27 力的平移定理

反之，刚体的某平面上的力 $\boldsymbol{F}$ 和一力偶 M 可以合成为一个合力 $\boldsymbol{F}_R$，即力的平移定理的逆定理成立。

2）平面任意力系的简化及其平衡方程

设在刚体上作用平面任意力系 $\boldsymbol{F}_1,\boldsymbol{F}_2,\cdots,\boldsymbol{F}_n$，使刚体处于平衡状态，如图 2-28(a)所示。在力的作用面内任取一点 O，将各力平移到 O，得到一作用在 O 点的平面汇交力系 $\boldsymbol{F}_1',\boldsymbol{F}_2',\cdots,\boldsymbol{F}_n'$ 和一平面力偶系 $M_1=M_O(\boldsymbol{F}_1),M_2=M_O(\boldsymbol{F}_2),\cdots,M_n=M_O(\boldsymbol{F}_n)$，如图 2-28(b)所示。作用于 O 点的平面汇交力系可以合成为一个合力 $\boldsymbol{F}_R'$，合力为各力的矢量和，即

$$\boldsymbol{F}_R'=\boldsymbol{F}_1+\boldsymbol{F}_2+\cdots+\boldsymbol{F}_n=\sum\boldsymbol{F} \tag{2-10}$$

应用力偶的合成法则，可将平面力偶系合成为一个合力偶。合力偶矩为

$$M = M_O(\boldsymbol{F}_1) + M_O(\boldsymbol{F}_2) + \cdots + M_O(\boldsymbol{F}_n) = \sum M_O(\boldsymbol{F}) \tag{2-11}$$

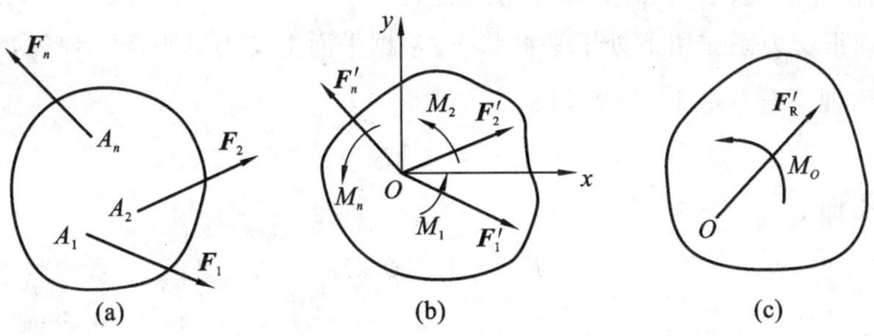

图 2-28 平面力系的简化

由以上的分析可知，平面任意力系合成后，刚体受到一合力 $\boldsymbol{F}'_R$ 和一合力偶 M 的作用，如图 2-28(c) 所示。因此，刚体处于平衡状态的条件是：

$$\left.\begin{aligned} F'_R &= \sum \boldsymbol{F} = 0 \\ M &= \sum M_O(\boldsymbol{F}) = 0 \end{aligned}\right\} \tag{2-12}$$

也可表示为

$$\left.\begin{aligned} \sum F_x &= 0 \\ \sum F_y &= 0 \\ \sum M_O(\boldsymbol{F}) &= 0 \end{aligned}\right\} \tag{2-13}$$

3) 平面汇交力系的平衡方程

若平面汇交力系各力作用线汇交于 O 点，则 $\sum M_O(\boldsymbol{F}) \equiv 0$，所以平面汇交力系的平衡条件为

$$F_R = \sum \boldsymbol{F} = 0 \tag{2-14}$$

也可表示为

$$\left.\begin{aligned} F_{Rx} &= \sum F_x = 0 \\ F_{Ry} &= \sum F_y = 0 \end{aligned}\right\} \tag{2-15}$$

4) 平面平行力系的平衡方程

设平面平行力系中各力的作用线均平行于 y 轴，则 $\sum F_x \equiv 0$，因此平面平行力系的平衡条件为

$$\left.\begin{aligned} \sum F_y &= 0 \\ \sum M_O(\boldsymbol{F}) &= 0 \end{aligned}\right\} \tag{2-16}$$

5) 平面力偶系的平衡方程

由力偶的性质可知力偶在任何坐标轴上投影的代数和恒为零。即 $\sum F_x \equiv 0$，$\sum F_y \equiv 0$，因此平面力偶系的平衡方程为

$$\sum M_O(\boldsymbol{F}) = \sum M = 0 \tag{2-17}$$

【例 2-7】 如图 2-29 所示，一个重量为 G 的球，用与斜面平行的绳系住，已知球重 $G =$

2 kN，斜面与水平面夹角为 30°，忽略摩擦，求绳的拉力和球对斜面的压力。

解：以球为研究对象，受力如图 2-29(b) 所示。

小球在平面汇交力系作用下处于平衡状态，根据平面汇交力系平衡方程得：

$\sum F_x = 0$，即 $F - G\sin 30° = 0$ 得：

$$F = 1\ \text{kN}$$

$\sum F_y = 0$，即 $F_N - G\cos 30° = 0$ 得：

$$F_N = 1.732\ \text{kN}$$

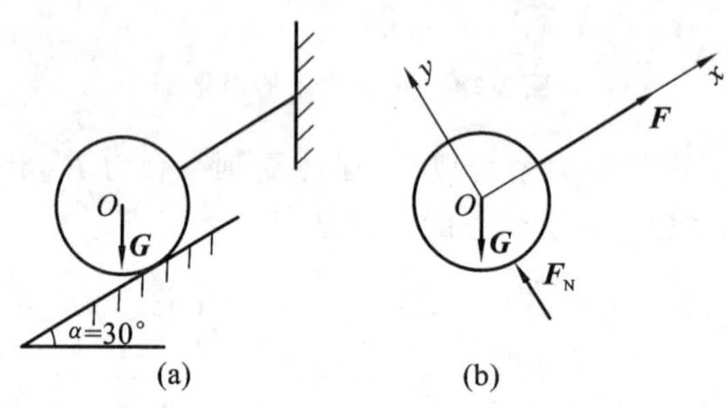

图 2-29 例 2-7 图

【例 2-8】 用多孔钻床在水平工件上钻孔，如图 2-30(a) 所示。每个钻头对工件施加一力偶，已知三个力偶的力偶矩分别为 $M_1 = M_2 = 15\ \text{N}\cdot\text{m}$，$M_3 = 30\ \text{N}\cdot\text{m}$，固定螺栓 A、B 之间的距离 $L = 0.2\ \text{m}$，试求两螺栓所受的水平力。

解：取工件为研究对象，受力分析如图 2-30(b) 所示。工件在水平面内除受三个力偶作用外，还受两个螺栓的约束力作用而平衡。因为力偶只能与力偶平衡，所以，螺栓对工件的约束力 $\boldsymbol{F}_A$、$\boldsymbol{F}_B$ 必组成一个力偶。由力偶系的平衡条件

$$\sum M = 0, F_A L - M_1 - M_2 - M_3 = 0$$

得：

$$F_A = \frac{M_1 + M_2 + M_3}{L} = \left(\frac{15 + 15 + 30}{0.2}\right)\text{N} = 300\ \text{N}$$

螺栓 A、B 所受的水平力与 $\boldsymbol{F}_A$、$\boldsymbol{F}_B$ 等值、反向。

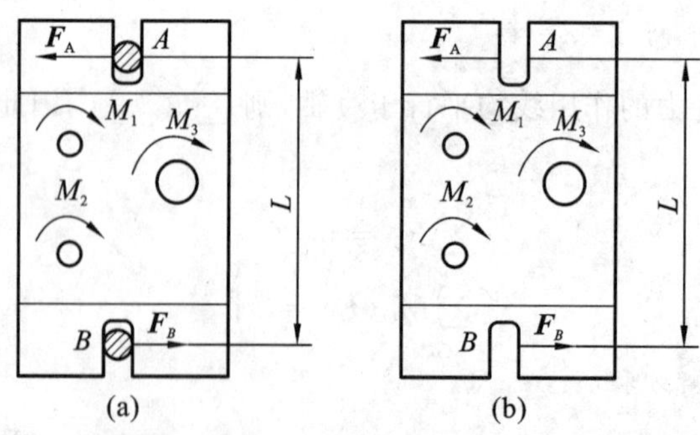

图 2-30 例 2-8 图

【例 2-9】 塔式起重机如图 2-31 所示。机器自重 $P = 600\ \text{kN}$，作用线如图所示。最大起重量 $W = 200\ \text{kN}$，最大悬臂长 12 m，轨道 A、B 间的距离为 4 m，平衡重到机身中心线的距离为 6 m，

试求：

(1) 保证起重机在满载和空载时都不致翻倒的平衡重 Q；

(2) 当平衡重 $Q=180$ kN，机器满载时轨道 A、B 给起重机轮子的约束力。

解：(1) 要使起重机不致翻倒，应使作用在起重机上的所有力满足平衡条件。起重机受力如图 2-31 所示，为使起重机不绕 B 点翻倒，临界情况下，$F_A=0$，这时可求出 Q 的最小值。由平衡方程得：

$$\sum M_B=0, Q_{\min}(6+2)+P\times 2-W\times(12-2)=0$$

$$Q_{\min}=\frac{10W-2P}{8}=100 \text{ kN}$$

起重机空载时，$W=0$，为使起重机不绕 A 点翻倒，临界情况下，$F_B=0$，这时可求出 Q 的最大值。由平衡方程得：

$$\sum M_A=0, Q_{\max}(6\text{-}2)-P\times 2=0$$

$$Q_{\max}=\frac{P}{2}=300 \text{ kN}$$

起重机工作时不允许处于临界状态，因此要使起重机不翻倒，平衡重应在下列区间：

$$100 \text{ kN}<Q<300 \text{ kN}$$

(2) 平衡重 $Q=180$ kN，机器满载 $W=200$ kN 时，起重机在平面平行力系作用下处于平衡状态，应用平面平行力系的平衡方程 $\sum M_B(F)=0$ 得：

$$Q\times(6+2)+P\times 2-W\times(12-2)-F_A\times 4=0$$

代入数值得 $F_A=160$ kN。

再根据 $\sum F_y=0$ 得：

$$F_A+F_B-Q-W-P=0$$

代入数值得 $F_B=820$ kN。

【例 2-10】 如图 2-32(a) 所示的悬臂梁。已知梁长 $L=2$ m，$F=100$ N，方向如图 2-32 所示，求固定端 A 处的约束力。

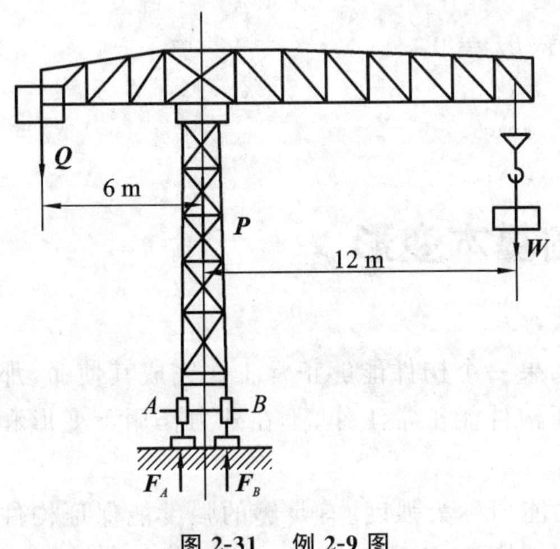

图 2-31 例 2-9 图

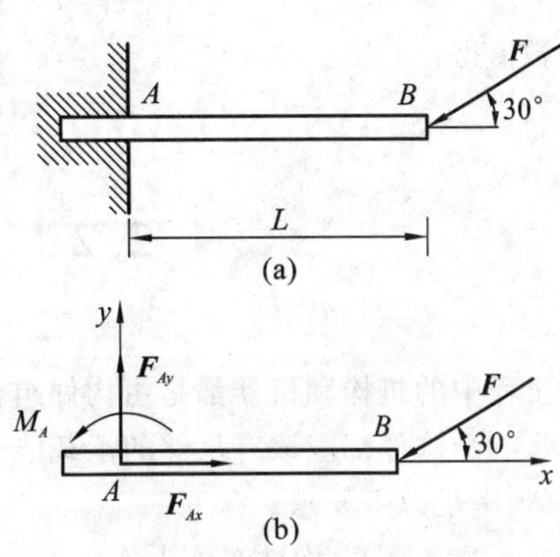

图 2-32 例 2-10 图

解：取梁为研究对象，受力如图 2-32(b) 所示。梁受平面任意力系作用而平衡，由平面任意力系的平衡条件得：

$$\sum F_x = 0, F_{Ax} - F\cos30^\circ = 0, F_{Ax} = F\cos30^\circ = 100 \times \cos30^\circ \text{N} = 86.6\ \text{N}$$

$$\sum F_y = 0, F_{Ay} - F\sin30^\circ = 0, F_{Ay} = F\sin30^\circ = 100 \times \sin30^\circ \text{N} = 50\ \text{N}$$

$$\sum M_A(\boldsymbol{F}) = 0, M_A - FL\sin30^\circ = 0, M_A = FL\sin30^\circ = 100 \times 2 \times \sin30^\circ \text{N} \cdot \text{m} = 100\ \text{N} \cdot \text{m}$$

计算结果为正，说明各未知力的实际方向均与假设方向相同。

【例 2-11】 外伸梁如图 2-33(a) 所示，已知均布载荷 q(kN/m)、a，且 $F = \frac{qa}{2}, M = 2qa^2$，求 A、B 两点的约束力。

解：取梁 AB 为研究对象，受力如图 2-33(b) 所示。

梁上作用的均布载荷其载荷集度 q 为单位长度上所受的力。在静力分析中均布载荷可简化为一集中载荷，其大小为载荷集度 q 与均布载荷作用段长度的乘积，即 $F_q = 3qa$，作用点在均布载荷作用段的中点。

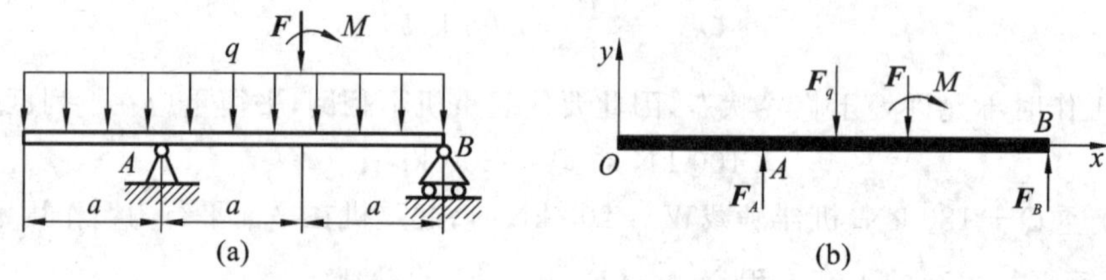

图 2-33 例 2-11 图

根据平面力系的平衡方程得：

$$\sum M_A(\boldsymbol{F}) = 0$$

$$F_B \times 2a - M - Fa - F_q \frac{a}{2} = 0$$

代入数值得：

$$F_B = 2q$$

再由 $\sum F_y = 0$ 得：

$$F_A + F_B - F - F_q = 0$$

代入数值得：

$$F_a = 3qa/2$$

2.2 构件的基本变形

工程中的机构和机器都是由构件组合而成，如果一个构件能够正常工作完成其使命，那么它的每一个构件都应该有足够的承载能力，为保证构件能正常工作，不在外力作用下变形和失效，必须满足以下要求。

(1) 强度要求。构件在外力作用下抵抗破坏的能力称为强度。有足够的强度能保证构件在载荷作用下不产生破坏。例如吊起重物的钢索不能被拉断，否则会造成工程事故。

(2) 刚度要求。构件在外力作用下抵抗变形的能力称为刚度。有足够的刚度能保证构件在载荷作用下不产生影响其正常工作的变形。例如机床主轴的变形不能过大，否则会影响其加工零件的精度。

(3) 稳定性要求。构件在外力作用下保持其原有几何平衡状态的能力称为稳定性。有足够稳定性的构件在工作时不会失去原有的平衡形式而丧失工作能力。例如细长杆受到太大的轴向压力时会突然变弯曲或者折断，造成事故。

在工程中，实际构件的形状是多种多样的，如板、壳、块、杆等，而板、壳、块的很多问题都可以简化成杆件的变形问题。所谓杆件就是纵向尺寸远大于其横向尺寸的构件。如连杆、梁、键、轴等机械零件。轴线为曲线的杆件称为曲杆，轴线为直线的杆件称为直杆。本单元中主要研究直杆的变形问题。直杆的基本变形形式可分为以下四种。

(1) 轴向拉伸与压缩。

(2) 剪切与挤压。

(3) 圆轴扭转。

(4) 平面弯曲。

其他复杂的变形可归结为上述基本变形的组合。

2.2.1 轴向拉伸与压缩

1. 拉伸、压缩的概念

在工程实际中，许多构件承受拉力和压力的作用。例如紧固螺栓[见图 2-34(a)]、起重机吊架[见图 2-34(b)]中的拉杆 AB，都是承受拉伸的杆件；建筑物中的支柱[见图 2-34(c)]，是承受压缩的杆件。这类杆件的受力特点是：杆件承受外力的作用线与杆件轴线重合。变形的特点是：杆件沿轴线方向伸长或缩短。这种变形形式称为轴向拉伸或压缩，简称拉伸或压缩。这类杆件称为拉杆或压杆。

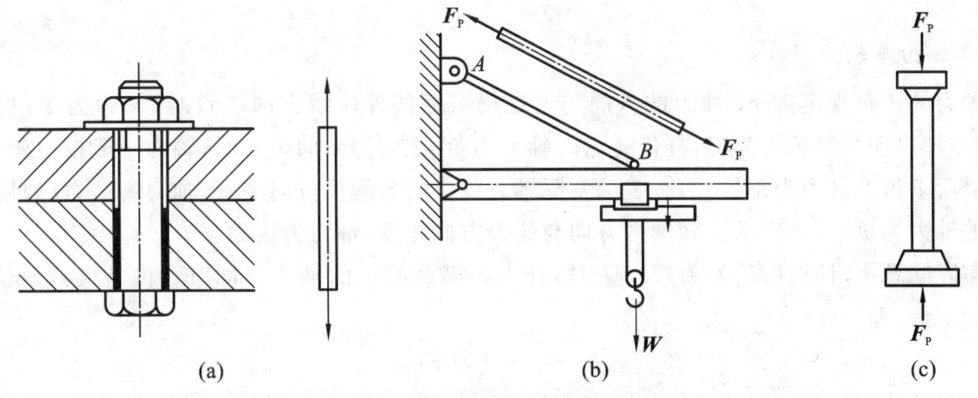

图 2-34 拉压杆实例

2. 截面法求轴力

1) 内力的概念

杆件在外力作用下产生变形，其内部的一部分对另一部分的作用称为内力。这种内力将随外力增大而增大，当内力增大到一定限度时，杆件就会发生破坏，因此内力与构件的强度密切相关。

2) 截面法

截面法是求杆件内力的唯一方法。即假想地从某一截面将杆件截开以显示内力，根据平衡条件求内力的大小。具体求法如下：图 2-35 所示为受拉杆件，假想地沿截面 $m—m$ 将杆件切开，分为 Ⅰ 和 Ⅱ 两段。取 Ⅰ 段为研究对象，在 Ⅰ 段的截面 $m—m$ 上作用着分布内力，其合力为 F_N。F_N 是 Ⅱ 段对 Ⅰ 段的作用力，并与外力 $\boldsymbol{F}$ 相平衡。由于外力 $\boldsymbol{F}$ 的作用线沿杆件轴线，显然，截面 $m—m$ 上的内力的合力也必然沿杆件轴线，因此拉压杆的内力又称为轴力。根据平衡方程：

$$F_N - F = 0$$

得：

$$F_N = F$$

由此可见，用截面法求杆件内力的步骤如下：

① 在欲求内力的截面处，假想地用一截面把构件切开；

② 取其中一部分为研究对象画出其受力图(包括内力和外力)；

③ 根据研究对象的平衡条件，建立平衡方程并求解内力。

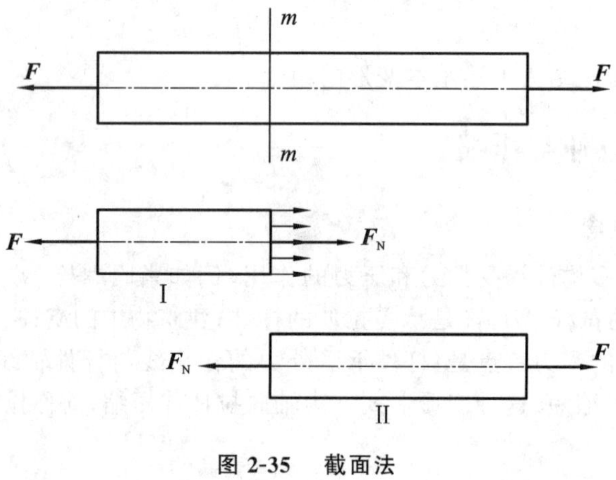

图 2-35　截面法

3）轴力与轴力图

轴力的正负规定如下：轴力的方向与所在横截面的外法线方向一致时，轴力为正；反之为负。即当杆件受拉时轴力为正，杆件受压时轴力为负。在轴力方向未知时，轴力一般按正向假设。如果最后求得的轴力为正号，那么表示实际轴力的方向与假设方向一致，轴力为拉力；如果最后求得的轴力为负号，则表示实际轴力方向与假设方向相反，轴力为压力。

实际问题中，杆件所受外力较复杂时，杆上各横截面上的轴力不同，F_N 将是横截面位置 x 坐标的函数。即

$$F_N = F_N(x)$$

用平行于杆件轴线的 x 坐标表示各横截面的位置，用垂直于杆件轴线的坐标 F_N 表示对应横截面上的轴力，这样画出的函数图形称为轴力图。

【例 2-12】　如图 2-36(a) 所示为等截面直杆，已知：$F_1 = 15\ \text{kN}$，$F_2 = 10\ \text{kN}$，试求指定截面1—1、2—2 的轴力并画出杆的轴力图。

解：(1) 计算 A 端支座反力。由整体受力图[见图 2-6(b)] 建立平衡方程：

$$\sum F_x = 0 \quad F_R - F_1 + F_2 = 0$$

$$F_R = F_1 - F_2 = 5\ \text{kN}$$

(2) 用截面法确定 1—1、2—2 截面轴力。

1—1 截面：假想用一截面在 1—1 处将等直杆截为两段，取左段为研究对象，受力分析如图 2-36(c) 所示，由平衡方程

$$\sum F_x = 0 \quad F_{N1} + F_R = 0$$

得 $F_{N1} = -F_R = -5$ kN(压力)，负号表示 F_{N1} 的实际方向与假设的方向相反，为压力。

2—2 截面[见图 2-36(d)]：用上述同样的方法可得 $F_{N2} = 10$ kN(拉力)，F_{N2} 是正值，说明实际方向与假设的方向相同，为拉力。

(3) 画轴力图。根据所求得的轴力值，画出轴力图如图 2-36(e) 所示。由轴力图可以看出最大轴力发生在 BC 段内。

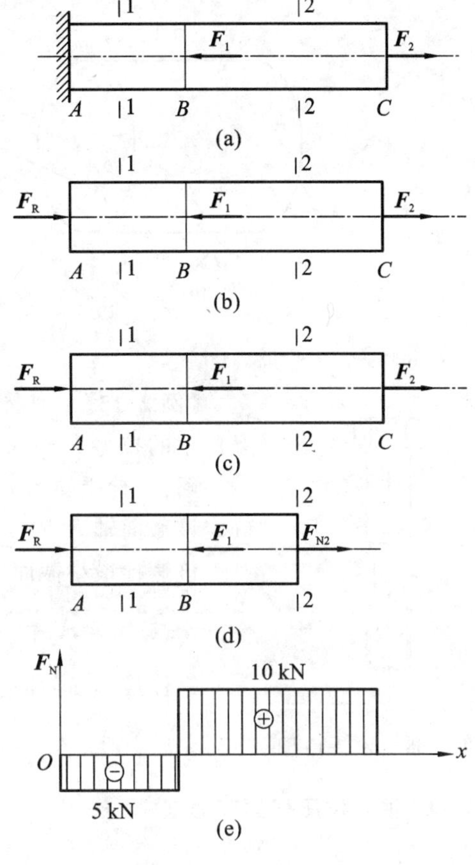

图 2-36 例 2-12 图

3. 拉(压) 杆横截面上的正应力

1) 应力的概念

求出杆的内力并不能判断杆件某一点受力的强弱程度。例如，材料相同直径不同的两个杆件，两端受外力 **F** 作用而拉伸，当 **F** 增大到一定值时直径较小的杠件将被拉断，但杆上各个截面上的内力大小都是一样的。这说明杆件的强度不仅与内力大小有关，还与杆的横截面面积有关。为此引入内力的分布集度——应力的概念。如图 2-37(a) 所示杆件，在截面 $m-m$ 上围绕一点 K 取一个微小面积 ΔA，设在微面积 ΔA 上分布内力的合力为 ΔF_R，则微面积 ΔA 上的平均应力为

$$P_m = \frac{\Delta F_R}{\Delta A} \tag{2-18}$$

一般情况下，内力在截面上的分布并非均匀，为了更精确地描述内力的分布情况，令面积 ΔA 趋近于零，由此所得平均应力的极限值，即为 K 点的应力，用 $\boldsymbol{p}$ 表示：

$$p = \lim_{\Delta A \to 0} \frac{\Delta F_R}{\Delta A} = \frac{dF_R}{dA} \tag{2-19}$$

其中，应力 $\boldsymbol{p}$ 是矢量，通常将其分解为与截面垂直的分量 $\boldsymbol{\sigma}$ 和与截面相切的分量 $\boldsymbol{\tau}$。$\boldsymbol{\sigma}$ 称为正应力，$\boldsymbol{\tau}$ 称为切应力，如图 2-37(b) 所示。在国际单位制中，应力的单位是牛顿 / 平方米(N/m^2)，称为帕斯卡，简称帕(Pa)，1 Pa = 1 N/m^2。工程上常用兆帕(MPa) 或者吉帕(GPa)。

$$1\ \text{MPa} = 1\text{N/mm}^2 = 10^6\ \text{Pa},\ 1\ \text{GPa} = 1\ \text{kN/mm}^2 = 10^3\ \text{MPa} = 10^9\ \text{Pa}$$

2) 拉(压) 杆横截面上的正应力

实验现象表明，拉压杆的内力在横截面上的分布是均匀的，即横截面上各点的应力大小相等，其方向与横截面上的轴力 $\boldsymbol{F}_N$ 一致，故为正应力。横截面正应力计算公式为

$$\sigma = \frac{F_N}{A} \tag{2-20}$$

式中，σ 为横截面上的正应力(MPa)；F_N 为横截面的轴力(N)；A 为横截面的面积(mm^2)。正应力的正负号与轴力相对应，即拉应力为正，压应力为负。

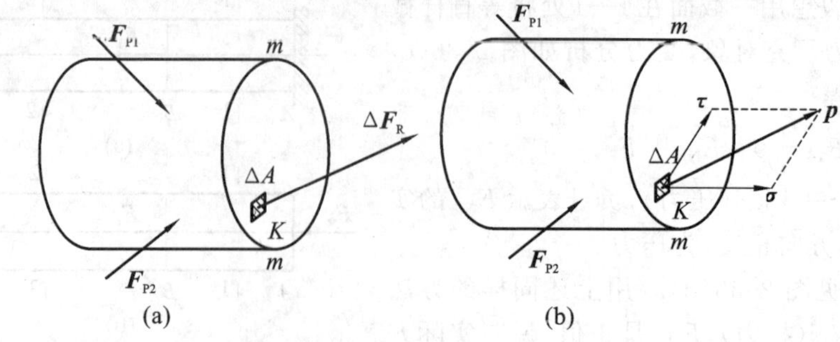

图 2-37　应力

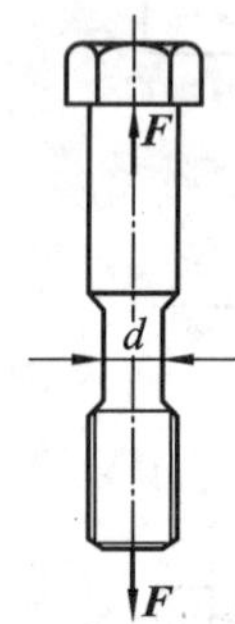

图 2-38　例 2-13 图

【例 2-13】　如图 2-38 所示的螺栓，最小直径 $d=8.5$ mm，装配时拧紧产生的拉力 $F=8.9$ kN，试求螺栓最小横截面上的正应力。

解：螺栓受拉力 $F=8.9$ kN，在最小直径 d 处截取横截面，用截面法可确定该截面轴力 $F_N=8.9$ kN。

该螺栓最小截面面积为

$$A=\frac{\pi d^2}{4}=\frac{3.14\times 8.5^2}{4}\ \text{mm}^2=56.7\ \text{mm}^2$$

螺栓最小横截面上的正应力为

$$\sigma=\frac{F_N}{A}=\frac{8\,900}{56.7}\ \text{N/mm}^2=157\ \text{MPa}$$

4. 轴向拉压杆的变形

1）纵向线应变

受轴向拉伸作用的杆，如图 2-39 所示。设杆的原长为 l，直径为 d，承受轴向拉力 $\boldsymbol{F}$ 后，变形如图 2-39 虚线所示的形状。杆件的纵向长度由 l 变为 l_1，杆件轴向伸长量 $\Delta l=l_1-l$，此为杆件的绝对变形。为了消除杆件原尺寸对变形大小的影响，通常用单位长度内杆的变形来度量杆的变形程度，即

$$\varepsilon=\frac{\Delta l}{l} \tag{2-21}$$

ε 称为杆的相对变形，也称为轴向线应变。

2）胡克定律

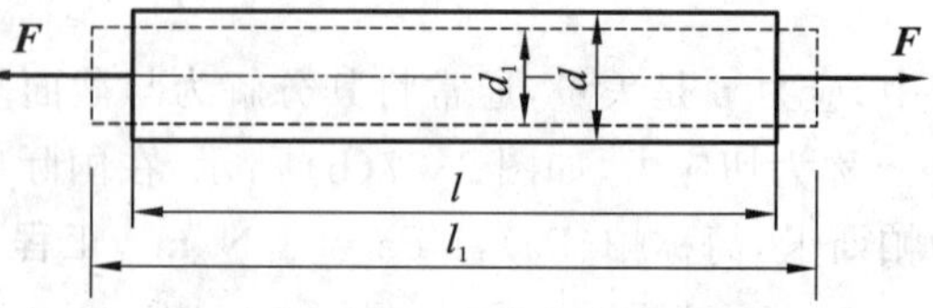

轴向拉伸和压缩实验表明：当杆件横截面上的正应力不超过某一限度时，正应力 $\boldsymbol{\sigma}$ 与相应的纵向线应变 $\boldsymbol{\varepsilon}$ 成正比。即

$$\sigma=E\varepsilon \tag{2-22}$$

图 2-39　变形与应变

式(2-22) 称为胡克定律。式中常数 E 称为材料的弹性模量。其单位为 MPa 或 GPa。

若将 $\sigma=\dfrac{F_N}{A}$ 和 $\varepsilon=\dfrac{\Delta l}{l}$ 代入式(2-22)，则得胡克定律的另一表达式为

$$\Delta l=\frac{F_N l}{EA} \tag{2-23}$$

式中，F_N 为轴力(N)；l 为杆长(mm)；E 为弹性模量(MPa)；A 为杆件的横截面面积(mm^2)。EA 称为杆件的抗拉(压) 刚度。

【例 2-14】 如图 2-40(a) 所示钢制阶梯形杆，轴向力 $F_1 = 50\ \text{kN}$，$F_2 = 20\ \text{kN}$，AC 段与 CD 横截面面积 $A_1 = A_2 = 500\ \text{mm}^2$，$DB$ 段横截面面积 $A_3 = 250\ \text{mm}^2$，杆各段长度 $l_1 = 120\ \text{mm}$，$l_2 = l_3 = 100\ \text{mm}$。钢的弹性模量 $E = 200\ \text{GPa}$，求杆内各段横截面上的应力及轴向总变形。

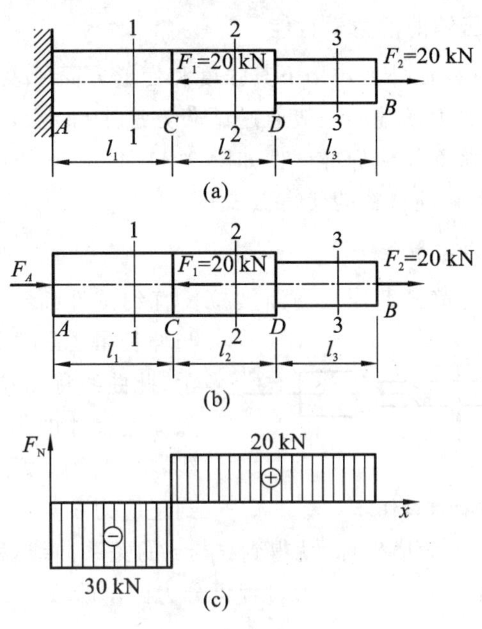

图 2-40 例 2-14 图

解：(1) 求 A 端约束反力。以 F_A 代替固定端 A 对杆的约束，如图 2-40(b) 所示，由杆的平衡条件得：

$$\sum F_x = 0 \qquad 20 - 50 + F_A = 0$$

解得 $F_A = 30\ \text{kN}$。

(2) 用截面法分段求轴力：

$$AC\ \text{段}\ F_{\text{N1}} = -30\ \text{kN}(\text{压力})$$

$$CD\ \text{与}\ DB\ \text{段轴力相等}\ F_{\text{N2}} = F_{\text{N3}} = 20\ \text{kN}(\text{拉力})$$

(3) 作轴力图，如图 2-40(c) 所示。

(4) 计算各段横截面上的应力。

AB 段： $\sigma_1 = \dfrac{F_{\text{N1}}}{A_1} = \dfrac{-30 \times 10^3}{500}\ \text{MPa} = -60\ \text{MPa}(\text{压应力})$

BC 段： $\sigma_2 = \dfrac{F_{\text{N2}}}{A_2} = \dfrac{20 \times 10^3}{500}\ \text{MPa} = 40\ \text{MPa}(\text{拉应力})$

CD 段： $\sigma_3 = \dfrac{F_{\text{N3}}}{A_3} = \dfrac{20 \times 10^3}{250}\ \text{MPa} = 80\ \text{MPa}(\text{拉应力})$

(5) 求阶梯杆的轴向变形。

AC 段： $\Delta l_1 = \dfrac{F_{\text{N1}} l_1}{EA_1} = \dfrac{-30 \times 10^3 \times 120 \times 10^{-3}}{200 \times 10^9 \times 500 \times 10^{-6}}\ \text{m} = -0.036\ \text{mm}(\text{缩短})$

CD 段： $\Delta l_2 = \dfrac{F_{\text{N2}} l_2}{EA_2} = \dfrac{20 \times 10^3 \times 100 \times 10^{-3}}{200 \times 10^9 \times 500 \times 10^{-6}}\ \text{m} = 0.02\ \text{mm}(\text{伸长})$

DB 段： $\Delta l_3 = \dfrac{F_{\text{N3}} l_3}{EA_3} = \dfrac{20 \times 10^3 \times 100 \times 10^{-3}}{200 \times 10^9 \times 250 \times 10^{-6}}\ \text{m} = 0.04\ \text{mm}(\text{伸长})$

阶梯杆的轴向总变形等于其三段变形的代数和，即

$$\Delta l=\Delta l_1+\Delta l_2+\Delta l_3=(-0.036+0.02+0.04)\text{mm}=0.024\ \text{mm}(\text{伸长})$$

计算结果为正，说明杆的总长度伸长了 0.024 mm。

5. 材料在轴向拉伸与压缩时的力学性能

材料的力学性能是指材料在外力作用下其强度和变形方面所表现的性能。它是强度计算和选用材料的重要依据。材料的力学性能一般通过试验方法来确定。试验采用的是国家标准统一规定的标准试件，常用的圆截面拉伸标准试件如图 2-41 所示，其长度 L 称为标距。下面以低碳钢和铸铁分别为塑性材料和脆性材料的代表做试验。

1）低碳钢在拉伸时的力学性能

试验时，试件在常温下受静载荷作用逐渐被拉长直到试件断裂为止，这样可得到作用力 $\boldsymbol{F}$ 与伸长量 ΔL 的关系曲线，如图 2-42(a) 所示，此曲线称为拉伸图或 F-ΔL 曲线。为了消除原始尺寸的影响，获得反映材料性质的曲线，将 F 除以试件的原始横截面面积 A，得到正应力 $\sigma=F/A$，把 ΔL 除以 L 得到应变 $\varepsilon=\Delta L/L$。以 σ 为纵坐标，以 ε 为横坐标，就得到 σ 与 ε 的关系曲线，称为应力-应变曲线。由 σ-ε 曲线图[见图 2-42(b)]可见，整个拉伸变形过程可分为四个阶段。

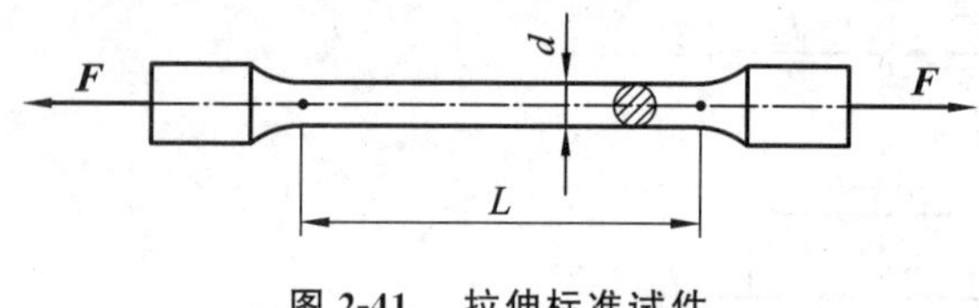

图 2-41　拉伸标准试件

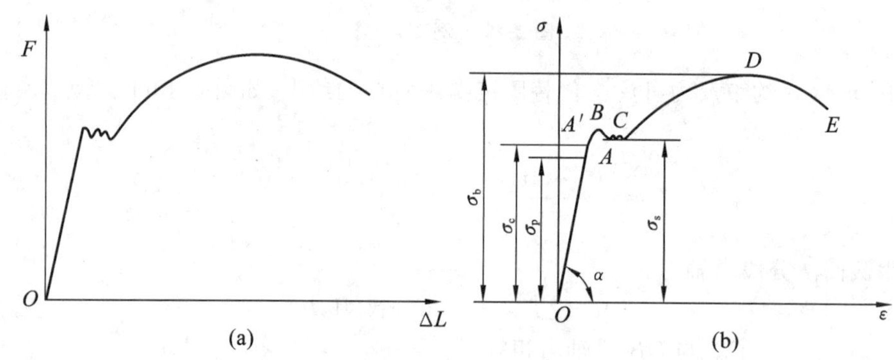

图 2-42　低碳钢拉伸试验曲线

(1) 弹性阶段。

在此阶段中，试件的变形随外力的增加而增大，但若将外力卸去，试件的变形将完全消失而恢复原状，这种随外力消失而消失的变形称为弹性变形。图 2-42(b) 中 OA 是直线，说明在此范围内应力与应变成正比，即符合胡克定律 $\sigma=E\varepsilon$。与 A 点对应的应力值 σ_p 称为材料的比例极限。OA 直线的斜率就是材料的弹性模量 E，即 $E=\tan\alpha$。

(2) 屈服阶段。

弹性变形阶段以后，应力几乎不增加而试件的伸长显著增加，把这种现象称为屈服或流动，BC 段对应的过程称为屈服阶段。屈服阶段的最低应力值 σ_s 称为材料的屈服点，屈服点 σ_s 是衡量塑性材料强度的一个重要指标。在这一阶段，如果卸载将出现不能消失的塑性变形。

(3) 强化阶段。

经过了屈服阶段以后，曲线由 C 上升到 D 点，这说明材料又恢复了抵抗变形的能力。若继续变形必须增加应力，这种现象称为强化，CD 段对应的过程称为强化阶段。最高点 D 所对应的应

力 σ_b 称为抗拉强度，它是材料所能承受的最大拉应力。

(4) 缩颈断裂阶段。

当曲线经过 D 点，应力达到抗拉强度极限后，试件的变形集中在某一局部范围内，试件某处突然开始逐渐局部变细，形同细颈，称为缩颈现象，如图 2-43 所示。缩颈出现以后，试件所能承受的拉力迅速降低，最后在缩颈处被拉断，与这一过程相对应的是曲线 DE 段。当横截面上的应力达到强度极限 σ_b 时，受拉杆件上将开始出现缩颈现象并随即发生断裂。因此 σ_b 是衡量材料强度的另一个重要指标。

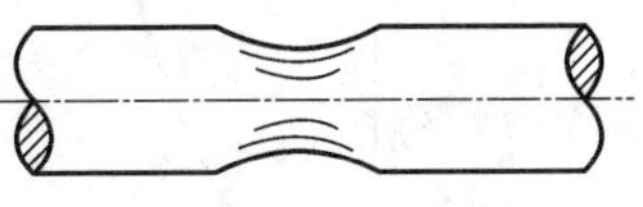

图 2-43　缩颈现象

2) 铸铁在拉伸时的力学性能

由图 2-44 所示灰铸铁拉伸时 σ-ε 曲线可以看出，从加载开始到试件断裂，应力和应变都很小，没有明显的直线段，没有屈服阶段和缩颈现象。在工程实际中，常以直线(图 2-44 中虚线) 代替曲线，近似地认为 σ-ε 曲线服从胡克定律。直线的斜率 $E=\tan\alpha$，称为弹性模量，拉断时的最大应力 σ_b 为材料的强度极限。由于脆性材料的抗拉强度很低，所以不易用作受拉构件的材料。

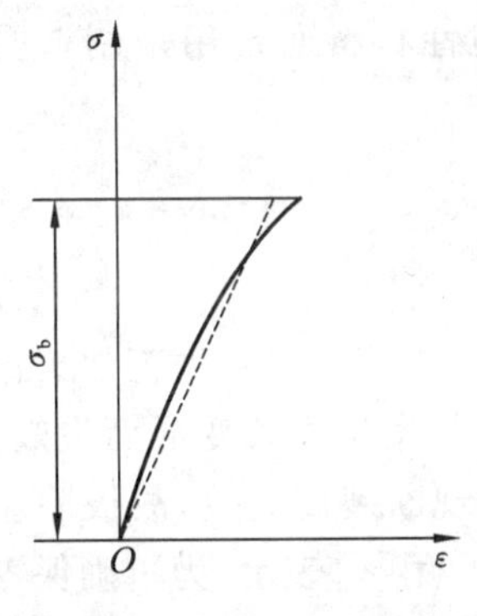

图 2-44　铸铁拉伸试验曲线

低碳钢和铸铁的拉伸试验表明，拉断之前两种材料产生的塑性变形明显不同。材料的塑性可用试件断裂后遗留下来的塑性变形来表示，一般用以下两种方法表示。

(1) 伸长率 δ。

$$\delta=\frac{l_1-l}{l}\times 100\%$$

式中：l、l_1 分别为试件拉断前后其标距长度。

(2) 断面收缩率 ψ。

$$\psi=\frac{A-A_1}{A}\times 100\%$$

式中：A 为试验之前试件的截面面积；

A_1 为试件拉断后断口处最小截面面积。

δ 和 ψ 值越大，材料断裂时产生的塑性变形越大，材料的塑性越好。通常将 $\delta>5\%$ 的材料称为塑性材料，如钢、铜、铝等材料；$\delta<5\%$ 的材料称为脆性材料，如铸铁、玻璃、陶瓷等材料。

3) 材料在压缩时的力学性能

金属材料的压缩试件一般制成很短的圆柱形，以免被压弯。圆柱高度为直径的 1.5 ～ 3 倍。低碳钢压缩时的曲线(见图 2-45) 与其拉伸曲线(图 2-45 中虚线所示) 相比，在屈服阶段以前，两曲线基本重合。这说明压缩时的比例极限 σ_p、弹性极限 σ_e、弹性模量 E 以及屈服点 σ_s 与拉伸时基本相同。屈服阶段以后，试件越压越扁，曲线不断上升，无法测出抗压强度。因此，对于低碳钢一般不做压缩实验。

铸铁压缩时的 σ-ε 曲线如图 2-46 所示。试件在较小的变形下突然破坏，破坏断面的法线与轴线的夹角大致成 $45^\circ\sim 55^\circ$。与铸铁拉伸试验曲线(图 2-46 中虚线) 相比，铸铁的抗压强度比抗拉强度要高出 4 ～ 5 倍，塑性变形也较拉伸时明显增加，对于其他的脆性材料如硅石、水泥等也具有这样的性质。

通过研究低碳钢、铸铁在拉伸与压缩时的力学性能，可以得出塑性材料和脆性材料力学性能的主要区别如下。

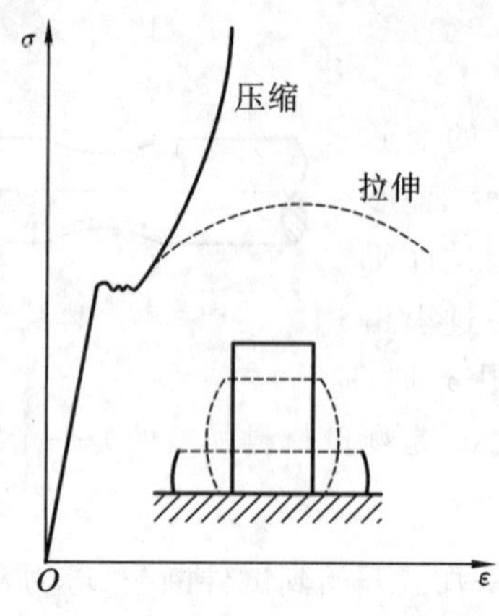

图 2-45　低碳钢压缩时的 σ-ε 曲线

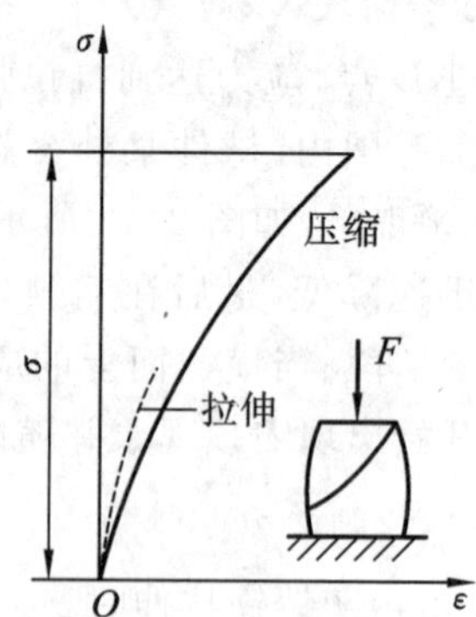

图 2-46　铸铁压缩时的 σ-ε 曲线

(1) 塑性材料在断裂时有明显的塑性变形；脆性材料在变形很小时突然断裂，无屈服现象。

(2) 塑性材料在拉伸时的比例极限、屈服点和弹性模量与压缩时相同，说明它的抗拉与抗压强度相同；而脆性材料的抗拉强度远远小于抗压强度。因此，脆性材料通常用来制造受压构件。

6. 构件拉伸与压缩时的强度计算

1) 极限应力、许用应力和安全系数

零件由于过量变形和破坏而失去正常工作能力称为失效。在工程上将材料丧失正常工作能力的应力称为极限应力，对于塑性材料，当应力达到屈服点时，零件将发生显著变形而失效，因此极限应力为 σ_s；对于脆性材料在无明显的塑性变形的情况下即出现断裂而失效，故极限应力为 σ_b。零件在失效前，允许材料承受的最大应力称为材料的许用应力，用[σ]表示。为了确保零件的安全可靠，需有一定的强度储备，为此用极限应力除以一个大于的 1 的系数(安全系数) 所得的商作为材料的许用应力[σ]。安全系数用 n 表示。

对于塑性材料：

$$n_s = \frac{\sigma_s}{[\sigma]} \qquad [\sigma] = \frac{\sigma_s}{n_s} \tag{2-24}$$

对于脆性材料考虑到拉伸与压缩时的强度极限值一般不同，故有

$$[\sigma_l] = \frac{\sigma_{bl}}{n_b} \qquad [\sigma_y] = \frac{\sigma_{by}}{n_b} \tag{2-25}$$

一般计算时，对于脆性材料取 $n = 3.4 \sim 3.5$；对于塑性材料取 $n = 1.5 \sim 3.0$。安全系数可从有关手册中查到。

2) 拉伸与压缩时的强度计算

为保证构件安全可靠地正常工作，必须使构件的最大工作应力小于材料的许用应力，即

$$\sigma_{max} = \frac{F_N}{A} \leqslant [\sigma] \tag{2-26}$$

上式称为拉压强度条件，是拉压杆强度计算的依据，产生 σ_{max}(MPa) 的截面称为危险截面，式中 F_N(N) 和 A(mm^2) 分别为危险截面的轴力和横截面面积。

利用强度条件可以解决工程中以下三类计算问题。

(1) 强度校核。

强度校核就是验算杆件的强度能否满足正常的工作要求。当已知杆件的截面面积 A、材料的许用应力$[\sigma]$ 以及杆件危险截面轴力，即可用式(2-26) 判断杆件能否安全工作。

【例 2-15】 如图 2-47(a) 所示结构中，AB 为圆形截面钢质杆，BC 为正方形截面木杆，已知，$d=20$ mm，$a=100$ mm，$F=20$ kN，钢材的许用应力$[\sigma]_{钢}=160$ MPa，木材的许用应力$[\sigma]_{木}=10$ MPa，试分别校核钢杆和木杆的强度。

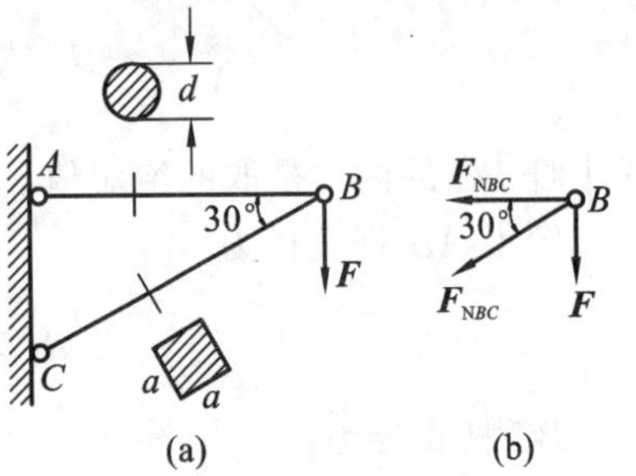

图 2-47　例 2-15 图

解：① 计算 AB 杆和 BC 杆的轴力，取节点 B 为研究对象，其受力图如图 2-47(b) 所示。由平衡方程

$$\sum F_x=0,\ -F_{NBC}\cos30^\circ-F_{NAB}=0$$

$$\sum F_y=0,\ -F_{NBC}\sin30^\circ-F=0$$

解得：

$$F_{NAB}=\sqrt{3}F,F_{NBC}=-2F(\text{受压})$$

② 校核 AB 和 BC 杆的强度。

$$\sigma_{AB}=\frac{F_{NAB}}{A_{AB}}=\frac{\sqrt{3}F}{\pi d^2/4}=\frac{\sqrt{3}\times20\times10^3\ \text{N}}{\pi\times(20\ \text{mm})^2/4}=110.3\ \text{MPa}<[\sigma]_{钢}$$

故钢杆的强度足够。

$$\sigma_{BC}=\frac{F_{NBC}}{A_{BC}}=\frac{2F}{a^2}=\frac{2\times20\times10^3\text{N}}{(100\ \text{mm})^2}=4\ \text{MPa}<[\sigma]_{木}$$

所以木杆强度足够。

(2) 选择截面尺寸。

若已知杆件截面轴力和材料的许用应力$[\sigma]$，可以确定该杆所需横截面面积，其值为

$$A\geqslant\frac{F_N}{[\sigma]} \tag{2-27}$$

根据上式计算结果和设计时杆件所需截面形状，即可计算出该截面尺寸。

【例 2-16】 某车间工人自制一台简易吊车，如图 2-48(a) 所示。已知在铰接点 B 处吊起重物的最大重量 $G=20$ kN，$AB=2$ m，$BC=1$ m。杆 AB 和 BC 均用圆钢制作，材料的许用应力$[\sigma]=58$ MPa，试确定两杆所需直径。

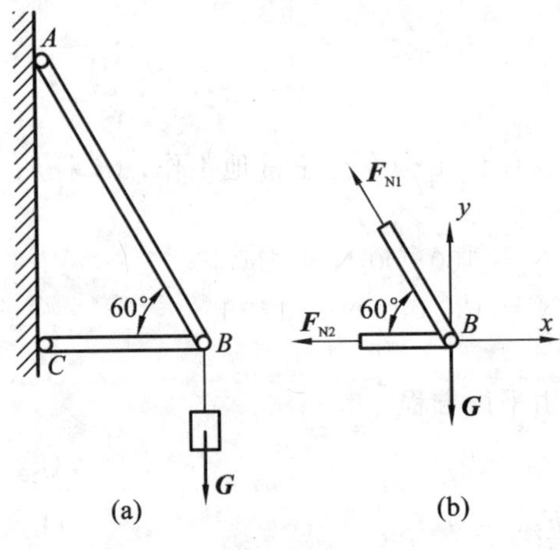

图 2-48　例 2-16 图

解：① 计算两杆内力大小。

用截面法将两个杆切开，因为两个杆都是二力杆件，故内力均为轴力。设 AB 杆轴力为 F_{N1}，BC 杆轴力为 F_{N2}，画受力图如图 2-48(b) 所示。由静力学平衡方程得：

$$\sum F_y=0,F_{N1}\sin60^\circ-G=0$$

$$F_{N1}=\frac{Q}{\sin60^\circ}=\frac{20}{0.866}\ \text{kN}=23.1\ \text{kN}$$

$$\sum F_x=0,\ -F_{N1}\cos60^\circ-F_{N2}=0$$

$$F_{N2}=-F_{N1}\cos60^\circ=-23.1\times0.5\ \text{kN}=-11.6\ \text{kN}$$

由计算结果可知，杆 AB 受拉力，杆 BC 受压力。

② 确定杆的直径。

根据式(2-27)，两杆横截面面积应分别满足以下要求。

AB 杆：

$$A_1=\frac{\pi d_1{}^2}{4}\geqslant\frac{F_{N1}}{[\sigma]}=\frac{23.1\times10^3}{58}\ \text{mm}^2=398\ \text{mm}^2$$

BC 杆：

$$A_2=\frac{\pi d_2{}^2}{4}\geqslant\frac{F_{N2}}{[\sigma]}=\frac{11.6\times10^3}{58}\ \text{mm}^2=200\ \text{mm}^2$$

式中杆 *BC* 的内力是取的绝对值。

解得 *AB* 杆直径为

$$d_1\geqslant\sqrt{\frac{398\times4}{3.14}}\ \text{mm}=22.5\ \text{mm}$$

BC 杆直径为

$$d_2\geqslant\sqrt{\frac{200\times4}{3.14}}\ \text{mm}=16\ \text{mm}$$

根据计算结果，可以取两杆直径为 23 mm

(3) 确定许可载荷。

若已知杆件尺寸(截面面积 *A*)和材料的许用应力$[\sigma]$，根据强度条件可确定该杆件所能承受的最大轴力，其值为

$$F_N\leqslant[\sigma]A \tag{2-28}$$

【例 2-17】 如图 2-49(a) 所示，刚性板 *AB* 由 *AC* 和 *BD* 吊起，已知 *AC* 杆的横截面面积 $A_1=10\ \text{cm}^2$，$[\sigma]=160$ MPa，*BD* 杆的横截面面积 $A_2=20\ \text{cm}^2$，$[\sigma]=60$ MPa，试确定该结构的许可载荷。

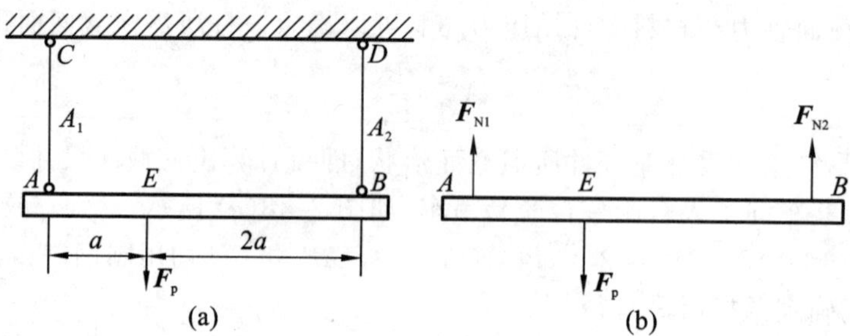

图 2-49　例 2-17 图

解：① 确定 *AB* 和 *BC* 杆的许用轴力。

由受力分析可知，*AB*、*BC* 均为轴向受拉的二力杆。为保证结构安全正常地工作，*AB* 杆和 *BC* 杆均应满足强度条件，由公式(2-28) 得：

$$[F_{N1}]\leqslant[\sigma]A_1=(160\times10^6\times10\times10^{-4})\ \text{N}=160\ 000\ \text{N}=160\ \text{kN}$$

$$[F_{N2}]\leqslant[\sigma]A_2=(60\times10^6\times20\times10^{-4})\ \text{N}=120\ 000\ \text{N}=120\ \text{kN}$$

② 确定许可载荷$[F_p]$。

取 *AB* 杆为研究对象，其受力图如图 2-49(b) 所示。由平衡方程

$$\sum F_y=0,F_{N1}+F_{N2}-F_p=0 \tag{a}$$

$$\sum M_A(F)=0,F_{N2}3a-F_pa=0 \tag{b}$$

得 $F_p=3\ F_{N2}$。

$$F_p=\frac{3}{2}F_{N1}$$

将$[F_{N1}]$、$[F_{N2}]$分别代入式(a)、式(b)，得：

$$F_{p1} \leqslant \frac{3}{2} F_{N1} = \frac{3}{2} \times 160\ \text{N} = 240\ \text{N}$$

$$F_{p2} \leqslant 3\ F_{N1} = 3 \times 120\ \text{N} = 360\ \text{N}$$

因为 $F_{p2} > F_{p1}$，所以，此结构的许用载荷$[F_p] = F_{p1} = 240\ \text{kN}$。

7. 压杆稳定

前面研究承受压缩直杆的强度问题时，认为压杆始终保持原有的直线形状平衡，其失效主要取决于强度，压杆的破坏是由于其压应力达到了材料的极限应力所致，并认为只要满足强度条件就能保证压杆安全工作。但是，实践证明这一结论对于细长压杆并不适用。例如：取一根 $\sigma_s = 235$ MPa，承受轴向压力作用，横截面积为 30 mm×4 mm，长为 1 m 的矩形截面杆，按强度条件其能承受的载荷为 $F_s = \sigma_s A = 28$ kN，但压力接近 80 N 时，它已开始弯曲。若压力继续增大，弯曲变形急剧增加而折断，此时的压力远小于 28 kN。它之所以丧失工作能力，是由于它不能保持原来的直线状态造成的。可见细长压杆的承载能力不取决于它的压缩强度条件，而取决于它保持直线平衡状态的能力。压杆保持原有直线平衡状态的能力，称为压杆的稳定性。压杆丧失保持原有直线平衡状态的能力而破坏的现象称为失稳。由于细长压杆的稳定失效先于它的强度失效，而且压杆的失稳是突然发生的，因此造成的后果也是严重的。所以在工程实际中，必须充分重视压杆稳定性问题。

2.2.2 剪切与挤压

1. 剪切与挤压的概念与实例

1) 剪切的概念与实例

如图 2-50(a) 所示的螺栓连接，当拉力 **F** 增加时，螺栓沿着 m—m 截面发生相对错动，如图 2-50(b) 所示，甚至可能被剪断。这种截面发生相对错动的变形称为剪切变形，产生相对错动的截面 m—m 称为剪切面，因剪切变形造成的破坏称为剪切破坏。剪切变形的受力特点：外力大小相等、方向相反、作用线平行且相距很近。变形特点：螺栓沿其两力作用线之间的截面发生了相对错动。在剪切面上与截面相切与外力平行且大小相等、方向相反的切向内力称为剪力，用 $\boldsymbol{F}_Q$ 表示，如图 2-50(c) 所示。

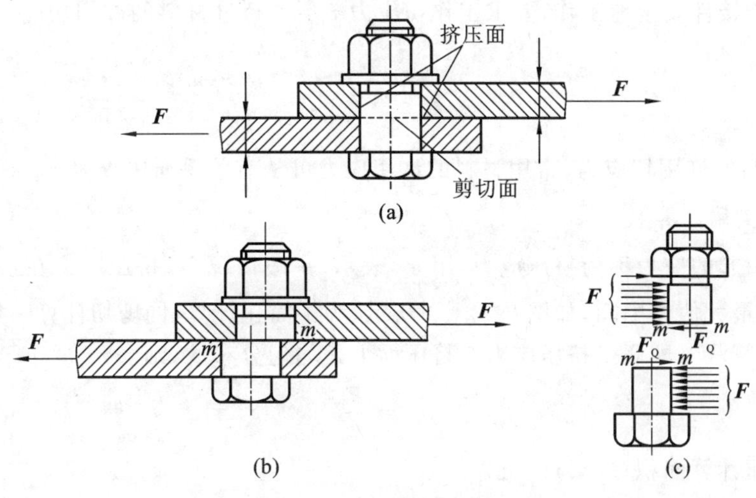

图 2-50　螺栓剪切实例

2）挤压的概念与实例

在连接件发生剪切变形的同时，在传递力的接触面上也受到较大的挤压力作用，从而出现局部压皱变形，这种现象称为挤压。发生挤压的接触面叫作挤压面，如图2-50和图2-51所示。挤压面上的压力称为挤压力，用 $\boldsymbol{F}_{jy}$ 表示。在接触处产生的变形称为挤压变形，因挤压变形造成的破坏叫作挤压破坏。工程实际中受挤压作用的零件很多，例如图 2-51(a) 所示，铆钉孔被压成长圆孔。如图 2-51(b) 所示，机器上常用的平键经常发生挤压破坏。

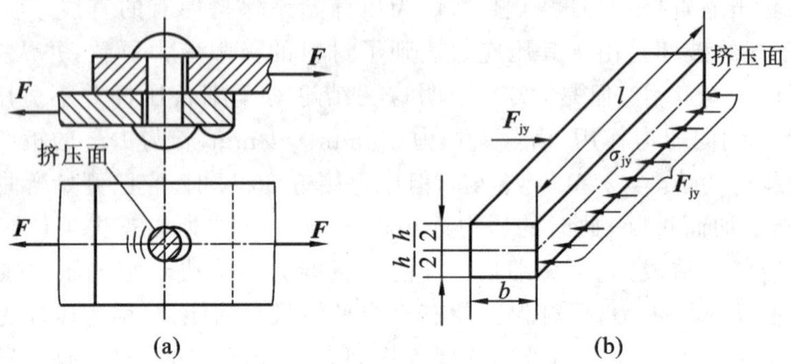

图 2-51　挤压实例

需要注意的是，挤压和压缩是两个完全不同的概念，挤压变形发生在两构件相互接触的表面，而压缩则是发生在一个构件上。

2. 剪切的实用计算

为了对连接件进行剪切强度计算，需先求出剪切面上的内力。现以图 2-50(a) 所示的螺栓为例进行分析。假想用一个截面将螺栓沿着受剪面截开，剪切面上必有平行于截面的内力，用 $\boldsymbol{F}_Q$ 表示，如图 2-50(c) 所示。剪切面上的应力称为切应力，切应力分布情况比较复杂，在工程计算中常采用“实用计算法”，即假定切应力均匀分布在剪切面上，用符号 $\boldsymbol{\tau}$ 表示。因此，切应力计算公式为

$$\tau = \frac{F_Q}{A} \tag{2-29}$$

式中，F_Q 为剪切面上的剪力(N)；A 为剪切面面积(mm^2)。

为了保证连接件安全地工作，要求工作切应力 τ 不得超过材料的许用切应力$[\tau]$，即剪切强度条件为

$$\tau = \frac{F_Q}{A} \leqslant [\tau] \tag{2-30}$$

式中，$[\tau]$ 为材料的许用切应力，常用材料的许用应力可从有关手册中查得。

3. 挤压的实用计算

由挤压力引起的应力称为挤压应力，用 $\boldsymbol{\sigma}_{jy}$ 表示。一般情况下，挤压应力在挤压面上的分布是比较复杂的，最大值在中间，如图 2-52(a) 所示。为了简化计算，同剪切计算一样，工程计算中常采用“实用计算法”，即假定挤压应力在挤压面上是均匀分布的，则

$$\sigma_{jy} = \frac{F_{jy}}{A_{jy}} \tag{2-31}$$

式中，A_{jy} 为挤压计算面积；F_{jy} 为挤压力。

在挤压强度计算中，A_{jy} 要根据接触面的具体情况而定。图 2-51 所示的连接键，挤压面为平

面，则挤压面积为有效接触面面积 $A_{jy}=\frac{hl}{2}$；若挤压面是圆柱形曲面，如铆钉、销钉、螺栓等圆柱形连接件，挤压计算面积按半圆柱正投影面积计算，如图 2-52(b) 所示。即$A_{jy}=d\delta$，其中 d 为螺栓或铆钉的直径，δ 为螺栓或铆钉与孔的接触长度，为保证连接件不致因挤压而失效，连接件应具有足够的挤压强度，挤压强度条件为

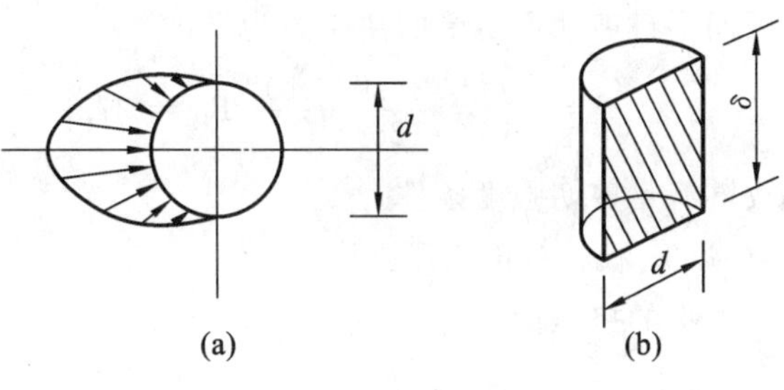

图 2-52 挤压应力的分布

$$\sigma_{jy}=\frac{F_{jy}}{A_{jy}}\leqslant[\sigma_{jy}] \tag{2-32}$$

式中，F_{jy} 为挤压力(N)；A_{jy} 为挤压计算面积(mm^2)；$[\sigma_{jy}]$ 为许用挤压应力(MPa)，其值可查阅有关设计手册。

必须注意，如果连接件和被连接件的材料不同，应对许用挤压应力较低者进行挤压强度计算，这样，才能保证结构安全可靠。

【例 2-18】 如图 2-53(a) 所示，某齿轮通过平键与轴连接(图中未画齿轮)。已知轴传递的转矩 $M=1\ \text{kN}\cdot\text{m}$，平键的尺寸为 $b\times h\times l=16\ \text{mm}\times10\ \text{mm}\times80\ \text{mm}$，轴的直径 $d=56\ \text{mm}$，键的许用切应力$[\tau]=60\ \text{MPa}$，许用挤压应力$[\sigma_{jy}]=100\ \text{MPa}$，试校核平键的连接强度。

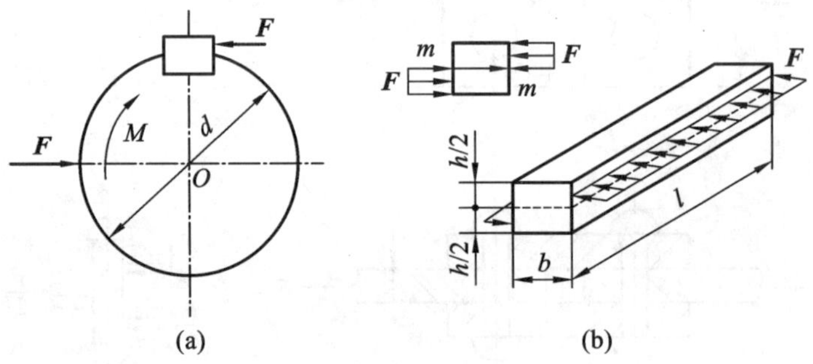

图 2-53 例 2-18 图

解：(1) 计算作用于键上的作用力 $\boldsymbol{F}$。取平键与轴组成的物系为研究对象，其受力图如图 2-53(a) 所示，列平衡方程

$$\sum M_O(\boldsymbol{F})=0$$

得：

$$F\times\frac{d}{2}-M=0$$

$$F=\frac{2M}{d}=\frac{2\times1\times10^3}{56\times10^{-3}}\text{N}=35.7\times10^3\ \text{N}=35.7\ \text{kN}$$

(2) 校核键的剪切强度。由图 2-53(b) 可以看出平键的破坏可能是沿着 m—m 截面的剪切破坏或在平键与键槽间产生挤压破坏。用截面法可得到键在剪切面上的剪力 F_Q 为

$$F_Q=F=F_{jy}=35.7\ \text{kN}$$

平键的剪切面面积为

$$A=bl=16\times80\times10^{-6}\,\text{m}^2=128\times10^{-5}\,\text{m}^2$$

因而平键剪切面所受的切应力为

$$\tau = \frac{F_Q}{A} = \frac{35.7 \times 10^3}{128 \times 10^{-5}}\ \text{Pa} = 27.9 \times 10^6\ \text{Pa} = 27.9\ \text{MPa} < [\tau] = 60\ \text{MPa}$$

故键满足剪切强度条件。

(3) 校核键的挤压强度。

键的挤压面积为

$$A_{jy} = \frac{1}{2}hl = \frac{10 \times 80}{2}\ \text{mm}^2 = 400\ \text{mm}^2 = 4 \times 10^{-4}\ \text{m}^2$$

因而

$$\sigma_{jy} = \frac{F_{jy}}{A_{jy}} = \frac{35.7 \times 10^3\ \text{N}}{4 \times 10^{-4}\ \text{m}^2}\ \text{Pa} = 89.25 \times 10^6\ \text{Pa} = 89.25\ \text{MPa} < [\sigma_{jy}] = 100\ \text{MPa}$$

挤压强度足够。所以键的连接强度足够。

【例 2-19】 如图 2-54(a) 所示的钢板铆接件中，接头的每边由两个铆钉铆接，钢板与铆钉的材料均为 Q235 钢，已知 $F = 100$ kN，$t = 10$ mm，$d = 17$ mm，铆钉的许用切应力$[\tau] = 120$ MPa，许用挤压应力$[\sigma_{jy}] = 320$ MPa。试校核铆钉强度。

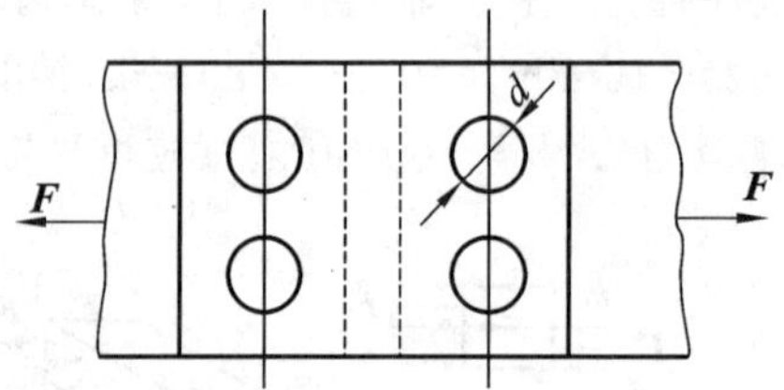

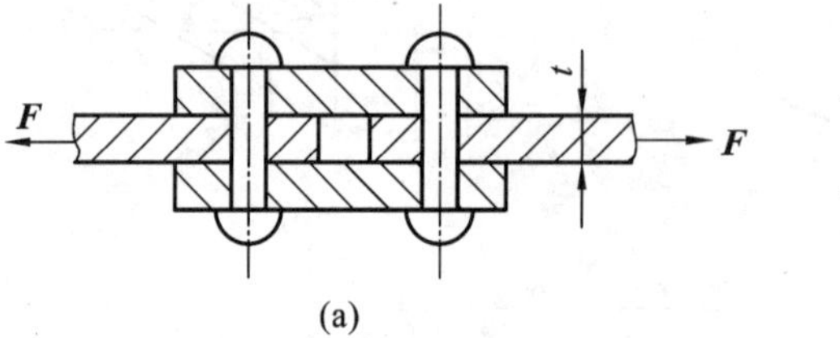

图 2-54 例 2-19 图

解：(1) 求外力。铆钉受力如图 2-54(b) 所示。设每个铆钉受力相等，单个铆钉受力为 $F/2$。

(2) 求内力。铆钉有两个受剪面。由截面法可知，每个截面上的剪力为

$$F_Q = \frac{F}{4} = 25\ \text{kN}$$

(3) 铆钉强度校核。

$$\tau = \frac{F_Q}{A} = \frac{F_Q}{\pi d^2/4} = \frac{25 \times 10^3}{2.27 \times 10^{-4}}\ \text{Pa} = 110 \times 10^6\ \text{Pa} = 110\ \text{MPa} < [\tau] = 120\ \text{MPa}$$

(4) 铆钉挤压强度计算。由图 2-54(b) 可见，铆钉中间段右侧面为危险面，挤压力为

$$F_{jy} = \frac{F}{2} = 50\ \text{kN}$$

挤压计算面积为

$$A_{jy} = d \times t = 10 \times 10^{-3}\ \text{m} \times 17 \times 10^{-3}\ \text{m} = 17 \times 10^{-5}\ \text{m}^2$$

根据挤压强度条件：

$$\sigma_{jy}=\frac{F_{jy}}{A_{jy}}=\frac{50\times10^{3}\ \mathrm{N}}{17\times10^{-5}\ \mathrm{m}^{2}}\ \mathrm{Pa}=294\times10^{6}\ \mathrm{Pa}=294\ \mathrm{MPa}<[\sigma_{jy}]=320\ \mathrm{MPa}$$

该铆钉既满足剪切强度条件又满足挤压强度条件，因此强度足够。

2.2.3 圆轴扭转

1. 圆轴扭转的概念与实例

机械中的轴类零件往往承受扭转作用。图 2-55(a) 所示的钳工攻内螺纹时，两手所加的外力偶 M 作用在丝锥的上端，工件的反力偶 M_e 作用在丝锥的下端，使得丝锥发生扭转变形。如图 2-55(b) 所示钻头。如图 2-55(c) 所示的汽车传动轴 AB 等以及如图 2-55(d) 所示的汽车方向盘转轴均是扭转变形的实例，它们均可简化为如图 2-56 所示的计算简图。

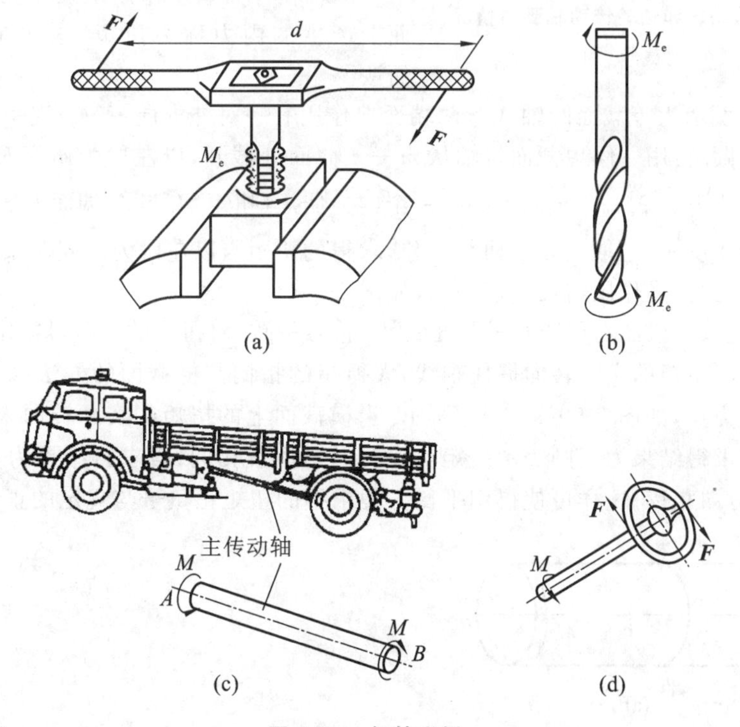

图 2-55 扭转实例

从以上扭转变形实例可以看出，杆件扭转变形的受力特点：杆件受到作用面与轴线垂直的外力偶作用；其变形特点是杆件的各横截面绕轴线发生相对转动。杆轴线始终保持直线。这种变形称为扭转变形。以扭转变形为主要变形的杆件称为轴。圆轴是工程上常见的一种受扭转的杆件，这里只研究圆轴扭转变形问题。

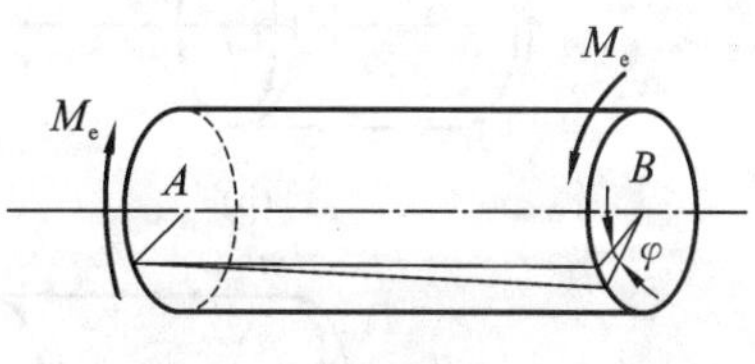

图 2-56 扭转计算简图

须指出，有些构件在发生扭转变形的同时，还产生其他的变形。如图 2-57(a) 所示的带传动轴和齿轮传动轴，除发生扭转变形以外还发生弯曲变形，属于组合变形本节讨论的只是这些构件的扭转变形部分如图 2-57(b) 所示。

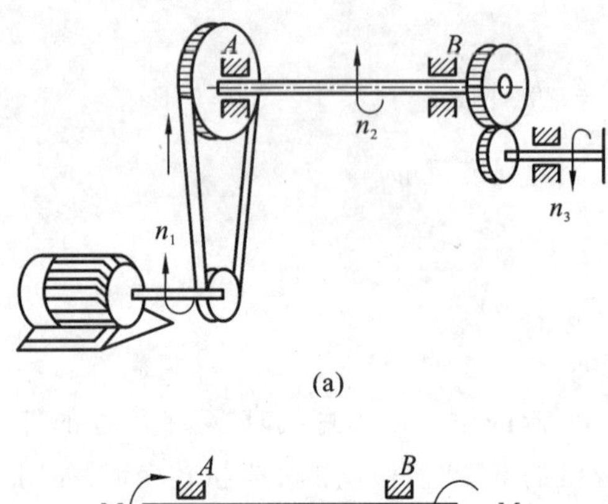

图 2-57　带传动轴和齿轮传动轴受力情况

2. 扭矩与扭矩图

1）外力偶矩

圆轴扭转时的外力偶矩，通常用 M_e 来表示（见图 2-56）。工程中许多受扭转的构件，如传动轴，通常只给出其转速和所传递的功率，而不直接给出外力偶矩值，所以外力偶矩可按下列公式计算：

$$M_e = 9549\,\frac{P}{n} \tag{2-33}$$

式中，M_e 为外力偶矩（N·m），P 为轴传递的功率（kW），n 为轴的转速（r/min）。

2）扭矩与扭矩图

圆轴在外力偶矩作用下发生扭转变形时，其截面上产生的内力称为扭矩，求扭矩的方法仍用截面法。

图 2-58(a) 所示为等截面圆轴 AB，两端面上作用有一对外力偶矩 M_e，现用截面法求圆轴横截面上的内力。做法：用一假想截面将轴从 m—m 截面处截开，以左段为研究对象，根据平衡条件 $\sum M_x = 0$，得 $T = M_e$，即截面上必有一个内力偶矩（扭矩）T 与 A 端面上的外力偶矩 M_e 平衡，如图 2-58(b) 所示。若取右段为研究对象，求得的扭矩与以左段为研究对象求得的扭矩大小相等、转向相反，它们是作用与反作用关系，如图 2-58(c) 所示。

为了使不论取左段或右段求得的扭矩大小、符号一致，对扭矩的正负号规定如下：按右手螺旋法则，四指顺着扭矩的实际转向握住轴线，大拇指的指向与横截面的外法线 n 方向一致时的扭矩为正；反之为负，如图 2-59(a)、(b) 所示。当横截面上的扭矩的实际转向未知时，一般先假定扭矩为正。若求得结果为正则表示扭矩实际转向与假设相同；若求得结果为负则表示扭矩实际转向与假设方向相反。这样可使得用平衡方程求得的扭矩正负号与规定的正负号相同。

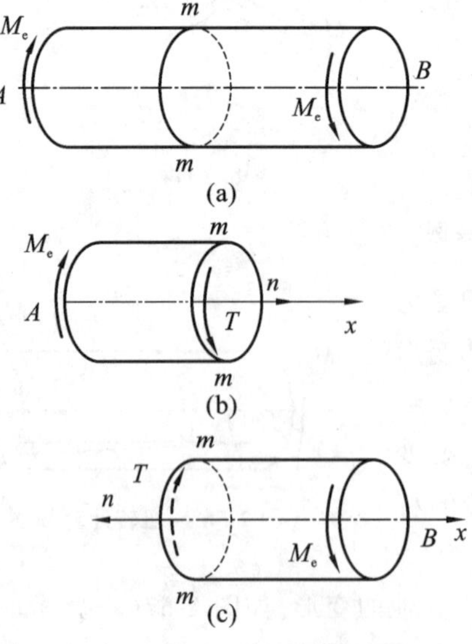

图 2-58　截面法求扭矩

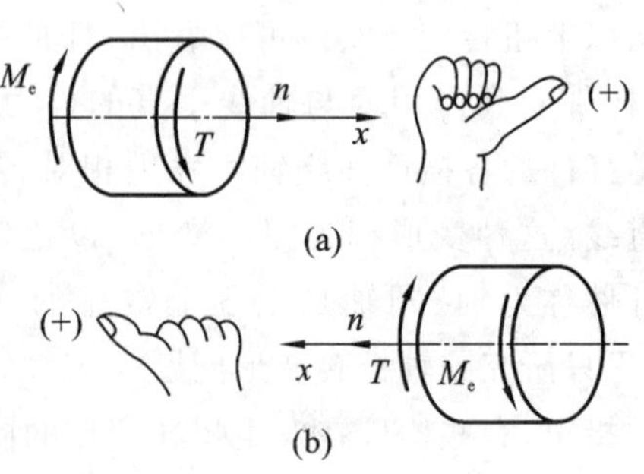

图 2-59　扭矩正负的规定

在轴受到多个外力偶作用时,圆轴各截面上的扭矩一般不同,为了形象地表示扭矩沿轴线的变化情况,需绘制扭矩图:以与轴线平行的 Ox 轴表示横截面的位置,以垂直于 Ox 轴的 OT 轴表示横截面上的扭矩大小,建立直角坐标系,在坐标系中绘制扭矩的图线,称为扭矩图。可仿照轴力图的方法绘制扭矩图。扭矩为正画在 x 轴的上方,扭矩为负画在 x 轴的下方。

【例 2-20】 图 2-60(a) 所示的传动轴 ABC,转速 $n = 960$ r/min,输入功率 $P_A = 30$ kW,输出功率 $P_B = 20$ kW,$P_C = 10$ kW,试绘出传动轴 ABC 的扭矩图。

解:(1) 计算外力偶矩。由式(3-13)得:

$$M_A = 9\,549\,\frac{P_A}{n} = 9\,549 \times \frac{30}{960}\ \text{N}\cdot\text{m} = 298\ \text{N}\cdot\text{m}$$

$$M_B = 9\,549\,\frac{P_B}{n} = 9\,549 \times \frac{20}{960}\ \text{N}\cdot\text{m} = 199\ \text{N}\cdot\text{m}$$

$$M_C = 9\,549\,\frac{P_C}{n} = 9\,549 \times \frac{10}{960}\ \text{N}\cdot\text{m} = 99\ \text{N}\cdot\text{m}$$

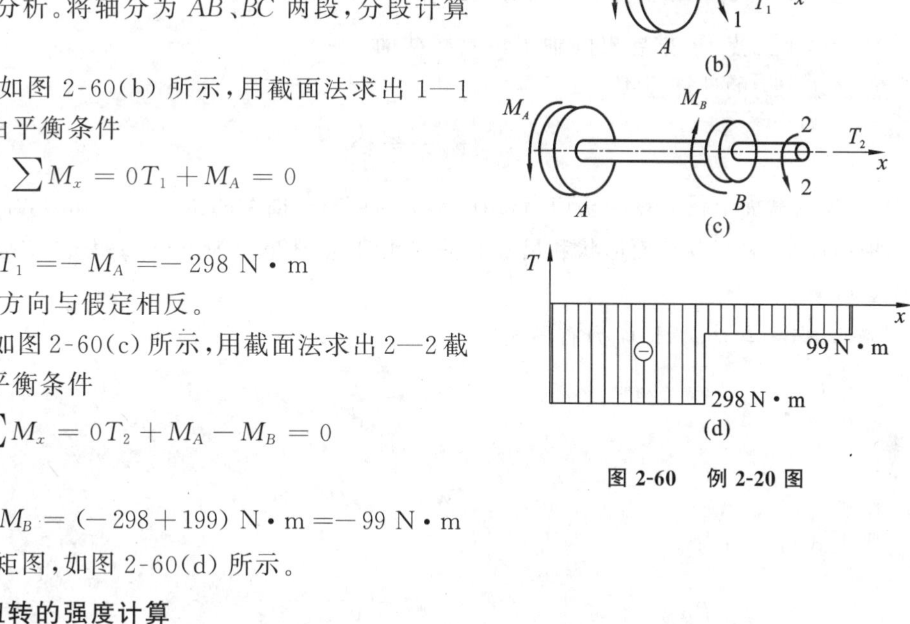

图 2-60 例 2-20 图

(2) 内力分析。将轴分为 AB、BC 两段,分段计算扭矩。

在 AB 段如图 2-60(b) 所示,用截面法求出 1—1 截面的扭矩,由平衡条件

$$\sum M_x = 0 T_1 + M_A = 0$$

得:

$$T_1 = -M_A = -298\ \text{N}\cdot\text{m}$$

负号表示方向与假定相反。

在 BC 段如图 2-60(c) 所示,用截面法求出 2—2 截面的扭矩,由平衡条件

$$\sum M_x = 0 T_2 + M_A - M_B = 0$$

得:

$$T_2 = -M_A + M_B = (-298 + 199)\ \text{N}\cdot\text{m} = -99\ \text{N}\cdot\text{m}$$

(3) 画扭矩图,如图 2-60(d) 所示。

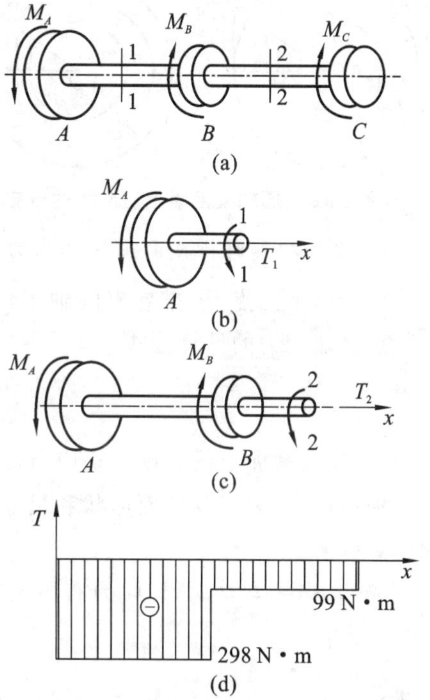

3. 圆轴扭转的强度计算

1) 圆轴扭转时横截面上的应力

取一等直截面圆轴,在其表面上画出一组与轴线平行的纵向线和表示横截面的圆周线,形成矩形网格,如图 2-61(a) 所示。将轴的一端固定,在轴的另一端,作用一个力偶矩 M_e,使圆轴扭转如图 2-61(b) 所示,在小变形的情况下,可以观察到如下现象。

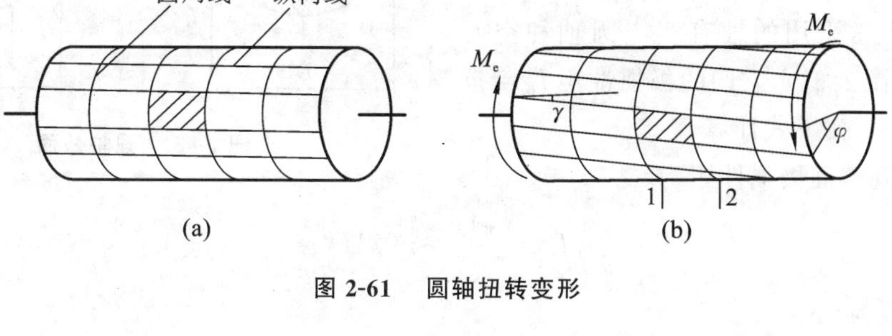

圆周线 纵向线

(a) (b)

图 2-61 圆轴扭转变形

(1) 各圆周线绕轴线发生了相对转动，但形状、大小及间距均无变化。

(2) 所有纵向线都倾斜了同一角度 γ，但仍近似为直线。使原来的矩形网格变成平行四边形。

根据上述观察到的现象可提出圆轴扭转的平面假设：圆轴扭转时各横截面像刚性圆盘似的绕轴线转动，各横截面仍保持平面，其形状、大小不变，各截面间的距离保持不变。由此可得出如下结论：由于相邻截面的间距不变，故横截面上没有正应力；由于相邻横截面发生了旋转式的相对错动，故横截面上必有垂直于半径方向呈线性分布的切应力存在，且与扭矩的转向一致。最大切应力 τ_{max} 发生在圆轴横截面边缘上，而圆心处的切应力为零，横截面上切应力的分布如图 2-62 所示。

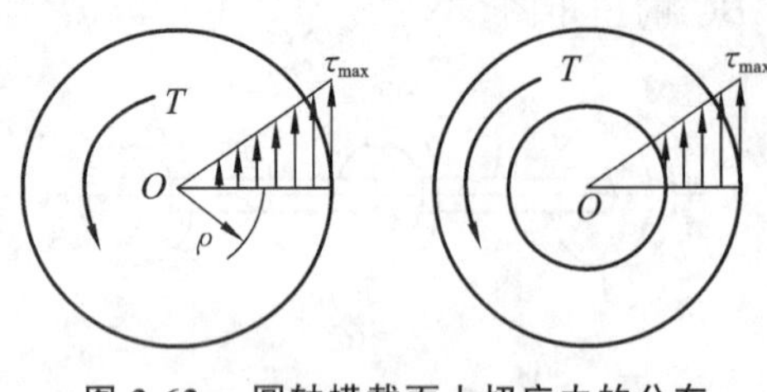

图 2-62　圆轴横截面上切应力的分布

2) 圆轴扭转时横截面上的切应力的计算

综合以上几点，可推导出圆轴扭转时横截面上任一点处切应力的计算公式

$$\tau_\rho = \frac{T\rho}{I_P} \tag{2-34}$$

式中，τ_ρ 为横截面上任一点的切应力(MPa)，T 为该横截面上的扭矩(N·mm)，I_P 为横截面对圆心的极惯性矩，是只与截面形状和尺寸有关的几何量，其单位为 mm^4，ρ 为欲求应力的点到轴线的距离(mm)。

显然，当 $\rho = R$ 时，切应力有最大值

$$\tau_{max} = \frac{TR}{I_P} \tag{2-35}$$

令

$$W_P = I_P/R$$

则上式可改写为

$$\tau_{max} = \frac{T}{W_P} \tag{2-36}$$

式中的 W_p 称为抗扭截面系数，它是圆轴抵抗扭转破坏能力的几何参数，其单位为 m^3 或 mm^3。

应指出式(2-34)、式(2-35)及式(2-36)只适用于圆轴(空心或实心)，且只有当其 τ_{max} 不超过材料的比例极限时方可应用。

3) 极惯性矩 I_P 及抗扭截面系数 W_P

工程上经常采用的轴有实心圆轴和空心圆轴两种(见图 2-63)，它们的极惯性矩 I_P 与抗扭截面系数 W_P 按下式计算：

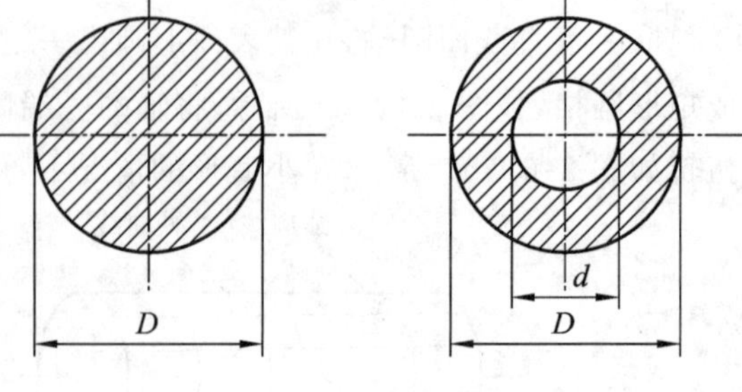

图 2-63　圆轴截面

① 实心圆截面极惯性矩为

$$I_P = \frac{\pi D^4}{32} \approx 0.1D^4 \tag{2-37}$$

抗扭截面系数为

$$W_p = \frac{I_p}{D/2} = \frac{\pi D^3}{16} \approx 0.2D^3 \tag{2-38}$$

式中:D 为实心轴的直径。

② 空心圆截面极惯性矩为

$$I_P = \frac{\pi D^4(1-\alpha^4)}{32} \approx 0.1D^4(1-\alpha^4) \tag{2-39}$$

抗扭截面系数为

$$W_P = \frac{I_P}{D/2} = \frac{\pi D^3}{16}(1-\alpha^4) \approx 0.2D^3(1-\alpha^4) \tag{2-40}$$

式中,D,d 分别为空心圆截面的外径、内径,$\alpha = d/D$

4) 圆轴扭转的强度计算

为了保证轴安全地工作,应使圆轴危险截面的最大切应力不超过材料的许用切应力。即圆轴扭转时的强度条件为

$$\tau_{\max} = \frac{T}{W_P} \leqslant [\tau] \tag{2-41}$$

式中的 T(N·mm) 和 W_P(mm^3) 分别为危险截面上扭矩的绝对值和抗扭截面系数;$[\tau]$ 为材料的许用切应力(MPa)。许用切应力$[\tau]$ 的值由扭转试验测定,可从有关手册查得。

对于阶梯轴,因扭转截面系数 W_P 不是常数,最大工作应力$\tau_{\max}$ 不一定发生在最大扭矩 $T_{\max}$ 所在的截面处,必须考虑扭矩 T 和扭转截面系数 W_P 比值来确定危险截面和$\tau_{\max}$。所以对于阶梯轴要分段校核强度。

扭转强度条件也可用来解决强度校核、选择截面尺寸及确定许可载荷三类强度计算问题。

【例 2-21】 一钢制阶梯轴如图 2-64(a) 所示,已知力偶矩 $M_1 = 5\ \text{kN}\cdot\text{m}$,$M_2 = 3\ \text{kN}\cdot\text{m}$,$M_3 = 2\ \text{kN}\cdot\text{m}$,材料的许用切应力$[\tau] = 60$ MPa,试校核轴的强度。

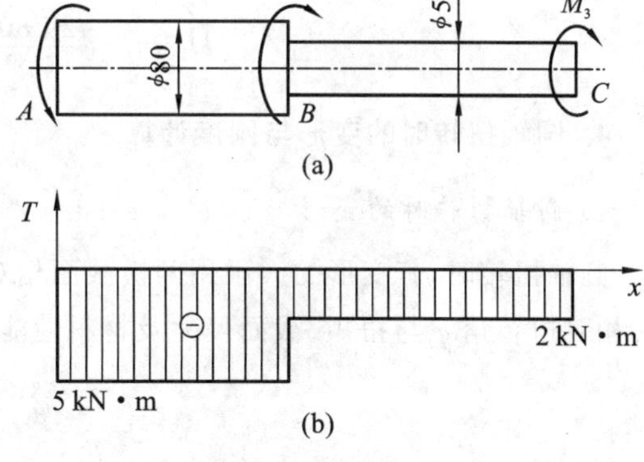

图 2-64 例 2-21 图

解:(1) 作扭矩图。用截面法求出 AB 段横截面上的扭矩为

$$T_1 = -5 \times 10^3\ \text{N}\cdot\text{m}$$

BC 段横截面上的扭矩为

$$T_2 = -2 \times 10^3\ \text{N}\cdot\text{m}$$

画出扭矩图,如图 2-64(b) 所示。

(2) 校核强度。由图 2-64(b) 可见,最大扭矩发生在 AB 段,但 AB 段横截面直径大,因此,需分别计算 AB 段及 BC 段横截面上的最大切应力,再与许用切应力比较,即

$$\tau_{\max(AB)} = \frac{|T_1|}{W_{P(AB)}} = \frac{5 \times 10^3\ \text{N}\cdot\text{m}}{\pi \times (0 \cdot 08\ \text{m})^3/16} = 49.7 \times 10^6\ \text{Pa} = 49.7\ \text{MPa} < [\tau]$$

故 AB 段的强度是安全的。

$$\tau_{\max(BC)} = \frac{|T_2|}{W_{P(BC)}} = \frac{2 \times 10^3\ \text{N}\cdot\text{m}}{\pi \times (0 \cdot 05\ \text{m})^3/16} = 81.5 \times 10^6\ \text{Pa} = 81.5\ \text{MPa} > [\tau]$$

故 BC 段强度不够。所以阶梯轴的强度不够。

【例 2-22】 图 2-55(c) 所示汽车的传动轴 AB，由 45 号无缝钢管制成，外径 $D = 90$ mm，壁厚 $t = 3.5$ mm，传递的最大转矩 $M = 1.5$ kN·m，材料的许用切应力 $[\tau] = 60$ MPa。

(1) 试计算其抗扭截面系数，并校核强度。

(2) 若改用相同材料的实心轴，并要求它和原来的传动轴的强度相同，试计算其直径 D_1。

解：(1) 取传动轴 AB 为研究对象，如图 2-55(c) 所示，各截面扭矩都相同，其大小为

$$T = M = 1.5\ \text{kN}\cdot\text{m}$$

空心轴内径：

$$d = D - 2t = (90 - 5)\text{mm} = 85\ \text{mm},$$

则

$$\alpha = \frac{d}{D} = \frac{85}{90} = 0.944\ 4$$

故抗扭截面系数为

$$W_P = 0.2D^3(1-\alpha^4) = 0.2 \times 90^3 \times (1 - 0.944\ 4^4)\text{mm}^3 = 29\ 800\ \text{mm}^3$$

由式(3-19) 得：

$$\tau_{\max} = \frac{T}{W_P} = \frac{1.5 \times 10^3 \times 10^3}{29\ 800}\ \text{MPa} = 50.3\ \text{MPa} < [\tau]$$

所以传动轴 AB 的强度足够。

(2) 改用实心轴。

当材料和扭矩相同时，要求它们的强度相同，即抗扭截面系数 W_P 相等：

$$W_P = W_{P1} = 0.2D_1^3 = 29\ 800\ \text{mm}^3$$

故实心轴的直径为

$$D_1 = \sqrt[3]{\frac{29\ 800}{0.2}}\ \text{mm} = 53\ \text{mm}$$

4. 圆轴扭转时的变形与刚度计算

1) 圆轴扭转时的变形

圆轴扭转时，其变形的大小用两横截面相对扭转角度 φ 来度量(见图 2-56)。由理论分析可知：相对扭转角 φ 与扭矩、截面尺寸及材料性能有如下关系：

$$\varphi = \frac{Tl}{GI_P} \tag{2-42}$$

式中，T(N·mm) 为截面上的扭矩；l 为两横截面的距离(mm)；G 为材料的切变模量(MPa)；I_P 为截面极惯性矩(mm^4)。

由上式可以看出，φ 与 T 和 l 成正比，与 G 和 I_P 成反比。当 T 和 l 一定时，GI_P 越大，扭转角 φ 越小，说明圆轴抵抗扭转变形的能力越强，即 GI_P 反映了圆轴抵抗扭转变形的能力，称为截面的抗扭刚度。为了消除轴长 l 的影响，工程中常采用单位长度相对扭转角 θ 来度量扭转变形程度，即

$$\theta = \frac{\varphi}{l} = \frac{T}{GI_P} \tag{2-43}$$

式中 θ 的单位为弧度 / 米(rad/m)。

2）圆轴扭转时的刚度计算

对于轴类零件，有时要求不能产生过大的扭转变形。例如机床主轴如果发生过大的扭转变形，会引起剧烈的扭转振动，影响工件加工精度和表面质量；车床丝杠发生过大的扭转变形，会影响工件的加工精度。为保证轴的刚度，通常规定单位长度扭转角的最大值θ_{max}不得超过许用单位长度扭转角$[\theta]$，即刚度条件为

$$\theta_{max}=\frac{T}{GI_p}\leqslant[\theta] \tag{2-44}$$

在工程中，$[\theta]$的单位习惯上常用度/米（°/m），由于1弧度$=180°/\pi$，所以上式又可写为

$$\theta_{max}=\frac{T}{GI_p}\times\frac{180°}{\pi}\leqslant[\theta] \tag{2-45}$$

单位长度的许用扭转角$[\theta]$的大小，应根据载荷性质和工作条件等因素确定的，具体数值可从机械设计手册中查出。一般规定：

精密机械的轴$[\theta]=0.15°\sim0.50°/\mathrm{m}$；

一般传动轴$[\theta]=0.5°\sim1.0°/\mathrm{m}$；

精密度较低的轴$[\theta]=1.0°\sim3.5°/\mathrm{m}$。

【例2-23】 传动轴如图2-65所示。已知齿轮1和齿轮3的输出功率分别为0.76 kW和3.9 kW，轴的转速为180 r/min，材料为45钢，$G=80$ GPa，$[\tau]=40$ MPa，$[\theta]=0.25°/\mathrm{m}$，试确定该传动轴的直径。

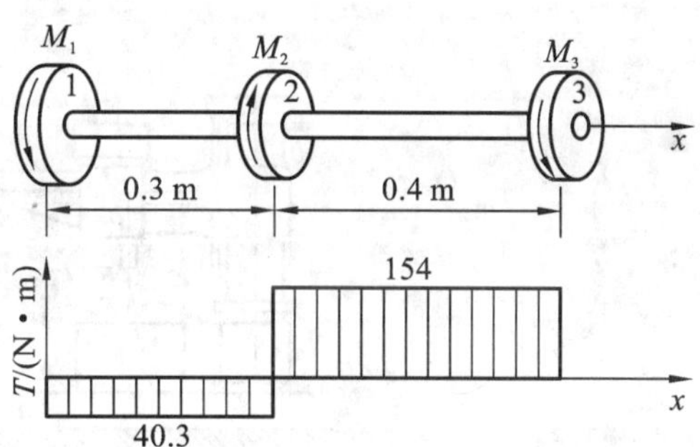

图2-65 例2-23图

解：(1) 由式(3-16)算出作用在齿轮1和3上的外力偶矩分别为

$$M_1=9\ 550\frac{P_1}{n}=9\ 550\times\frac{0.76}{180}\ \mathrm{N\cdot m}=40.3\ \mathrm{N\cdot m}$$

$$M_3=9\ 550\frac{P_3}{n}=9\ 550\times\frac{2.9}{180}\ \mathrm{N\cdot m}=154\ \mathrm{N\cdot m}$$

由平衡条件可得：$M_2=M_1+M_3=194.3\ \mathrm{N\cdot m}$

(2) 根据受力情况作传动轴的扭矩图（见图2-65）。从扭矩图可以看出，$T_{max}=154\ \mathrm{N\cdot m}$。

(3) 按强度条件计算轴径。

$$\tau_{max}=\frac{T_{max}}{W_n}=\frac{16\times154}{\pi D^3}\ \mathrm{MPa}\leqslant[\tau]=40\ \mathrm{MPa}$$

故有

$$D\geqslant\sqrt[3]{\frac{16\times154}{\pi\times40\times10^6}}\ \mathrm{mm}=0.027\ \mathrm{mm}$$

(4) 按刚度条件计算轴径得：

$$\theta_{max}=\frac{T_{max}}{GI_p}\times\frac{180}{\pi}=\frac{32\times T_{max}\times180}{G\pi^2D^4}=\frac{32\times154\times180}{80\times10^9\times\pi^2\times10^4}\leqslant[\theta]=0.25$$

$$D\geqslant\sqrt[4]{\frac{32\times154\times180}{180\times10^9\times\pi^2\times0.25}}\ \mathrm{m}=0.046\ \mathrm{m}$$

为了同时满足强度和刚度要求，确定轴径$D=46$ mm。

此例表明，当扭转刚度要求较高时，轴径往往由其扭转刚度确定。

2.2.4 平面弯曲

1. 平面弯曲的概念与实例

工程中存在着大量受弯曲的杆件，如桥式吊车的横梁（见图 2-66）、摇臂钻床的摇臂（见图 2-67），火车的车轮轴（见图 2-68）等，均为弯曲变形的构件。这些构件受力共同特点：作用于这些杆件的外力通常为垂直于杆轴的横向力，或通过杆轴线平面内的外力偶，从而使杆的轴线弯曲成曲线，这种变形称为弯曲变形。习惯上把以弯曲为主要变形的杆件称为梁。

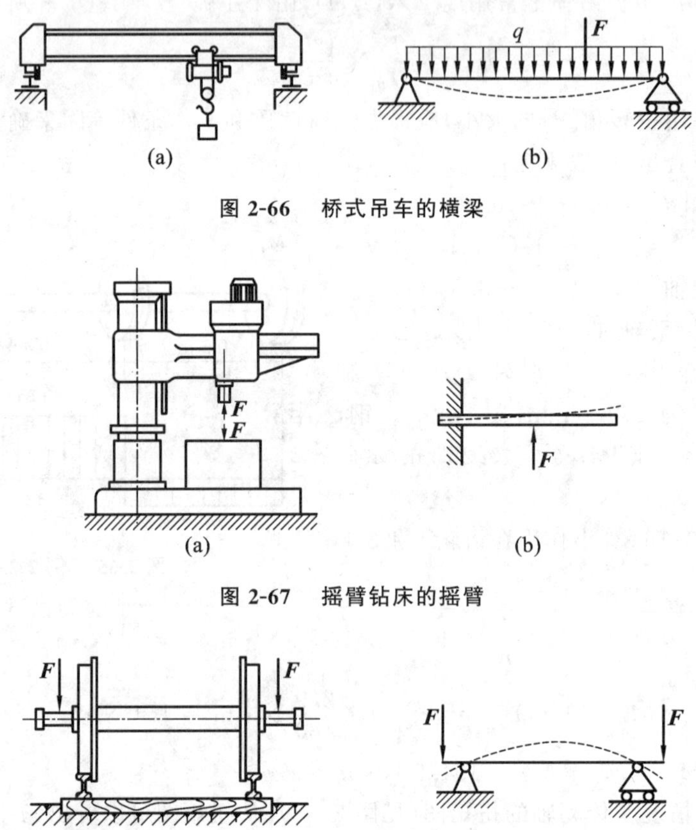

图 2-66　桥式吊车的横梁

图 2-67　摇臂钻床的摇臂

图 2-68　火车车轮轴

工程问题中，大多数梁的横截面都有一根对称轴 y，如图 2-69(a) 所示为常见的截面形状。由横截面的对称轴与梁的轴线组成的平面称为纵向对称面，如图 2-69(b) 所示。如果作用于梁上的所有外力都在纵向对称面内，则变形后梁的轴线也将在此对称平面内弯曲成为一条曲线，这种弯曲称为平面弯曲，它是弯曲问题中最常见的，也是最基本的情况。

工程实际中支座和载荷是各种各样的，为了便于分析，须对梁的支座和载荷进行简化。通常以梁的轴线表示梁；将作用在梁上的载荷简化为集中力 $\boldsymbol{F}$ 或集中力偶 M 或均布载荷 q；梁的约束（支承）可简化为固定铰链支座或活动铰链支座或固定端。通过简化得到的图形称为计算简图。图 2-66(b)、图 2-67(b) 和图 2-68(b) 分别为吊车梁、摇臂和车轴的计算简图。

根据支承情况可将梁分为三种形式。

(1) 简支梁梁的一端为固定铰支座，另一端为活动铰支座，如图 2-66(b) 所示。

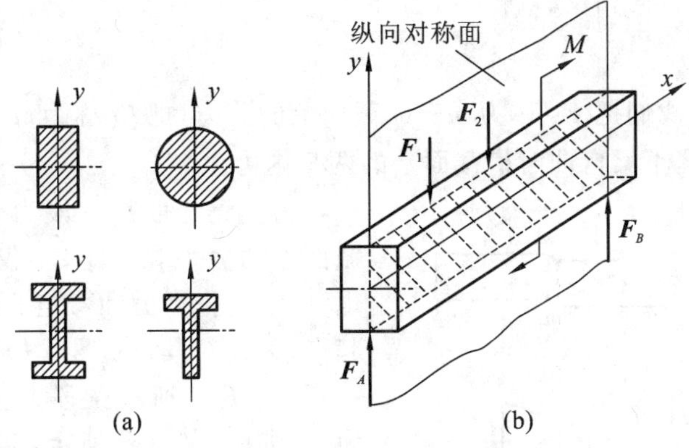

图 2-69　有对称轴的梁

(2) 外伸梁具有一端或两端外伸部分的简支梁，如图 2-68(b) 所示。

(3) 悬臂梁梁的一端固定，一端自由，如图 2-67(b) 所示。

作用在梁上的载荷，按其作用长度与杆件尺寸的相对关系可简化为三种类型。

(1) 集中力作用范围相对梁的长度很小，可简化为作用在一点的力，称为集中力。如图 2-67 中的 $\boldsymbol{F}$，图 2-68 中的 $\boldsymbol{F}_1$、$\boldsymbol{F}_2$。

(2) 集中力偶作用在纵向对称平面内的力偶，其力偶矩用 M 表示，如图 2-69(b) 所示。

(3) 分布载荷连续分布在梁的部分长度或全长上的载荷，称为分布载荷。在梁的长度上均匀分布的载荷为均布载荷，如图 2-66(b) 中的均布载荷 q(N/m)。

2. 平面弯曲的内力 —— 剪力与弯矩

1) 截面法求内力

现以图 2-70(a) 所示的简支梁 AB 为例，其上作用有集中力 $\boldsymbol{F}_1$、$\boldsymbol{F}_2$ 和 $\boldsymbol{F}_3$，欲求距离 A 端 x 处 m—m 横截面上的内力。为此，先求出梁的支座反力 $\boldsymbol{F}_{Ay}$、$\boldsymbol{F}_{By}$，然后采用截面法求 m—m 横截面上的内力。用一假想截面将梁在 m—m 处截成两段，取左段为研究对象，如图 2-70(b) 所示，由于整个梁处于平衡状态，左段也应保持平衡。右段梁对左段梁的作用，可以用截面上的切向内力 $\boldsymbol{F}_\mathrm{Q}$ 和内力偶矩 M 来代替，其大小由平衡方程确定，即

$$\sum F_y = 0 \quad F_{Ay} - F_1 - F_\mathrm{Q} = 0$$

得

$$F_\mathrm{Q} = F_{Ay} - F_1$$

$$\sum M_C(F) = 0 \qquad M + F_1(x-a) - F_{Ay}x = 0$$

得

$$M = F_{Ay}x - F_1(x-a)$$

上式表明，截面上的内力偶矩，在数值上等于所研究的一段梁上各外力对该截面形心的矩的代数和。如取右段为研究对象，如图 2-70(c) 所示，用相同的方法也可求得 m—m 截面上的 $\boldsymbol{F}_\mathrm{Q}$ 和 M，且

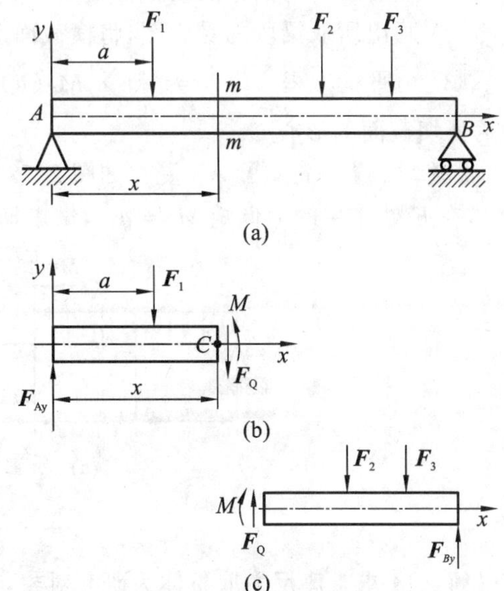

图 2-70　截面法求剪力、弯矩

数值与上述结果相等，方向相反。

2）剪力与弯矩

在上面的计算中，我们把 $\boldsymbol{F}_Q$ 称为 $m—m$ 截面上的剪力，把 M 称为 $m—m$ 截面上的弯矩。剪力和弯矩即为一般情况下梁弯曲时横截面上的两个内力。

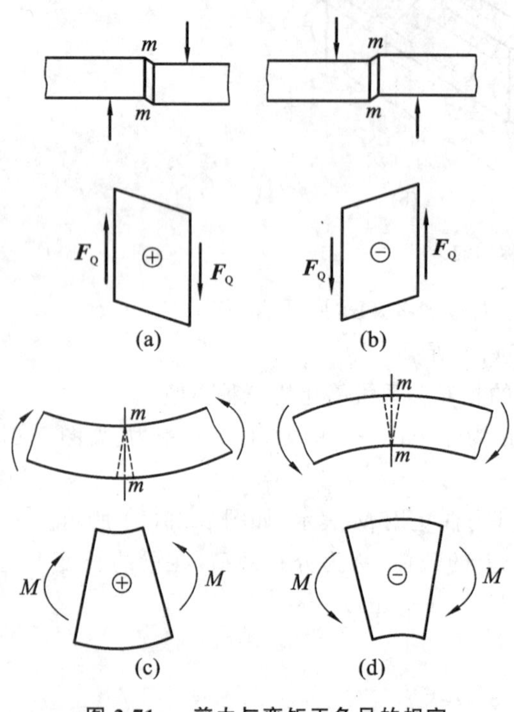

图 2-71　剪力与弯矩正负号的规定

为使无论取哪一段为研究对象得到的同一截面上的剪力和弯矩，不仅数值相同，而且符号也一致，可把剪力和弯矩的符号与梁的变形联系起来，为此对其正负号作如下规定。

(1) 凡使所取梁段产生顺时针转动的剪力为正，如图 2-71(a) 所示，反之为负，如图 2-71(b) 所示。即以截面左侧为研究对象时，向下的剪力为正，反之为负；以截面右侧为研究对象时，向上的剪力为正，反之为负。

(2) 凡使所取梁段产生上凹下凸变形的弯矩为正，如图 2-71(c) 所示，反之为负，如图 2-71(d) 所示。即以截面左侧为研究对象时，逆时针的弯矩为正，反之为负；以截面右侧为研究对象时，顺时针的弯矩为正，反之为负。

一般情况下可以先把未知的剪力和弯矩假设为正，然后由平衡条件计算剪力和弯矩的大小，若计算结果为正，说明内力的实际方向与假设的方向一致；若计算结果为负，说明内力的实际方向与假设方向相反。

综上所述，将弯曲梁的内力的求法归纳起来，具体如下。

(1) 在所求内力的梁的横截面处用一假想截面将梁截开，任取一段为研究对象。

(2) 画出所取梁段的受力图，将横截面上的剪力 $\boldsymbol{F}_Q$ 和弯矩均设为正。

(3) 由平衡方程 $\sum F_y = 0$ 和 $\sum M_C(\boldsymbol{F}) = 0$，分别计算剪力 $\boldsymbol{F}_Q$ 和弯矩 M，在力矩方程中，矩心为所切截面的形心 C。

【例 2-24】　简支梁 AB 受力如图 2-72(a) 所示。已知梁 AE 段作用的均布载荷的载荷集度为 q，在 E 处作用的力偶矩 $M = qa^2$，试求横截面 D 上的剪力和弯矩。

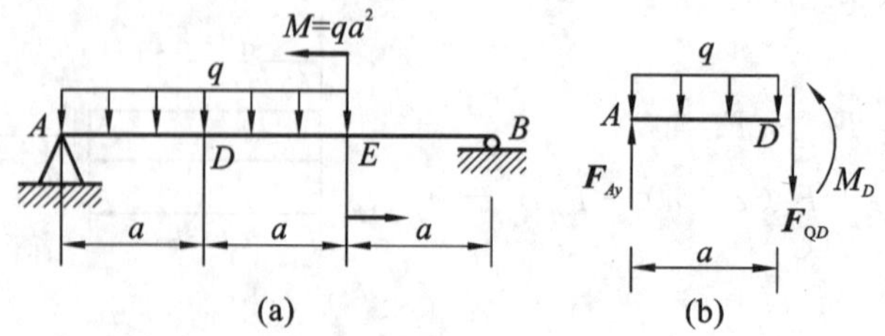

图 2-72　例 2-24 图

解：(1) 求支座反力取整体为研究对象，由平衡方程可得

$$F_{Ay} = \frac{5}{3}qa,\quad F_{By} = \frac{1}{3}qa$$

(2) 用截面法计算梁 D 截面上的内力。

假想将梁在截面 D 处截开，取左段为研究对象，设截面上的剪力 F_{QD} 与弯矩 M_D 均为正，方向如图 2-72(b) 所示，由平衡方程

$$\sum F_y = 0 \qquad F_{Ay} - F_{QD} - qa = 0$$

得

$$F_{QD} = F_{Ay} - qa = \frac{2}{3}qa$$

$$\sum M_D(\boldsymbol{F}) = 0 \qquad M_D + \frac{qa^2}{2} - F_{Ay}a = 0$$

得

$$M_D = F_{Ay}a - \frac{qa^2}{2} = \frac{7}{6}qa^2$$

F_{QD} 与弯矩 M_D 均为正值，表示实际方向与假设相同。

3. 弯矩图

一般情形下，梁横截面上内力随横截面位置的变化而变化。以坐标 x 表示横截面在梁轴线上的位置，于是梁横截面上的剪力和弯矩都可表示为坐标 x 的函数，即

$$F_Q = F_Q(x), \quad M = M(x)$$

以上函数表达式分别称为剪力方程和弯矩方程。对于一般的梁(短梁除外)，剪力对其强度影响很小，因此在强度计算时只考虑弯矩。根据梁的弯矩方程，以横坐标 x 表示横截面的位置，纵坐标 M 表示相应横截面上的弯矩，由此画出的表示弯矩随横截面位置变化的图线称为弯矩图。现举例说明弯矩图的画法。

【例 2-25】 某工厂厂房中采用了如图 2-73(a) 所示的起重设备。已知电葫芦起重的重量为 G，横梁的跨度为 l。若不计横梁的自重，试画出电葫芦起重后在移至横梁 C 处时的弯矩图。

解：(1) 求支座反力。画出电葫芦移至 C 处时的计算简图如图 2-73(b) 所示，由静力平衡方程

$$\sum M_B(F) = 0, \quad Gb - F_{Ay}l = 0$$

$$\sum M_A(F) = 0, \quad F_{By}l - Ga = 0$$

求得支座反力为

$$F_{Ay} = \frac{Gb}{l}$$

$$F_{By} = \frac{Ga}{l}$$

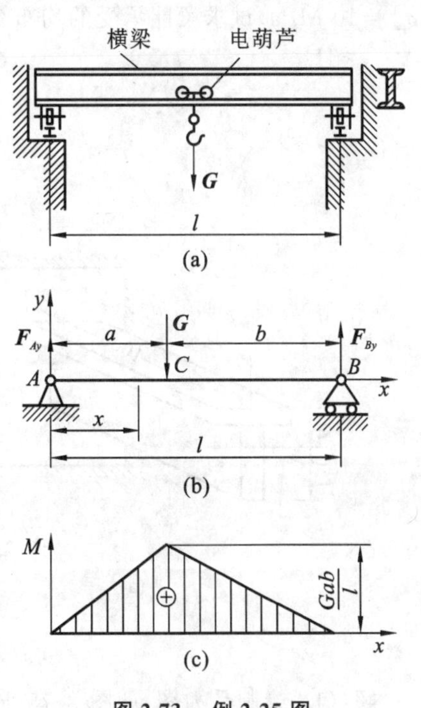

图 2-73 例 2-25 图

(2) 列弯矩方程。以横梁的左端 A 为坐标原点，选定坐标系 xAy。因 C 处作用有集中力 $\boldsymbol{G}$，因此横梁在 AC 段和 CB 段内的弯矩不能用同一方程式来表达，应分段列出 AC 和 CB 两段梁的弯矩方程。

AC 段：在 AC 段内取距离 A 端为 x 的任一横截面，列出弯矩方程分别为

$$M_1(x) = F_{Ay}x = \frac{Ga}{l}x \quad (0 \ll x \ll a)$$

CB 段：在 CB 段内取距离 A 端为 x 的任一横截面，列出弯矩方程分别为

$$M_2(x)=F_{Ay}x-G(x-a)=\frac{Ga}{l}(l-x)\quad(a\ll x\ll l)$$

(3) 画弯矩图。由弯矩方程可知，弯矩图为两条斜直线，确定直线两端点的坐标，即可作出全梁的弯矩图如图 2-73(c) 所示。由弯矩图可知，在集中力 $\boldsymbol{G}$ 作用的 C 处横截面上弯矩最大，其值为

$$M_{\max}=\frac{Gab}{l}$$

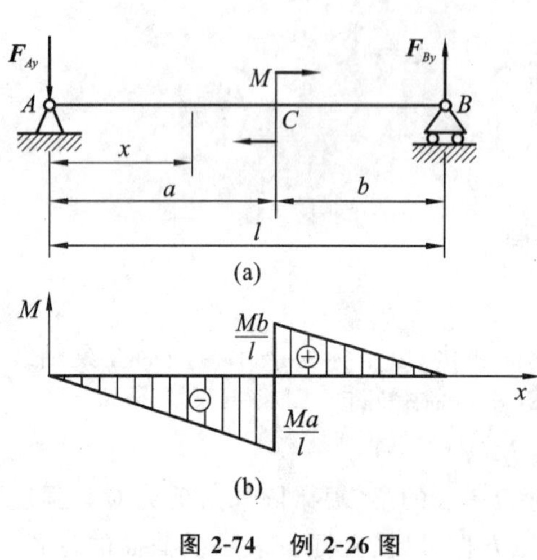

图 2-74　例 2-26 图

【例 2-26】　如图 2-74(a) 所示的简支梁，在 C 处作用一集中力偶 M，试列出梁的弯矩方程并画出弯矩图。

解：由简支梁的静力平衡方程求出其支座反力为

$$F_{Ay}=\frac{M}{l},\quad F_{By}=\frac{M}{l}$$

列弯矩方程时，应分两段来考虑。

AC 段内弯矩方程为

$$M_{AC}(x)=-F_{Ay}x=-\frac{M}{l}x\quad(0\ll x\ll a)$$

CB 段内弯矩方程为

$$M_{CB}(x)=F_{By}(l-x)=\frac{M}{l}(l-x)\quad(a\ll x\ll l)$$

按各段内弯矩方程分别作出弯矩图，如图 2-74(b) 所示。

【例 2-27】　如图 2-75(a) 所示矩形截面简支梁 AB，$b=200$ mm，$h=300$ mm，$l=4$ m，$[\sigma]=10$ MPa。试求梁能承受的均布载荷。

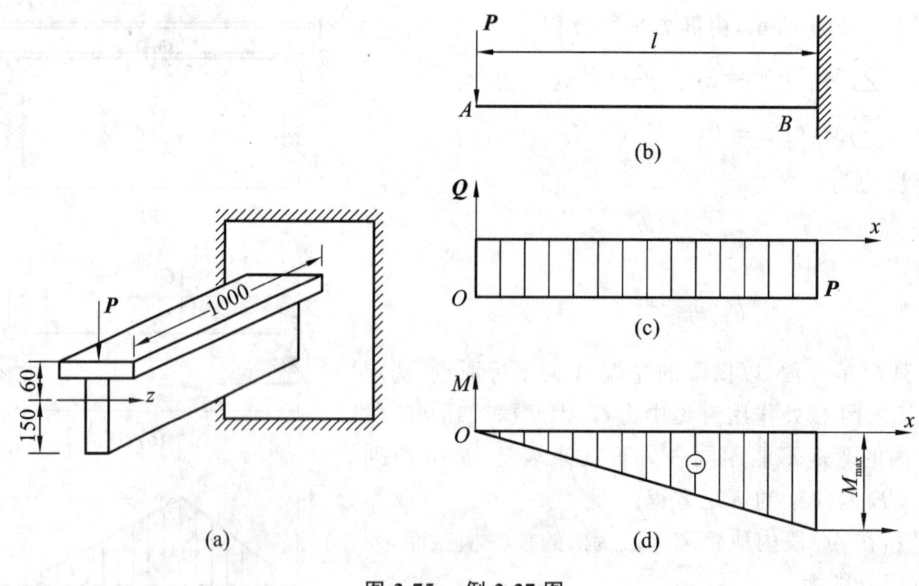

图 2-75　例 2-27 图

解：(1) 绘制受力图，如图 2-75(b) 所示。由静力平衡方程可得

$$F_{Ay} = F_{By} = \frac{ql}{2}$$

(2) 绘制剪力图,如图 2-75(c) 所示。

(3) 绘制弯矩图,如图 2-75(d) 所示。

由弯矩图可知,最大弯矩发生在梁的跨度中点截面上,即在 $x = \frac{l}{2}$ 处弯矩值最大,该截面为危险截面,其弯矩值为 $M_{\max} = \frac{ql^2}{8} = \frac{q}{8} \times 4^2 = 2q$。

(4) 确定许用载荷。

$$M_{\max} \leqslant W_z[\sigma]$$

由

$$W_z = \frac{bh^2}{6} = \frac{200 \times 300^2}{6}\ \text{mm}^3 = 3 \times 10^6\ \text{mm}^3$$

$$2q \times 10^6 \leqslant 3 \times 10^6 \times 10$$

得

$$q \leqslant 15\ \text{N/mm}$$

通过以上例题,可以总结出弯矩图与载荷之间的几点普遍规律。

(1) 在两集中力之间(无分布载荷作用) 的梁段上,弯矩图为斜直线。

(2) 在有均布载荷作用的梁段上弯矩图为抛物线。若分布载荷向下,弯矩图为向上凸的曲线;若分布载荷向上,弯矩图为向下凹的曲线。

(3) 在集中力作用处弯矩图发生转折。

(4) 在集中力偶作用处,弯矩图有突变,其突变值等于该处集中力偶的力偶矩大小。

利用以上规律,不仅可以检查弯矩图形状的正确性,而且无须列出梁的弯矩方程,就可画出弯矩图。

4. 平面弯曲梁横截面上的应力及其强度计算

1) 平面弯曲时梁横截面上的正应力的分布规律

为了研究梁横截面上的正应力分布规律,可作纯弯曲实验。取一矩形等截面直梁,在表面画一些平行于轴线的纵向线和垂直于梁轴线的横向线,如图 2-76(a) 所示。在梁的两端施加一对位于梁纵向对称面内的力偶,如图 2-76(b) 所示,使梁发生弯曲。这样,用截面法求得梁上的内力只有弯矩而无剪力,这种梁被称为纯弯曲梁。

通过梁的纯弯曲实验,可观察到如下现象。

(1) 纵向线弯曲成圆弧线,其间距不变。

(2) 横向线仍为直线,且和纵向线正交,横向线间相对地转过了一个微小的角度。

根据上述现象,可对梁的变形提出如下假设。

(1) 平面假设:梁弯曲变形时,其横截面仍保持平面,且绕某轴转过了一个角度。

(2) 单向受力假设:设梁由无数纵向纤维组成,则这些纤维处于单向受拉或单向受压状态。从图 2-77 中可以看出,梁下部的纵向纤维受拉伸长,上部的纵向纤维受压缩短,其间必有一层纤维既不伸长也不缩短,这层称为中性层。中性层和横截面的交线称为中性轴(图 2-78 中的 z 轴)。梁的横截面绕中性轴转动了一个微小角度。

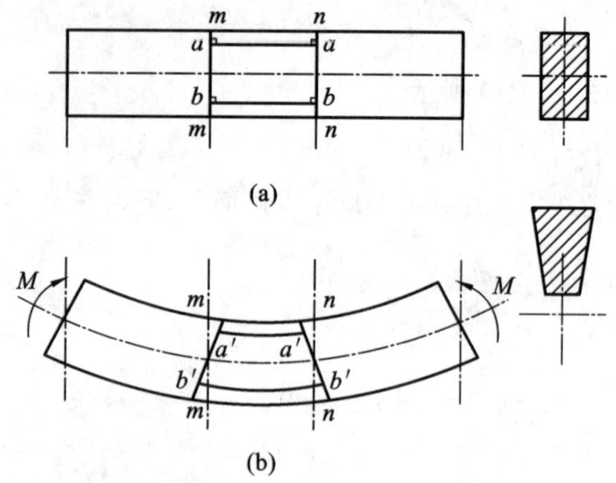

图 2-76　梁的纯弯曲实验

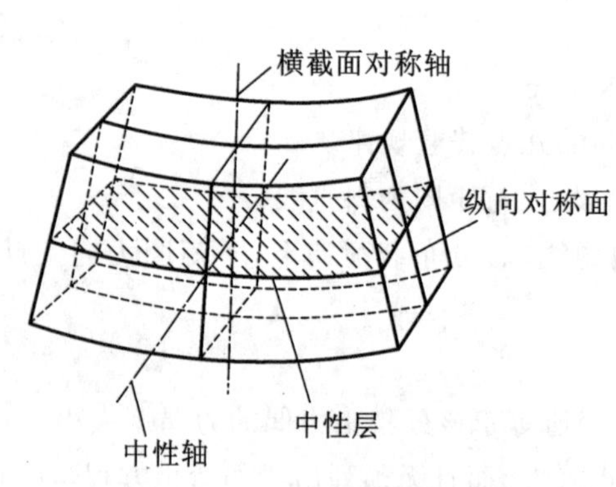

图 2-77　梁弯曲时的中性层

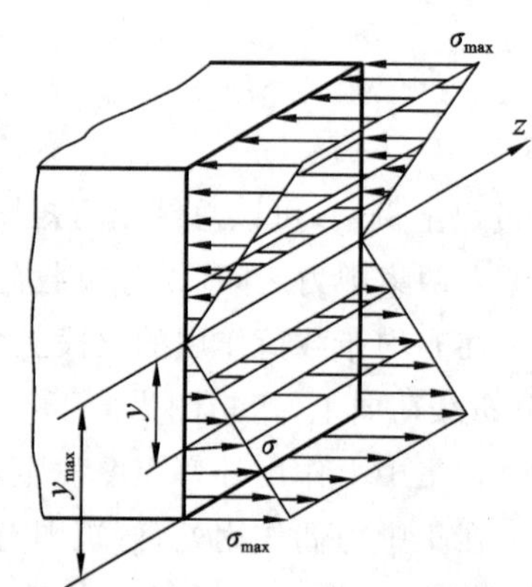

图 2-78　梁横截面上弯曲应力的分布

由平面假设可知，矩形截面梁在纯弯曲时的应力分布有如下特点。

(1) 中性轴上的正应力为零。

(2) 任一点的正应力与该点到中性轴的距离成正比；距中性轴同一高度上各点的正应力相等(见图 2-78)。

(3) 在图 2-77 所示受力情况下，中性轴上部各点纵向纤维受压缩短，正应力为负值；中性轴下部各点纵向纤维受拉伸长，正应力为正值。

(4) 正应力沿 y 轴线性分布，最大正应力(绝对值)在离中性轴最远的上、下边缘处，如图 2-77 所示。

2) 梁的正应力的计算

当梁横截面上的弯矩为 M 时，该截面距中性轴 z 为 y 的点(图 2-78)的正应力 σ 的计算公式为

$$\sigma = \frac{My}{I_Z} \tag{2-46}$$

式中，I_Z 是横截面对 z 轴的惯性矩，是只与截面的形状、尺寸有关的几何量，其单位为 m^4 或 mm^4。实际使用时，M 和 y 都取绝对值，由梁的变形判断 σ 的正负。

当 $y=y_{\max}$ 时，弯曲正应力达最大值，

$$\sigma_{\max}=\frac{My_{\max}}{I_Z}$$

令

$$W_Z=\frac{I_Z}{y_{\max}}$$

则

$$\sigma_{\max}=\frac{M}{W_Z}$$

式中 W_Z 称为梁的弯曲截面系数，它是只与横截面的形状、尺寸有关的几何量，其单位为 m^3 或 mm^3。

3）梁横截面的惯性矩 I_Z 和弯曲截面系数 W_Z 的计算

工程中常用的 I_Z 和 W_Z 的计算公式见表 2-1。

表 2-1　常用截面的 I_Z 和 W_Z 的计算公式

截面形状	（矩形截面，尺寸 b、h）	（圆形截面，直径 D）	（圆环截面，外径 D、内径 d）
轴惯性矩	$I_Z=\frac{bh^3}{12}$ $I_y=\frac{hb^3}{12}$	$I_Z=I_y=\frac{\pi D^4}{64}\approx 0.05D^4$	$I_Z=I_y=\frac{\pi D^4}{64}(D^4-d^4)\approx 0.05D^4(1-\alpha^4)$ 式中 $\alpha=\frac{d}{D}$
弯曲截面系数	$W_Z=\frac{bh^2}{6}$ $W_y=\frac{hb^2}{6}$	$W_Z=W_y=\frac{\pi D^3}{32}\approx 0.1D^3$	$W_Z=W_y=\frac{\pi D^3}{32}\approx 0.1D^3(1-\alpha^4)$ 式中 $\alpha=\frac{d}{D}$

4）梁弯曲强度的计算

梁的弯曲正应力强度条件是：梁内危险截面上的最大弯曲正应力不超过材料的许用弯曲应力$[\sigma]$，即

$$\sigma_{\max}=\frac{M}{W_z}\leqslant[\sigma] \tag{2-47}$$

运用式(2-47) 可以解决梁的强度校核、设计截面尺寸和确定梁的许用载荷等三类问题。

【例 2-28】 图 2-79(a) 所示为一螺旋压板夹紧装置，已知工件所受的压紧力 $F=2$ kN，尺寸 $a=100$ mm，压板材料的许用应力$[\sigma]=160$ MPa，试校核压板的强度。

解：(1) 作梁的弯矩图，判断危险截面。

压板可简化为图 2-79(b) 所示的外伸梁。梁的弯矩图如图 2-79(c) 所示，由图可知，C 截面的弯矩最大，且有螺栓孔，弯曲截面系数最小，为危险截面，C 截面的弯矩为

$$M_{\max}=0.2\ \text{N}\cdot\text{m}$$

(2) 计算危险截面的弯曲截面系数 W_Z。

$$I_Z = \left(\frac{30 \times 20^3}{12} - \frac{10 \times 20^3}{12}\right) \text{mm}^4 = 1.33 \times 10^4 \text{ mm}^4$$

$$W_Z = \frac{I_Z}{y_{\max}} = \frac{1.33 \times 10^4}{10} \text{ mm}^3 = 1.33 \times 10^3 \text{ mm}^3$$

（3）校核压板的强度。

$$\sigma_{\max} = \frac{M_{\max}}{W_Z} = \frac{0.2 \times 10^6}{1.33 \times 10^3} \text{ MPa} = 150 \text{ MPa} < [\sigma]$$

所以压板的强度足够。

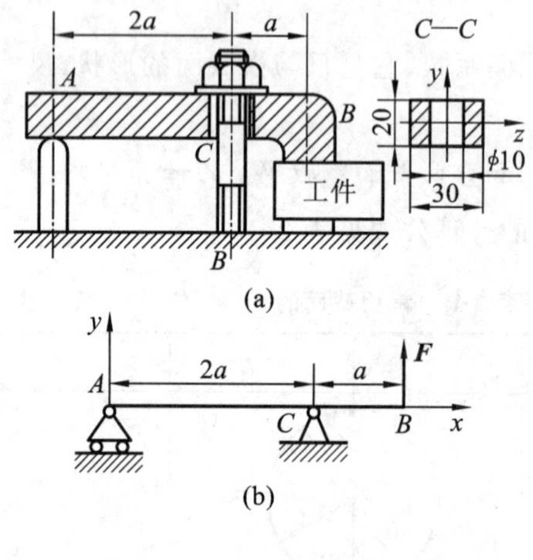

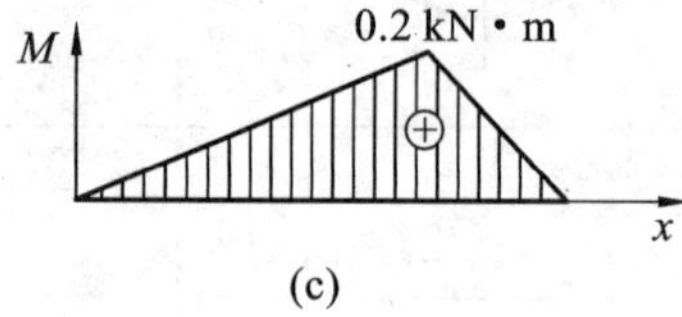

图 2-79　例 2-28 图

【例 2-29】　T 形截面铸铁梁所受载荷如图 2-80(a) 所示，图 2-80(b) 为其截面尺寸。已知：铸铁的抗拉许用应力$[\sigma_l] = 30$ MPa，抗压许用应力为$[\sigma_y] = 160$ MPa，T 形截面梁对中性轴的惯性矩 $I_Z = 136 \times 10^4 \text{ mm}^4$，$y_1 = 30$ mm，$y_2 = 50$ mm。试校核梁的强度。

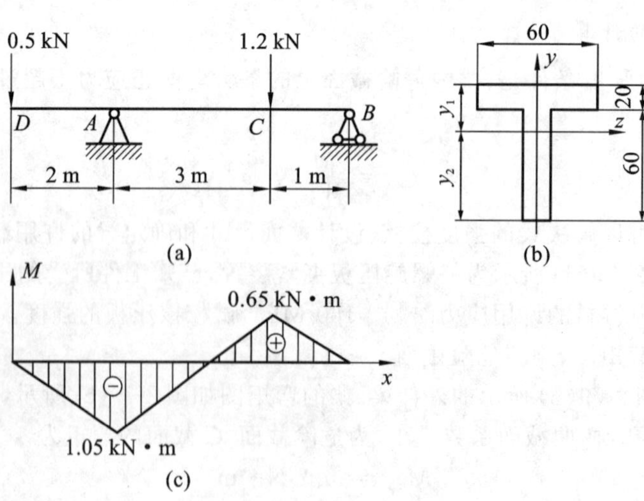

图 2-80　例 2-29 图

解：(1) 由静力平衡方程求出支座反力。

$$F_A = 1.05\ \text{kN}, \quad F_B = 0.65\ \text{kN}$$

(2) 画出梁的弯矩图，如图 2-80(c) 所示。

(3) 校核梁的强度。

由于 T 形截面对中性轴 z 不对称，同一截面上的最大拉应力和最大压应力不相等，因此必须分别对危险截面 A 和 C 进行强度校核。

因为 $|M_A| > |M_C|$，所以最大压应力发生在 A 截面的下边缘；最大拉应力发生在 C 截面的下边缘还是 A 截面的上边缘，则要通过计算才能确定。

$$\sigma_{\text{ymax}} = \frac{M_A y_2}{I_Z} = \frac{1 \times 10^3\ \text{N} \cdot \text{m} \times 50 \times 10^{-3}\ \text{m}}{136 \times 10^{-8}\ \text{m}^4} = 36.8 \times 10^6\ \text{Pa} = 36.8\ \text{MPa} < [\sigma_y]$$

在 A 截面上

$$\sigma_1 = \frac{M_B y_1}{I_Z} = \frac{1 \times 10^3\ \text{N} \cdot \text{m} \times 30 \times 10^{-3}\ \text{m}}{136 \times 10^{-8}\ \text{m}^4} = 22.1 \times 10^6\ \text{Pa} = 22.1\ \text{MPa} < [\sigma_1]$$

在 C 截面上

$$\sigma_1 = \frac{M_C y_2}{I_Z} = \frac{0.65 \times 10^3\ \text{N} \cdot \text{m} \times 50 \times 10^{-3}\ \text{m}}{136 \times 10^{-8}\ \text{m}^4} = 23.9 \times 106\ \text{Pa} = 23.9\ \text{MPa} < [\sigma_1]$$

计算结果表明最大拉应力发生在 C 截面的下边缘处。

从以上强度计算看出梁的强度足够。

5. 梁的弯曲刚度

为保证梁能正常地工作，除了满足强度条件外，还要有足够的刚度。因为梁的变形过大，不能保证梁正常工作。例如起重机大梁在起吊重物后弯曲变形过大，会使起重机运行产生振动，破坏工作平稳性；齿轮轴变形过大，会造成齿轮啮合不良，产生噪音和振动，增加齿轮和轴承的磨损，降低使用寿命；轧制钢板时如轧辊变形过大，将造成轧制的钢板厚薄不匀，影响产品质量，因此必须限制梁的弯曲变形。

梁的弯曲变形可以从两方面来表示，如图 2-81 所示。梁受力变形后截面形心垂直位移 y 称为该截面的挠度。截面相对于原来的位置转角 θ 称为该截面的转角。在不同的截面上挠度和转角不同。在工程实际中根据工作要求常对挠度和转角加以限制而进行梁的刚度计算，其刚度条件为

$$y_{\max} \leqslant [y] \tag{2-48}$$

$$\theta_{\max} \leqslant [\theta] \tag{2-49}$$

式中 $[y]$ 和 $[\theta]$ 分别为许用挠度和许用转角，其数值根据具体工作条件可查机械设计手册来确定。

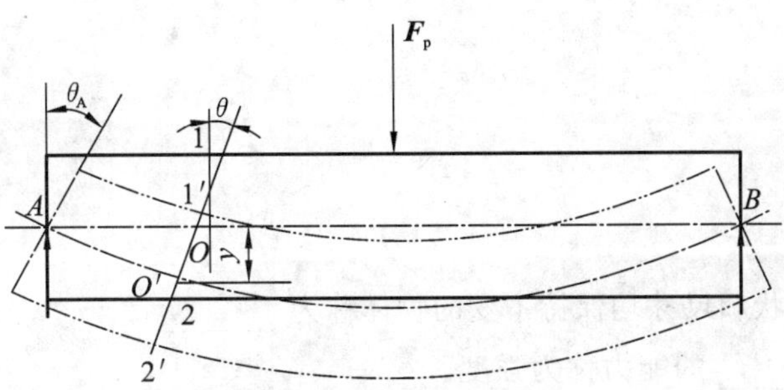

图 2-81　梁的弯曲变形

1．知识梳理

- 机械中的工程力学
  - 静力学
    - 力和力系
      - 约束力
      - 受力图
    - 力矩 — 力矩的合成
    - 力偶 — 力偶的合成
    - 平衡方程 — 力的投影
  - 构件的变形
    - 轴向拉压 — 轴力图 — 强度校核
    - 剪切与挤压
      - 剪力 — 强度校核
      - 挤压力 — 强度校核
    - 圆轴扭转 — 外力偶矩 — 扭矩
      - 强度校核
      - 刚度校核
    - 平面弯曲
      - 剪力
      - 弯矩 — 弯矩图 — 强度校核

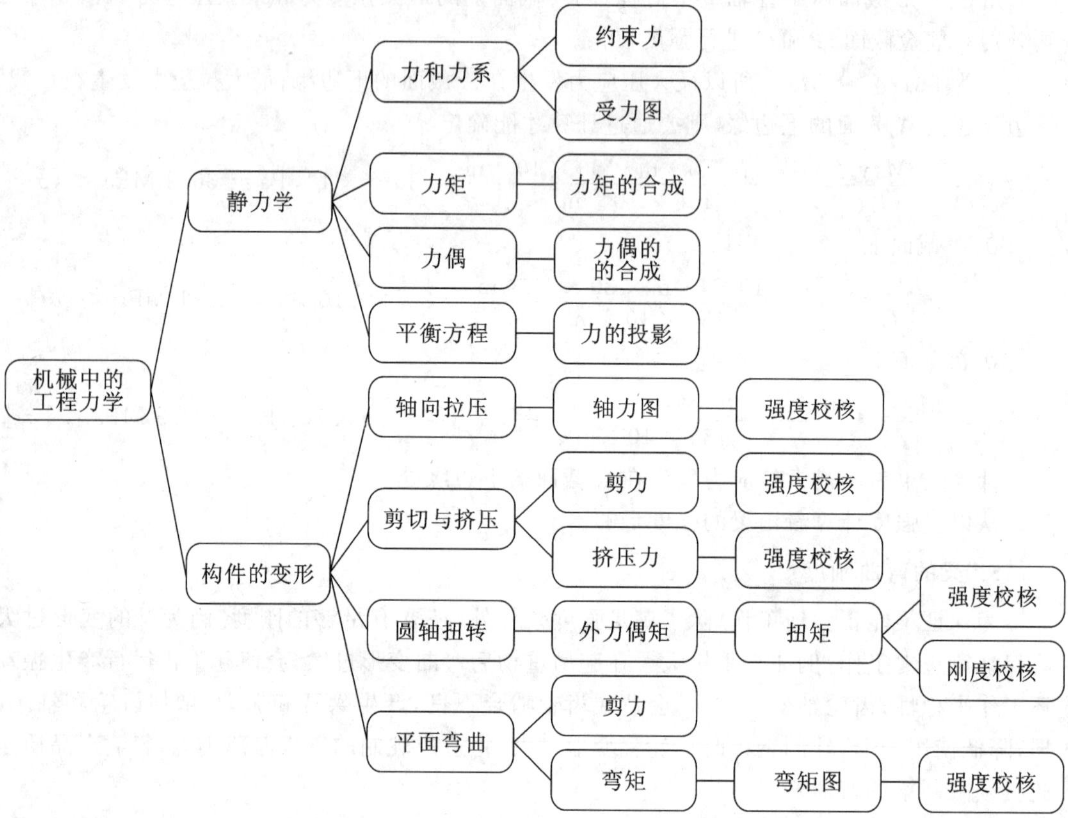

2．研究思路

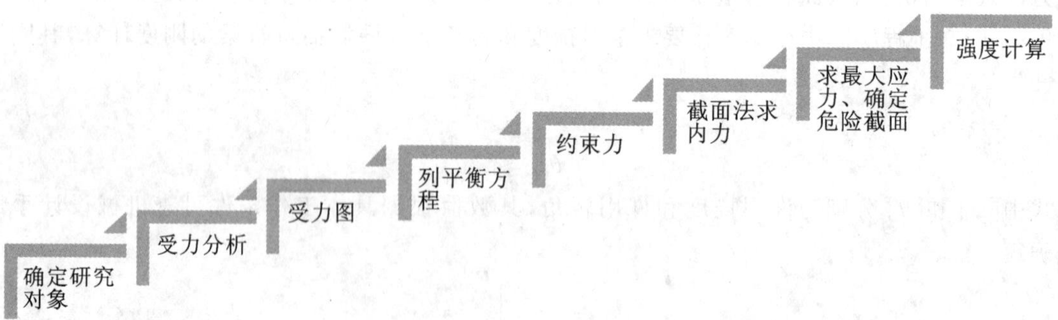

【巩固与练习】

一、填空题

1．受力后几何形状和尺寸均保持不变的物体称为________。

2．构件抵抗________的能力称为强度。

3．圆轴扭转时，横截面上各点的切应力与其到圆心的距离成________比。

4. 梁上作用着均布载荷，该段梁上的弯矩图为________。

5. 构件保持________的能力称为稳定性。

6. 阶梯杆受力如图 2-82 所示，设 AB 和 BC 段的横截面面积分别为 $2A$ 和 A，弹性模量为 E，则杆中最大正应力为________。

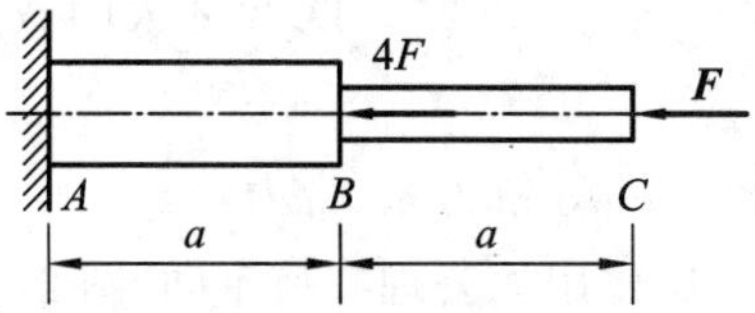

图 2-82　习题图 1

7. 在截面突变的位置存在________集中现象。

二、选择题

1. 力对刚体的作用效果决定于(　　)。

A. 刚体的质量，力的大小、方向和作用点　　B. 力的大小、方向和作用点

C. 刚体的质量，力的大小、方向和作用线　　D. 力的大小、方向和作用线

2. 物体的平衡是(　　)。

A. 绝对的　　B. 相对的

C. 暂时的　　D. 既相对，又绝对

3. 二力平衡公理适应于(　　)。

A. 刚体　　B. 非刚体

C. 变形体　　D. 固体

4. 刚体在同一平面内受三个力的作用而平衡的必要条件是(　　)。

A. 三个力的作用线相互平行　　B. 三个力的作用线汇交于一点

C. 三个力的作用线相交　　D. 三个力的作用线任意分布

5. 作用力与反作用力是作用在(　　)。

A. 一个物体上　　B. 相互作用的两个物体上

C. 第三个物体上　　D. 任意物体上

6. 力对点之矩取决于(　　)。

A. 力的大小　　B. 力的方向

C. 力的大小和矩心位置　　D. 力的大小和方向

7. 互成平衡的两个力对同一点之矩的代数和为(　　)。

A. 零　　B. 常数

C. 合力　　D. 一个力偶

8. 合力对作用面内任意点之矩，等于该力在同一平面内各分力对同一点之矩的(　　)。

A. 代数和　　B. 矢量

C. 向径　　D. 导数

9. 二力杆(　　)。

A. 受剪切作用　　B. 受扭转作用

C. 受弯曲作用　　D. 受拉伸作用

10. 危险截面是指(　　)。

A. 轴力大的截面　　B. 尺寸小的截面

C. 应力大的截面　　D. 尺寸大的截面

三、简答题

1. 什么是平衡?什么是平衡力系、等效力系、合力?

2. 二力平衡公理和作用力与反作用力公理有何不同?图 2-83 中,$\boldsymbol{W}$ 为电动机的重力,$\boldsymbol{F}_{\mathrm{N}}$ 是电动机对地面的压力,$\boldsymbol{F}'_{\mathrm{N}}$ 是地面对电动机的约束力,指出平衡力、作用力与反作用力,电动机实际受到哪些力的作用?

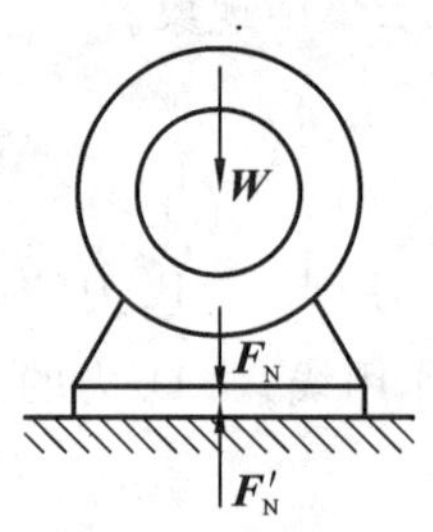

图 2-83　习题图 2

3. 什么是截面法?试简述用截面法确定杆件内力的方法和步骤。

4. 试述杆件拉伸、压缩的受力与变形特点。

5. 构件内力和应力有何区别与联系?什么叫构件的变形和弹性变形?弹性变形和塑性变形的区别是什么?

6. 根据杆件的受力特点,判断图 2-84 所示三个构件在 1—2 段内是否发生拉伸或压缩变形?

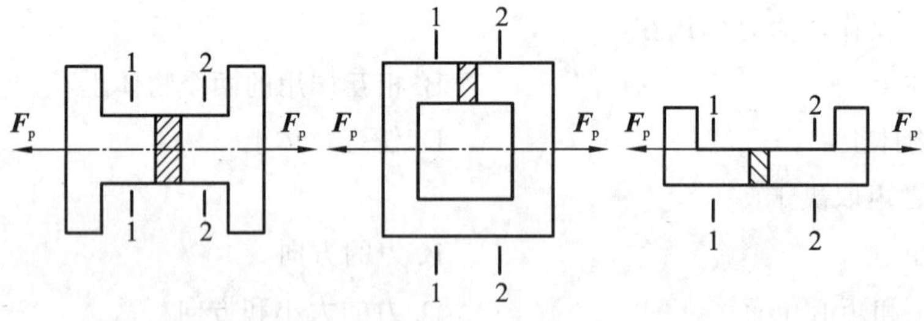

图 2-84　习题图 3

7. 极限应力和许用应力的区别是什么?

8. 圆轴扭转时横截面上产生什么内力?有何特点?圆轴扭转时横截面上产生什么应力?有何特点?

9. 挤压与压缩有何区别?

10. 在弯曲梁上产生最大弯矩的截面是否一定是危险截面?

四、分析计算题

1. 画出图 2-85 中所示物体的受力图。

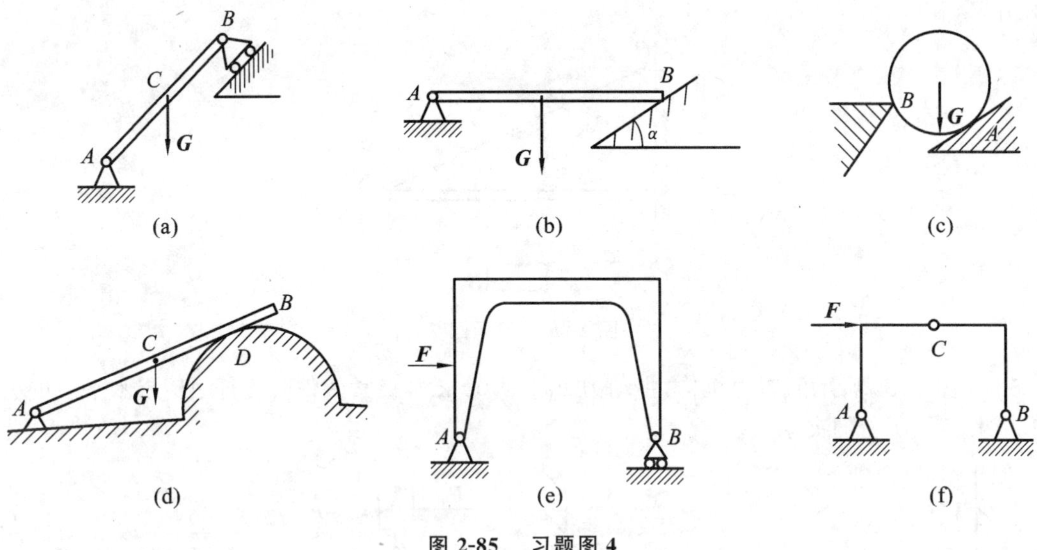

图 2-85 习题图 4

2. 试求图 2-86 所示各图中 **F** 对 O 点之矩。

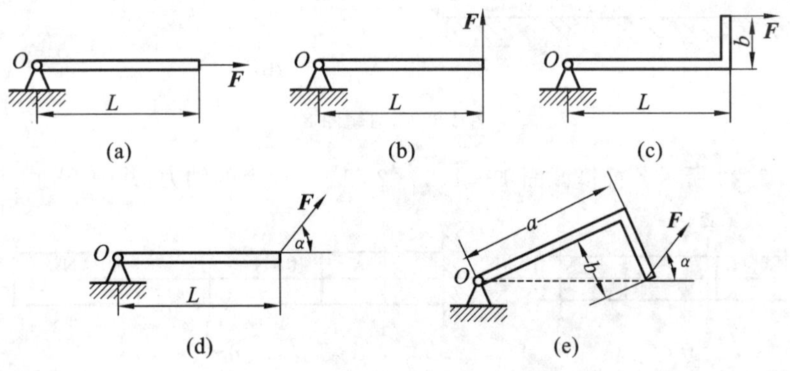

图 2-86 习题图 5

3. 已知 $P=20$ kN，$a=0.1$ m，$M=2$ kN·m，$q=200$ kN/m；试求图 2-87 所示各梁的约束力。

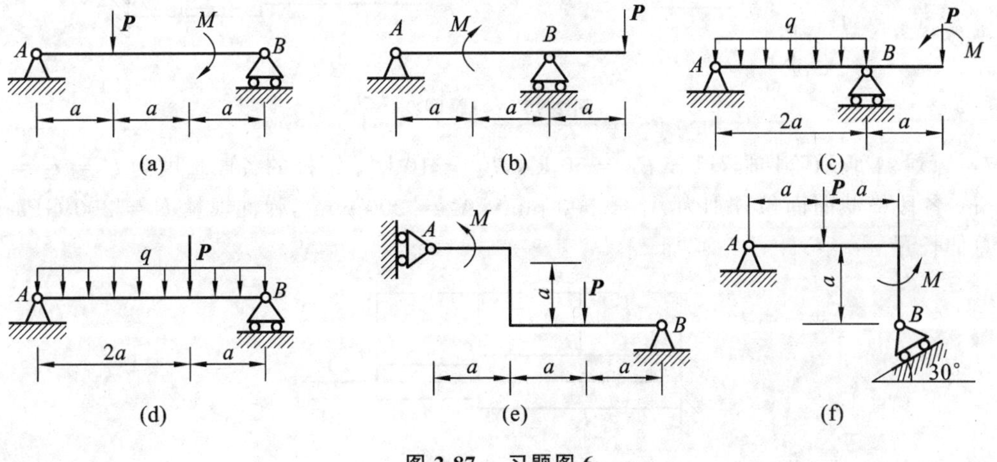

图 2-87 习题图 6

4. 水平梁如图 2-88 所示，AB 长 $L = 0.5\ \mathrm{m}$，A 端为固定铰链，B 端用绳索系于墙上，绳与水平梁之间的夹角 $\alpha = 30°$，梁的中点 D 悬挂一重 $W = 1\ 000\ \mathrm{N}$ 的重物，求绳的拉力和梁上 A 点的约束力。

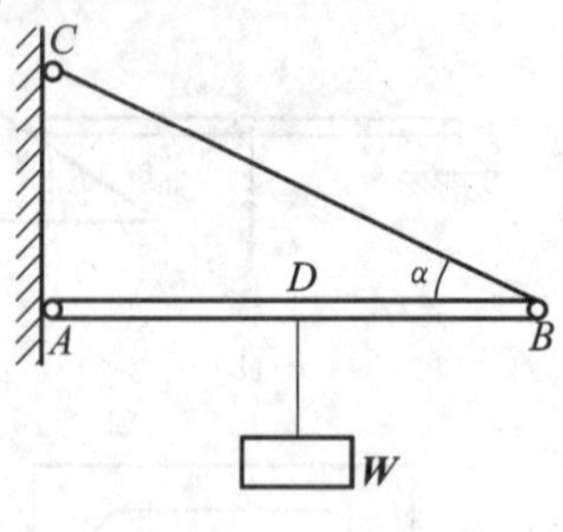

图 2-88　习题图 7

5. 如图 2-89 所示的增力机构，主动力 $F_P = 400\ \mathrm{kN}$，夹紧工件时连杆 AB 与水平线的夹角为 15°，求工件所受的夹紧力。

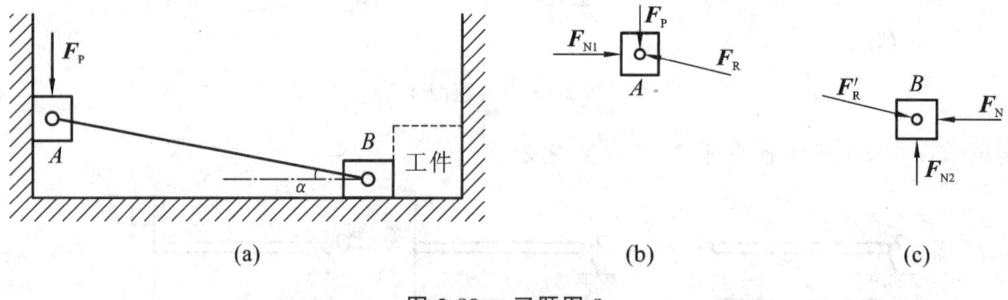

图 2-89　习题图 8

6. 试求图 2-90 所示各杆横截面 1－1、2－2 和 3－3 上的轴力，并画出轴力图。

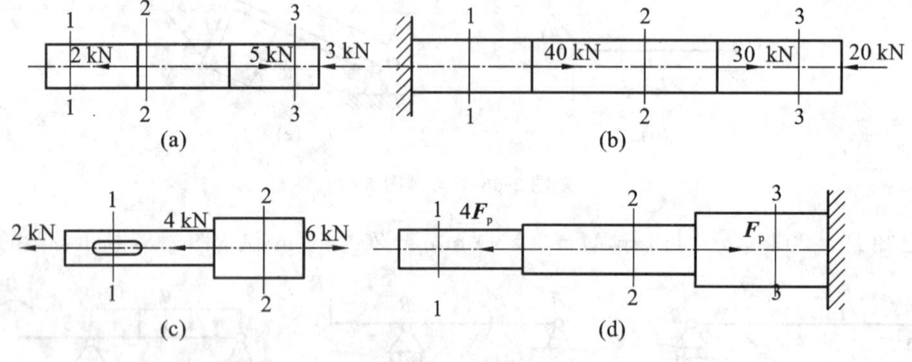

图 2-90　习题图 9

7. 图 2-91 所示阶梯杆，已知 $F_1 = 50\ \mathrm{kN}$，$F_2 = 10\ \mathrm{kN}$。钢杆的各段长度为 $l_1 = l_2 = l_3 = 100\ \mathrm{mm}$，各段横截面面积分别为 $A_1 = 500\ \mathrm{mm}^2$，$A_2 = 200\ \mathrm{mm}^2$，弹性模量 $E = 200\ \mathrm{GPa}$。试求杆的总伸长量。

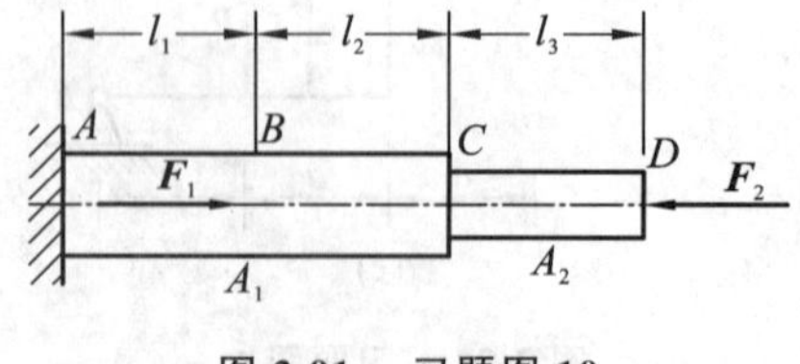

图 2-91　习题图 10

8. 图 2-92 所示的拉杆受最大拉力 $F = 300$ kN，该拉杆的许用应力$[\sigma] = 300$ MPa，最细处的直径为 $d = 44$ mm，试校核拉杆的强度。

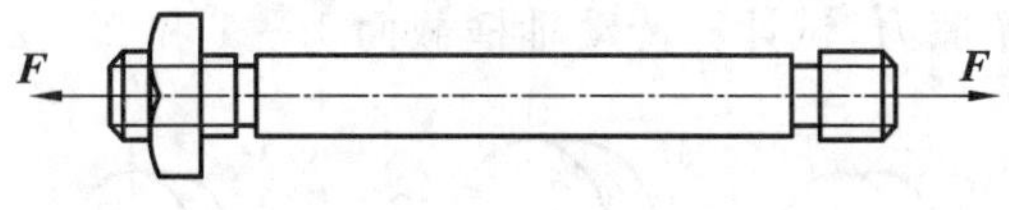

图 2-92　习题图 11

9. 一铣床工作台的进给液压缸如图 2-93 所示，缸内工作压力 $P = 2$ MPa，液压缸内径 $d = 75$ mm，活塞杆直径 $d = 18$ mm，已知活塞杆材料的许用应力$[\sigma] = 50$ MPa，试校核活塞杆的强度。

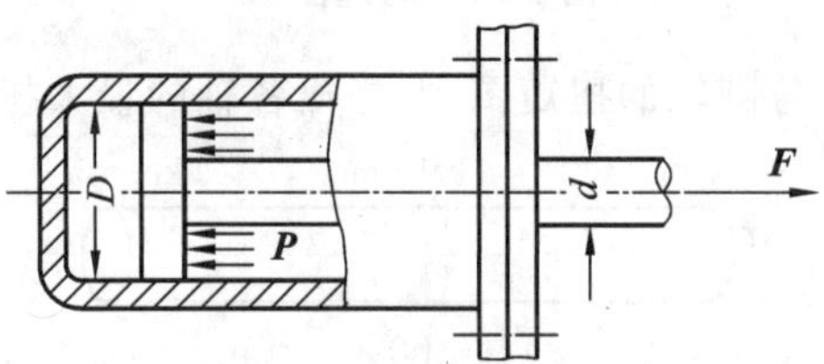

图 2-93　习题图 12

10. 齿轮与轴用平键连接(见图 2-94)，已知轴的直径 $d = 50$ mm，键的尺寸 $b \times h \times l = 16\ \text{mm} \times 10\ \text{mm} \times 50\ \text{mm}$，传递的转矩为 $M = 600$ N·m，键的许用切应力$[\tau] = 60$ MPa，许用挤压应力$[\sigma_{jy}] = 100$ MPa。试校核键的强度。

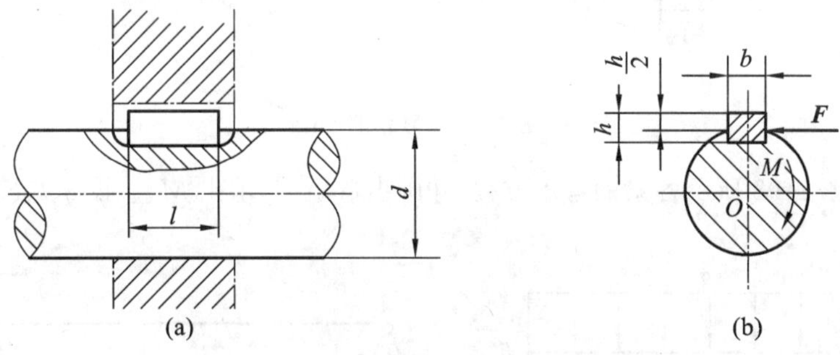

图 2-94　习题图 13

11. 如图 2-95 所示钢板铆接件中，已知钢板许用拉应力$[\sigma] = 98$ MPa。挤压许用应力$[\sigma_{jy}] = 196$ MPa，钢板的厚度 $\delta = 10$ mm，宽度 $b = 100$ mm；铆钉的许用切应力$[\tau] = 137$ MPa，挤压许用应力$[\sigma_{jy}] = 314$ MPa，铆钉的直径 $d = 20$ mm。钢板铆接件承受的载荷 $F = 23.5$ kN。试校核钢板和铆钉的强度。

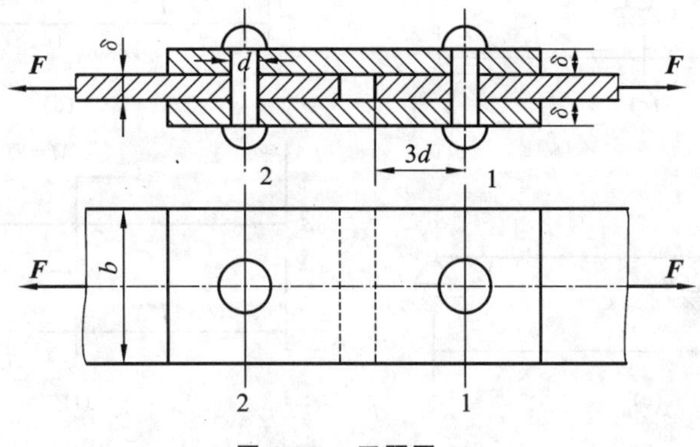

图 2-95　习题图 14

12．如图 2-96 所示传动轴的带轮 A 直接与原动机相连，带轮 B 和 C 与工作机连接。已知轮 A 传递给轮 B 和 C 的功率为 44 kW，轮 B 传递给工作机的功率为 25 kW。轴的转速 $n=150$ r/min。若略去轴承的摩擦力，试计算传动轴横截面 1－1 和 2－2 上的扭矩。

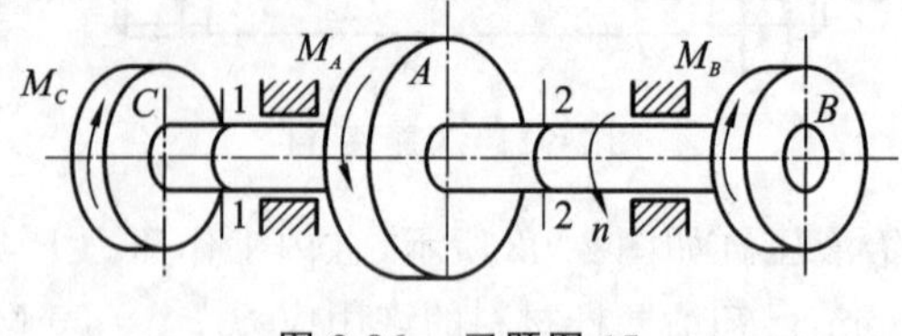

图 2-96　习题图 15

13．试画出图 2-97 所示各圆轴的扭矩图，并指出各轴的最大扭矩值。

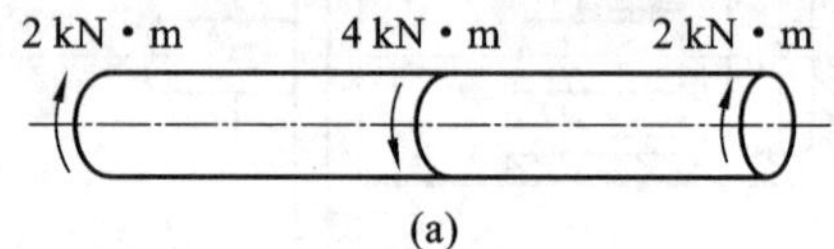

(a)

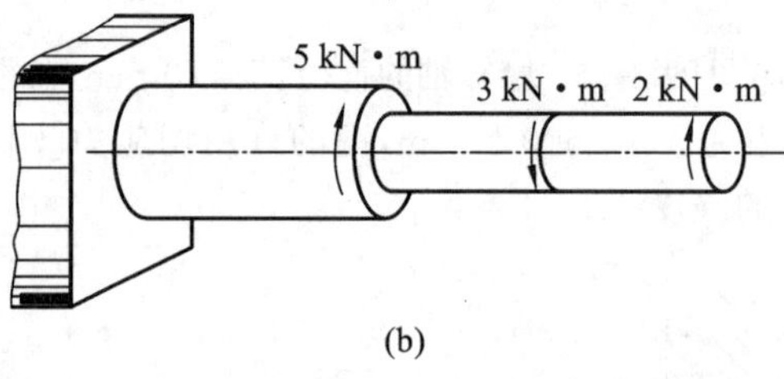

(b)

图 2-97　习题图 16

14．试列出图 2-98 所示各梁的弯矩方程，并画出弯矩图，求出 M_{max}。设 q、l、F、M_e 均为已知。

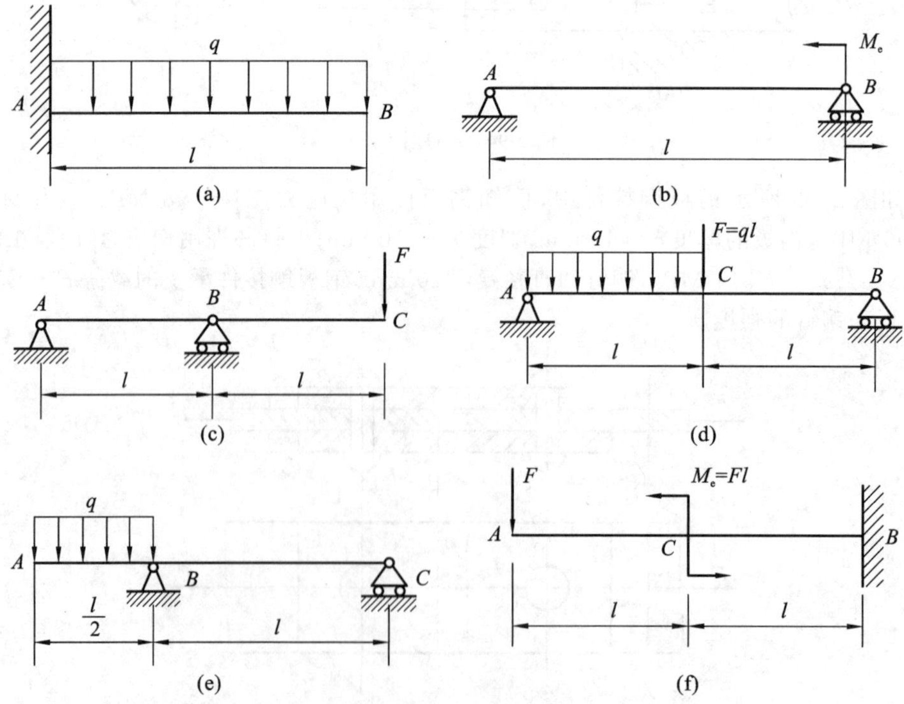

图 2-98　习题图 17

15. 简支梁受力及其尺寸如图 2-99(a) 所示。已知：$F=40\ \text{kN}$，$M=100\ \text{kN}\cdot\text{m}$，试求梁弯曲时的最大正应力。图 2-99(b) 为梁的弯矩图。

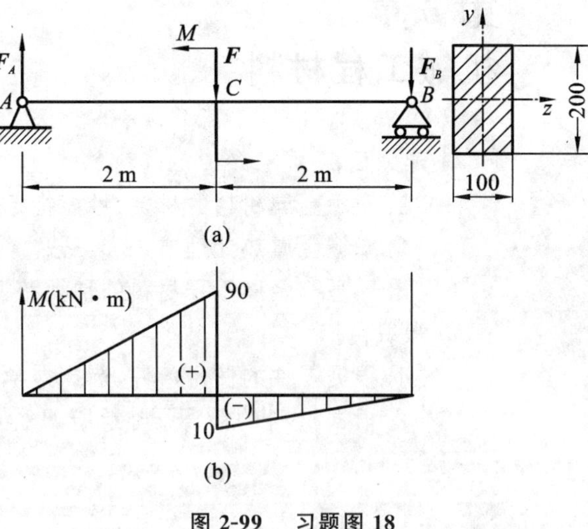

图 2-99　习题图 18

第3章 机械工程材料

◀ 能力目标

1. 熟悉金属材料的种类、性能指标和牌号表示方法。

2. 掌握金属热处理方法和工艺。

3. 熟悉非金属工程材料的种类和牌号表示方法。

◀ 知识目标

1. 根据零件的使用条件，选择力学性能相符的材料。

2. 根据材料的牌号，判断所属种类、性能特点和应用场合。

3.1 金属材料

在机械产品的设计和制造过程中，会涉及工程材料方面的很多问题。工程材料的品种繁多，常用的有钢铁材料、有色金属材料（如铝、铜等）及非金属材料（如塑料、橡胶等）。各种材料成分不同，性能各异，特别是热处理后，性能变化很大。实践证明，合理选择材料和热处理工艺，对充分发挥材料自身的性能潜力，保证材料获得理想的使用性能和工艺性能，提高产品质量，降低生产成本有着重大影响。因此，在设计机器零件时，只有熟悉金属材料的各种主要性能，才能根据零件的技术要求合理选用所需的金属材料。

3.1.1 金属材料的性能

金属材料在使用条件下所表现出来的性能称为使用性能，它包括材料的物理性能、化学性能和力学性能。

1. 金属材料的物理性能

金属材料的物理性能是指金属固有的属性，它包括密度、熔点、热膨胀性、导热性、导电性和磁性等。由于机械工程材料的用途不同，对于其物理性能的要求也有所不同。例如：飞机零件要选用密度小的铝合金来制造；但在设计电机、电器零件时，常要考虑金属材料的导电性等。

2. 金属材料的化学性能

金属材料的化学性能是指金属在化学介质作用下所表现出来的性能。它包括耐腐蚀性、抗氧化性和化学稳定性等。对于在腐蚀介质中或在高温下工作的零件，由于其腐蚀作用比在空气中或室温下工作时更为强烈，因此在设计这类零件时，应特别注意金属材料的化学性能，并采用化学稳定性好的材料，如不锈钢。

3. 金属材料的力学性能

机械零件或工具在使用过程中，往往要受到各种载荷的作用。金属材料在载荷作用下表现出来的性能称为金属材料的力学性能，金属材料的力学性能是在设计、制造机械零件过程中，选择材料的重要依据，它包括强度、塑性、硬度、冲击韧性和疲劳强度等。

1）强度和塑性

强度是指金属抵抗永久变形和断裂的能力；塑性是指断裂前材料发生不可逆永久变形的能力，它们是通过拉伸试验来测定的。前面已介绍了金属材料进行拉伸试验时的力学特性：屈服点 σ_s（金属材料开始产生屈服现象时的最低应力）、抗拉强度 σ_b（金属材料在断裂前所能承受的最大应力）及塑性评价指标——断后伸长率 δ 和断面收缩率 ψ。

其中，屈服点 σ_s 是机械零件选材和设计的主要依据，因为绝大部分零件在工作过程中不允许出现塑性变形。例如，内燃机车上柴油机的缸盖螺栓若产生塑性变形将造成漏气等严重后果。对于允许产生过量塑性变形的零件和脆性材料的零件，设计时用抗拉强度 σ_b 来作为设计依据。

2）硬度

硬度是指材料抵抗局部变形，特别是塑性变形、压痕或划痕的能力。硬度越高，表明金属材料抵抗塑性变形的能力越强，产生塑性变形越困难。因此，硬度指标和强度指标之间有一定的对应关系。硬度是各种零件和工具必须具备的力学性能指标，常作为技术要求标注在零件工作图上。

硬度试验设备简单，操作方便迅速，基本上不损伤材料，甚至不需要做专门的试样可以直接在工件上测试，因此在生产和科研中得到普遍应用。常用的硬度试验方法有：布氏硬度试验、洛氏硬度试验、维氏硬度试验三种。

（1）布氏硬度试验。布氏硬度试验是用载荷为 F 的力，把直径为 D 的球体（钢球或硬质合金球）压入金属试样表面（见图 3-1），并保持一定时间，而后去除载荷，测量球体在金属表面所压出的圆形凹陷压痕的直径 d，由此计算压痕的面积 A，然后求出单位面积所受的平均压力（F/A），用以作为被测金属的布氏硬度值。

当压头为钢球时，硬度符号为 HBS，适用于布氏硬度值低于 450 的金属材料；当压头为硬质合金球时，硬度符号为 HBW，适用于布氏硬度为 450～650 之间的金属材料。标注布氏硬度时，符号“HBS”或“HBW”之前写硬度值，符号后面按球体直径、试验力、试验力保持时间（10～15 s 不标注）的顺序用数值表示试验条件。例如：

120HBS10/1000/30，表示直径 10 mm 的钢球在 1 000 kgf(9.807 kN)试验力作用下，保持 30 s 测得的布氏硬度值为 120。

500HBW5/750，表示用直径 5 mm 的硬质合金球在 750 kgf(7.355 kN)试验力作用下，保持 10～15 s 测得的布氏硬度值为 500。

布氏硬度试验压痕的面积较大，能反映较大范围内金属材料的性能，测定的值较准确、稳定，但对金属表面的损伤也较大，因此不易测定太薄试样和成品件的硬度。布氏硬度试验常用来测定原材料和半成品的硬度。

（2）洛氏硬度试验。洛氏硬度试验原理和布氏硬度试验一样，所不同的是，它不是测量压痕的大小，而是用测量压痕凹陷深度来表示硬度值（见图 3-2）。

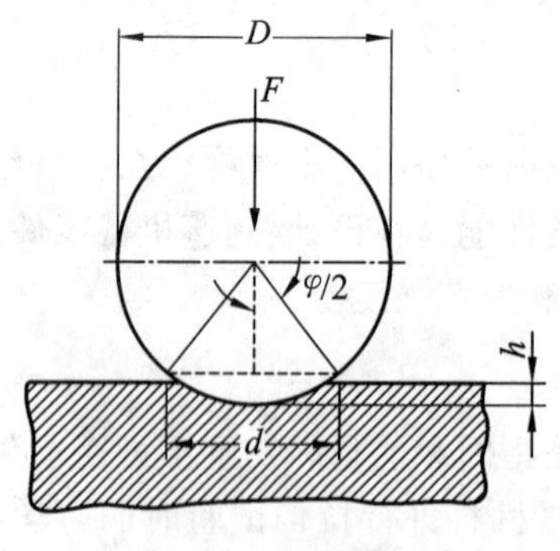

图 3-1　布氏硬度试验

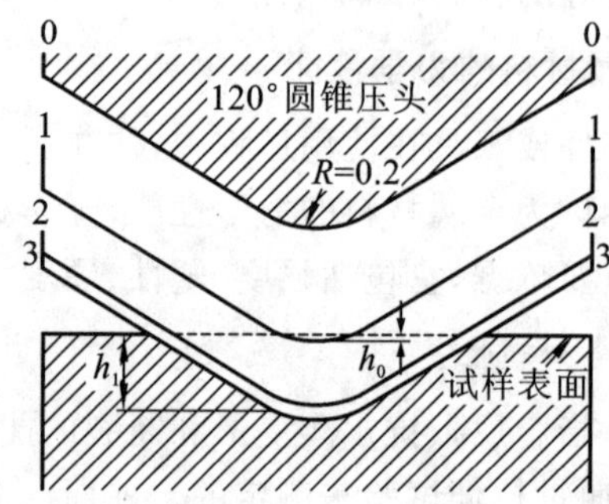

图 3-2　洛氏硬度试验

洛氏硬度试验的压头分硬质和软质两种。硬质压头是顶角为 120°的金刚石圆锥体，适用于较硬材料的硬度试验；软质压头由直径为 1.588 mm 的钢球制成，适用于较软材料的硬度试验。根据所用压头种类和所加载荷的不同，洛氏硬度指标分为 HRA、HRB、HRC 三种。

测定洛氏硬度操作迅速、简便，对金属表面的损伤小，可以直接测定成品件和较薄工件的硬度，故洛氏硬度法是目前工厂中应用最广泛的试验方法。但因为压痕较小，测定的硬度值不如布氏硬度值准确、稳定，因此在测量洛氏硬度时，一般至少要选取不同位置的三点测出硬度值，再取其算术平均值。

(3) 维氏硬度试验。维氏硬度试验是将锥面夹角为 136°的正四棱锥体金刚石压头以选定的压力 F 压入试样表面，按规定保持一定时间后卸除试验力，用测量对角线长度计算硬度的一种压痕硬度试验(见图 3-3)。维氏硬度符号用 HV 表示。

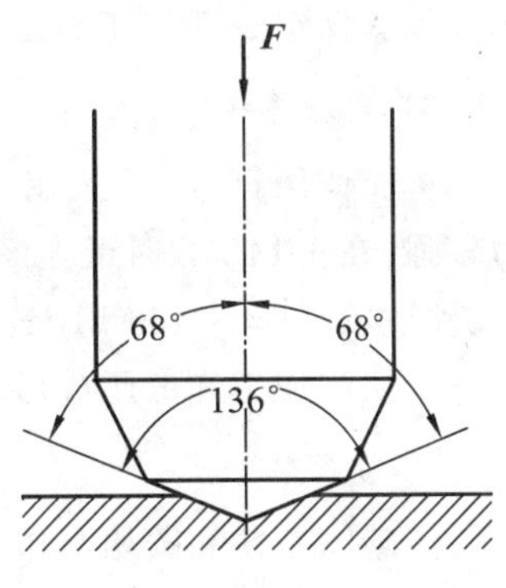

图 3-3 维氏硬度试验

维氏硬度试验适用于测量零件表面硬化层及经过化学热处理的表面层(如渗碳层、渗氮层)的硬度，所测定的硬度值比布氏、洛氏硬度值精确，但操作复杂，因此，在生产上直接使用较少，适合于实验室或研究方面使用。

3) 冲击韧性

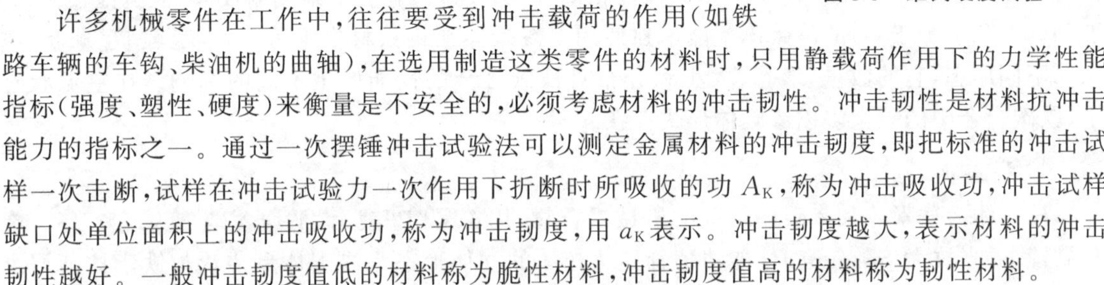

许多机械零件在工作中，往往要受到冲击载荷的作用(如铁路车辆的车钩、柴油机的曲轴)，在选用制造这类零件的材料时，只用静载荷作用下的力学性能指标(强度、塑性、硬度)来衡量是不安全的，必须考虑材料的冲击韧性。冲击韧性是材料抗冲击能力的指标之一。通过一次摆锤冲击试验法可以测定金属材料的冲击韧度，即把标准的冲击试样一次击断，试样在冲击试验力一次作用下折断时所吸收的功 A_K，称为冲击吸收功，冲击试样缺口处单位面积上的冲击吸收功，称为冲击韧度，用 a_K 表示。冲击韧度越大，表示材料的冲击韧性越好。一般冲击韧度值低的材料称为脆性材料，冲击韧度值高的材料称为韧性材料。

4) 金属的疲劳强度

许多机械零件如齿轮、轴、弹簧等是在循环应力和应变的作用下工作的。循环应力和应变是指应力或应变的大小和方向随着时间发生周期性变化或无规则变化。这些零件工作时所承受的应力通常小于材料的屈服点，但较长时间工作就可能发生断裂，这一现象称为疲劳。疲劳断裂是突然发生的，断裂前不产生明显的塑性变形，具有很大的危险性，常造成严重事故。据统计，大部分损坏的机械零件都是因疲劳造成的。疲劳强度是指材料承受无数次循环应力而不破坏的最大应力值，常用 σ_{-1} 表示。

3.1.2 铁碳合金

钢铁是现代机械制造工业中应用最为广泛的金属材料。它主要是由铁和碳两种元素组成，统称为铁碳合金。不同类别的钢铁材料其力学性能差别很大。这种性能差异，从本质上讲，是由金属内部成分和组织结构决定的。为了熟悉钢铁材料的组织与性能，以便在生产中合理使用，首先必须研究铁碳合金的基础知识。

1. 铁碳合金的组织及性能

一般说来，铁从来不会是纯的，其中总含有杂质。所谓工业纯铁其中常含有 0.1%～0.2%的杂质。纯铁的熔点为 1 538 ℃，纯铁的塑性较好，但强度较低，所以很少用它制造机械零件，常用的是它的合金。在工业上应用最广的是铁碳合金，铁碳合金的显微组织远比纯铁复杂。它的基本组织有以下 5 种。

1) 铁素体

铁素体用符号“F”表示。铁素体溶解碳的能力极小，在 727 ℃时最大溶碳量为 0.021 8%，而在室温时只有 0.008%。铁素体的强度、硬度较低(σ_b=180～280 MPa、50～80 HBS)，塑性、韧性较好(δ=30%～50%、a_K=160～200 J/cm^2)。工业纯铁在室温时的组织大约为 100%铁素体。铁素体组织适于压力加工。

2）奥氏体

奥氏体用符号“A”表示。奥氏体是一种在高温下（高于 727 ℃）存在的组织，它溶解碳的能力较强，在 1 148 ℃时最大溶碳量为 2.11%，在 727 ℃时最大溶碳量为 0.77%。奥氏体的强度、硬度较高（σ_b=400 MPa，160～200 HBS），而塑性、韧性也较好（δ=40%～50%）。奥氏体组织适于切削加工和锻压成形。

3）渗碳体

渗碳体是铁和碳相互作用形成的一种金属化合物，用符号“Fe_3C”表示。渗碳体的含碳量为 6.69%，它的熔点约为 1 227 ℃，其硬度很高（800HBW），能轻易地刻划玻璃，但脆性很大，塑性和韧性几乎等于零，故渗碳体不能单独使用。渗碳体在钢铁材料中可呈片状、粒状、球状、网状等不同形态，它的数量、形态、大小和分布对铁碳合金的性能产生不同的影响。在室温状态下，铁碳合金中的碳大多以渗碳体形式存在。

4）珠光体

珠光体为铁素体和渗碳体组成的机械混合物，用符号“P”表示，平均含碳量为 0.77%。在显微镜下，当放大倍数较高时，能清楚看到珠光体的立体形态为渗碳体呈片状与铁素体薄层交替重叠。珠光体的力学性能介于铁素体和渗碳体之间，其强度较高（σ_b=770 MPa），硬度适中（180 HBS），有一定的塑性与韧性（δ=20%～35%，a_K=30～40 J/cm²），是一种综合力学性能较好的组织。珠光体适于压力加工及切削加工。

5）莱氏体

莱氏体分为两种：高温莱氏体和低温莱氏体。高温莱氏体是指含碳量大于 2.11%的铁碳合金从液态缓慢冷却至 1 148 ℃时，同时生成奥氏体和渗碳体呈均匀分布的机械混合物，用符号“L_d”表示。低温莱氏体是指在 727 ℃以下，由高温莱氏体中的奥氏体转变为珠光体，由珠光体和渗碳体呈均匀分布的机械混合物，用符号“L'_d”表示。莱氏体含碳量高，性能与渗碳体相似，硬度很高，塑性、韧性极差。

2. 铁碳合金分类及其室温组织

铁碳合金按其含碳量和组织不同，分成以下三类。

1）工业纯铁

工业纯铁是指含碳量<0.0218%的铁碳合金，它在室温下的组织为 F。

2）钢

钢是指含碳量<2.11%的铁碳合金。其中含碳量在 0.0218%～0.77%之间的，称为亚共析钢，它的室温组织为 F+P；含碳量等于 0.77%的，称为共析钢，它的室温组织为 P；含碳量在 0.77%～2.11%之间的，称为过共析钢，它的室温组织为 P+Fe_3C。

3）白口铸铁

白口铸铁是指含碳量在 2.11%～6.69%之间的铁碳合金。其中含碳量在 2.11%～4.3%之间的，称为亚共晶白口铸铁，它的室温组织为 P+Fe_3C+L'_d；含碳量等于 4.3%的，称为共晶白口铸铁，它的室温组织为 L'_d；含碳量在 4.3%～6.69%之间的，称为过共晶白口铸铁，它的室温组织为 Fe_3C+L'_d。

3. 含碳量与铁碳合金组织及力学性能的关系

随着铁碳合金中碳含量的增加,它的室温组织中铁素体相对量减少,珠光体相对量增多,渗碳体与莱氏体相对量增多。在铁碳合金中,当渗碳体与铁素体构成珠光体时,合金的硬度和强度得到提高,合金中珠光体越多,其硬度和强度越高;但当渗碳体分布在珠光体边界上,或是分布在莱氏体上时,将使合金的塑性和韧性大大下降,强度也随之降低。这也是白口铸铁脆性高的原因。

图 3-4 所示为含碳量对铁碳合金的力学性能的影响。由图 3-4 可见,当铁碳合金中含碳量≤0.9%时,随着含碳量增加,硬度和强度不断增加,而塑性和韧性不断降低;当含碳量>0.9%时,由于渗碳体分布的改变导致塑性、韧性进一步降低,从而强度也明显下降,然而硬度还是不断上升。

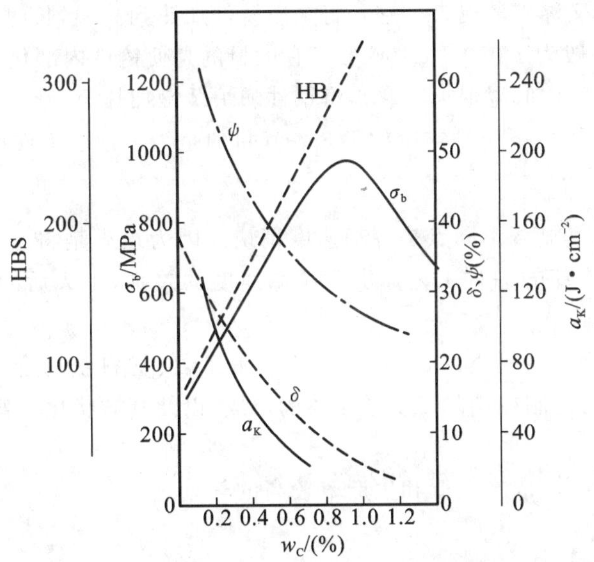

图 3-4 含碳量对铁碳合金的力学性能的影响

为了保证工业上使用的铁碳合金具有足够的强度并有一定的塑性和韧性,其含碳量一般都不超过1.3%。含碳量>2.11%的白口铸铁硬而脆,难以切削加工,故应用不广。

3.1.3 钢的热处理

钢的热处理是指将钢在固态下,采用适当的方式进行加热、保温、冷却,从而使钢的内部组织结构发生变化,以获取所需性能的一种加工工艺。

热处理工艺在机械制造与维修过程中有着广泛的应用,钢经过热处理后,能充分发挥材料的潜力,改善其使用性能和工艺性能,提高产品的质量,延长使用寿命,显著地提高经济效益。

根据加热和冷却方法的不同,钢的热处理类型分为普通热处理和表面热处理两种。

1. 钢的普通热处理

钢的普通热处理包括:退火、正火、淬火和回火。

退火和正火是应用非常广泛的热处理工艺,在机械零件的加工制造过程中,它们经常作为预先热处理工序,安排在铸造或锻造之后、切削加工之前。退火和正火的主要目的是为了降低钢的硬度,提高其塑性和韧性,使组织均匀,成分细化,以提高钢的力学性能,为随后的工序做好准备。

1）退火

退火是把钢材或钢件加热到适当温度，保温一段时间，然后缓慢冷却的热处理工艺。退火工艺的主要特点是缓冷，通常采用炉冷、灰冷、砂冷等方法实现缓冷。根据钢的成分和工艺目的的不同，退火可分为完全退火、均匀化退火、球化退火和去应力退火等。

(1) 完全退火，一般简称为退火。它是指将钢完全奥氏体化后，保温一定时间，随炉缓慢冷却(埋在砂中或石灰中)至 500 ℃以下在空气中冷却。它主要用于亚共析钢，其目的是改善钢材内部组织，提高其力学性能。

(2) 球化退火。球化退火是使钢中碳化物及各种形态的渗碳体球状化而进行的退火工艺，其加热温度为 727 ℃以上(比 727 ℃高 20～30 ℃)。它的目的是降低硬度，改善切削加工性能，并为以后淬火做好准备。主要用于共析钢和过共析钢。

(3) 均匀化退火，又称扩散退火。它是将金属铸件加热到高温，长时间保温，然后缓慢冷却的工艺，其加热温度一般为 1 050～1 150 ℃。它的目的是使铸件内部化学成分和组织均匀化。

(4) 去应力退火，又称低温退火。它是将钢件随炉缓慢加热至 500～650 ℃，经一段时间保温后，缓慢冷却至 300 ℃以下出炉空冷的工艺。其目的是为了稳定工件尺寸，减少变形量。

2）正火

正火与退火相比，其显著不同点是冷却速度稍快。因为正火是将工件加热至高温，保温后从炉中取出在空气中冷却的一种工艺。由于冷却速度的差别，正火后的组织比退火后的组织细，硬度和强度有所提高。

正火用于亚共析钢和共析钢时，可作为预先热处理，使材料获得合适的硬度，便于切削加工；用于过共析钢时，可抑制或消除二次渗碳体的形成，以便其球状化。普通结构件通常以正火作为最终热处理工艺。

正火是一种操作简单、成本较低和生产率较高的热处理工艺，故一般普通结构件应尽量采用正火代替退火。

3）淬火

淬火是将钢件加热到组织发生转变温度以上的 30～50 ℃，保温一定时间，然后快速冷却的一种热处理工艺。淬火的目的主要是改变钢的内部组织，提高强度、硬度、弹性和韧性。

根据钢的种类不同淬火时的冷却介质也不同。常用的冷却介质有盐水、水、油、硝酸盐、碱、空气等，其中盐水和水的冷却能力较强，油的冷却能力较弱。

常用的淬火方法有以下几种。

(1) 单液淬火。将钢件加热到奥氏体化，保温后，浸入一种冷却液中连续冷却至室温的操作方法称为单液淬火。单液淬火操作简单，易实现机械化、自动化，但在连续冷却至室温的过程中，工件易产生变形、开裂和硬度不足或硬度不均匀等现象。

(2) 双液淬火。将钢件加热到奥氏体化，保温后，先浸入一种冷却能力强的介质，在钢件还未到达该介质淬火温度之前立即取出，转入另一种冷却能力弱的介质中冷却。这种淬火操作称为双液淬火，例如碳钢通常采用水淬后油冷。这种淬火方法可有效地防止裂纹的产生，适用于形状复杂的工件，但不易操作。

(3) 分级淬火。将钢件加热到奥氏体化，保温后，先投入 150～260 ℃的硝酸盐浴或碱浴中冷却，停留适当时间，待其表面与心部的温差减小后再取出在空气中冷却，以获取马氏体组织的淬火，称为分级淬火，又叫热浴淬火。这种方法能避免裂纹产生，减小工件变形，但只适用于尺寸较小的零件，温度也难以控制。

(4) 等温淬火。将钢件加热到奥氏体化，保温后，快速冷却到贝氏体转变温度区间(260～400 ℃)，等温保持足够长时间，直到奥氏体转变为贝氏体，然后在空气中冷却的淬火工艺，称为等温淬火。它适用于小型复杂工件，例如弹簧、螺栓、小齿轮等，但生产周期长，生产效率低。

4) 回火

回火是指将淬火后的钢再加热到727 ℃以下的某一温度，保温一段时间，然后冷却到室温的热处理工艺。淬火钢回火的目的是稳定钢件的内部组织和形状尺寸，调整硬度、提高韧性，以获得所需的使用性能。

热处理生产中，通常把回火按温度分为以下三种。

(1) 低温回火。低温回火温度在150～250 ℃之间，硬度可达58～64 HRC。这种回火的目的是为了降低钢中的内应力和脆性，保持淬火后的高硬度和高耐磨性。低温回火常用于表面要求高硬度、高耐磨的工件，如刃具、模具、量具、滚动轴承等。

(2) 中温回火。中温回火温度在250～500 ℃之间，其目的是获得较高的硬度(40～50 HRC)，较高的弹性极限和屈服极限，并保持足够的韧性。中温回火常用于弹性构件，如弹簧、发条等。

(3) 高温回火。高温回火温度在500～650 ℃之间。通常生产中把工件淬火后再进行高温回火的复合热处理工艺称为调质处理，其目的是获得强度、硬度、塑性和韧性都较好的综合力学性能。调质处理常用于承受复杂应力的重要零件，如齿轮、连杆、曲轴等。

2. 钢的表面热处理

表面热处理是指仅对工件表层进行热处理以改变表面组织和性能的工艺。通常可分为表面淬火和化学热处理两类。

1) 表面淬火

表面淬火是只改变表面组织而不改变表面化学成分的热处理工艺，其方法是通过快速加热使钢件表面很快达到淬火温度，而不等热量传至中心，即迅速予以冷却，使其表层得到淬火组织而心部组织不变，以满足“表硬心韧”的性能要求。目前生产中应用最广泛的是感应加热表面淬火和火焰加热表面淬火两种方法。

(1) 感应加热表面淬火。感应加热表面淬火是利用感应电流通过工件所产生的热效应，使工件表面的局部或整体加热并进行快速冷却的淬火工艺，感应加热表面淬火方法如图3-5所示。感应加热表面淬火的加热速度快，所获得的表面硬度比普通淬火高2～3 HRC，具有较好的耐磨性和较低的脆性，工件变形小，裂纹倾向小，常用于主轴、齿轮等零件。

(2) 火焰加热表面淬火。火焰加热表面淬火是指应用氧-乙炔(或其他可燃气)火焰对零件表面进行加热，随之快速冷却的淬火工艺。火焰加热表面淬火方法如图3-6所示。火焰加热淬火的操作简单，不需要特殊设备，成本低，适用于单件和小批量生产及大型工件的热处理，如大齿轮、齿条、钢轨面等。

2) 化学热处理

化学热处理是将工件置于一定介质中加热和保温，使介质中的活性原子渗入工件表层，以改变表层的化学成分和组织，从而使工件表面具有某些特殊的使用性能的一种热处理工艺。化学热处理的主要特点：表面层不仅有组织变化，而且有成分变化。目前制造业中，常用的化学热处理有渗碳、渗氮等。

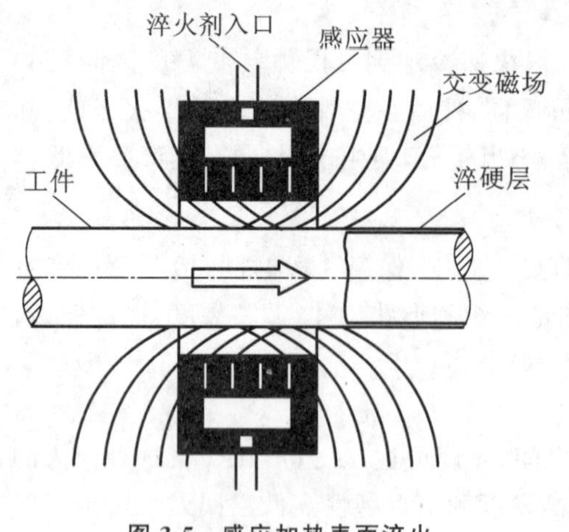

图 3-5 感应加热表面淬火

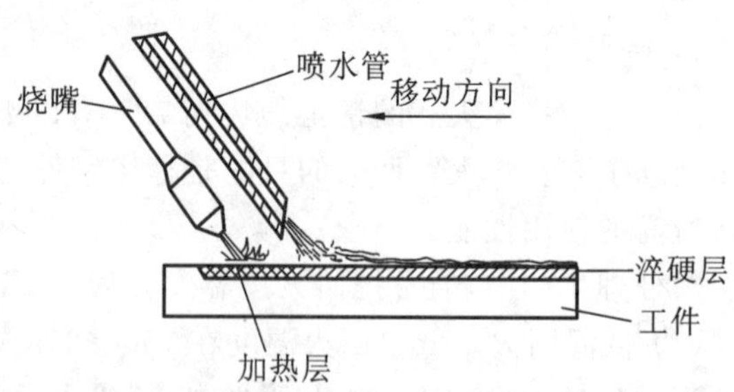

图 3-6 火焰加热表面淬火

(1) 渗碳。渗碳是将钢件在渗碳介质中加热并保温,使碳原子渗入表层的化学热处理工艺。渗碳的目的是为了使钢件表层增加含碳量,再经过淬火,低温回火后,工件表层具有高硬度和耐磨性,而工件心部仍具有高的塑性、韧性和足够的强度,以满足某些机械零件的需要,如汽车齿轮、变速轴等。

(2) 渗氮。渗氮是指钢件在一定温度下使活性氮原子渗入表层的化学热处理工艺。其目的是提高钢件表面硬度和耐磨性,并提高疲劳强度和抗腐蚀性。主要用于要求高硬度、高精度的精密零件,如阀门、精密机床主轴、高精度齿轮等。

3.1.4 常用钢铁材料

钢和铸铁材料是现代工业的支柱。工业用钢的种类繁多,通常按化学成分分为碳素钢和合金钢两大类。碳素钢是含碳量小于 2.11%的铁碳合金,其价格低廉,容易加工,性能可以满足一般机械零件、工具的使用要求,因此在机械制造中得到广泛应用,实际生产中应用的碳素钢含有少量的锰、硅、硫、磷等杂质元素。合金钢是在碳素钢基础上,有目的地加入一些合金元素(如铬 Cr、钒 V、镍 Ni、钨 W 等),它的性能比碳素钢有显著提高,能满足一些特殊性能的要求。铸铁是指含碳量大于 2.11%的铁碳合金,由铁、碳和硅作为主要组成元素,是一种优良的结构材料,在机械产品中,铸铁材料应用广泛。

为了在生产上合理选择、正确使用钢铁材料,必须了解我国钢铁材料的分类、牌号和性能,以及一些常存杂质元素对钢性能的影响。

1. 碳素钢

1) 杂质元素对碳素钢的影响

(1) 锰和硅的影响。

锰在钢中是一种有益的元素。锰大部分溶于铁素体中,使铁素体强化,还有一部分锰则溶于 Fe_3C 中,同时增加珠光体含量,这都使钢的强度提高;锰还可以与硫形成化合物,减轻硫的有害作用。

硅在钢中也是一种有益元素。碳素钢中硅的含量通常小于 0.4%。它也能溶于铁素体,使铁素体强化,从而提高钢的强度、硬度和弹性,降低塑性和韧性。

(2) 硫和磷的影响。

硫在钢中是一种有害物质。硫会使钢在高温下变脆，称为“热脆性”，因此钢中的含硫量必须严格控制。在钢中增加含锰量，可减轻硫的有害作用。

磷在钢中也是一种有害物质。磷会使钢在低温下变脆，称为“冷脆性”，因此钢中的含磷量也必须严格控制。

但硫和磷可提高钢的切削加工性能，在特殊要求的钢中还要适量加大其含量。

2) 碳素钢的分类

碳素钢的分类方法很多，根据不同需要，可采用不同的分类方法，有些情况下需将几种不同方法混合使用。

(1) 按钢中含碳量可分为低碳钢(含碳量≤0.25%)、中碳钢(含碳量为0.25%～0.6%)、高碳钢(含碳量≥0.6%)。

(2) 按钢中有害杂质的含量可分为普通钢(含硫量≤0.05%，含磷量≤0.045%)、优质钢(含硫量和含磷量均≤0.035%)、高级优质钢(含硫量和含磷量均≤0.025%)。

(3) 按冶炼时的脱氧方法可分为沸腾钢、镇静钢、半镇静钢、特殊镇静钢。

(4) 按用途不同可分为碳素结构钢和碳素工具钢。碳素结构钢主要用于制造各种工程构件和机器零件(如齿轮、轴、螺母等)，一般属于低碳钢和中碳钢；碳素工具钢主要用于制造各种刀具、量具、模具，一般属于高碳钢。

(5) 按成型方法分为加工用钢和铸造用钢。

3) 碳素钢的牌号、性能和应用

钢的品种很多，我国采用汉语拼音字母、阿拉伯数字和化学符号相结合的原则来表示钢的牌号。

(1) 普通碳素结构钢。

普通碳素结构钢的牌号由代表屈服点的汉语拼音字母“Q”、屈服点数值、质量等级符号和脱氧方法符号四部分组成。其中质量等级分为A、B、C、D四个等级，A级质量最低，D级质量最高；脱氧方法符号用F、B、Z、TZ分别表示沸腾钢、半镇静钢、镇静钢、特殊镇静钢，其中Z和TZ可省略标注。例如：

牌号Q215AF表示屈服点σ_s≥215 MPa，质量为A级的沸腾碳素结构钢。

普通碳素结构钢的含碳量在0.06%～0.38%，但钢中含有的有害杂质和非金属杂物较多，属于低、中碳钢，它的塑性、韧性好，工艺性能优良，能满足一般工程结构及普通零件的要求，常用于制作钢板、型钢(如圆钢、工字钢、钢筋等)等建筑和机械材料。

(2) 优质碳素结构钢。

优质碳素结构钢的牌号由两位阿拉伯数字组成，数字表示钢中含碳量的万分数；属于沸腾钢的，在数字后加注“F”，未标注“F”的都是镇静钢。例如：

牌号40表示含碳量等于0.40%的优质碳素结构钢，属镇静钢；

牌号08F表示含碳量等于0.08%的优质碳素结构钢，脱氧不完全，属沸腾钢。

若钢中含锰量较高，在牌号后加“Mn”，如：牌号65Mn表示含碳量为0.65%且含锰量较高的优质碳素结构钢。

优质碳素结构钢的含碳量在0.08%～0.90%，并且所含杂质较少，纯洁度、均匀性和表面质量都比较好。低碳的优质碳素结构钢塑性、韧性好，适于制作钢带、薄板等；中高碳的优质碳素结构钢强度、硬度较高，且综合力学性能好，适于制作齿轮、连杆、弹簧一类的受力复杂的机器构件；含锰量较高的优质碳素结构钢适于制作截面稍大或强度稍高的机器构件。

(3) 碳素工具钢。

碳素工具钢的牌号由代表碳的汉语拼音字母“T”和数值组成，数值表示钢中含碳量的千分数。例如：牌号 T10 表示含碳量等于 1.0%的碳素工具钢。

碳素工具钢属于优质钢和高级优质钢，若牌号末尾加注 A，表示高级优质碳素工具钢。例如：牌号 T8A 表示含碳量等于 0.8%的高级优质碳素工具钢。

碳素工具钢的含碳量在 0.65%～1.35%，硫、磷有害杂质元素含量较少，质量较高；它的强度、硬度高，耐磨性好，塑性、韧性较差，适于制作各种低速、手动刀具及常温下使用的工具。

(4) 铸造碳钢。

铸造碳钢的牌号由代表铸钢的汉语拼音字母“ZG”和两组数值组成，第一组数值表示屈服点，第二组数值表示抗拉强度。例如：牌号 ZG23-450 表示 $\sigma_s \geqslant 230$ MPa，$\sigma_b \geqslant 450$ MPa 的铸造碳钢。

铸造碳钢的含碳量在 0.15%～0.60%。它有良好的塑性、韧性和焊接性，有一定的强度，适于制作形状复杂的各种结构件。

2. 合金钢

碳素钢中经常加入的合金元素有锰(Mn)、硅(Si)、铬(Cr)、镍(Ni)、钼(Mo)、钨(W)、钒(V)、钛(Ti)、铝(Al)、铜(Cu)、硼(B)等。这些合金元素可以溶入钢的基本组织中，增加它们的稳定性，从而使合金钢的强度、硬度、耐磨性得到提高，但塑性、韧性会降低；合金元素还可以改善钢的热处理工艺，提高淬硬性，并使钢获得某些特殊性能，如耐热性、耐磨性等。

1) 合金钢的分类

(1) 按合金元素含量分类。

按合金钢中合金元素的含量可分为低合金钢，合金含量≤5%；中合金钢，合金含量为5%～10%；高合金钢，合金含量≥10%。

(2) 按用途分类。

按合金钢的用途分为合金结构钢、合金工具钢、特殊性能钢。

2) 合金钢的牌号、性能和应用

(1) 低合金结构钢。

低合金结构钢中含碳量较低、合金元素含量较少(通常小于 3%)，常加入的合金元素有 Mn、Ti、V、Cu 等，使它的强度明显高于相同含碳量的碳素钢，因此常被称为低合金高强度钢。这类钢具有良好的韧性、塑性、焊接性和耐蚀性，适于建造桥梁、制作车辆和船舶、输油输气管道、压力容器、电站设备等。这类钢制作大型构件安全可靠、可减轻自重、节约钢材。低合金结构钢的牌号与普通碳素结构钢牌号相似，由表示屈服点的汉语拼音“Q”和数值组成。例如：Q345 表示 $\sigma_s \geqslant 345$ MPa 的低合金高强度钢；Q390A 表示 $\sigma_s \geqslant 390$ MPa、质量为 A 级的低合金高强度钢。

(2) 合金结构钢。

合金结构钢的牌号由“数值、合金元素的符号、数值”三部分组成。第一个数值表示含碳量，以万分数表示；最后的数值表示合金元素的含量，以百分数表示，当合金元素含量<1.5%时，省略标注数值，当合金元素含量≥1.5%、≥2.5%、≥3.5%……，相应标注 2、3、4……。合金结构钢包含易切削钢、合金渗碳钢、合金调质钢、弹簧钢、滚动轴承钢几类。

易切削钢是钢中加入硫、铅、钙、磷等一种或几种元素，使它成为容易被切削加工的钢。易切削钢的牌号是在最前面加个“易”字的汉语拼音字首“Y”，例如：Y12 表示含碳量为 0.12%的易切削钢，常用于自动机床加工的零件。

合金渗碳钢的表面具有高硬度、高耐磨性而心部又有良好的塑性、韧性，适于制造承受强烈冲击载荷和摩擦磨损的零件。例如：20CrMnTi 是典型的合金渗碳钢，表示含碳量为 0.2%，Cr、Mn、Ti 的含量小于 1.5%，它通常被用来制造汽车、拖拉机中的齿轮、离合器、蜗杆等。

合金调质钢具有较高的综合力学性能，常用来制造承受中等载荷和中等速度工作下的零件。40Cr 钢是合金调质钢中最常用的一种，其中 40 表示含碳量为 0.4%，含铬量<1.5%，机床上的齿轮、花键轴、顶尖套等经常由其制成。

弹簧钢具有较高的抗拉强度，较高的疲劳强度，足够的塑性、韧性和良好的表面质量，以适应弹簧一类零件在冲击、振动等条件下工作。60Si2Mn 是常见的弹簧钢，其中 60 表示含碳量为0.6%，含硅量≥1.5%，含锰量<1.5%，经常被用来制作汽车、拖拉机上的板弹簧、螺旋弹簧、安全阀等。

滚动轴承钢具有很高的硬度和耐磨性，以满足滚动轴承的内外圈及滚动体在工作时能承受很大的动载荷和极大的接触应力。滚动轴承钢的牌号前加个“滚”字的汉语拼音字首“G”，其后是合金元素符号和表示合金元素含量的数值（以千分数表示），碳的含量不标注。例如：GCr15 钢表示含铬量为 1.5%的滚动轴承钢。

（3）合金工具钢。

合金工具钢具有高硬度和高耐磨性，以适应切削加工时，刀具与工件之间产生严重的摩擦磨损和高温。合金工具钢的牌号由含碳量、合金元素符号及其含量组成，含碳量以千分数表示，若含碳量>1%，牌号中不标注含碳量；合金元素含量以百分数表示。例如：9Mn2V 表示含碳量为 0.9%，含锰量为 2%，含钒量<1.5%的合金工具钢。

还有一种合金工具钢称为高速工具钢，它能满足耐热性的要求，在 500～600 ℃时仍然具有切削工作所需的高硬度、高耐磨性，用于制造高速切削刃具（车刀、拉刀、刨刀、铣刀等），又称“锋钢”。高速工具钢的牌号中不标注碳的含量，只标注合金元素符号及其含量，以百分数表示。W18Cr4V 是典型的高速工具钢，表示含钨量为 18%，含铬量为 4%，含钨量<1.5%。

（4）特殊性能钢。

特殊性能钢具有特殊的物理或化学性能，种类很多，包括不锈钢、耐热钢等。

不锈钢在腐蚀性介质中具有抵抗腐蚀的能力，但它的强度、硬度有所下降。钢的牌号前面的数字表示碳含量的千分之几。如 3Cr13 钢，表示含碳量为 0.3%，含铬量为 13%的不锈钢。当含碳量不大于 0.03%及不大于 0.08%时，在牌号前加注“00”及“0”，例如：0Cr19Ni9 表示平均含碳量<0.08%，含铬量为 19%，含镍量为 9%的不锈钢，它常用作食品机械、化工设备、医疗器械等。

耐热钢是指在高温条件下仍能保持足够强度和能抵抗氧化、不起皮的钢。主要用于制造锅炉、内燃机、石油装置等高温下工作的零件。常用的耐热钢有 1Cr13Mo、4Cr10Si2Mo 等。

3. 铸铁

铸铁有优良的铸造性、切削加工性和良好的减震性、耐磨性等，而且它的生产设备和工艺简单，价格低廉，因此铸铁在机械制造上得到了广泛的应用。但铸铁的强度、塑性和韧性较差，不能锻造、轧制。工业上常用铸铁与钢的主要不同点是：铸铁的含碳量(2.5%～4.0%)和含硅量(1.0%～3.0%)较高；杂质元素硫(含量为0.02%～0.2%)和磷(含量为0.01%～0.5%)较多。为了提高它的使用性能，可以加入一定量的合金元素，得到合金铸铁。

在铁碳合金中，碳可能以两种形态存在，即化合态的渗碳体(Fe_3C)和游离态的石墨(用符号G表示)。根据碳在铸铁中的存在形式不同，可分为以下几种：白口铸铁、灰口铸铁、麻口铸铁、可锻铸铁、球墨铸铁、蠕墨铸铁、耐蚀铸铁等。

1) 白口铸铁

白口铸铁中的碳大部分以Fe_3C形态存在，并具有莱氏体组织，其断口白亮，性能脆硬，很难切削加工，故在工业上很少应用，主要用作炼钢原料。

2) 灰口铸铁

灰口铸铁中碳主要以片状石墨形态存在，其断口呈灰色。灰口铸铁是常用铸铁中价格最低、应用最广泛的一种铸铁，有良好的铸造性、切削加工性和良好的减震性、耐磨性等。

灰口铸铁的牌号由"HT"和数值组成。HT是灰口铸铁的汉语拼音首字母，数值表示该件的最低抗拉强度。例如：HT250表示最低抗拉强度为250 MPa的灰口铸铁。

按灰口铸铁的基本组织不同，分为以下三种类型。

(1) 铁素体灰口铸铁。

铁素体灰口铸铁的基本组织由铁素体和片状石墨组成，适用于载荷小、无特殊要求的零件。

(2) 铁素体-珠光体灰口铸铁。

铁素体-珠光体灰口铸铁的基本组织由铁素体、珠光体和片状石墨组成，适用于承受中等载荷的零件。

(3) 珠光体灰口铸铁。

珠光体灰口铸铁的基本组织由珠光体和片状石墨组成，适用于承受较大载荷和较重要的零件。

为了提高灰口铸铁的力学性能，在浇注前向铁水中加入少量的变质剂，经过这种处理的灰口铸铁称为孕育铸铁。孕育铸铁适用于承受高载荷、耐磨的较重要零件。

3) 麻口铸铁

麻口铸铁的组织介于白口铸铁和灰口铸铁之间，其中的碳一部分以石墨形式存在，另一部分以渗碳体形式存在，同时含有不同程度的莱氏体，也具有较大的硬脆性，工业上也很少使用。

4) 可锻铸铁

可锻铸铁组织中的石墨形态呈团絮状，且含碳、硅量低。可锻铸铁的强度和冲击韧性比灰口铸铁高，主要用来制作一些形状复杂而在工作中又要承受震动的薄壁小型铸件。

可锻铸铁的牌号由"KTH"或"KTZ"及两组数值构成。KTH代表黑心可锻铸铁，KTZ代表珠光体可锻铸铁，第一组数值表示最低抗拉强度σ_b，第二组数值表示断后伸长率δ的最小值。例如：KTH300-06表示$\sigma_b \geqslant 300$ MPa，$\delta \geqslant 6\%$的黑心可锻铸铁。KTZ450-06表示$\sigma_b \geqslant 450$ MPa，$\delta \geqslant 6\%$的珠光体可锻铸铁。

5）球墨铸铁

球墨铸铁中的石墨呈球状存在，具有比灰口铸铁更高的强度、塑性和韧性，并且生产工艺简便，成本低廉，因此得到了越来越广泛的应用。球墨铸铁可制造一些受力复杂、力学性能要求高的重要零件。

球墨铸铁的牌号由“QT”和两组数值构成。QT代表球墨铸铁，第一组数值表示最低抗拉强度 σ_b，第二组数值表示断后伸长率 δ 的最小值。例如：QT450-10表示 $\sigma_b \geqslant 450$ MPa，$\delta \geqslant 10\%$ 的球墨铸铁。

6）蠕墨铸铁

蠕墨铸铁中的大部分石墨呈蠕虫状存在。蠕墨铸铁的性能优于灰口铸铁，低于球墨铸铁，但它在铸造性能、导热性能等方面比球墨铸铁好。

蠕墨铸铁的牌号由“RUT”和一组数值构成。RUT代表蠕墨铸铁，数值表示最低抗拉强度 σ_b。例如：RUT420表示 $\sigma_b \geqslant 420$ MPa的蠕墨铸铁。

7）耐蚀铸铁

耐蚀铸铁是指在酸、碱、盐等腐蚀介质中工作时有耐蚀能力的铸铁。

普通铸铁因为组织中的石墨或者渗碳体有促使铁素体腐蚀的作用，因此耐蚀性较差，为了提高耐蚀性能，可加入硅、铝、铬等合金元素，使其在铸铁表面形成一层连续致密的保护膜，能有效地提高铸铁的耐蚀性能；在铸铁中加入铬、硅、钼、镍、磷等元素，可提高铁素体的电极电位，提高其耐蚀性。

耐蚀铸铁主要用于制造化工机械零部件，如阀门、容器、管道和耐蚀泵等。

3.1.5 有色金属材料

在工业生产中，通常称钢铁为黑色金属，其他金属材料称为有色金属。有色金属的种类很多，虽然它的产量和使用量不及黑色金属，但由于它们具有许多特殊性能，如密度小、强度高、优良的导热性和导电性、耐蚀性能好等。因此，有色金属被广泛地应用于机械制造、化工、航天和电器等行业。

1. 铝及铝合金

1）纯铝

纯铝是一种银白色金属，塑性好，能通过冷、热加工制成各种型材；它的熔点低（660 ℃）、密度很低（$\rho = 2.72$ g/cm^3），是一种轻型金属；它的导电性和导热性较好；铝和氧气的亲和力很好，能在表面生成一层极致密的氧化铝薄膜，有效阻止铝表面的进一步氧化，从而使其在大气中的抗腐蚀性好；另外它的强度低，塑性好，能通过各种压力加工，制成板材、箔材、线材及型材。

纯铝主要适于制作电线、电缆，以及要求具有导热和抗腐蚀性能，而且对强度要求不高的一些用品和器皿。

我国工业纯铝的牌号是按其纯度来编制的，由1×××四位数字表示，后面的数字越大表示纯度越高，例如：工业纯铝的牌号有1070、1060、1035……。1060表示含铝量为99.6%的工业纯铝。

2) 铝合金

纯铝强度低，但它与硅、铜、镁、锰等合金元素构成铝合金时，会具有较高的强度，而且还可以通过变形、热处理等方法进一步强化，能用于制造承受载荷的机械零件。根据铝合金的成分和生产工艺特点，可分为变形铝合金和铸造铝合金。

(1) 变形铝合金。

常用的变形铝合金有防锈铝、硬铝、超硬铝及锻铝等。

防锈铝中的主要合金元素是锰和镁，即 Al-Mn 系合金和 Al-Mg 系合金。锰能提高铝合金的强度和抗腐蚀能力；镁能使合金的比重降低，使制成的零件比纯铝还轻。其特点是耐腐蚀性好，塑性好，焊接性能好，只能用冷变形强化。

硬铝主要指 Al-Cu-Mg 系合金，铜和镁元素可以使合金获得相当高的强度，故称为硬铝。这类铝合金的主要性能特点是强度大、硬度高，但耐蚀性差。

超硬铝是 Al-Cu-Mg-Zn 系合金。这是强度最高的一种铝合金，但疲劳强度和韧性较低，耐蚀性也差。

锻铝主要指 Al-Cu-Mg-Si 系合金。这种铝合金具有良好的铸造性能、锻造性能和较好的力学性能。

(2) 铸造铝合金。

用来制作铸件的铝合金称为铸造铝合金，与变形铝合金相比，含有较高量的合金元素，但塑性较低，不能承受压力加工。按主要合金元素的不同，可分为 Al-Si、Al-Cu、Al-Mg、Al-Zn 系四种。

Al-Si 系铸造铝合金应用最广泛，有良好的铸造性能，适于铸造形状复杂但致密度要求不高的铸件，如电机外壳、气缸套、气缸体。

Al-Cu 系铸造铝合金强度较高，用于制造高强度或高温(300 ℃)条件下工作的零件，如铸造铁路上的内燃机气缸、活塞等。

Al-Mg 系铸造铝合金有良好的强度和耐蚀性，多用于制作承受冲击载荷、在腐蚀条件下工作的零件，如轮船配件、泵体、泵盖等。

Al-Zn 系铸造铝合金的铸造性能很好，价格便宜，抗蚀性不好，常用于制作汽车、拖拉机的发动机零件。

2. 铜及铜合金

1) 纯铜

纯铜呈玫瑰红色，表面形成氧化膜后呈紫色，故又称为紫铜。纯铜的熔点为 1 083 ℃，密度为 8.9 g/cm^3，具有优良的导电及导热性，是常用的导电、导热材料，并具有极好的塑性，适于变形加工。纯铜的化学稳定性好，在大气、水中有优良的抗腐蚀性；但抗拉强度不高，硬度低，很少用于制作机械零件，多用于制作电工导体(电线、电缆、导电螺钉)、耐蚀器材(油管、管嘴、管道)等。

我国工业纯铜的牌号用“T”和数字表示，T 是“铜”的汉语拼音字首，数字是顺序号，共有四个牌号：T1、T2、T3、T4，含铜量依次下降。

2) 铜合金

纯铜的强度不高，不适于制作机构件，因此常加入适量的合金元素制作成铜合金。

按照化学成分不同，铜合金可分为黄铜、青铜和白铜三类。按其加工方法不同，又可分为加工和铸造铜合金。

（1）黄铜。

以锌为主要的合金元素的铜合金称为黄铜。黄铜又分为普通加工黄铜和特殊加工黄铜。

普通加工黄铜的牌号是由“H＋数字”构成。H是“黄”字的汉语拼音字首，数字表示合金中铜含量的百分数。例如：H62表示含铜量为62％的普通黄铜，其余为含锌量。普通黄铜有较高的塑性、较好的冷热加工工艺性和较高的耐蚀性，主要用于制造导热、导电、耐蚀和冲压零件，如导管、散热片、铆钉等。

特殊加工黄铜是在普通黄铜中再加入其他合金元素的铜，常加入的合金元素有镍、铅、锰、铝等。加入合金元素的目的是为了改善黄铜的力学性能、抗蚀性、铸造性能及切削加工性能等。特殊黄铜的牌号由“H＋主要元素符号＋铜含量＋主要元素含量”构成，例如：HPb59-1，表示含铜量59％，含铅量1％的铅黄铜。

黄铜也用于铸造成型，常用的铸造黄铜有ZCuZn40Mn2等，其中Z是“铸”字的汉语拼音字首，Zn40表示含锌量为40％，Mn2表示含锰量为2％，其余为含铜(Cu)量。

（2）青铜。

青铜是指黄铜、白铜以外的其他铜合金。按主加合金元素种类可分为锡青铜、铝青铜、硅青铜和铍青铜。青铜的牌号由“Q＋主加元素符号＋主加元素含量”构成，例如：QAL5表示含铝量为5％，其余为铜的铝青铜。

锡青铜具有良好的力学性能、铸造性能和良好的耐蚀性、耐磨性，主要用来制造轴承、轴套、弹性元件等。

铝青铜具有良好的耐蚀性、耐磨性和耐热性，并且有更好的力学性能，主要用于在复杂条件下工作的摩擦零件和高耐蚀的弹性元件。

硅青铜的弹性好、耐蚀性高，并具有良好的铸造性能和冷热压力加工性能。主要用于航空工业和长距离架空的电话线和输电线等。

铍青铜具有良好的耐蚀性、耐磨性、耐寒性、抗磁性和受冲击时不产生火花等特殊性能，是一种综合性能优良的金属材料。主要用于制造各种精密仪器、仪表的重要弹性元件（膜片、膜盒、弹簧片）、电接触器、防爆工具等。

3. 滑动轴承合金

滑动轴承合金是指制造滑动轴承轴瓦及其内衬的合金。轴承是支承轴进行工作的，当轴在其中转动时，轴和轴瓦之间必然会存在强烈的摩擦，为了使轴能正常运转和减少磨损，滑动轴承合金必须具有以下特性：在工作温度下具有足够的抗压强度、良好的减摩性、良好的抗腐蚀性和导热性；较小的膨胀系数；表面能保持润滑状态；有良好的磨合性，使载荷均匀分布。

常用的滑动轴承合金有锡基轴承合金、铅基轴承合金、铜基轴承合金和铝基轴承合金。

锡基轴承合金膨胀系数小，减摩性好，并具有优良的韧性、导热性和耐蚀性，在汽车、拖拉机等机械的高速轴上应用广泛。

铅基轴承合金的性能比锡基轴承合金低，但其价格便宜，故应用也较广，通常用于制作低速、低载荷或静载荷下工作的机械设备的轴承。

铜基、铝基轴承合金的承载能力高，但磨合能力较差，适用于高速、重载下工作的轴承。

轴承合金的牌号由“Z＋基本元素符号＋主加元素符号＋主加元素的含量＋辅加元素的含量”构成。例如：ZSnSb11Cu6 表示基本元素为锡、主加元素为锑且含量为 11%、辅加元素为铜且含量为 6%，其余为锡的锡基轴承合金。

4. 钛和钛合金

由于钛及其合金的密度小、强度高、耐高温、耐腐蚀、低温下韧性好，且资源丰富，现在已经被广泛地应用于航空航天、造船、化工等行业。

1）纯钛

钛为银白色金属，密度小（4.5 g/cm^3），熔点为 1 725 ℃，塑性好，强度低，易成型加工。在 550 ℃以下具有较好的耐蚀性，不易氧化，在海水及其蒸汽下的耐蚀性能比铝合金不锈钢和镍合金还强。因此纯钛多用于制作航空业中的飞机架、发动机零部件；化工业中的热交换器、泵体、搅拌器；造船业中的管道、阀门及柴油发动机活塞、连杆等。

我国工业纯钛的牌号用“T”和数字表示，T 是“钛”的汉语拼音字首，数字是顺序号，共有三个牌号：T1、T2、T3，含钛量依次下降。

2）钛合金

在钛中常常加入铝、锡、铜、铬、钼和钒等合金元素，以提高钛在室温下的强度和高温下的耐热性能。根据室温组织的不同，钛合金可分为 α 钛合金、β 钛合金和 α＋β 钛合金三大类，其牌号分别用 TA、TB、TC 和编号数字来表示。如 TA5，表示 5 号 α 钛合金。

（1）α 钛合金。其主加元素为铝和锡。由于此类合金的 α 钛合金与 β 钛合金相互转化的温度较高，因此在室温或高温时均为 α 单相固溶体组织，不能进行热处理强化。具有较高的强度、韧性和热稳定性及较好的抗氧化性和良好的焊接性。

（2）β 钛合金。一般情况下的主加合金元素为钼、铬、钒和铜等。其性能为强度高、塑性好，但耐热性和抗氧化性不好，性能不太稳定，生产工艺复杂，密度大。因此其应用不多。

（3）α＋β 钛合金。其主加合金元素为铝、锡、锰、铬和钒等。其强度、耐热性和塑性都较好，并可以进行热处理强化，应用较为广泛。

钛合金可用于制作温度小于 400 ℃环境下工作的焊件，如飞机骨架、气压泵壳体、叶片等焊件或者模锻件。

3.2 非金属工程材料

随着现代科学技术的发展，除了金属材料外，工程塑料、橡胶、陶瓷、复合材料等也越来越广泛地应用到机械行业中。它们已经成为工程材料中不可缺少的重要组成部分。

3.2.1 工程塑料

工程塑料是以合成树脂为主要原料，加入各种改善性能的添加剂，在一定温度和压力下塑制成型的一种非金属材料。合成树脂决定塑料的基本性能，又起着黏结剂的作用。添加剂包括填料、增塑剂、稳定剂、润滑剂、固化剂等。填料主要起增强作用，用来改善塑料的力学性能；增

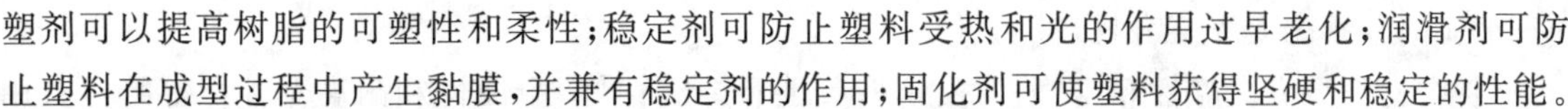

塑剂可以提高树脂的可塑性和柔性；稳定剂可防止塑料受热和光的作用过早老化；润滑剂可防止塑料在成型过程中产生黏膜，并兼有稳定剂的作用；固化剂可使塑料获得坚硬和稳定的性能。

工程塑料按其受热后的性能可分为热塑性塑料和热固性塑料。

热塑性塑料受热时易软化并熔融，可塑造成型，冷却后固化，此过程可以反复进行。这类塑料具有较好的力学性能，但耐热性和刚性较差。常用的热塑性塑料有各种尼龙（聚酰胺）、ABS塑料、聚氯乙烯、聚甲醛等。

热固性塑料受热时软化，可以塑造成型，但不能再次熔融或改变形状，只能塑制一次。这类塑料的耐热性高，受压不易变形，但力学性能差。常用的热固性塑料有酚醛塑料、环氧树脂、氨基塑料等。

工程塑料的品种很多，性能各不相同，但大多数塑料都具有密度小、电绝缘性好、耐蚀、耐磨、减震性好、自润滑性和消声性好及成型简单等优点；工程塑料的缺点就是力学性能低、耐热性差、易老化等。

在机械工业中，塑料可用来制造一般结构件（如罩壳、手柄、风扇叶轮、管道等）、耐磨零件（如轴承、齿条、蜗轮等）、减磨自润滑零件（密封环、导轨涂层、活塞环等）、耐腐蚀零件（如化工仪器仪表、泵、阀等）、绝缘件（电子电器元件、插头、插座等）和透明件（如灯罩、风挡、仪器壳等）。

3.2.2 橡胶

橡胶是一种具有高弹性的非金属材料，是以生胶为基础加入适量的配合剂制成的。生胶决定着橡胶的主要性能，按其来源可分为天然橡胶和合成橡胶。加入配合剂是为了改善橡胶制品的性能，如加入硫化剂可以提高其强度和弹性，加入软化剂可以增加其塑性，加入补强剂可以提高其耐磨性等。

橡胶具有极好的弹性，这是其他材料所不能代替的，还具有良好的耐磨性、伸缩性、电绝缘性等，但橡胶易老化。

橡胶常用来制造轮胎、密封圈或密封垫、传动V带、电器元件等。

3.2.3 陶瓷

陶瓷是一种无机非金属材料。它的刚度、硬度极高，但强度、韧性很差；耐蚀耐磨性好，耐高温性好并且是一种传统的绝缘材料。

常用的陶瓷材料大体可分为普通陶瓷和特种陶瓷两大类。

普通陶瓷是以黏土、长石和石英等天然原料，经过粉碎、成型和烧结而制成的。它包括黏土类陶瓷、日用陶瓷、建筑陶瓷、卫生陶瓷、电工陶瓷及电气绝缘陶瓷等，主要用于电气、化工、建筑、日用纺织等产业中。它的产量大、用途广泛。

特种陶瓷是用化工原料制成的具有各种特殊物理、化学性能和力学性能的新型陶瓷。它包括电容器陶瓷、高温陶瓷、磁性陶瓷等，主要用于冶金、机械、电子和某些新兴产业中。

3.2.4 复合材料

复合材料是指用两种或两种以上不同物理化学性质的材料，以宏观或微观的形式组合而成的材料，它克服了单一材料的某些不足，具有良好的综合力学性能。例如，钢筋混凝土就是钢筋、水泥、砂、石的人工复合材料。

复合材料具有减摩性和耐磨性好，抗疲劳性和减震性好，耐蚀性和耐高温性好等特点。用复合材料制成的零件比用钢制的重量可减轻70%左右，而材料的强度和刚度则相同。

复合材料按基体不同，可分为塑料基复合材料、金属基复合材料、橡胶基复合材料和陶瓷基复合材料。

目前复合材料广泛地应用于现代工业中，例如用来制造滑动轴承、齿轮、船舶汽车的车身、耐腐蚀的管道和阀门以及某些绝缘材料等。

实训项目：汽车发动机曲轴材料的选择

项目实施步骤具体如下。

1. 汽车发动机曲轴的工作条件分析

观察汽车发动机曲轴，并分析其工作环境和工作条件，将其工作环境和工作条件记录下来。

2. 汽车发动机曲轴的材料选择

中、小功率内燃机曲轴最常用的材料是45钢、40Cr、45Mn2等。大型尺寸曲轴常用材料为球墨铸铁。

3. 汽车发动机曲轴的热处理

曲轴加工工艺路线如下：

下料锻造→退火→粗加工(留调质余量)→调质→精加工(留磨削余量)→表面淬火、低温回火→精磨。

4. 注意事项

在选择曲轴材料和热处理方式时，应充分考虑其制造工艺过程及材料性能的相关要求，如表3-1所示。

表3-1 汽车发动机曲轴选材及热处理方式

名　　称	工况分析	材　　料	热处理方式
	曲轴是发动机中最重要的部件。它承受连杆传来的力，并将其转变为转矩通过曲轴输出并驱动发动机上其他附件工作。曲轴受到旋转质量的离心力、周期变化的气体惯性力和往复惯性力的共同作用，使曲轴承受弯曲扭转载荷的作用。因此要求曲轴具有足够的强度、刚度和冲击韧性。轴颈表面需耐磨、工作均匀、平衡性好	锻造钢	锻钢需要进行热处理，采用调质、淬火后高温回火，使材料具有较高的综合机械性能；轴径表面再进行表面淬火，提高表面硬度及耐磨性
		球墨铸铁	球墨铸铁曲轴采取等温回火、中频淬火、激光淬火等热处理工艺

知识树

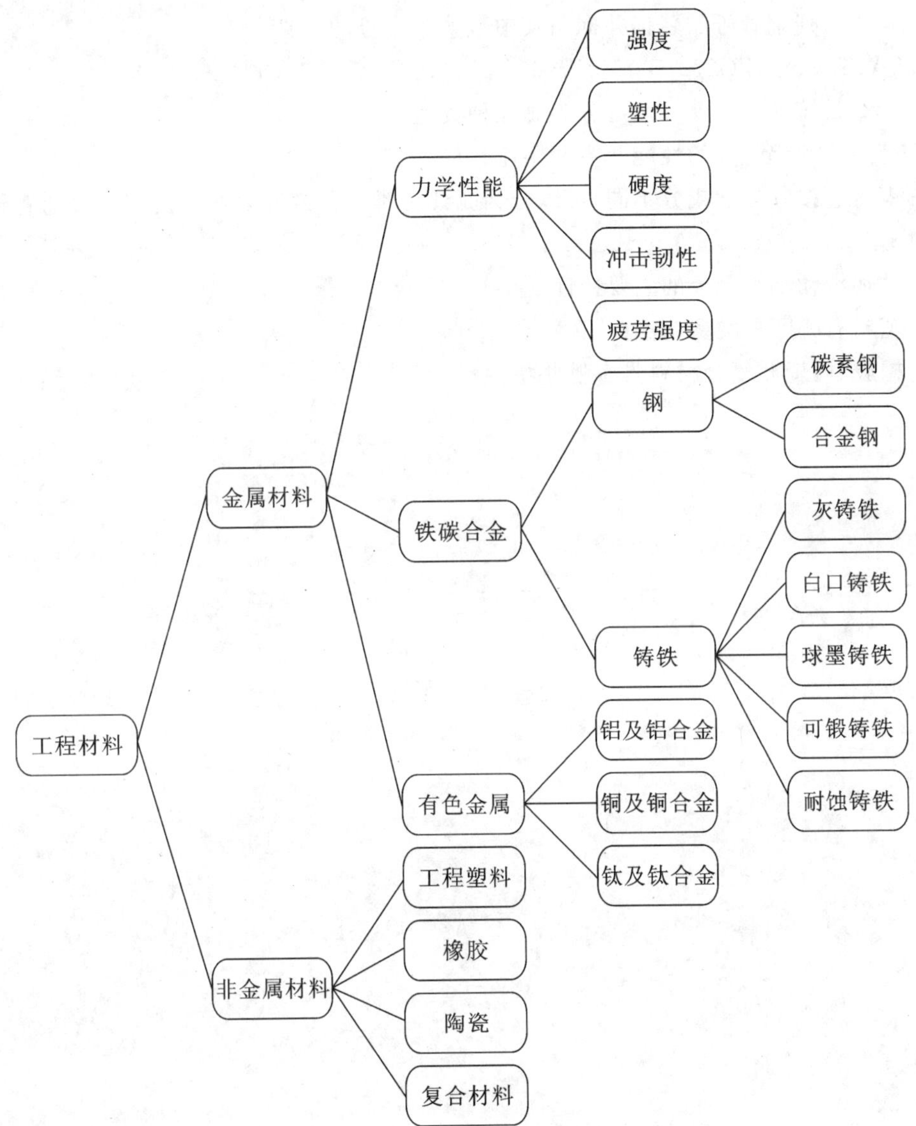

【巩固与练习】

1. 什么是金属材料的强度、塑性、冲击韧度和疲劳强度，它们用什么符号表示？

2. 什么叫硬度？常用的硬度有哪几种？

3. 铁碳合金的基本组织有哪几种？并说明它们的代表符号和性能特点。

4. 含碳量为 1%和 0.8%的钢，哪个硬度更高？含碳量为 1.2%和 0.8%的钢，哪个强度更高？试说明原因。

5. 什么是钢的热处理？常用的热处理方法有哪几种？

6. 什么是退火和正火，它们的主要区别是什么？

7. 什么是淬火和回火，其目的是什么？

8. 什么是钢的化学热处理？

9. 碳素钢中常存在的杂质元素有哪些？它们对其力学性能有何影响？

10. 什么是合金钢？

11. 写出下列钢牌号的名称并标明其中数值和字母的含义。

Q235A；T10；45；ZG270-500；40Cr；60Si2Mn；GCr15；W18Cr4V

12. 什么是铸铁？铸铁一般可分为哪几种类型？

13. 简述铝和铝合金的性能及主要用途。

14. 铜合金按其化学成分不同，可以分为哪几种类型？试说明普通黄铜和普通青铜的牌号意义和用途。

15. 试述滑动轴承合金的主要特性。

16. 塑料有哪两种类型，各有什么特点？

17. 橡胶、陶瓷和复合材料具有哪些特性？

第4章
常用机构

能力目标

1. 能按照要求绘制机构的运动简图，并计算自由度。

2. 能运用公式求解机构的自由度。

3. 能根据给定尺寸和机架条件判别平面四杆机构的类型。

4. 能判断平面四杆机构是否有急回特性，并指出机构的死点位置。

知识目标

1. 掌握自由度的计算。

2. 掌握四杆机构的类型、判别方法及平面四杆机构的基本性质。

3. 了解凸轮的应用和类型。

4. 掌握间歇运动机构的运动特点。

4.1 机构的组成

4.1.1 构件

任何机器都是由许多零件组合而成的。在这些零件中,有的是作为一个独立的运动单元而运动的,比如带传动中的皮带,如图 4-1 所示;有的则常常由于结构和工艺上的需要,而与其他的零件刚性地连接在一起作为一个整体而运动,例如连杆体、连杆头(见图 4-2)、螺栓、螺母、垫圈等零件刚性地连接在一起作为一个整体而运动。这些刚性地连接在一起的零件共同组成一个独立的运动单元体。机器中每一个独立的运动单元体称为一个构件。构件是组成机构的基本元素之一,任何机器都是由两个及两个以上的构件组合而成的。

图 4-1 皮带

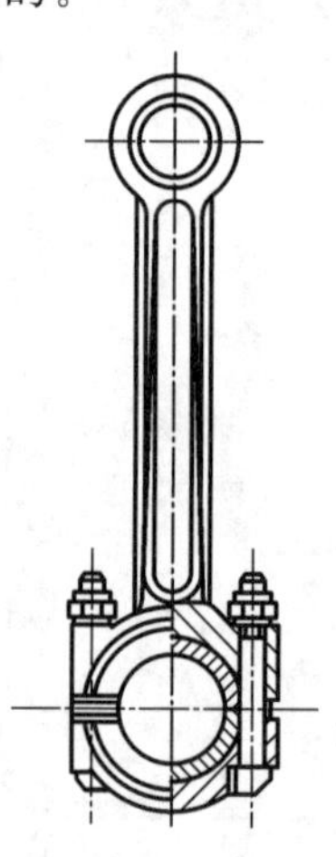

图 4-2 连杆头

4.1.2 运动副

若组成机构的所有构件都在同一平面或相互平行的平面内运动,则该机构称为平面机构,否则称为空间机构,其中平面机构应用最为广泛。

构件组成机构时,构件间便形成一定形式的连接,并且相互连接的两构件间保持着一定的相对运动。我们把两构件直接接触而又能产生相对运动的连接称为运动副。构成运动副的两构件之间相对运动为平面运动的,称为平面运动副;两构件之间相对运动为空间运动的,称为空间运动副。

平面运动副分为高副和低副。

1. 高副

高副指两构件通过点或线接触构成的运动副(见图 4-3)。图 4-3(a)所示为凸轮副,图 4-3(b)所示为齿轮副。

2. 低副

低副指两构件通过面接触构成的运动副(见图 4-4)。根据两构件的相对运动形式,低副又可分为转动副和移动副。

1）转动副

两构件间只能作相对转动的运动副，称为转动副（或称为铰链）。如图 4-4(a)所示的构件 1、2 组成的运动副中，两构件只能绕 A—A 轴相对转动。

2）移动副

两构件间只能产生相对移动的运动副，称为移动副。如图 4-4(b)所示运动副中，两构件只能沿 x 轴方向作相对移动。

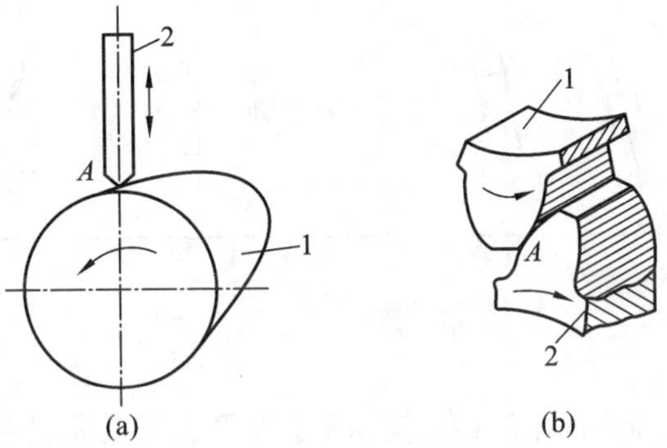

图 4-3 高副

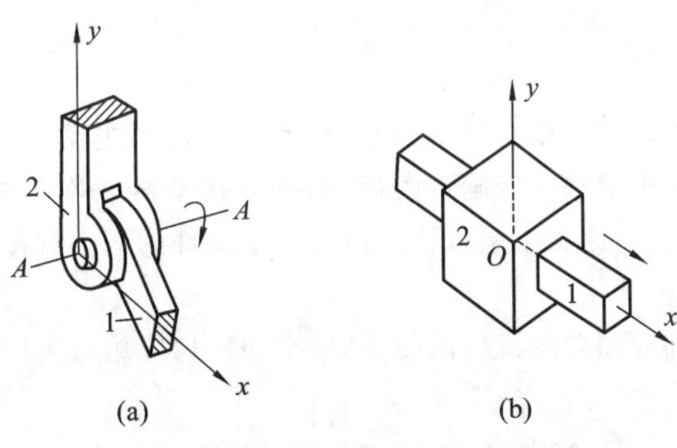

图 4-4 低副

为了便于标示运动副和绘制机械运动简图，运动副常常用简单的图形符号来表示（已制定相关的国家标准）。表 4-1 所示为常用运动副的类型及其代表符号（图中画有阴影线的构件标示固定构件）。

表 4-1 常用运动副的类型及代表符号

运动副类型	代表符号	运动副类型	代表符号
与固定支座组成转动副		齿轮高副	
与固定支座组成移动副		凸轮高副	

续表

运动副类型	代表符号	运动副类型	代表符号
两运动构件组成转动副	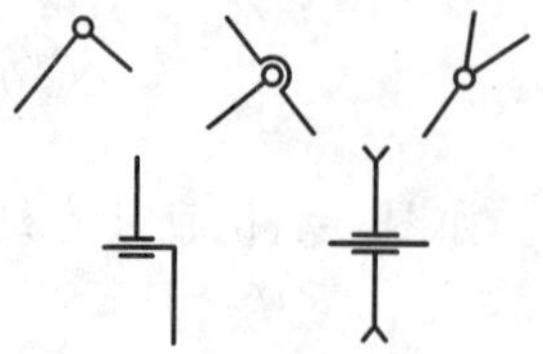	带传动	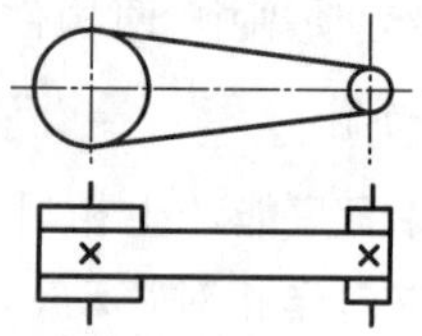
两运动构件组成移动副	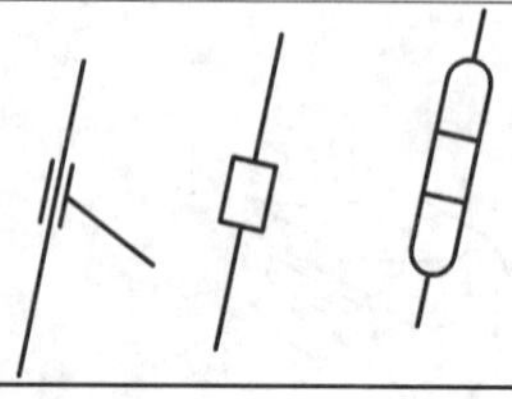	链传动	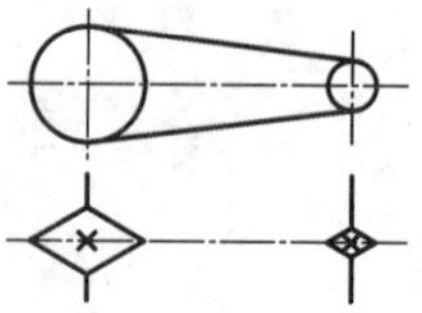

4.1.3 运动链

用运动副将构件连接而成的系统称为运动链。如果组成运动链的各构件形成了首末封闭的系统，称其为闭式运动链；如构成的运动链未能形成首末封闭的系统，则称之为开链。

4.1.4 机构

在运动链中主动件的数目可以有一个，也可以有几个。当主动件按一定运动规律运动时，其余各构件(从动件)相对机架都具有确定的运动，则此运动链便称为机构；如果各从动件不能运动或无规则乱动，则此运动链就不是机构。机构中从动件的运动规律决定于主动件的运动规律和机构的结构及尺寸。

机构也可分为平面机构和空间机构两类，其中平面机构应用最为广泛。

4.2 平面机构运动简图及自由度

4.2.1 平面机构运动简图

实际机构中的构件外形和结构都比较复杂，为了便于对机构进行分析和设计，通常用机构运动简图来表示，机构运动简图抛开了一些与运动无关的复杂因素，使构件间运动关系清晰明了，因此讨论机构运动简图的绘制是十分必要的。

1. 绘制机构运动简图的注意事项

在绘制机构运动简图时，首先要弄清楚各构件的实际结构和相对运动情况，找出机架(支承其他构件的构件)和主动件及从动件；然后从主动件开始，沿着运动传递路线，仔细分析各构件的相对运动情况；从而确定组成该机构的构件数、运动副数及性质。在此基础上用简单线条表示构件，用规定符号表示运动副，按一定比例绘制出机构运动简图。

绘制机构运动简图应注意以下两点。

(1) 撇开与运动无关的构件的复杂外形和运动副的具体构造。

(2) 选择恰当的原动件位置,避免构件重叠或交叉,否则会使绘制的图形难以辨认,不能清楚表达构件间的相互关系。

2. 机构运动简图绘制步骤

下面以图 4-5(a)所示内燃机为例说明其机构运动简图的绘制方法。

由图 4-5(a)可知,该内燃机是由曲柄连杆机构、凸轮机构和齿轮机构等组成的。其机构运动简图的绘制步骤如下。

1) 确定构件的类型和数目

(1) 曲柄连杆机构:活塞 2 为主动件,连杆 3、曲柄 4 为从动件,气缸体 1 为机架。

(2) 齿轮机构:与曲轴相固连的小齿轮 5 为输入构件,大齿轮 6 为从动件,气缸体 1 为机架。

(3) 凸轮机构:与大齿轮 6 固连的凸轮 7 为输入构件,气阀顶杆 8 为从动件,气缸体 1 为机架。

以上组成内燃机的三个机构因其运动平面平行,故可视为一个平面机构。此机构共有 6 个构件(齿轮 5 和曲柄 4、齿轮 6 与凸轮 7 因为分别固连,可各视为一个构件),其中可动构件数为 5,机架数为 1,活塞为原动机件,其余为从动件。

2) 确定运动副的种类和数目

根据组成运动副构件的相对运动关系可知,活塞 2 与气缸体 1 组成移动副;活塞 2 与连杆 3 组成转动副;连杆 3 与曲柄 4 组成转动副;曲柄 4 与小齿轮 5 固连成一个构件,它与气缸体 1 组成一个转动副,小齿轮 5 与大齿轮 6 组成齿轮副;凸轮 7 与气阀顶杆 8 组成凸轮副,它们皆为高副;气阀顶杆 8 与气缸体 1 组成移动副。所以,内燃机主体共有 8 个运动副,其中 2 个移动副,4 个转动副,2 个高副。

3) 合理选择视图

因整个主体机构为平面机构,故取连杆运动平面为视图平面。

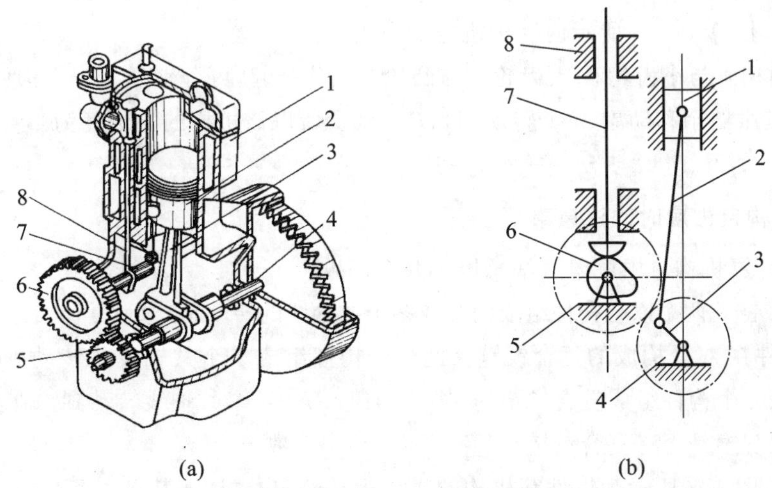

图 4-5 内燃机机构运动简图

1—气缸体;2—活塞;3—连杆;4—曲柄;5—小齿轮;6—大齿轮;7—凸轮;8—气阀顶杆

4）选定比例尺，绘制机构运动简图

3个机构选定相同比例尺，然后以相应构件和运动副符号绘出机构运动简图，如图4-5(b)所示。

机构运动简图绘制完成后，对较复杂的机构需要校核其机构自由度，以判定它是否具有确定的相对运动和所绘制的简图是否正确。

4.2.2 平面机构的自由度

自由度是构件可能出现的独立运动。一个作平面运动的构件，在平面内自由运动时，具有3个自由度。如图4-6所示，可表示为构件AB可在xOy平面内绕任意点A转动，也可沿x轴或y轴方向移动。构件组成机构时，运动副限制了两构件间的某些独立运动的可能性，这种限制构件独立运动的作用，称为约束。由于受到约束，构件必然失去一些自由度，构件失去的自由度与它所受约束条件数相等。

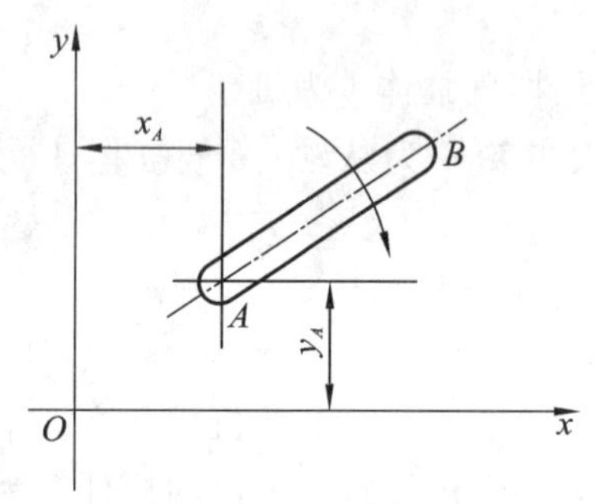

图4-6　构件的自由度

1. 平面机构自由度计算公式

平面机构自由度就是该机构中各构件相对于机架所具有的独立运动数目。

平面机构自由度与组成机构的构件数、运动副数目及运动副的性质有关。如果一个平面机构中包含n个活动构件，则在组成运动副之前(即自由构件)的自由度为$3n$个，若平面机构中低副的个数为P_L，高副的数目为P_H，由前述可知，平面机构中，每个平面低副引入两个约束，使构件失去两个自由度，保留一个自由度；每个平面高副引入一个约束，使构件失去一个自由度，保留两个自由度；则此机构的自由度F可用下式计算：

$$F=3n-2P_L-P_H$$

上式为机构自由度计算公式。由此公式可知，机构的自由度必须大于零才能够运动，如果等于或小于零就不是机构了。

【例4-1】 计算图4-5所示内燃机机构的自由度。

解：图中曲柄4与小齿轮5、大齿轮6与凸轮7固连一起，可分别视为一个构件。因此可得：$n=5$，$P_L=6$(其中2个移动副、4个转动副)，$P_H=2$。所以该机构的自由度为

$$F=3n-2P_L-P_H=3\times5-2\times6-2=1$$

2. 计算机构自由度时的注意事项

应用上式计算机构自由度时应注意以下几个问题。

(1) 复合铰链。两个以上构件组成两个或多个共轴线的转动副，即为复合铰链。如图4-7(a)所示为3个构件在A处构成的复合铰链。此3个构件组成2个共轴线的转动副(由图4-7(b)可看出)。当由k个构件组成复合铰链时，则应当组成$k-1$个共轴线转动副。在计算机构自由度时，应该仔细观察是否有复合铰链，以免算错运动副个数。

【例4-2】 图4-8所示为惯性筛机构的机构运动简图，试计算其自由度。

解：该机构活动构件数目$n=5$，低副数$P_L=7$，高副数$P_H=0$，故自由度为

$$F=3n-2P_L-P_H=3\times5-2\times7-0=1$$

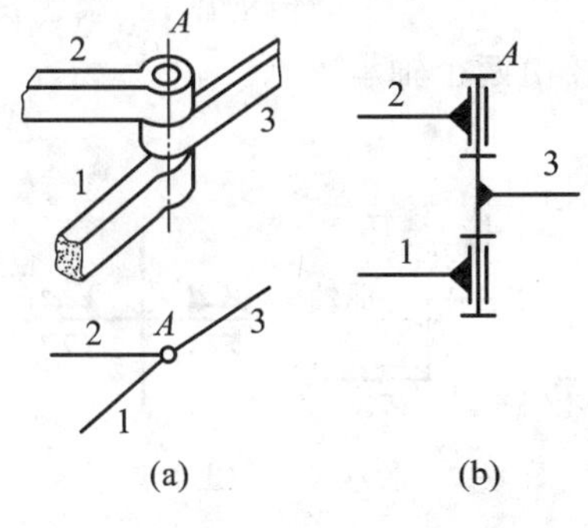

图 4-7 复合铰链

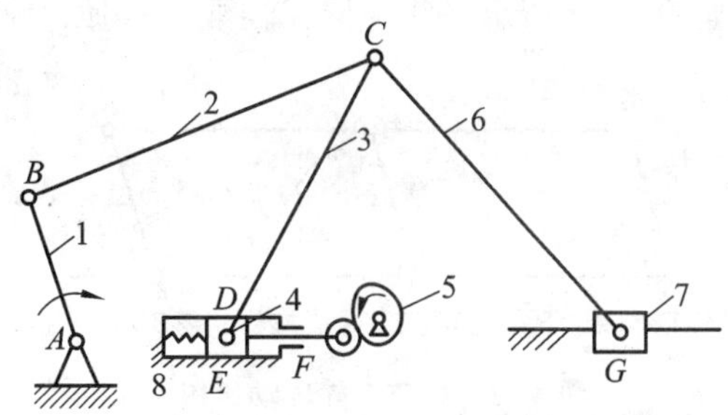

图 4-8 惯性筛机构运动简图

(2) 局部自由度。机构中不影响其输入与输出运动关系的个别构件的独立运动自由度，称为机构的局部自由度。局部自由度在计算机构自由度时，可预先排除。如图 4-9 所示凸轮机构中，为减少高副接触处的磨损，在从动件 2 上安装一个滚子 3，使其与凸轮轮廓曲线滚动接触，显然，滚子绕自身轴线 C 转动与否不影响凸轮与从动件间的相对运动，因此滚子绕其自身轴线的转动为机构的局部自由度。计算机构自由度时应将它除去。也就是设想将滚子 2 与从动件 3 焊成一个整体，如图 4-10 所示。

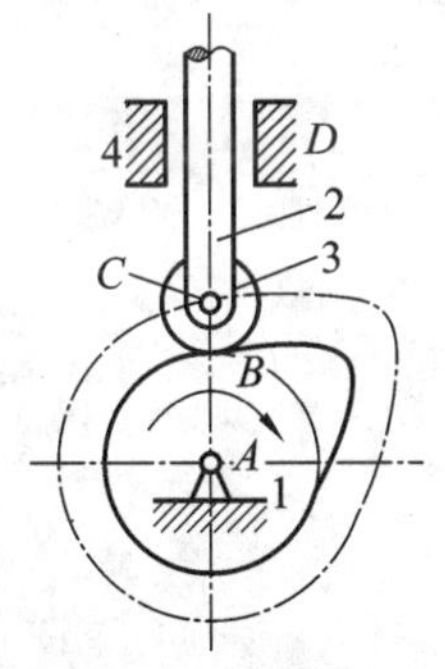

图 4-9 局部自由度

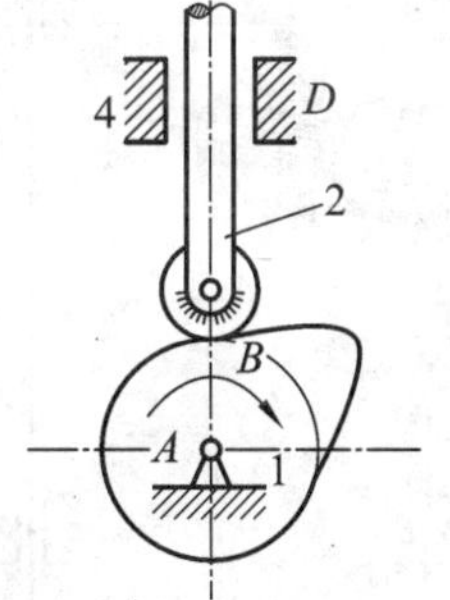

图 4-10 除去局部自由度

【例 4-3】 计算图 4-9 所示凸轮机构的自由度。

解：将滚子 2 与从动件 3 组成的局部自由度除去，变成图 4-10 所示的情形。活动构件数目 $n=2$，低副数 $P_L=2$，高副数 $P_H=1$，故该机构自由度为

$$F=3n-2P_L-P_H=3\times2-2\times2-1=1$$

本题如不将局部自由度去除，则计算自由度时将会导致错误结果（$F=3n-2P_L-P_H=3\times4-2\times4-1=3$）。

(3) 虚约束。机构中与其他约束重复而不起限制运动作用的约束称为虚约束。虚约束在计算机构自由度时应当除去不计。

常见虚约束有如下几种。

① 轨迹重合。

机构中某两个构件用转动副连接的连接点，在没组成转动副以前，其各自的轨迹已重合在一起，则组成转动副以后必将存在虚约束。这类虚约束有时需要经过几何论证才能确定。如图 4-11 所述的情况。

② 两构件在同一轴线上组成多个转动副。

两构件构成若干转动副且轴线重合，则计算机构自由度时只计算一个转动副，其余为虚约束，如图 4-12 所示。此种情况较常见，例如，轴类零件一般要由两个轴承支承。

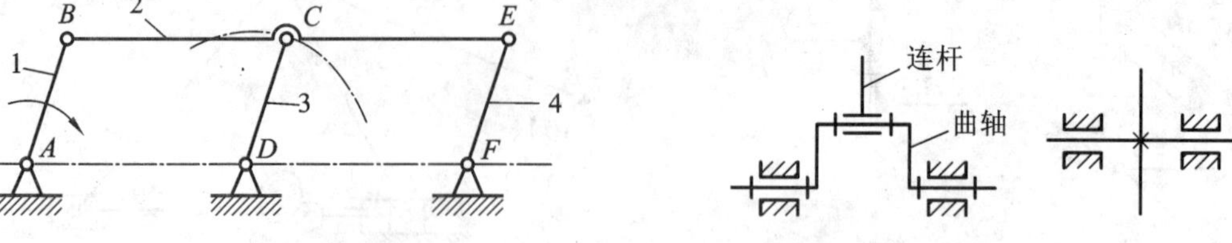

图 4-11　机车车轮联动机构　　　　图 4-12　轴线重合的虚约束

③ 两个构件在同一导路上或相互平行的导路上组成多个移动副。

两构件组成若干移动副，其导路均相互平行或重合时，则只有一个移动副起约束作用，其余为虚约束。如图 4-13 所示缝纫机引线机构中，装针杆 3 在 A、B 处分别与机架形成导路重合的两个移动副，计算自由度时只能算一个移动副，另一个为虚约束。

④ 机构中对运动无影响的对称部分，也为虚约束。

如图 4-14 所示为联合收割机双层清筛机构，其中构件 7 及其由它带入的转动副 G、H 形成一个虚约束，计算自由度时应将其除去。

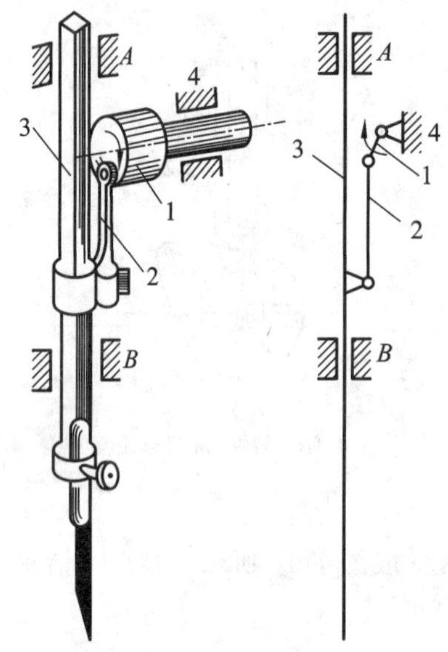

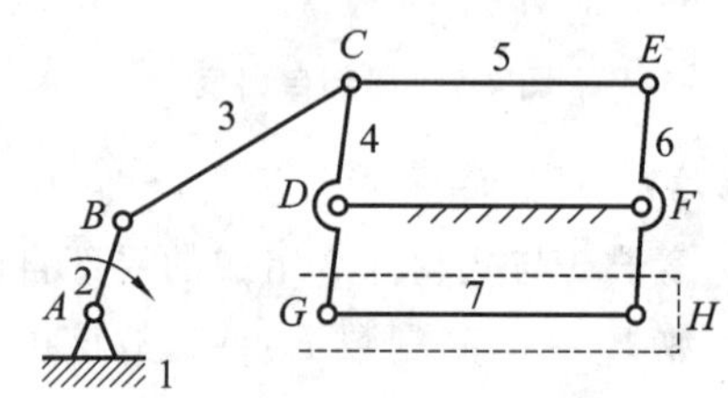

图 4-13　导路重合的虚约束　　　　图 4-14　对称结构虚约束

【例 4-4】　试计算图 4-15 所示大筛机构的自由度。

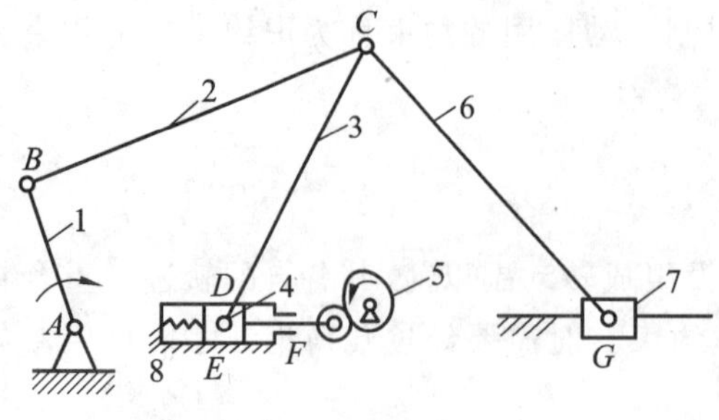

图 4-15　大筛机构运动简图

解：由图 4-15 可知，构件 4 与滚子构成局部自由度，设想将构件 4 与滚子固连成一体。构件 4 与机架 8 在 E、F 两处构成平行导路上的约束，其中一个应为虚约束，设想将其除去。弹簧不起限制运动的作用，故不应考虑。C 处为复合铰链。因此，活动构件数目 $n=7$，低副数 $P_L=9$，高副数 $P_H=1$，故该机构自由度为

$$F=3n-2P_L-P_H=3\times7-2\times9-1=2$$

3. 运动链成为机构的条件

机构需完成传递运动或转换运动的任务，因此机构中各构件必须具有确定的相对运动，这与机构的自由度及机构中主动件的个数有关。如果某一个机构具有一个自由度，则要求此机构必须有一个主动件，这样其余的构件（从动件）才能具有确定的相对运动。如果此机构没有主动件，不可能产生运动；具有两个或多于两个主动件，则将使该机构中最薄弱的部分发生破坏。

【例 4-5】 如图 4-16 所示机构中，构件 1、2、3、4 用铰链连接，构件 4 为机架，试求此机构自由度。

解：构件 1、2、3 为活动构件，所以 $n=3$，低副数 $P_L=4$，高副数 $P_H=0$，故此机构自由度为

$$F=3n-2P_L-P_H=3\times 3-2\times 4-0=1$$

因此该机构必须具有一个主动件，图中构件 1 上的圆弧形箭头，表示构件 1 为主动件。

【例 4-6】 如图 4-17 所示机构中，构件 1、2、3、4、5 用五个铰链连接组成运动链，构件 5 为机架，试求：(1)此运动链的自由度；(2)若此运动链成为机构，则其主动件的个数应为多少？

解：(1) 计算自由度。

活动构件的构件数为 $n=4$，低副数 $P_L=5$，高副数 $P_H=0$，故自由度为

$$F=3n-2P_L-P_H=3\times 4-2\times 5-0=2$$

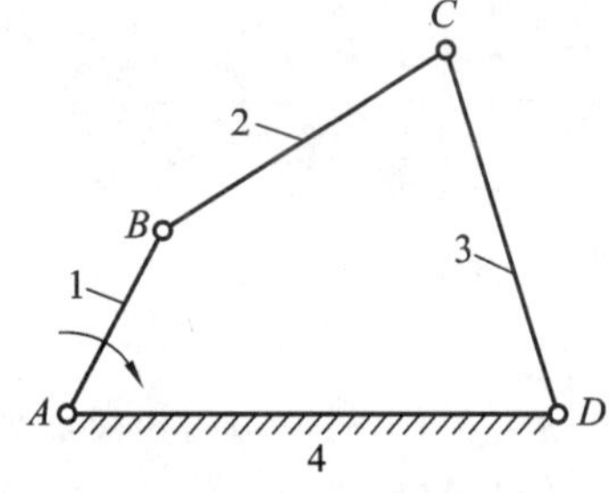

图 4-16 计算自由度

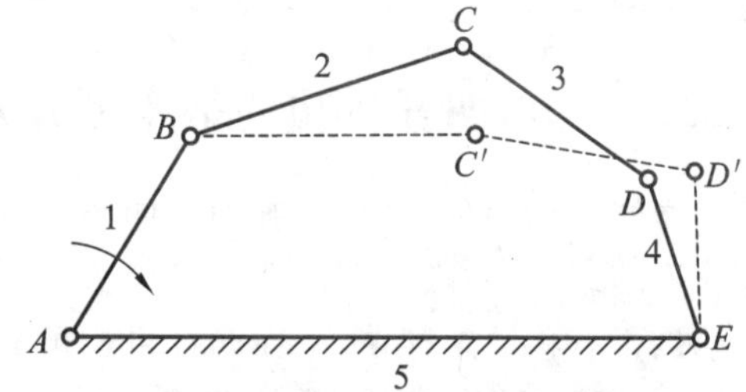

图 4-17 计算自由度并确定主动件数目

(2) 确定主动件数目。

若此运动链欲成为机构，则当主动件按一定规律运动时，从动件必须具有确定的相对运动。如果只有构件 1 为主动件，则从动件 2、3、4 得不到确定的相对运动（构件 2、3、4 既可处在图中实线位置，也可处在图中虚线位置）。但若有两个主动件，如构件 1 和构件 4，则从动件 2 和 3 便有确定的相对运动。显然，如果有三个主动件，此运动链将发生破坏。故此运动链要成为机构，其主动件数目应为 2。

【例 4-7】 如图 4-18 所示机构中，构件 1、2、3 三个铰链连接组成运动链，构件 3 为机架。试求此运动链的自由度。

解：活动构件的构件数为 $n=2$，低副数 $P_L=3$，高副数 $P_H=0$，故自由度为

$$F=3n-2P_L-P_H=3\times 2-2\times 3-0=0$$

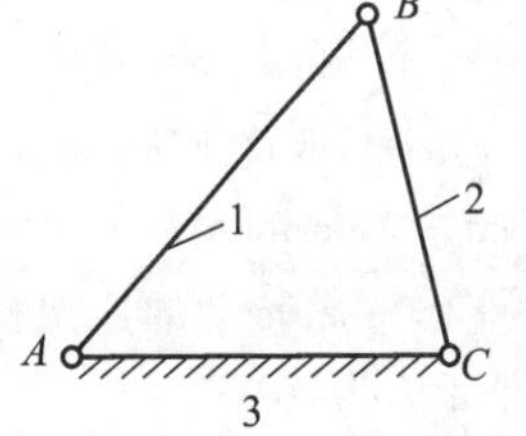

图 4-18 自由度为零的运动链

运动链自由度为零，表示不能产生相对运动，实际上它是一个桁架。

同理可以推得，自由度为负值的运动链也是相对机架不能产生相对运动的桁架。

由以上分析可知，运动链成为机构的条件是：自由度大于零且主动件数等于自由度数。

4.3 平面连杆机构

4.3.1 平面连杆机构的特点

连杆机构是由一些构件通过低副连接而成的机构,又称为低副机构。各构件都在同一平面或相互平行的平面内运动的连杆机构,称为平面连杆机构。

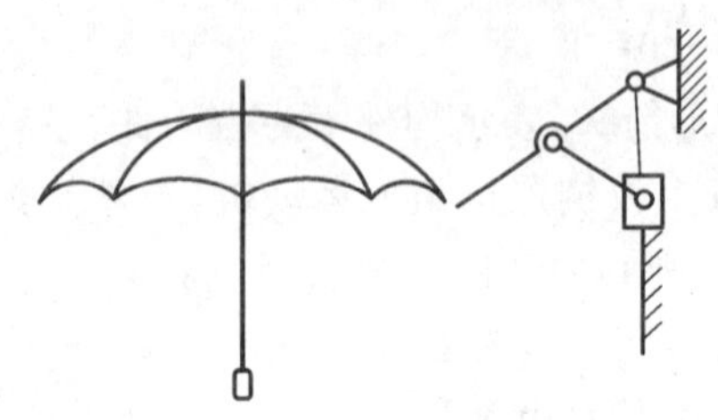

图 4-19 雨伞的启闭机构

平面连杆机构的主要优点是:组成机构的运动副全部是低副,因为是面接触,故传力时压强小、磨损少,且易于加工和保证精度;能方便地实现转动、摆动和移动等基本运动及前述几种运动形式的转换等。因此,平面连杆机构在各种机械设备和仪器仪表中得到了广泛的应用。图 4-19 所示的雨伞的启闭机构就是平面连杆机构应用实例。

平面连杆机构的主要缺点是:由于低副中存在着间隙,机构将不可避免地产生运动误差。此外,它不易精确地实现复杂的运动。

4.3.2 平面四杆机构的基本形式及其应用

平面连杆机构的种类很多,其中以四个构件组成的平面四杆机构应用最广,且它是组成多杆机构的基础。

根据是否有移动副存在,平面四杆机构可分为铰链四杆机构[见图 4-20(a)]和滑块四杆机构[见图 4-20(b)]两类。其中滑块四杆机构是铰链四杆机构的演化机构。

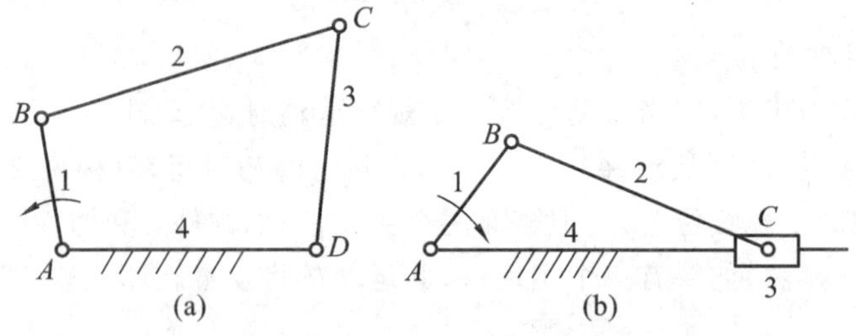

图 4-20 四杆机构

1. 铰链四杆机构

四个构件都用转动副(铰链)连接的四杆机构,称为铰链四杆机构,如图 4-20(a)所示。其中,固定不动的构件 4 称为机架,与机架直接相连的构件 1 和 3 称为连架杆,在这两个连架杆中,能作整周转动的连架杆 1 称为曲柄,不能作整周转动的连架杆 3 称为摇杆,与机架不相连的构件 2 称为连杆。

1) 铰链四杆机构的基本形式

按两连架杆是否为曲柄,铰链四杆机构可分为 3 种基本形式:曲柄摇杆机构、双曲柄机构和双摇杆机构。

(1) 曲柄摇杆机构。铰链四杆机构中的两连架杆,如果一个为曲柄,另一个为摇杆,则称为曲柄摇杆机构(见图 4-21)。通常曲柄 AB 为原动件,摇杆 CD 为从动件作往复摆动。铰链四杆机构在实际生产中的应用非常广泛。

【应用实例 1】 如图 4-22 所示是用来调整雷达天线俯仰角的曲柄摇杆机构,天线固定在摇杆 3 上,由原动件曲柄 1 通过连杆 2 使天线缓慢摆动,以保证天线具有指定的俯仰角。

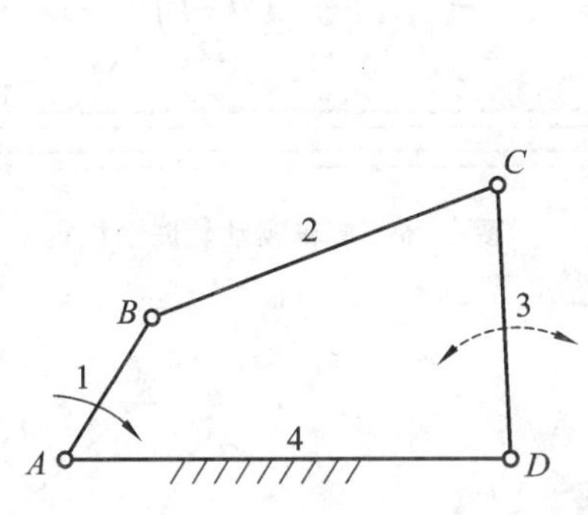

图 4-21 曲柄摇杆机构

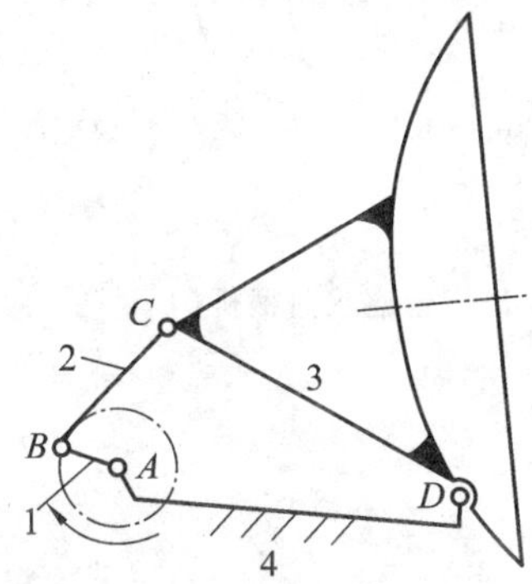

图 4-22 雷达天线俯仰角调整机构

【应用实例 2】 如图 4-23 所示的脚踏砂轮机构。该机构是曲柄摇杆机构以摇杆 CD 为原动件,曲柄 AB(与砂轮固连)为从动件。

(2) 双曲柄机构。铰链四杆机构的两连架杆均为曲柄时,则称为双曲柄机构。双曲柄机构可分为普通双曲柄机构和平行双曲柄机构两种类型。

【应用实例 3】 如图 4-24 所示惯性筛机构就是普通双曲柄机构的应用实例。当原动曲柄 1 匀速转动一周时,曲柄 3 变速转动一周,使筛子 6 获得加速度,从而将被筛选的材料分离。

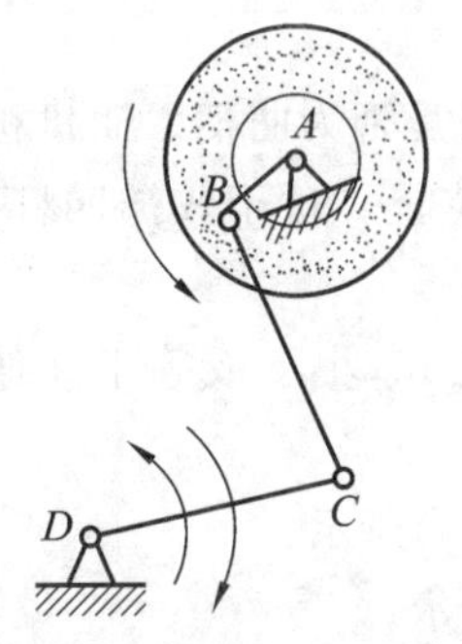

图 4-23 脚踏砂轮机构

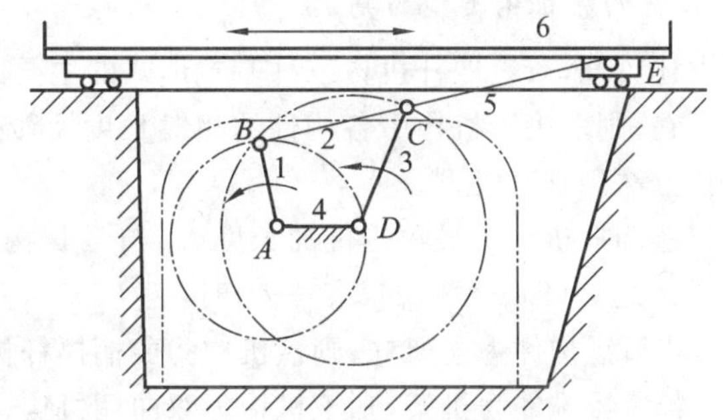

图 4-24 惯性筛机构

图 4-25 是惯性筛机构的机构运动简图,其为普通双曲柄机构。

【应用实例 4】 如图 4-26 所示的机车驱动轮联动机构为平行双曲柄机构的应用实例。其中机车车轮与曲柄固连,当驱动一个曲柄(与机车主动轮固连)转动时,其与曲柄转向相同且角速度相等,连杆作平动。

图 4-27 为机车驱动轮联动机构的机构运动简图,其为平行双曲柄机构。

(3) 双摇杆机构。在铰链四杆机构中,若两连架杆均为摇杆时,则称为双摇杆机构。

【应用实例 5】 如图 4-28(a)所示为港口起重机的变幅机构,当摇杆 AB 摆动时,可使悬挂在连杆 BC 延长部分 E 处的吊钩,在近似水平线上移动,这样所吊重物在水平移动时,可以避免因不必要的升降而引起能量消耗。

图 4-28(b)为港口起重机的变幅机构的机构运动简图,其为双摇杆机构。

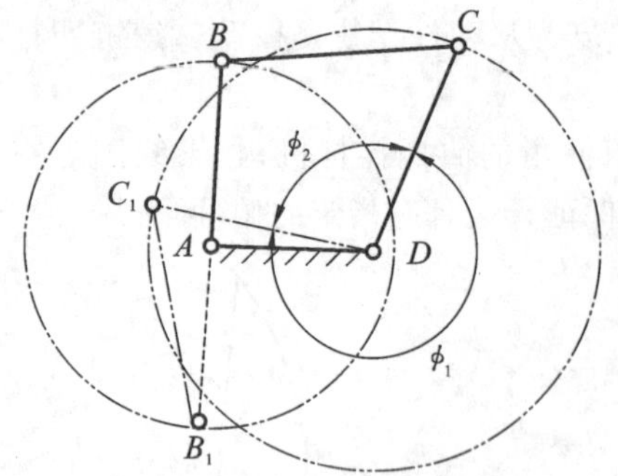

图 4-25　普通双曲柄机构

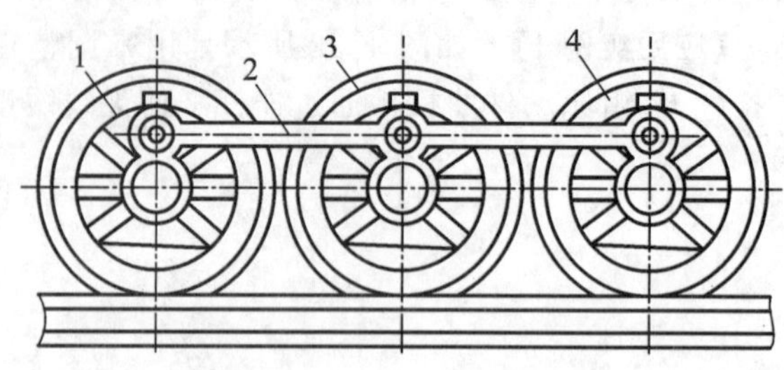

图 4-26　机车驱动轮联动机构

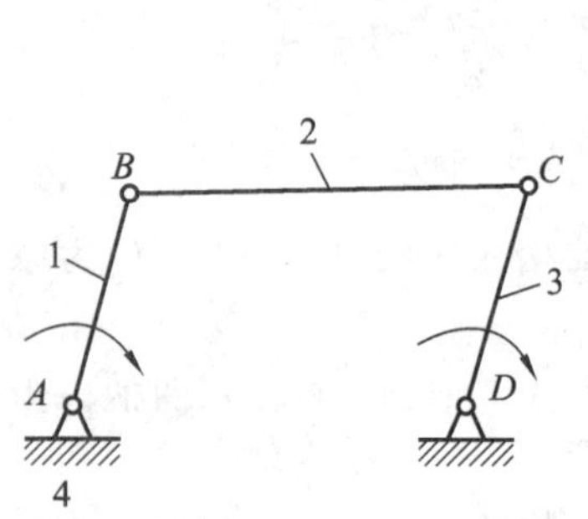

图 4-27　平行双曲柄机构

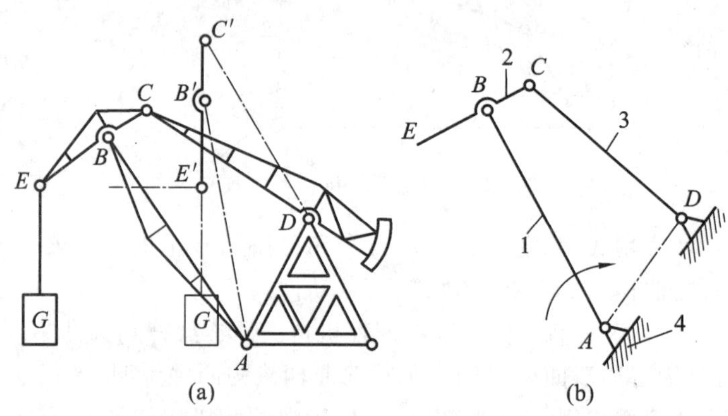

图 4-28　港口起重机变幅机构

2) 铰链四杆机构类型的判别

由上述可知,铰链四杆机构三种基本形式的主要区别在于连架杆是否为曲柄。而机构是否有曲柄存在,则取决于机构中各构件的相对长度及最短构件所处的位置。对于铰链四杆机构,可按下述方法判别其类型。

当铰链四杆机构中最短构件的长度 l_{min} 与最长构件的长度 l_{max} 之和,小于或等于其他两构件长度 l'、l'' 之和(即 $l_{min}+l_{max}\leqslant l'+l''$)时:

(1) 若最短构件为连架杆,则该机构为曲柄摇杆机构,如图 4-29(a)所示;

(2) 若最短构件为机架,则该机构为双曲柄机构,如图 4-29(b)所示;

(3) 若最短构件为连杆,则该机构为双摇杆机构,如图 4-29(c)所示。

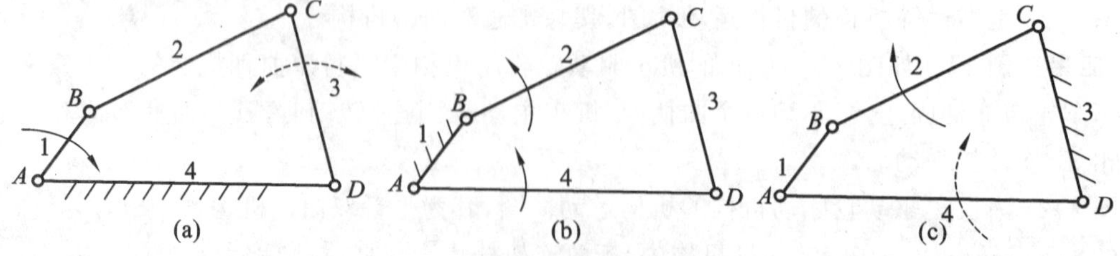

图 4-29　铰链四杆机构类型的判别

当铰链四杆机构中最短构件的长度 l_{min} 与最长构件的长度 l_{max} 之和,大于其他两构件长度 l'、l'' 之和(即 $l_{min}+l_{max}\geqslant l'+l''$)时,则无论取哪个构件为机架,都无曲柄存在,机构均为双摇杆机构。

2. 滑块四杆机构

凡含有移动副的四杆机构，称为滑块四杆机构，简称滑块机构。

1）曲柄滑块机构

如图 4-30 所示，构件 1 为曲柄，2 为连杆，3 为滑块。若滑块移动导路 $m—m$ 通过曲柄转动中心点 A，则称为对心曲柄滑块机构，如图 4-30(a)所示；若滑块导路 $m—m$ 不通过曲柄转动中心点 A，则称为偏置曲柄滑块机构，如图 4-30(b)所示。偏离的距离 e 称为偏距。

【应用实例 6】 如图 4-31 所示自动上料机就是曲柄滑块机构在实际生产中的应用之一，主动曲柄 AB 旋转，通过连杆 BC 带动滑块 C 完成上料。

自动上料机的曲柄滑块机构的机构运动简图如图 4-30(a)所示。

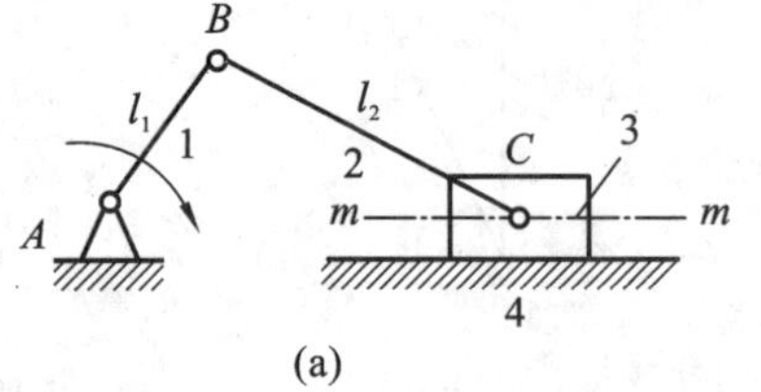

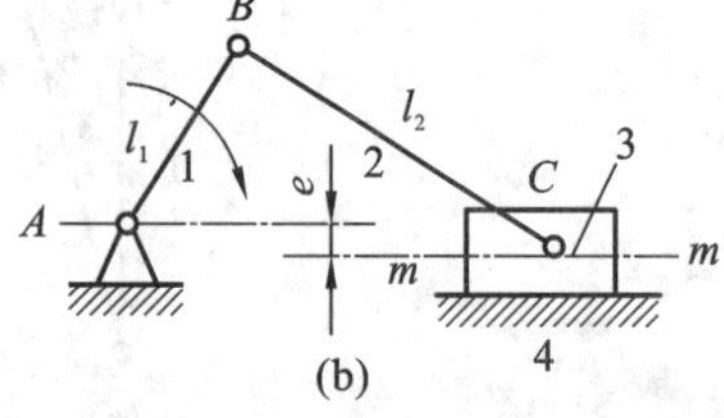

图 4-30 曲柄滑块机构

2）导杆机构

在曲柄滑块机构中，取构件 1 为机架的机构有两种类型。

(1) 当 $l_1<l_2$ 时，构件 1 为最短杆，构件 2 为原动件作圆周转动时，导杆 4 也作整周转动，称为转动导杆机构。

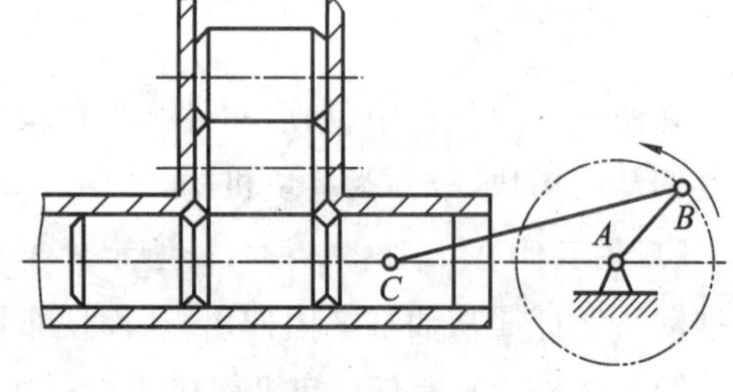

图 4-31 自动上料机构

【应用实例 7】 如图 4-32(a)所示的简易刨床的主运动就采用了转动导杆机构，当曲柄 BC 转动时，通过滑块 C、导杆 AC 和连杆 DE 等，使刨刀作有急回作用的往复运动。

图 4-32(b)为简易刨床转动导杆机构的机构运动简图。

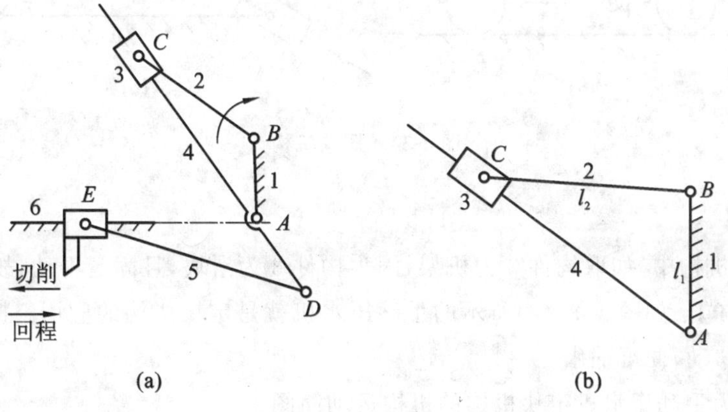

图 4-32 转动导杆机构

(2) 当 $l_1 > l_2$ 时，仍以构件 2 为原动件，并作连续转动时，导杆 4 只能往复摆动，故称为摆动导杆机构。

【应用实例 8】 如图 4-33(a)所示的牛头刨床中的主运动机构就采用了摆动导杆机构。当曲柄 2 绕 B 点转动时，则导杆 4 摆动，并通过构件 5 带动滑枕 6 与刨刀一起往复运动，进行刨削加工。

图 4-33(b)为牛头刨床中的主运动机构摆动导杆机构的机构运动简图。

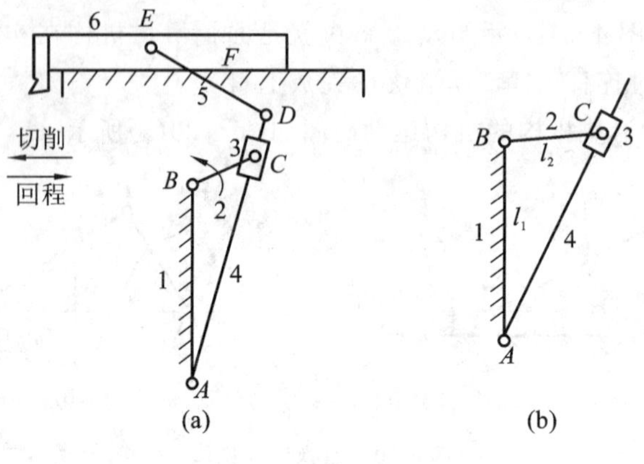

图 4-33 摆动导杆机构

3) 摇块机构

在曲柄滑块机构中，如取构件 2 为机架，构件 1 作整周转动，则滑块 3 成了绕机架上 C 点作往复摆动的摇块，故称为摇块机构，如图 4-34(b)所示。

【应用实例 9】 如图 4-34(a)所示货车自卸机构就应用了摇块机构。摆动油缸 3 内的压力油推动活塞杆 4 从油缸 3 中伸出，从而使车厢 1 绕车身 2 的 B 点翻转，将货物自动卸下。

图 4-34(b)为货车自卸机构摇块机构的机构运动简图。

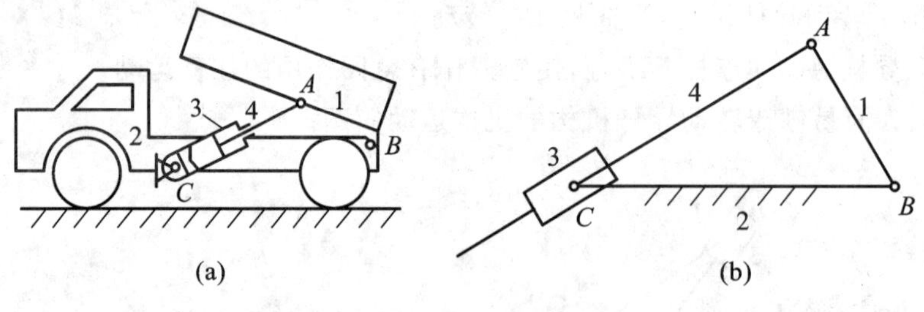

图 4-34 摇块机构

4) 定块机构

在曲柄滑块机构中，如取构件 3 为机架，因为构件 3 为滑块，且固定不动，故称为定块机构。

【应用实例 10】 如图 4-35(a)所示的手动压水机就是定块机构的应用。搬动手柄 1，使杆 4 连同活塞上下移动，便可抽水。

图 4-35(b)为手动压水机定块机构的机构运动简图。

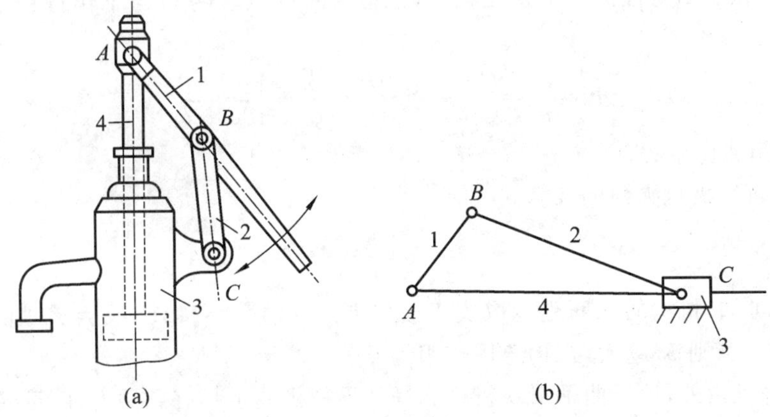

图 4-35 定块机构

4.3.3 平面四杆机构的基本特性

1. 急回特性

如图 4-36 所示，当原动件曲柄 1 转动一周的过程中，曲柄 1 和连杆 2 有两次共线位置 AC_1 和 AC_2，此时从动摇杆 3，分别位于左右两个极限位置 C_1D 和 C_2D，其夹角 ψ 称为摇杆的摆角。曲柄的两个对应位置 AB_1 和 AB_2 所夹的锐角 θ，称为极位夹角。设曲柄 1 以匀角速 ω 顺时针转动，由 AB_1 转到 AB_2 时，转角 $\varphi_1=180°+\theta$，从动件摇杆 3 由 C_1D 摆动到 C_2D，其摆角为 ψ，此行程若做功，则称为工作行程，所用时间为 t_1，摇杆上点 C 的平均速度为 v_1。当曲柄继续由 AB_2 转到 AB_1 时，转角 $\varphi_2=180°-\theta$，从动件摇杆由 C_2D 摆回到 C_1D，其摆角为 ψ，此行程若不做功，则称为空回行程，所用时间为 t_2，摇杆上点 C 的平均速度为 v_2。

由于原动件曲柄以匀角速 ω 转动，$\varphi_1>\varphi_2$，对应的时间 $t_1>t_2$，则有 $\varphi_1/\varphi_2=t_1/t_2$。而摇杆 3 上点 C 的平均速度为：$v_1=C_1C_2/t_1$，$v_2=C_2C_1/t_2$，显然 $v_2>v_1$。

由此可见，当原动件匀速转动时，从动件空回行程速度大于工作行程速度的现象称为急回特性。它能满足某些机械的工作要求，如插床、牛头刨床等，工作行程时要求速度慢且均匀，以提高加工质量，回程时要求速度快，以缩短非工作时间，提高生产效率。

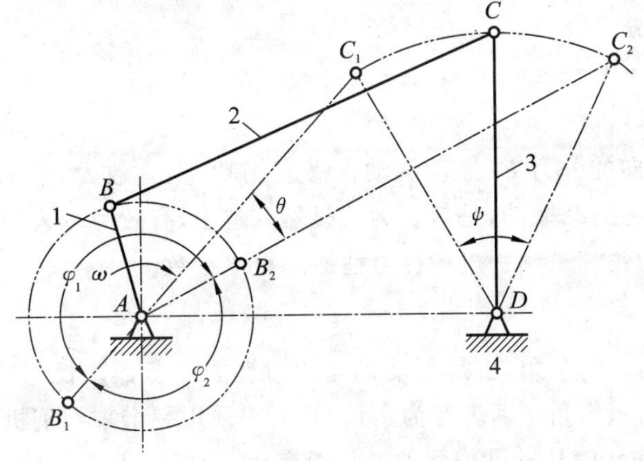

图 4-36 曲柄摇杆机构急回特性分析

为了表达机构急回特性的相对快慢程度，常用空回行程速度 v_2 与工作行程速度 v_1 之比来说明，即

$$K=\frac{v_2}{v_1}=\frac{C_2C_1/t_2}{C_1C_2/t_1}=\frac{t_1}{t_2}=\frac{\varphi_1}{\varphi_2}=\frac{180°+\theta}{180°-\theta} \tag{4-1}$$

式中：K——行程速比系数。

由式(4-1)可得极位夹角的计算式为

$$\theta=180°\frac{K-1}{K+1} \tag{4-2}$$

由式(4-1)可知，机构的急回程度取决于极位夹角 θ 的大小。只要 $\theta\neq0°$，则 $K>l$，机构具有急回特性；θ 越大，则 K 越大，机构急回作用越显著。

除曲柄摇杆机构外，偏置曲柄滑块机构和摆动导杆机构也具有急回特性，读者可自行分析。

2. 压力角和传动角

1）压力角

如图 4-37 所示的曲柄摇杆机构中，若忽略各构件的自重和运动副中的摩擦，则连杆 2 为二力构件。原动件 1 通过连杆 2 传给从动件 3 的力 F，总是沿着 BC 杆方向。从动件上点 C 所受力 F 的方向与点 C 的绝对速度 v_c 方向间所夹的锐角 α，称为压力角。

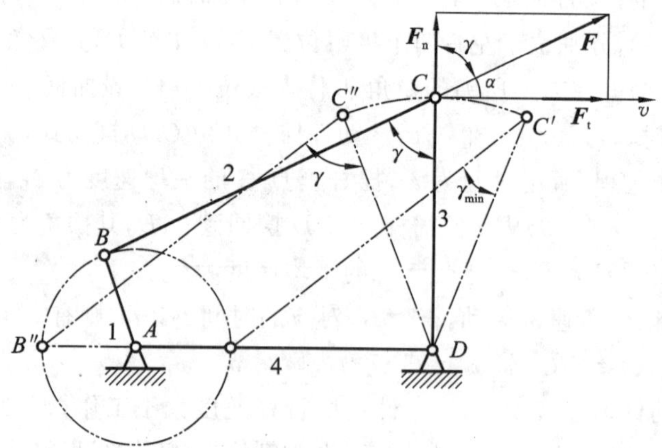

图 4-37　压力角与传动角

将 C 点所受力 F 分解为

$$F_t=F\cos\alpha$$

$$F_n=F\sin\alpha$$

力 F 沿 v_c 水平方向的分力 F_t 推动从动件做有用功，是有效力；沿 v_c 垂直方向的分力 F_n 将引起摩擦阻力，做有害的摩擦功，是有害力。显然 α 越小，有效力越大，有害力越小，机构越省力，效率越高，所以压力角 α 是判别机构传力性能的重要参数。

2）传动角

传动角 γ 是压力角 α 的余角，也是判别机构传力性能的参数。机构的传动角越大，传力性能越好。因传动角 γ 与压力角 α 两者互为余角，故只需采用一个来判别机构的传力性能即可。

当机构运动时，α 和 γ 随从动件位置的变化而变化，为保证机构有良好的传力性能，要限制工作行程的最大压力角 α_{max} 或最小传动角 γ_{min}。对于一般机械要求 $\alpha_{max}\leqslant50°$ 或 $\gamma_{min}\geqslant40°$，对于

大功率机械要求 $\alpha_{max} \leqslant 40°$ 或 $\gamma \geqslant 50°$。

3）常用机构出现最小传动角 γ_{min} 的位置

（1）曲柄摇杆机构的 γ_{min}。如图 4-37 所示，当曲柄 1 为原动件，摇杆 3 为从动件时，机构的 γ_{min} 出现在曲柄 AB 与机架 AD 两次共线位置之一。

（2）曲柄滑块机构的 γ_{min}。如图 4-38 所示，当曲柄 1 为原动件，滑块 3 为从动件时，机构的传动角 γ 为连杆 2 与滑块 3 导路垂线的夹角，γ_{min} 出现在曲柄垂直于滑块导路时的位置。对偏置曲柄滑块机构，γ_{min} 出现在曲柄位于与偏距方向相反一侧的位置。

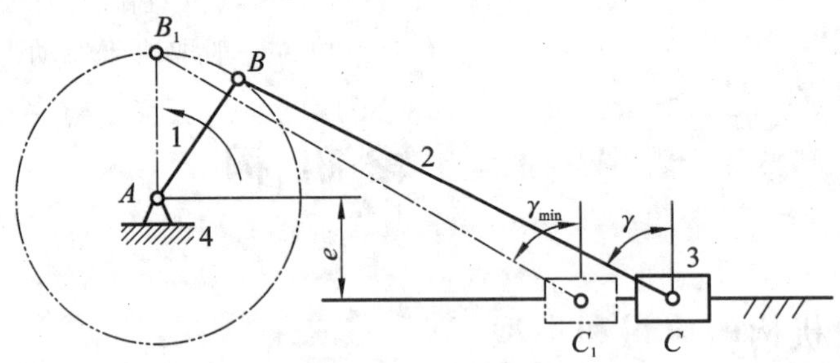

图 4-38 曲柄滑块机构的最小传动角

（3）摆动导杆机构的 γ_{min}。如图 4-39 所示，以曲柄 1 为原动件的摆动导杆机构，因滑块 2 对导杆 3 的作用力始终垂直于导杆，故其传动角 γ_{min} 恒等于 90°，说明该机构传力性能最好。

3. 死点位置

如图 4-40 所示的曲柄摇杆机构，若摇杆 CD 为原动件，曲柄 AB 为从动件。当摇杆处于两极限位置，从动曲柄与连杆共线时，原动件摇杆通过连杆传给从动曲柄的力 F 的方向，恰好通过曲柄转动中心点 A，转动力矩为零，因此不能使从动曲柄转动，该位置称为死点位置。机构在死点位置 $\gamma_{min}=0°(\alpha=90°)$，并出现从动件转向不定或卡死不动的现象。

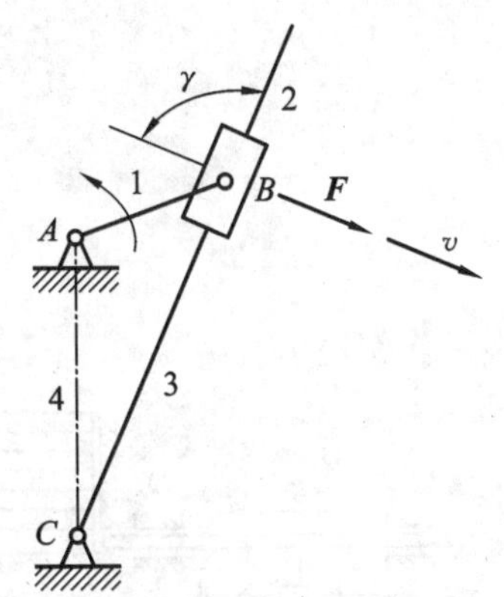

图 4-39 摆动导杆机构的最小传动角

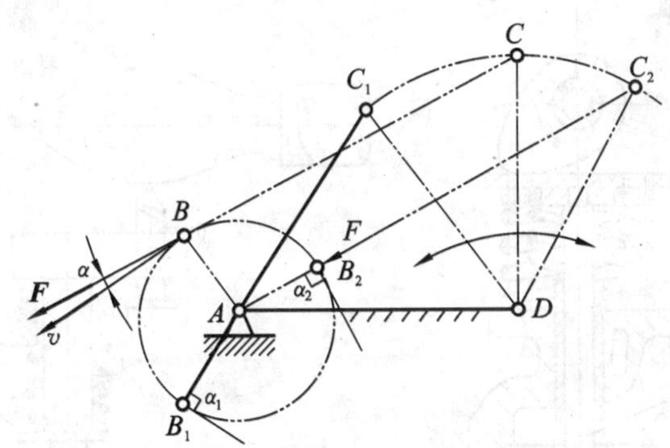

图 4-40 曲柄摇杆机构的死点位置

显然，只要从动件与连杆存在共线位置，机构就存在死点位置。例如，以滑块为原动件的曲柄滑块机构等。

一般用作传动的机构，应避免或设法通过死点位置。采用的方法是对从动件曲柄施加转动力矩，使其通过死点位置；或在从动件曲柄上安装飞轮，利用其惯性通过死点位置。如缝纫机踏板机构中，曲柄上的大带轮就相当于飞轮，利用它的惯性，使机构顺利通过死点位置。

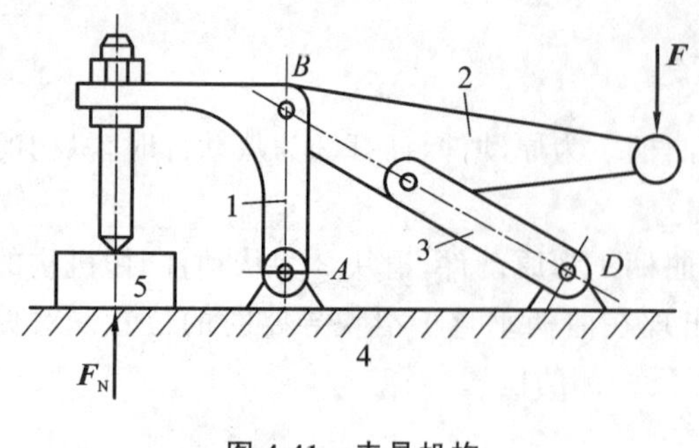

图 4-41　夹具机构

死点位置有时也可以用来实现某些工作要求。如图 4-41 所示的夹具，用力 F 将手柄 2 按下，便可将工件 5 夹紧。外力 F 撤除后，工件的反作用力 F_N 作用于构件 1，这时构件 1 为原动件，由于连杆 2 与从动件 3 共线，机构处于死点位置，因此夹具夹紧不动。

具有死点位置的机构，多数在改变原动件后，机构的死点位置随之消失，所以机构是否具有死点位置一般取决于原动件的选择。

4.4　凸轮机构

4.4.1　凸轮机构的应用和类型

1. 凸轮机构的应用及特点

凸轮机构是机械传动中的一种常用机构，在自动化和半自动化机械中应用非常广泛。

【应用实例 1】 图 4-42 为内燃机配气机构。凸轮 1 作等速转动，其轮廓驱使从动件 2(推杆)按预期的运动规律作上、下往复移动，以控制阀门开启和关闭。

【应用实例 2】 图 4-43 为车床仿形机构。移动凸轮 3，可使从动件 2 沿凸轮轮廓运动，从而带动刀架进退，即可完成与凸轮轮廓曲线相同的工件 1 的外形加工。

【应用实例 3】 图 4-44 为自动上料机构。当带有凹槽的凸轮 1 转动时，通过槽中的滚子，驱使从动件 2 作往复移动。凸轮每转动一周，从动件即从储料器中推出一个毛坯并将它送到加工位置。

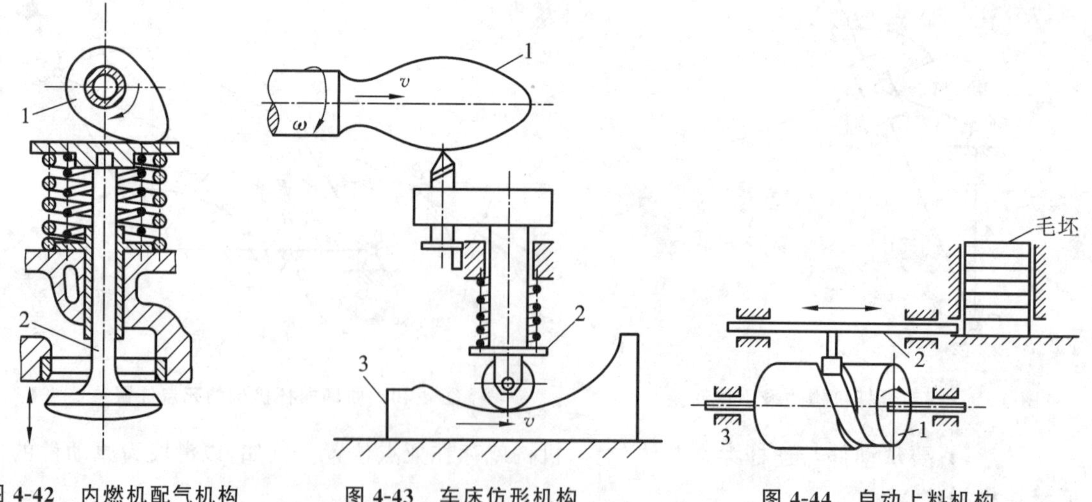

图 4-42　内燃机配气机构　　图 4-43　车床仿形机构　　图 4-44　自动上料机构

通过上述例子可以看出：凸轮机构是由凸轮、从动件和机架组成的高副机构。一般凸轮为主动件，它可将凸轮的连续转动或往复移动变换为从动件的往复移动或摆动。

凸轮机构的优点是：只要设计适当的凸轮轮廓，就可以使从动件实现所要求的运动规律，且结构简单、紧凑，设计也较方便。它的缺点是：凸轮与从动件之间为点或线接触，易磨损；凸轮为曲线轮廓，加工较复杂；由于受凸轮尺寸的限制，从动件工作行程较小。因此凸轮机构常用于需要实现特殊要求的运动规律而传力不大的控制与调节系统中。

2. 凸轮机构的类型

凸轮机构的类型很多，可按下述方法进行分类。

1）按凸轮的形状分类

(1) 盘形凸轮（见图 4-42）。该凸轮是绕固定轴线转动且具有变化向径的盘形构件，是凸轮的基本形式。

(2) 移动凸轮（见图 4-43）。当盘形凸轮的转动中心趋于无穷远时，凸轮相对机架作直线运动，这种凸轮称为移动凸轮。

(3) 圆柱凸轮（见图 4-44）。将移动凸轮卷成圆柱体，即成为圆柱凸轮。

盘形凸轮和移动凸轮与从动件之间的相对运动是平面运动，属于平面凸轮机构。圆柱凸轮与从动件之间的相对运动是空间运动，属于空间凸轮机构。本章主要介绍平面凸轮机构。

2）按从动件的形式分类

(1) 尖顶从动件。尖顶能与任何形状的凸轮轮廓接触，故能实现复杂的运动规律，且结构最简单。但因尖顶易磨损，故只适宜用于传力不大的低速凸轮机构，如仪表中的凸轮机构。

(2) 滚子从动件（见图 4-43 和图 4-44）。滚子与凸轮间为滚动摩擦，磨损较小，可以承受较大载荷，应用最广泛。

(3) 平底从动件（见图 4-42）。从动件与凸轮轮廓之间是一平面接触。忽略摩擦时，凸轮与从动件间的作用力始终垂直于平底，受力较平稳，接触处易于形成油膜，有利于润滑，能减少磨损，所以常用于高速凸轮中。但它不适宜用于凹槽轮廓的凸轮机构。

3）按从动件的运动方式和相对位置分类

(1) 直动从动件。从动件作往复直线运动，若从动件的导路中心线通过凸轮的转动中心时，称为对心移动从动件（见图 4-42），否则称为偏置移动从动件。

(2) 摆动从动件。从动件作往复摆动。

4）按凸轮与从动件的锁合方式分类

凸轮机构工作时，必须保证凸轮轮廓与从动件始终接触，这种作用称为锁合。

(1) 力锁合。凸轮与从动件依靠重力或弹簧力始终接触（见图 4-42）。

(2) 形锁合。凸轮与从动件依靠凸轮几何形状始终接触，常见的形锁合凸轮机构类型见表 4-2。

表 4-2 形锁合凸轮机构类型

沟槽凸轮	等宽凸轮	等径凸轮	共轭凸轮
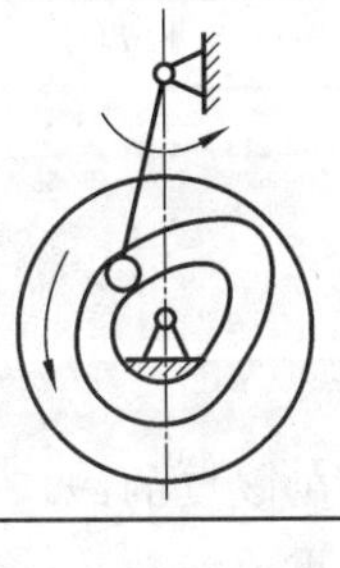	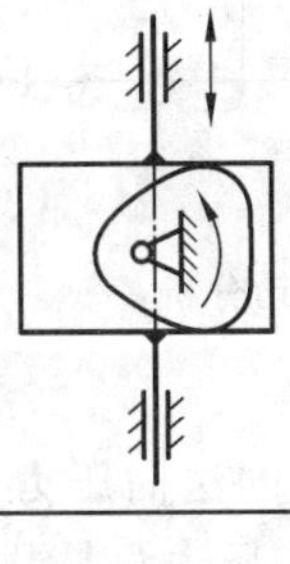	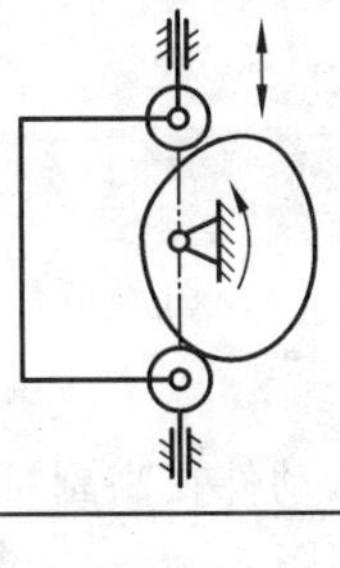	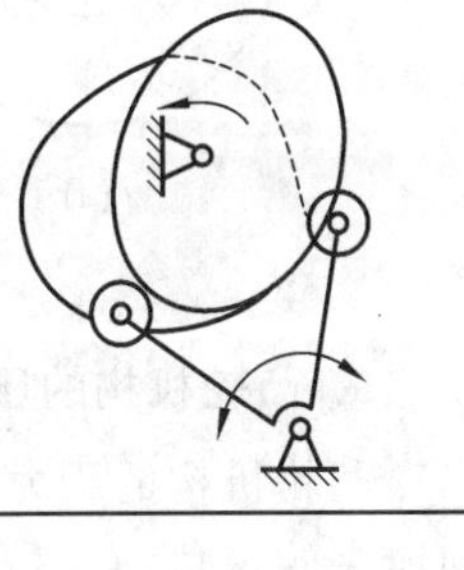

实际应用中的凸轮机构通常是上述类型的不同综合。

4.4.2 平面凸轮的基本尺寸和运动参数

现以图 4-45(a)所示的凸轮机构为例介绍常用的名词术语。

1. 基圆

以凸轮轮廓的最小向径 r_b 为半径，以凸轮转动中心为圆心所作的圆称为基圆，r_b 称为基圆半径。基圆半径的大小不仅影响机构的尺寸，而且影响机构的传力性能。

2. 推程、行程、休止和回程

如图 4-45(a)所示，凸轮以等角速 ω 逆时针方向转动，当凸轮转过角 δ_0 时，凸轮轮廓按一定的运动规律，将从动件的尖顶从初始位置点 A 推到了最高位置点 B'，这个过程称为推程(一般推程是凸轮机构的工作行程)。推程中从动件所走过的距离 h，称为从动件的行程。当凸轮继续转过角 δ_1 时，从动件的尖顶与凸轮上的圆弧 $\overset{\frown}{BC}$ 接触，此时从动件则处于最远位置停留不动，这个过程称为远休止。当凸轮继续转过角 δ_2 时，从动件在弹力或重力的作用下，以一定的运动规律回到初始位置，这个过程称为回程。当凸轮继续转过角 δ_3 时，从动件静止不动，此过程称为近休止。

3. 推程角、休止角和回程角

在凸轮的轮廓曲线上，推程段、休止段和回程段所对应凸轮的中心角分别称为推程角(δ_0)、休止角(δ_1 为远休止角，δ_3 为近休止角)和回程角(δ_2)。

4. 从动件的运动规律

从动件的位移、速度和加速度随凸轮转角的变化关系，称为从动件的运动规律。如果以凸轮转角 δ(或时间 t)为横坐标，分别以从动件的位移 s、速度 v 和加速度 a 为纵坐标，即可作出凸轮转角与从动件的位移、速度和加速度变化关系曲线，称为从动件的运动线图。

由以上分析可知，从动件的位移线图，如图 4-45(b)所示，取决于凸轮轮廓曲线的形状。也就是说，从动件的不同运动规律要求凸轮具有不同的轮廓曲线。

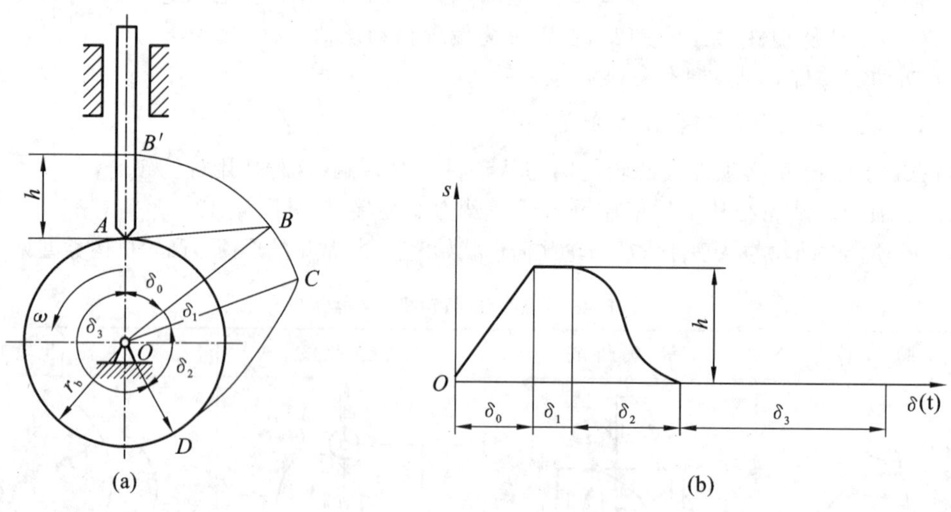

图 4-45 凸轮机构运动分析

5. 凸轮机构的压力角

凸轮机构的压力角是指从动件在高副接触点所受的法向压力与从动件在该点的线速度方向所夹的锐角，常用 α 表示，如图 4-46 示。凸轮机构的压力角是凸轮设计的重要参数。

如图4-46所示为对心直动尖顶从动件盘形凸轮机构在推程的某一位置的受力情况，F_Q为从动件所受的载荷(包括工作阻力、重力、弹簧力和惯性力等)，若不计摩擦，则凸轮对从动件的作用力F可以分解为两个分力，即沿从动件运动方向的有用分力F_t和使从动件压紧导路的有害分力F_n。三者之间的关系为

$$\left.\begin{aligned}F_t&=F\cos\alpha\\F_n&=F\sin\alpha\end{aligned}\right\}\tag{4-3}$$

式中，α即为凸轮机构的压力角。显然，有用分力F_t随着压力角α的增大而减小，有害分力F_n随着的α增大而增大。当压力角α大到一定程度时，由有害分力F_n所引起的摩擦力将超过有用分力F_t。这时，无论凸轮给从动件的力F有多大，都不能使从动件运动，这种现象称为自锁。在设计凸轮机构时，自锁现象是绝对不允许出现的。

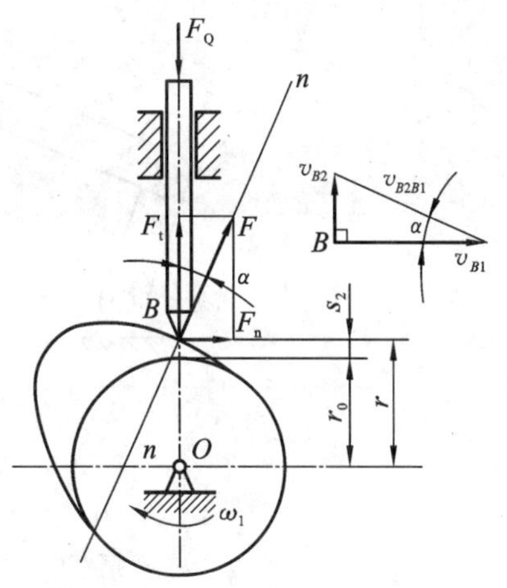

图4-46　凸轮机构的压力角

由此可见，压力角的大小是衡量凸轮机构传力性能好坏的一个重要指标。为提高传动效率、改善受力情况，凸轮机构的压力角α越小越好。研究表明，压力角α与基圆半径r_b成反比，α越小则r_b越大，凸轮尺寸随之变大。因此，为了保证凸轮机构的结构紧凑，凸轮机构的压力角不宜过小。

4.5　间歇运动机构

将主动件的连续转动转变为从动件的时动时停周期性运动的机构，称为间歇运动机构。间歇运动机构类型很多，这里仅对常用间歇运动机构作简单介绍。

4.5.1　棘轮机构

1. 棘轮机构的工作原理

棘轮机构主要由棘轮、棘爪和机架等组成(见图4-47)。棘轮1具有单向棘齿，用键与输出轴相连，棘爪2铰接在摇杆3上，摇杆3空套在棘轮轴上，可自由转动。当摇杆3顺时针摆动时，棘爪2插入棘轮1齿槽内，推动棘轮转过一定的角度；当摇杆3逆时针摆动时，棘爪在棘轮齿背上滑过，棘轮停止不动。因此，当摇杆往复摆动时，棘轮作单向间歇运动。止退爪4用以防止棘轮倒转和定位，扭簧5使棘爪贴紧在棘轮上。

2. 棘轮机构的类型

棘轮机构分为齿啮式棘轮机构和摩擦式棘轮机构两大类。

(1) 齿啮式棘轮机构。齿啮式棘轮机构是利用棘爪和棘轮齿啮合传动，结构简单，制造方便，运动可靠。但棘轮转角只能有级调节，棘爪在棘轮齿背上滑行时易引起冲击、噪声和磨损，所以只适用于低速和转角不太大的场合。齿啮式棘轮机构分为外啮合(见图4-47)和内啮合(见图4-48)两种形式，它们的齿分别做在轮的外缘和内圈。

齿啮式棘轮机构又可分为单向驱动和双向驱动两种形式。单向驱动的棘轮机构，采用锯齿形齿(见图4-47)。双向驱动的棘轮机构(见图4-49)，其棘轮2齿形为矩形，棘爪在图示位置，推动棘轮逆时针转动；将棘爪1提起并转动180°后放下，推动棘轮顺时针转动以实现工作台的往复移动。

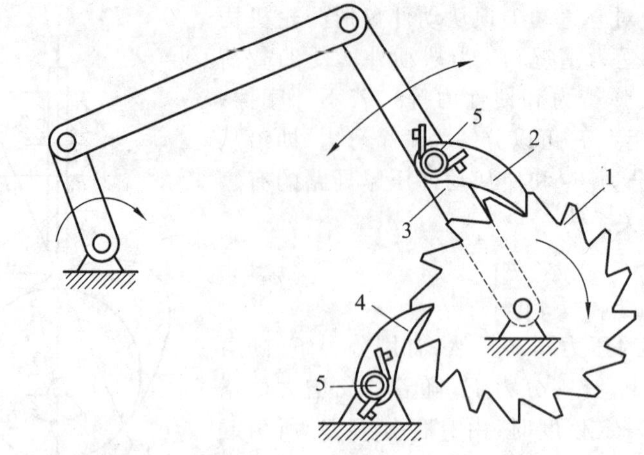

图 4-47 外啮合棘轮机构

1—棘轮;2—棘爪;3—摇杆;4—止退爪;5—扭簧

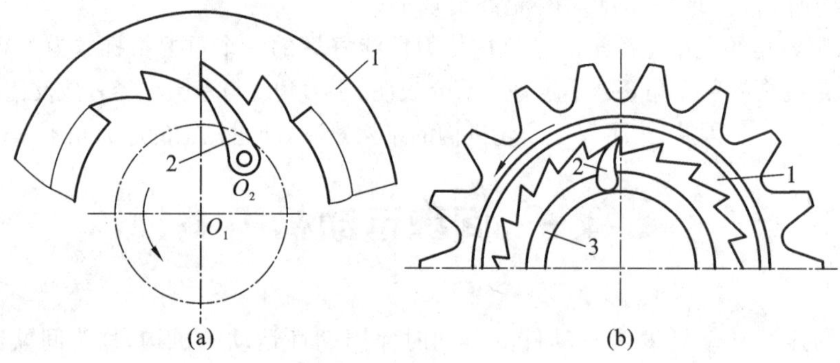

图 4-48 内啮合棘轮机构

1—棘轮;2—棘爪;3—轮毂

(2) 摩擦式棘轮机构(见图 4-50)。该机构是靠棘爪与棘轮之间的摩擦力来传递运动,棘轮转角可作无级调节,且传动平稳、无噪声。因靠摩擦力传动,故其接触表面容易发生滑动。

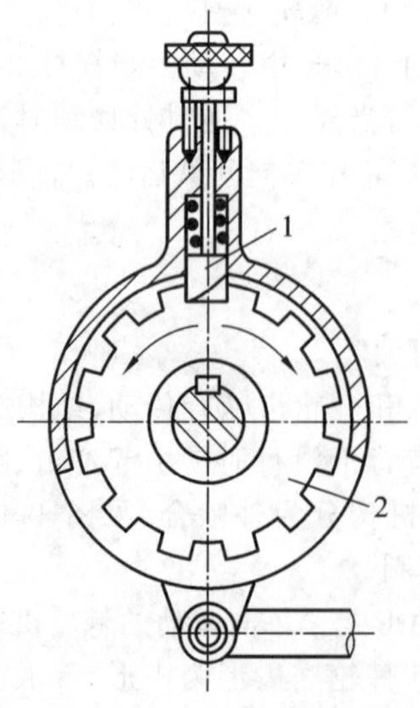

图 4-49 双向驱动棘轮机构

1—棘爪;2—棘轮

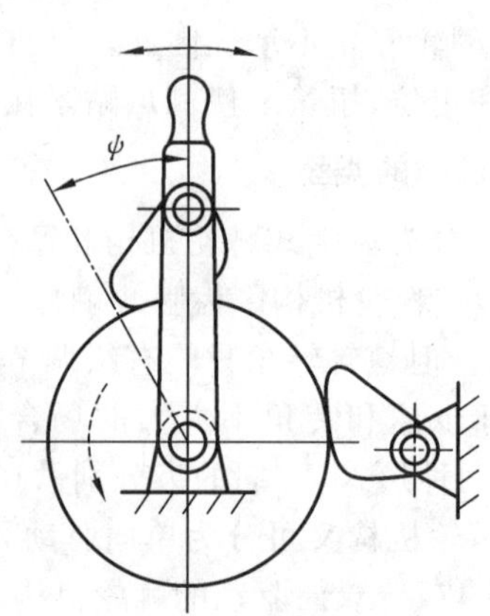

图 4-50 摩擦式棘轮机构

3. 棘轮机构的特点及应用

齿啮式棘轮机构因具有结构简单、制造方便、运动可靠及棘轮转角可调等优点，故各类机械中应用比较广泛。其缺点是工作时冲击大，运动平稳性差，此外，棘爪在棘轮齿背上滑行时会产生噪声。因此，只适用于低速、轻载和棘轮转角不大的场合。棘轮机构在机械中，常用来实现送进、输送、转位、分度、超越等工作要求。

1）送进和输送

【应用实例 1】 如图 4-51 所示牛头刨床工作台的横向进给机构，当摇杆 2 摆动时，棘爪 1 推动棘轮 3 作间歇运动，此时，与棘轮 3 固联的丝杠 4 便带动工作台 5 作横向送进式的进给运动。

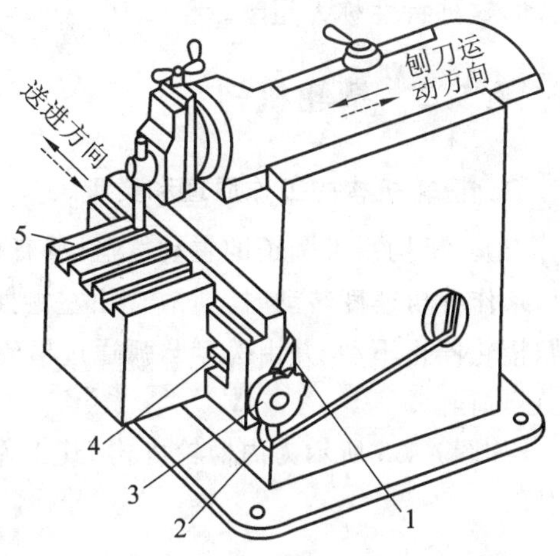

图 4-51 牛头刨床工作台的横向进给机构

1—棘爪；2—摇杆；3—棘轮；4—丝杠；5—工作台

【应用实例 2】 如图 4-52 所示铸造车间浇铸自动线上的步进装置。它也是利用棘轮机构的间歇运动特性，实现浇铸（停止）和输送（运动）两个工作要求的。这里的棘爪是利用液压缸的活塞杆来推动的。

2）转位或分度

【应用实例 3】 如图 4-53 所示冲床工作台的自动转位机构，转盘式工作台与棘轮固联，$ABCD$ 为一空间四杆机构。当冲头（滑块 D）上升时，摇杆 AB 顺时针摆动，通过棘爪带动棘轮和工作台顺时针转过一定角度，将被冲工件送至冲压位置；当冲头下降进行冲压时，摇杆逆时针摆动，棘爪在棘轮上滑过，工作台不动。

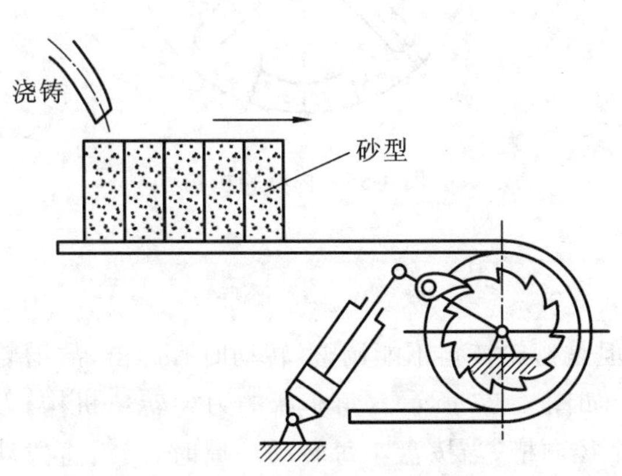

图 4-52 浇铸自动线上的步进装置

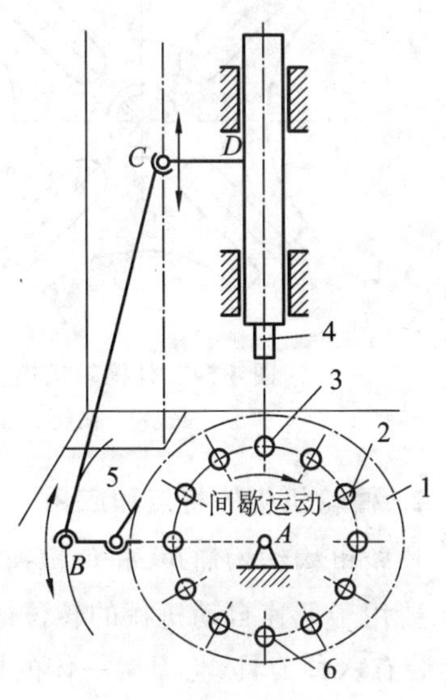

图 4-53 自动转位机构

1—工作台；2—退料工位；3—冲压工位；4—冲头；5—棘爪；6—装料工位

3）超越

【应用实例 4】 自行车后轮上的“飞轮”如图 4-48(b)所示，棘轮（链轮）1 是原动件，轮毂 3 是从动件。当棘轮 1 逆时针转动时，通过棘爪 2 带动轮毂 3，使后轮转动，自行车前进。当自行车下坡或平路滑行时，原动件链轮不动，从动件后轮在惯性作用下仍按原来的转向飞快转动，这时棘爪 2 在棘轮齿背上滑过，使从动件与主动轮脱开，从而实现了从动件相对于原动件的超越运动，这种特性称为超越。

4.5.2 槽轮机构

1. 槽轮机构的工作原理和类型

槽轮机构由带圆销的主动拨盘，具有径向槽的从动槽轮和机架组成（见图 4-54）。当拨盘 1 以 ω_1 作等角速度转动时，圆销 C 由左侧插入轮槽，拨动槽轮 2 顺时针转动，然后由右侧脱离轮槽，槽轮停止不动，并由拨盘凸弧通过槽轮凹弧，将槽轮锁住。当拨盘 1 继续转动时，两者重复上述过程。

如图 4-55 所示为内槽轮机构，其工作原理与外槽轮机构相似，只是从动槽轮与拨盘转向相同。

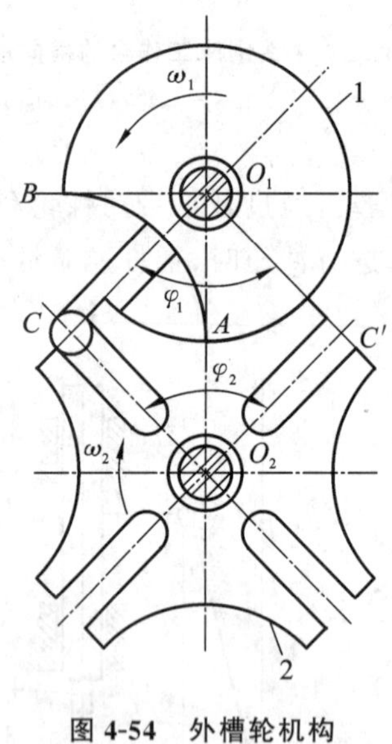

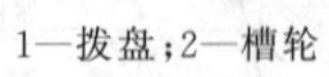
图 4-54 外槽轮机构

1—拨盘；2—槽轮

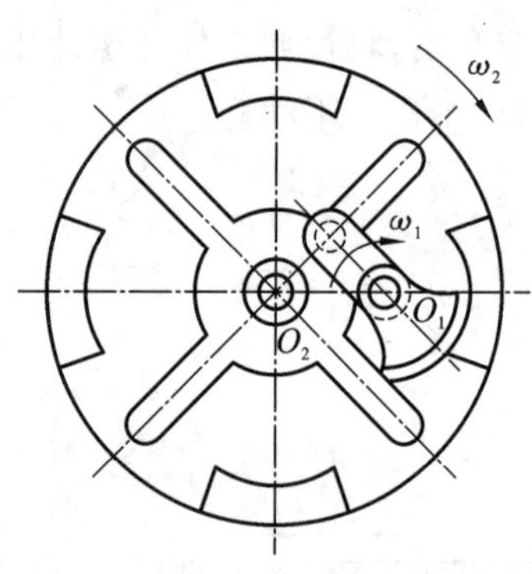

图 4-55 内槽轮机构

2. 槽轮机构的特点和应用

槽轮机构结构简单，转位迅速，工作可靠，但是槽轮转角不能调整，转动时有冲击，故槽轮机构主要用于低速自动机械的转位或分度机构。如图 4-56 所示六角车床的刀架转位机构，刀架 3 上装有六种刀具，与刀架一体的槽轮 2 有六个径向槽，当拨盘 1 每转动一周时，圆销将拨动槽轮转过 60°，将下一工序所需刀具转换到工作位置。

【应用实例 5】 如图 4-57 所示电影放映机的卷片机构，要求影片作间歇运动，槽轮 2 有四个径向槽，当拨盘 1 每转动一周时，圆销将拨动槽轮 2 转过 90°，影片移过一幅画面，并停留一定的时间，以适应人眼的视觉暂留现象。

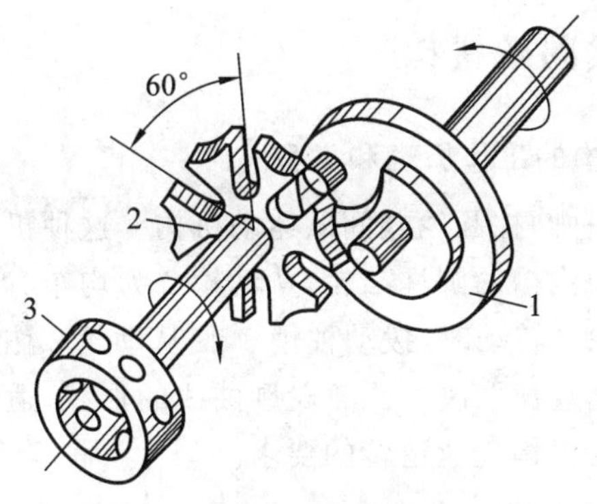

图 4-56 六角车床刀架转位机构

1—拨盘；2—槽轮；3—刀架

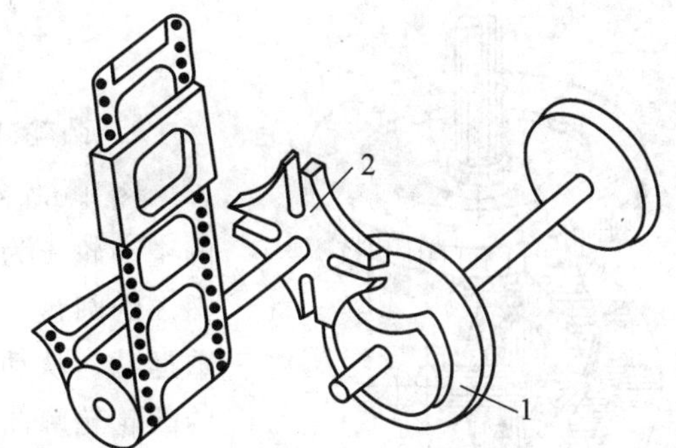

图 4-57 电影放映机的卷片机构

1—拨盘；2—槽轮

4.5.3 不完全齿轮机构

1. 不完全齿轮机构的工作原理和类型

不完全齿轮机构如图 4-58 示，它由具有一个或几个齿的不完全齿轮 1、具有正常轮齿和带锁止弧的齿轮 2 及机架组成。在轮 1 主动等速连续转动中，当齿轮 1 上的轮齿与齿轮 2 的正常齿相啮合时，轮 1 驱动从动轮 2 转动；当轮 1 的锁止弧 S_1 与轮 2 的锁止弧 S_2 接触时，则从动轮 2 停止在确定位置上不动，从而实现周期性的单向间歇运动。图 4-58 所示的不完全齿轮机构的主动轮每转一周，从动轮只转 1/4 周。

不完全齿轮机构有外啮合和内啮合(见图 4-59)两种形式，一般常用外啮合形式。

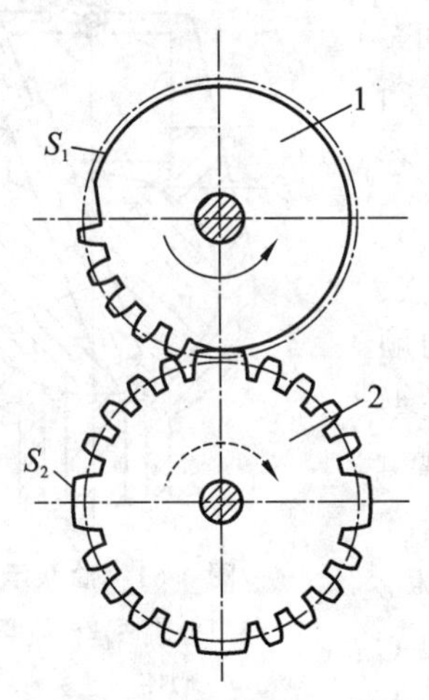

图 4-58 外啮合不完全齿轮机构

1—主动轮；2—从动轮

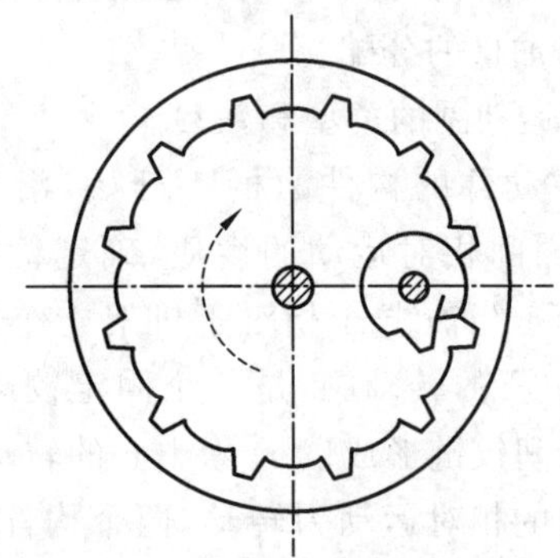

图 4-59 内啮合不完全齿轮机构

2. 不完全齿轮机构的特点及应用

不完全齿轮机构结构简单、制造方便，从动轮运动时间和静止时间的比例不受机构结构限制；但从动轮在转动开始和终止时，角速度有突变，冲击较大，故一般只用于低速或轻载场合。

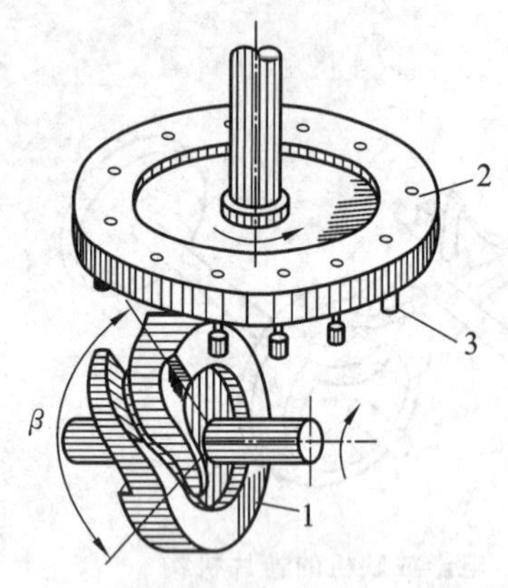

图 4-60　凸轮式间歇机构

1—主动轮；2—从动轮；3—柱销

4.5.4　凸轮式间歇机构

1. 凸轮式间歇机构的工作原理和类型

图 4-60 所示是一种圆柱凸轮式间歇运动机构。这种机构的主动轮 1 为具有曲线沟槽的圆柱凸轮，从动轮 2 为均布有柱销 3 的圆盘。当主动轮 1 转动时，拨动柱销 3，使从动轮 2 作间歇运动。从动轮的运动规律取决于凸轮轮廓曲线的形状，适当的凸轮轮廓曲线可满足机构高速运转的要求。

2. 凸轮式间歇机构的特点和应用

凸轮式间歇机构运转可靠、传动平稳、承载能力较强；转盘可实现任何运动规律，以适应高速运动的要求；转盘停歇时一般应用凸轮棱边进行定位，不需附加任何定位装置。但凸轮加工精度要求较高，装配调整要求较严格，因此这种机构常用于各种高速、轻载机械的分度、转位装置和步进机构中。

实训项目：绘制偏心油泵机构的运动简图

绘制如图 4-61 所示的油泵模型的机构运动简图。

项目实施步骤具体如下。

(1) 分析机构的运动，判别构件的类型和数目。

图 4-61 所示油泵机构是由曲柄 1、活塞杆 2、阀体 3 和泵座 4 组成的，共 4 个构件。其中，泵座 4 固定为机架，曲柄 1 带动活塞杆 2 摆动和上下移动，完成吸排油动作，阀体 3 摆动，完成进、出油口的分配。

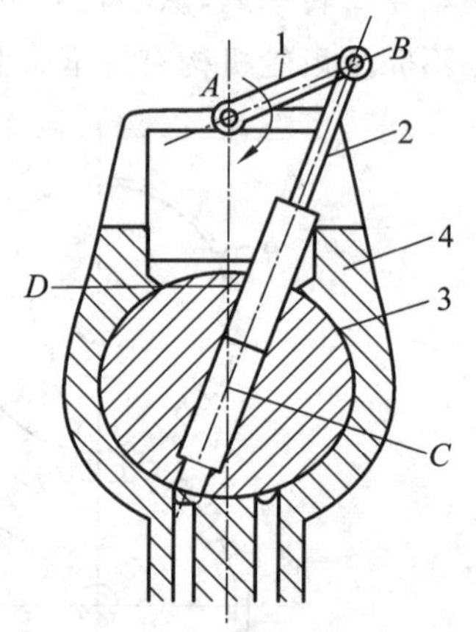

图 4-61　油泵示意图

1—曲柄；2—活塞杆；3—阀体；4—泵座(机架)

(2) 确定运动副的类型和数目。

从作为主动件的构件曲柄 1 开始，沿着运动传递的顺序，根据构件之间相对运动的性质，确定机构运动副的类型和数目。曲柄 1 绕轴线 A 相对于机架 4 作转动，它与机架 4 形成以 A 为中心的转动副，是一个固定铰链；曲柄 1 和活塞杆 2 组成的中间铰链形成以 B 为中心的转动副；同样，阀体 3 与机架 4 之间的相对运动为转动，两个构件之间也组成以 C 为中心的转动副。所以该机构共有 3 个转动副，转动副的中心分别位于点 A、B 和 C 处。活塞杆 2 与阀体 3 之间的运动为相对移动，故组成移动副，移动副的导路方向与活塞杆 3 的对称中心线重合。所以该机构只有 1 个移动副。

(3) 选择投影平面。

图 4-61 已能清楚地表达出各个构件的运动关系，所以就选择此平面作为投影平面。

(4) 选择适当的比例。

按照测量出的机构尺寸和选定的图幅，选择个适当的长度比例尺。

(5) 绘制机构的运动简图。

首先确定转动副 A 的位置，然后根据原图的尺寸，按照选定的比例尺确定各个运动副位置，再绘制出机构的运动简图，最后标明构件 1、2、3 和 4 以及转动副 A、B 和 C，主动件上画出箭头表示此运动的方向。

完成的油泵机构运动简图如图 4-62 所示。

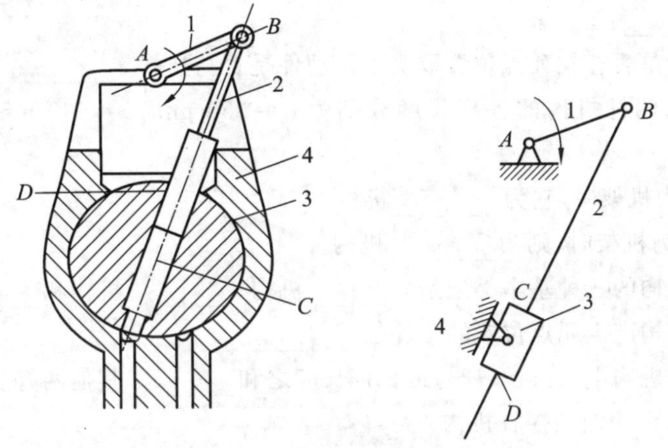

图 4-62 油泵机构运动简图

1—曲柄；2—活塞杆；3—阀体；4—泵座(机架)

知识树

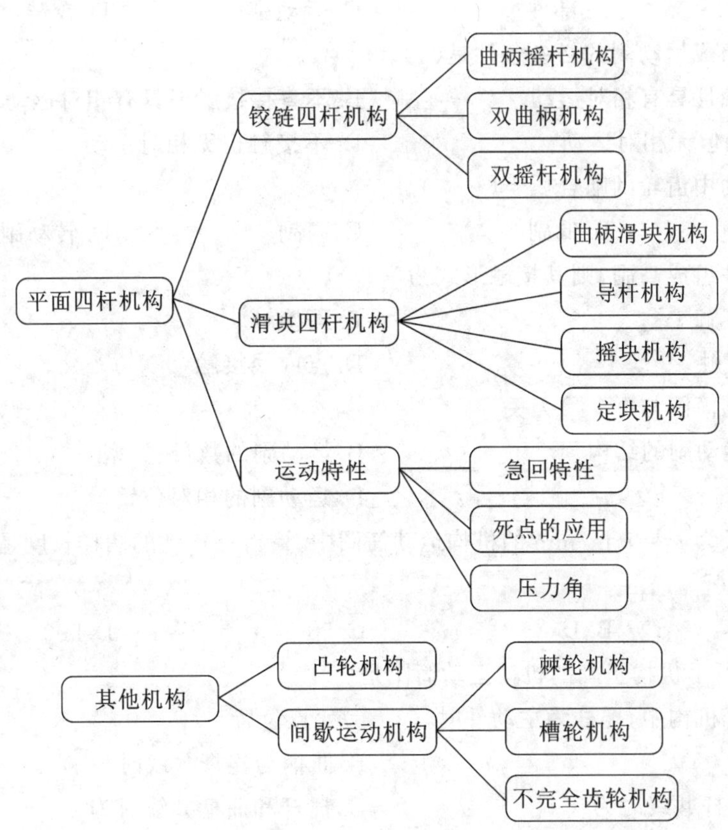

【巩固与练习】

一、填空题

1. 平面连杆机构当行程速比系数 $K=$________时，机构就具有急回特性。

2. 四杆机构从动件的行程速比系数 $K=$________，只要机构在运动过程中具有极位夹角 θ，该机构就具有________。

3. 四杆机构中是否存在死点位置取决于从动件是否与连杆________。

4. 一平面铰链四杆机构的各杆长度分别为 $a=350$ mm，$b=600$ mm，$c=200$ mm，$d=700$ mm。

(1) 当取 c 杆为机架时，它为________机构；

(2) 当取 d 杆为机架时，则为________机构。

5. 铰链四杆机构的三种基本类型是________机构、________机构和________机构。

6. 曲柄摇杆机构产生死点位置的条件是________。

7. 在铰链四杆机构中，若最短杆与最长杆长度之和________其他两杆长度之和，以最短杆的相邻杆为机架时，可得曲柄摇杆机构。

二、选择题

1. 具有确定相对运动构件的组合称为(　　)。

A. 机器　　B. 机械　　C. 机构　　D. 构件

2. 在机构中，构件与构件之间的连接方式称为(　　)。

A. 运动链　　B. 部件　　C. 运动副　　D. 铰链

3. 两构件组成运动副的必备条件是(　　)。

A. 直接按触且具有相对运动　　B. 不直接接触但具有相对运动

C. 直接接触但无相对运动　　D. 不接触也无相对运动

4. 齿轮传动中齿轮的啮合属于(　　)。

A. 移动副　　B. 低副　　C. 高副　　D. 转动副

5. 若两构件组成高副，则其接触形式为(　　)。

A. 线或面接触　　B. 面接触

C. 点或面接触　　D. 点或线接触

6. 机构运动简图与(　　)无关。

A. 构件和运动副的结构　　B. 运动副的数目、类型

C. 构件数目　　D. 运动副的相对位置

7. 在比例尺为 $\mu_1=5$ m/mm 的机构运动简图中，量得一构件的图样长度是 10 mm，则该构件的实际长度为(　　)m。

A. 2　　B. 15　　C. 50　　D. 500

8. 图 4-63 所示机构正确的机构运动简图是(　　)。

9. 曲柄摇杆机构中，摇杆为主动件时，(　　)死点位置。

A. 不存在　　B. 曲柄与连杆共线时为

C. 摇杆与连杆共线时为　　D. 摇杆和曲柄共线时为

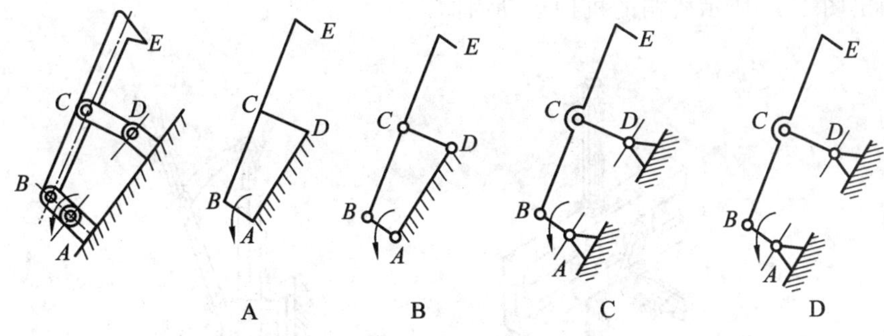

图 4-63 习题图 1

10. 为保证四杆机构良好的力学性能,(　　)不应小于最小许用值。

A. 压力角　　B. 传动角　　C. 极位夹角　　D. 螺旋角

11. 铰链四杆机构中,不与机架相连的构件称为(　　)。

A. 曲柄　　B. 连杆　　C. 连架杆

12. 在曲柄滑块机构中,当取滑块为原动件时,(　　)死点位置。

A. 有一个　　B. 没有　　C. 有两个

13. 有急回特性的平面连杆机构的行程速比系数(　　)。

A. $K=1$　　B. $K>1$　　C. $K\geqslant 1$　　D. $K<1$

14. 在曲柄摇杆机构中,当曲柄为原动件时,其最小传动角的位置在(　　)。

A. 曲柄与连杆共线的两个位置之一　　B. 曲柄与机架共线的两个位置之一

C. 曲柄与机架相垂直的位置　　D. 摇杆与机架相垂直时,对应的曲柄位置

15. 对于铰链四杆机构,当满足杆长之和的条件时,若取(　　)为机架,将得到双曲柄机构。

A. 最长杆　　B. 与最短杆相邻的构件

C. 最短杆　　D. 与最短杆相对的构件

16. 曲柄摇杆机构中,由柄为主动件,则传动角是(　　)。

A. 摇杆两个极限位置之间的夹角　　B. 连杆与摇杆之间所夹锐角

C. 连杆与曲柄之间所夹锐角　　D. 摇杆与机架之间所夹锐角

17. 在平面四杆机构中,压力角与传动角的关系为(　　)。

A. 压力角增大则传动角减小　　B. 压力角增大则传动角也增大

C. 压力角始终与传动角相等　　D. 无关系

18. 四杆机构处于死点时,其传动角 γ 为(　　)。

A. $0°$　　B. $90°$　　C. γ 大于 $90°$　　D. $0°<\gamma<90°$

三、简答题

1. 试述机器与机构的特征及其区别。
2. 机器由哪些部分组成?各部分起什么作用?
3. 说明构件、零件及其区别。
4. 试述机器的组成及其各部分的功能。
5. 什么是运动副?运动副是如何分类的?
6. 试述机构的组成。

7. 试画出图 4-64 所示机构的机构运动简图。

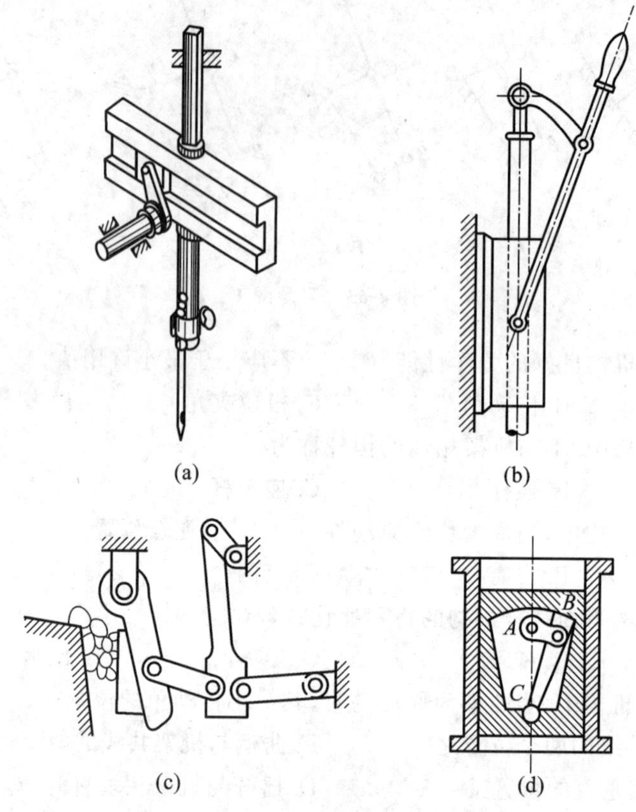

图 4-64　习题图 2

8. 什么是平面连杆机构？它有何特点？

9. 什么叫作机构的自由度？

10. 根据图 4-65 所示机构运动简图，计算机构的自由度，如有复合铰链、局部自由度和虚约束请指出，并判断机构运动是否确定？

11. 铰链四杆机构的基本形式有哪些？各有何特点？列举一些四杆机构的应用实例。

12. 四杆机构中曲柄存在的条件是什么？如何判断铰链四杆机构的类型？

13. 根据图 4-66 所示尺寸，判断铰链四杆机构的类型。

14. 如何判断四杆机构有无急回特性？极位夹角 θ 与行程速比系数 K 有何关系？

15. 什么是压力角？什么是传动角？它们对机构的传力性能有什么影响？

16. 在什么条件下机构会出现死点位置？其位置特征如何？说明机构死点位置对机构的不利影响，通常可用什么方法来克服？

17. 曲柄摇杆机构为什么会出现死点位置？

18. 试述凸轮机构的工作原理及其特点。

19. 试述凸轮机构的类型及其应用，例举一些凸轮应用实例。

20. 棘轮机构有何特点？通常用在什么场合？

21. 棘轮机构为什么通常要加一个止回棘爪？可变向棘轮机构的棘轮是什么齿形？

22. 槽轮机构有何特点？通常用在什么场合？

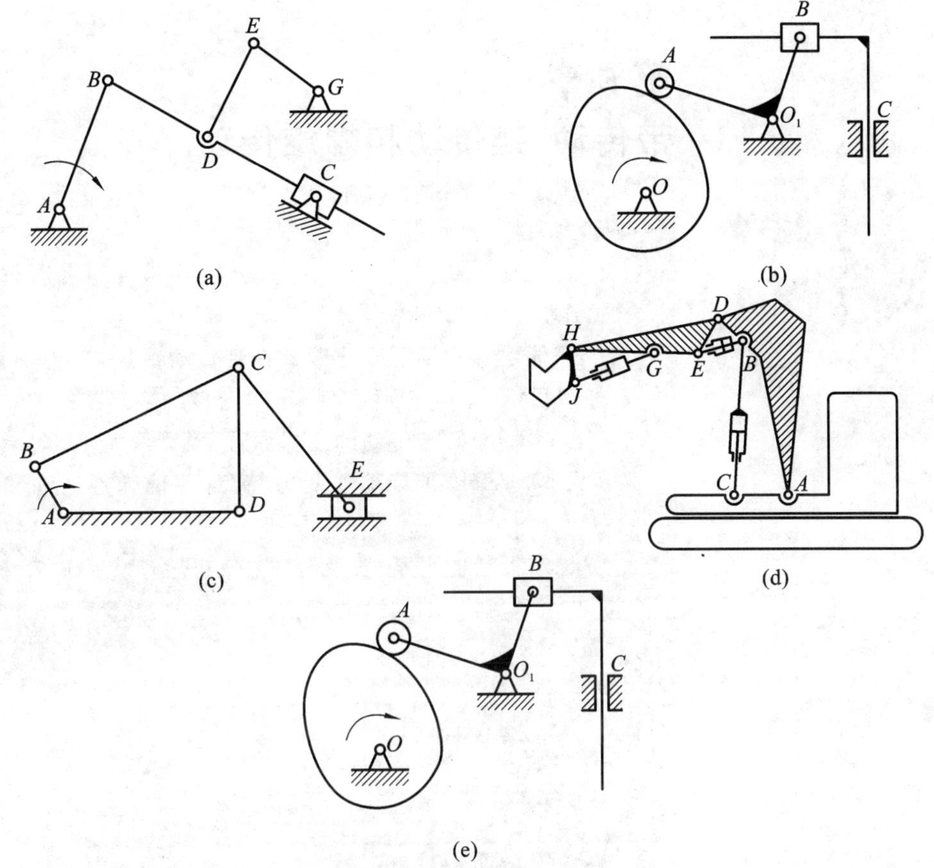

图 4-65 习题图 3

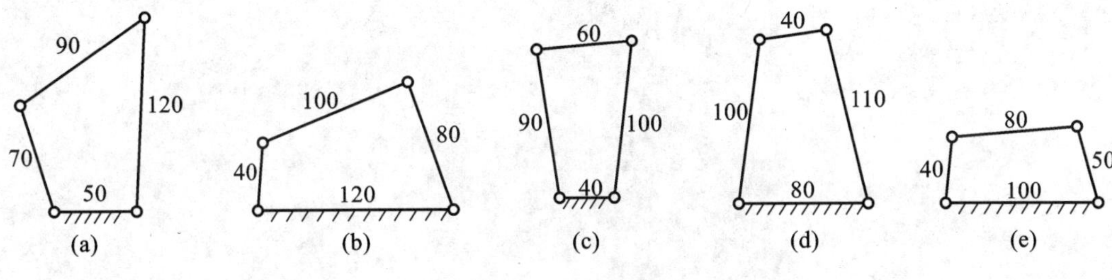

图 4-66 习题图 4

第5章 带传动、链传动和螺旋传动

能力目标

1. 能对传动带进行力、应力分析并对传动带进行失效形式分析。

2. 能熟练应用图表正确选择带传动参数。

知识目标

1. 掌握摩擦带传动的工作原理、类型及特点。

2. 掌握摩擦带传动的受力特点，明确弹性滑动和打滑的概念。

3. 掌握带的张紧、安装和维护常识。

4. 了解链传动的运动特性。

5.1 带 传 动

带传动与链传动都是挠性传动，都是通过环形挠性曳引元件，在两个或多个传动轮之间传递运动和动力。

5.1.1 带传动的类型和特点

1. 带传动的工作原理

带传动由主动带轮 1、从动带轮 2、中间挠性带 3 组成，如图 5-1 所示。按工作原理区分，带传动可分为摩擦带传动和啮合带传动两种。摩擦带传动工作时传动带紧套在带轮上，用带和轮缘之间产生的摩擦力来传递运动和动力。啮合带传动是利用带内侧的齿与带轮上的齿相啮合来传递运动和动力的(见图 5-2)。

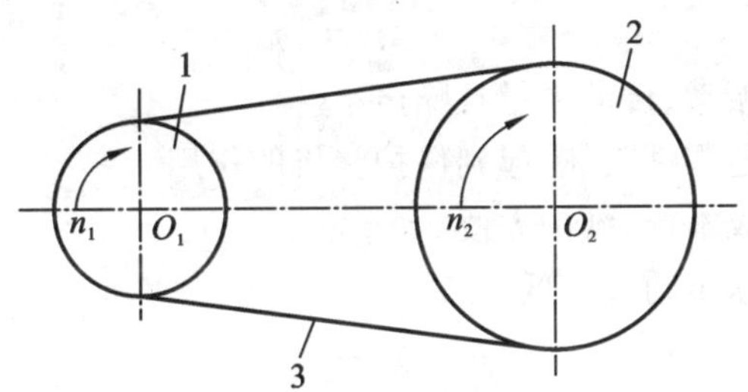

图 5-1 摩擦带传动

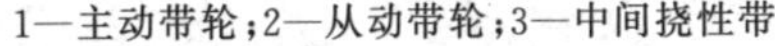

1—主动带轮；2—从动带轮；3—中间挠性带

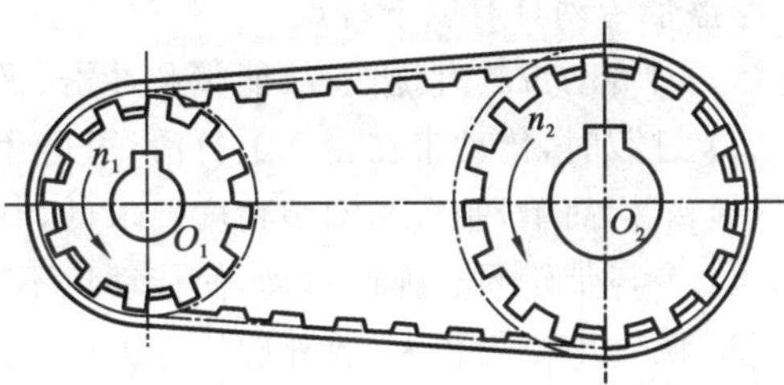

图 5-2 啮合带传动

2. 带传动的类型

摩擦带传动按传动带的截面形状不同，有平型带[见图 5-3(a)]传动、V 带[见图 5-3(b)]传动、多楔带[见图 5-3(c)]传动、圆形带[见图 5-3(d)]传动等。

1) 平型带传动

平型带的截面为矩形，已标准化。工作时，其内表面与带轮轮缘接触，所以内表面是工作面。它的特点是结构简单、易于制造和安装。

2) V 带传动

V 带的截面为等腰梯形，已标准化。工作时把 V 带紧套在带轮上的梯形槽内，使 V 带的两侧面与带轮槽的两侧面压紧，从而产生摩擦力传递运动与动力，所以 V 带的侧面是工作面。条件相同时，V 带产生的摩擦力是平型带的三倍以上，故 V 带能传递较大的载荷，实际生产中应用较广。

3) 多楔带传动

多楔带是以平型带为主体、内表面具有等距纵向楔的环形传动带。其工作面为楔的侧面。它主要用于传递功率较大而要求结构紧凑的场合。

4) 圆形带传动

圆形带的截面为圆形，只用于传递较小的功率，如在缝纫机、仪器及磁带盘等机器的传动机构中可见到圆形带传动。

啮合带传动中较典型的是同步带(见图 5-2)。带的内周有一定形状的等距横向齿和带轮上的相应齿槽相啮合。同步带受载后变形很小,不影响齿与齿槽相啮合,故带与带轮间无滑动,所以它具有传动比准确、效率高、结构紧凑等优点。但带与带轮的制造成本较高。

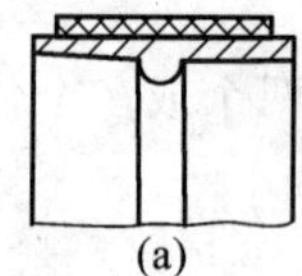

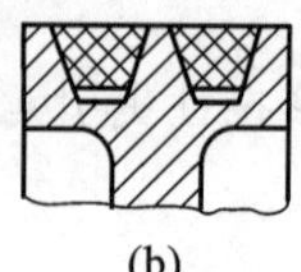

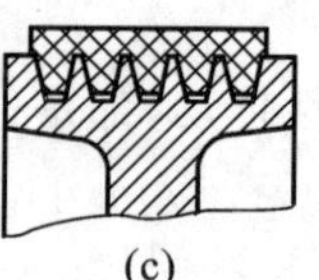

图 5-3 摩擦带的类型

带传动主要用于两轴平行、转向相同的场合,这种形式称为开口传动(见图 5-1)。

本章主要讨论机械中应用最广泛的 V 带传动。

3. 带传动的特点

在机械设备中广泛应用的是摩擦带传动,尤其以 V 带传动应用最广。这里,我们仅介绍摩擦带传动的特点。

摩擦带传动具有以下特点。

(1) 因传动带具有挠性,故能缓和冲击、吸收振动、传动平稳且噪声小。

(2) 过载时,传动带在轮缘上打滑,可避免其他零件破坏,起到保护整机的作用。

(3) 结构简单,制造和安装精度要求低,制造成本低,维护方便。

(4) 带与带轮间有弹性滑动,使传动比不准确,传动效率低。

(5) 两轴中心距较大,故外廓尺寸大。

(6) 工作时带需紧套在带轮上,所以作用在轴上的压力大。

带传动一般用于传动中心距较大的场合,一般带速为 5～25 m/s。带传动效率较低(0.94～0.97),通常用于传递中小功率的场合。带传动不宜在高温、易燃、易爆、有腐蚀介质的场合下工作。

5.1.2 带传动的基本理论

1. 带传动的受力分析

带传动中,传动带必须张紧在带轮上,保证带和带轮接触面间产生足够的摩擦力以传递动力。工作之前,传动带的两边受到相等的初拉力 F_0 作用,如图 5-4 所示。工作时,由于摩擦力的作用,传动带两边的拉力将发生变化,传动带绕进主动轮的一边,拉力由 F_0 增加到 F_1,称为紧边;另一边的拉力由 F_0 减小到 F_2,称为松边,如图 5-5 所示。两边拉力的差值称为有效圆周力,用 F_t 表示。即

$$F_t = F_1 - F_2 \tag{5-1}$$

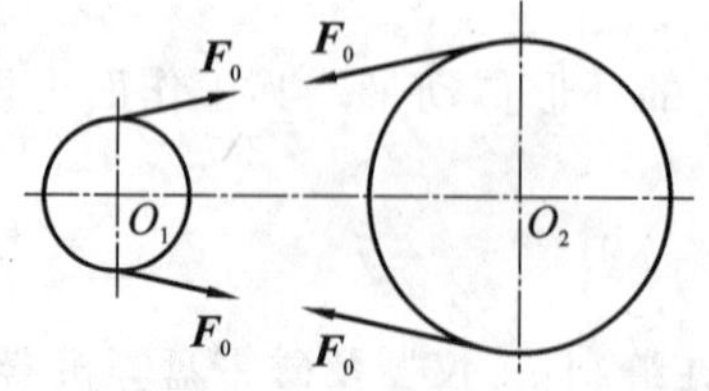

图 5-4 带的初拉力

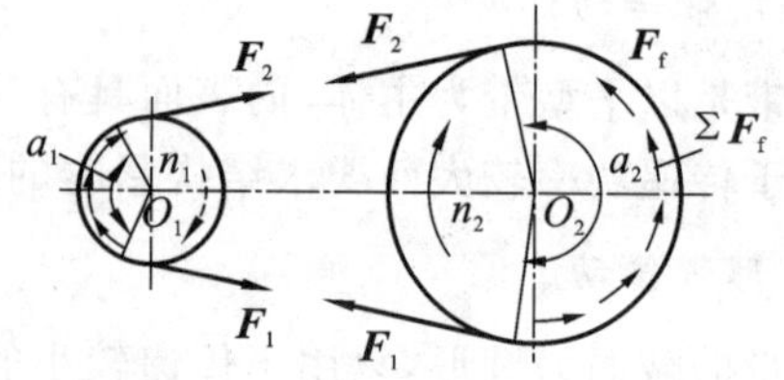

图 5-5 工作时带两侧的拉力 $F_1 > F_2$

有效圆周力 F_t 实际上等于带与带轮上摩擦力的总和。

带传动所能传递的功率 P(kW)为

$$P=\frac{Fv}{1\ 000} \tag{5-2}$$

式(5-2)表明，当带速 v 一定时，传递功率 P 的大小取决于有效圆周力的大小，有效圆周力 F_t 实际上等于带与带轮上摩擦力的总和。在初拉力一定的情况下，带与带轮之间的摩擦力是有限的，当带所传递的有效圆周力超过该极限值时，带将在带轮上打滑，它使带的磨损加剧，从动轮转速降低，甚至停止转动，失去正常的工作能力。这种现象应避免。

可以证明，带在出现打滑趋势而尚未打滑的临界状态时，F_1 与 F_2之间的关系满足下式

$$\frac{F_1}{F_2}=e^{f\alpha} \tag{5-3}$$

式中：F_1、F_2分别为带即将打滑时紧边、松边拉力，单位为 N；e 为自然对数的底；f 为摩擦因数，α 为包角，即带与带轮接触弧所对圆心角。

联立式(5-1)、式(5-2)和式(5-3)，可得带传动的最大有效圆周力 $F_{\max}$

$$F_{\max}\doteq 2F_0\ \frac{e^{f\alpha}-1}{e^{f\alpha}+1} \tag{5-4}$$

由式(5-4)可知，带传动的最大有效圆周力与初拉力 F_0、包角 α 和摩擦因数 f 有关。

1) 张紧力 F_0

张紧力 F_0对带的工作能力和使用寿命影响很大。最大有效圆周力 $F_{\max}$与张紧力 F_0成正比，即增大张紧力 F_0可提高带的传动能力；但张紧力过大，易使传动带磨损加剧，使带过快松弛，缩短使用寿命。张紧力过小，带的传动能力低，易打滑。因此张紧力 F_0大小要适中。

2) 包角 α

最大有效圆周力 $F_{\max}$随包角 α 的增大而增大，因为包角 α 增大，使带与带轮之间的摩擦力增大。为保证带传动具有一定的工作能力，应对包角加以限制。因小带轮的包角 α_1 小，所以带传动中一般取 $\alpha_1\geqslant 120°$。

3) 摩擦因数 f

摩擦因数大，则摩擦力大，可提高最大有效圆周力 $F_{\max}$。摩擦因数和带与带轮的材料、表面状况及工作环境等有关。

2. 传动带的应力

传动带工作时，其截面上的应力有以下三种。

1) 拉应力 σ_1、σ_2

拉应力即由紧边拉力和松边拉力产生的应力。

紧边拉应力：

$$\sigma_1=\frac{F_1}{A} \tag{5-5}$$

松边拉应力：

$$\sigma_2=\frac{F_2}{A} \tag{5-6}$$

式中，A 为带的横截面面积(mm^2)，见表 5-1。

2）离心拉应力

具有一定质量的带在带轮上作圆周运动，将引起离心力 F_c，由 F_c 引起的带的离心拉应力 σ_c 存在于整个带长中，其大小为

$$\sigma_c=\frac{qv^2}{A} \tag{5-7}$$

式中：q 为每米带长质量(kg/m)，其值见表 5-1；v 为带速(m/s)。

由式(5-7)可知，带速越高，离心拉应力越大。因此应限制传动带的速度，一般取 $v\leqslant 25\sim 30$ m/s。

3）弯曲应力

绕上带轮的带，因弯曲而产生弯曲应力，其大小为

$$\sigma_b=\frac{2Eh_a}{d_d} \tag{5-8}$$

式中：E 为带的弹性模量，单位为 MPa；h_a 为带的节面到最外层的垂直距离，单位为 mm，其值见表 5-3；d_d 为带轮的基准直径，单位为 mm。

由式(5-8)可知，h_a 越大，d_d 越小，带的弯曲应力就越大。若两带轮直径不等，则绕过小带轮的弯曲应力大于绕过大带轮的弯曲应力。为了避免弯曲应力过大而影响带的使用寿命，对每种型号的带都规定了最小带轮直径。

带传动工作时，传动带中各截面的应力分布如图 5-6 所示，各截面的应力大小用对应位置的径向线表示。最大应力发生在紧边绕入小带轮的切点处，其大小为

$$\sigma_{max}=\sigma_1+\sigma_c+\sigma_{b1} \tag{5-9}$$

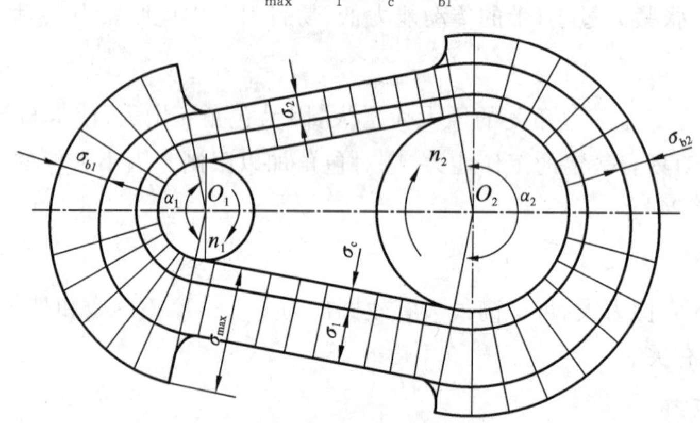

图 5-6 传动带的应力分布

3. 弹性滑动与传动比

带是弹性体，受拉力作用后会产生变形，拉力大小不同，产生的变形也不同。如图 5-7 所示，带自 a 点绕入主动轮，此时带与带轮的速度相等；随着带轮的运动，带从 a 点转到将要离开主动轮的 b 点时，拉力由 F_1 降到 F_2，带的伸长量逐渐减少，带相对带轮回缩，带与带轮之间产生相对滑动，从而使带速 v 落后于主动轮的圆周速度 v_1。同理，带绕过从动轮时，带速要超前于从动轮。这种由于带的弹性变形而引起的带与带轮之间的相对滑动称为弹性滑动。由于带传动中必将产生紧边与松边的拉力差，因此，弹性滑动不可避免。

由上面的讨论可知：带传动中，从动轮的圆周速度 v_2 总是小于主动轮的圆周速度 v_1。由于

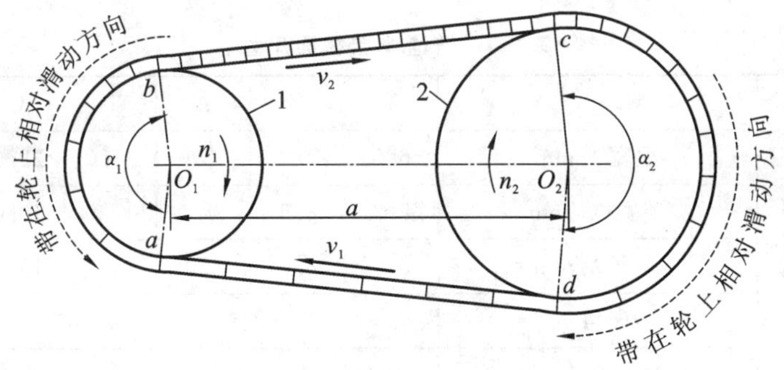

图 5-7 带传动的弹性滑动

弹性滑动引起的从动轮圆周速度的降低率，用滑动系数 ε 表示，即

$$\varepsilon=\frac{(v_1-v_2)}{v_1}=\frac{(\pi d_{d1}n_1-\pi d_{d2}n_2)}{\pi d_{d1}n_1}=1-\frac{d_{d2}n_2}{d_{d1}n_1} \tag{5-10}$$

带的实际传动比为

$$i=\frac{n_1}{n_2}=\frac{d_{d2}}{d_{d1}(1-\varepsilon)} \tag{5-11}$$

通常 V 带传动 $\varepsilon=1\%\sim2\%$，一般可忽略不计。

须指出，弹性滑动和打滑是两个不同的概念。打滑是指由于过载而引起的带沿带轮整个接触面的滑动，是可以避免的。而弹性滑动是由于带紧边和松边的拉力差使两边弹性变形不同引起的，是不可避免的。由于弹性滑动使带传动不能保证准确的传动比。

5.1.3 普通 V 带和 V 带轮

1. V 带的构造和标准

普通 V 带为无接头的环形带，截面呈等腰梯形，如图 5-8 所示。V 带截面由抗拉体 1、顶胶 2、底胶 3、包布层 4 组成。顶胶和底胶由橡胶制成，当胶带在带轮上弯曲时分别伸张和压缩。抗拉体用于承受基本拉力，其材料为帘布或线绳，分别称为帘布芯结构和线绳结构。帘布芯结构的抗拉强度较高，制造方便，应用较广；线绳结构较柔软，适用于高速和带轮直径较小的场合。包布层起耐磨和保护作用，由橡胶帆布制成。

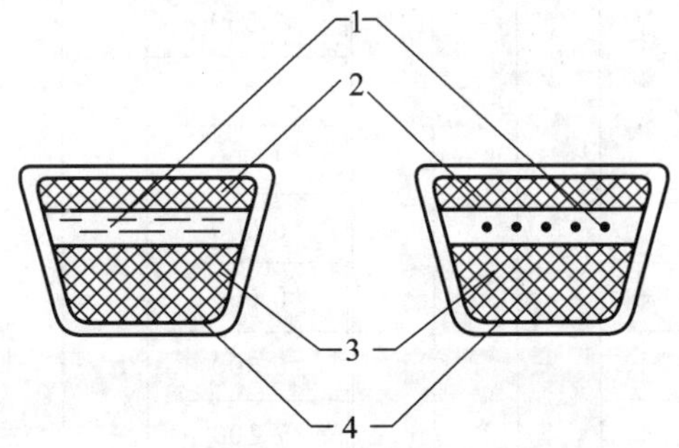

图 5-8 普通 V 带的结构

1—抗拉体；2—顶胶；3—底胶；4—包布层

普通 V 带已标准化，有七种型号，按截面尺寸由小到大的顺序是 Y、Z、A、B、C、D、E，有关参数见表 5-1。

表 5-1　普通 V 带截面尺寸

型号	Y	Z	A	B	C	D	E
顶宽 b/mm	6.0	10.0	13.0	17.0	22.0	32.0	38.0
节宽 b_p/mm	5.3	8.5	11.0	15.0	19.0	27.0	32.0
高度 h/mm	5.0	6.0	8.0	11.0	15.0	19.0	25.0
楔角 θ	40°						
截面面积 A/mm^2	18	47	81	138	230	476	692
每米带长质量 q/(kg/m)	0.04	0.06	0.10	0.17	0.30	0.60	0.87

带绕上带轮时会弯曲，顶胶受拉伸长，底胶受压缩短，中间有一层既不伸长也不缩短，这一层所在的面称为节面，其宽度为节宽，用 b_p 表示。带绕上带轮时，节面所在位置对应的带轮直径为基准直径，用 d_d 表示。在规定的张紧力下，节面的长度为基准长度，用 L_d 表示，它用于 V 带传动几何尺寸计算，其值为标准值。普通 V 带基准长度系列见表 5-2。

普通 V 带的标记由带的型号、基准长度、根数等组成。例如三根 B 型帘布芯结构 V 带，基准长度 L_d=1 000 mm，其标记为：普通 V 带(帘布)B—1000 三根。

V 带的标记在带外表面压印以便识别。

表 5-2　普通 V 带基准长度系列　　mm

	带型								带型						
基准长度 L_d	Y	Z	A	B	C	D	E	基准长度 L_d	Y	Z	A	B	C	D	E
280	+							1 800		+	+	+	+		
315	+							2 000		+	+	+	+		
355	+							2 240			+	+	+		
400	+	+						2 500			+	+	+		
450	+	+						2 800			+	+	+	+	
500	+	+						3 150				+	+	+	
560		+						3 550				+	+	+	
630		+	+					4 000				+	+	+	
710		+	+					4 500				+	+	+	+
800		+	+					5 000				+	+	+	+
900		+	+	+				5 600					+	+	+
1 000		+	+	+				6 300					+	+	+
1 120		+	+	+				7 100					+	+	+
1 250		+	+	+				8 000					+	+	+
1 400		+	+	+				9 000					+	+	+
1 600		+	+	+	+			10 000						+	+

2. 普通 V 带轮

普通 V 带轮由轮缘、轮辐、轮毂三部分组成。

轮缘是带的工作部分。轮缘上开有梯形轮槽，V 带放在轮槽中，轮槽尺寸见表 5-3。

轮毂是带轮与轴连接的部分，轮毂的内径与轴的直径相等。

轮辐是轮缘与轮毂的连接部分，有以下三种结构。

(1) 实心式(S 型)，见图 5-9(a)，当带轮直径 $d_d \leqslant 200$ mm 时，可采用实心式结构；

(2) 腹板式(H 型)，见图 5-9(b)，当带轮直径 $d_d \leqslant 400$ mm 时，可采用腹板式；

(3) 轮辐式(E 型)，见图 5-9(c)，当带轮直径 $d_d > 400$ mm 时，采用轮辐式。

表 5-3 V 带轮轮缘尺寸 mm

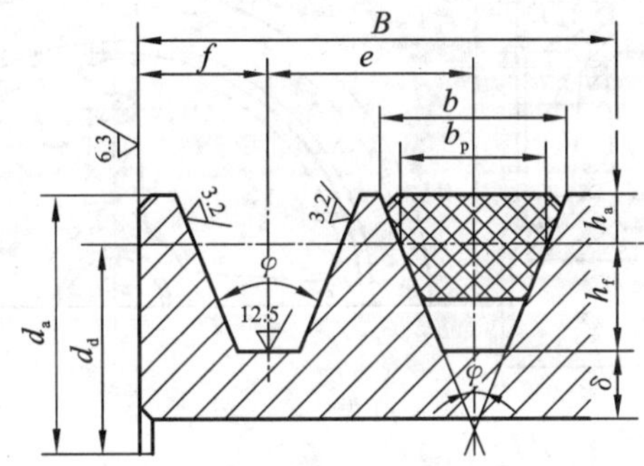

型号		Y	Z	A	B	C	D	E
b_p		5.3	8.5	11.0	15.0	9.0	27.0	32.0
h_{amin}		1.6	2.0	2.75	3.5	5.8	8.1	9.6
e		±0.3	12±0.3	15±0.3	19±0.4	25.5±0.5	37±0.6	45.5±0.7
f_{min}		6	7	9	11.5	16	23	28
$h_{f_{min}}$		5.7	7.0	8.7	10.8	15.3	19.9	23.4
δ_{min}		5	5.5	6	7.5	10	12	15
B		$B=(z-1)e+2f$(z 为轮槽数)						
φ/(°)	32	$d \leqslant 60$						
	34		$d \leqslant 80$	$d \leqslant 118$	$d \leqslant 190$	$\leqslant 315$		
	36	$d > 60$					< 475	$\leqslant 600$
	38		$d > 80$	$d > 118$	$d > 190$	> 315	> 475	> 600

带轮常用材料为灰铸铁、铸钢、铝合金、工程塑料等，其中灰铸铁应用最广。当带速 $v <$ 25 m/s时，可采用 HT150，$25 \leqslant v \leqslant 30$ m/s 时，可采用 HT200，转速较高时可用铸钢，小功率时可用铸铝或塑料。

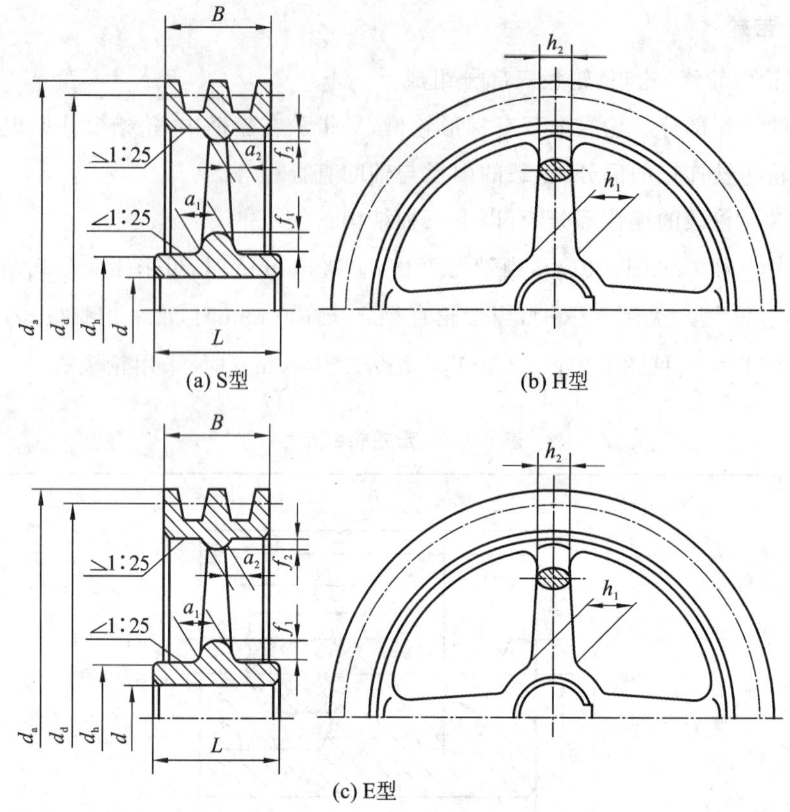

(a) S型　　(b) H型

(c) E型

图 5-9　V 带轮的轮辐结构

$d_h=(1.8\sim2)d$　　$h_1=290\sqrt[3]{\dfrac{P}{nA}}$　　$h_2=0.8h_1$

$d_0=\dfrac{d_h+d_r}{2}$　　P—传递功率,kW　　$a_1=0.4h_1$

$S=(0.2\sim0.3)B$　　n—带轮转速,r/min　　$a_2=0.8a_1$

$S_1\geqslant1.5S$　　A—轮辐数　　$f_1=f_2=0.2h$

$S_2\geqslant0.5S$

5.1.4　普通 V 带传动的设计

1. 带传动的失效形式和设计准则

带传动的主要失效形式为:带在带轮上打滑和疲劳破坏(脱层、撕裂或拉断)。所以带传动的设计准则是:保证带工作时不打滑,同时具有足够的疲劳强度和一定的使用寿命。

2. 单根 V 带的基本额定功率

带传动不打滑又具有一定寿命的条件下所能传递的功率,可以通过公式计算。

在正常工作的条件下,按规定的几何尺寸和环境条件,在规定时间周期内,V 带所能传递的功率称为带传动的额定功率。其值与 V 带型号、小带轮基准直径、带速、传动比、带在小带轮上的包角及带长等因素有关。

为设计方便,将包角为 180°、特定长度、载荷平稳时单根普通 V 带所能传递的功率 P_1 列于表 5-4 中。当实际工作条件与上述条件不符时,表 5-4 中查得的数值应加以修正,实际工作条件下,单根 V 带的额定功率 P' 为

$$P' = (P_1 + \Delta P_1) K_\alpha K_L \tag{5-12}$$

式中：P_1 为单根 V 带的基本额定功率(kW)，ΔP_1 为功率增量(kW)，当传动比 $i \neq 1$ 时，带在大带轮上的弯曲应力较小，因此，寿命相同时，带传动传递的功率可以增大些，其数值见表 5-5；K_α 为包角修正系数，见表 5-6；K_L 为带长修正系数，见表 5-7。

表 5-4 特定条件下单根 V 带的基本额定功率 P_1(部分) kW

型号	小带轮基准直径 d_{d1}/mm	小带轮转速 n_1/(r/min)									
		400	700	800	950	1 200	1 450	1 600	2 000	2 400	2 800
A	75	0.26	0.4	0.45	0.51	0.6	0.68	0.73	0.84	0.92	1
	90	0.39	0.61	0.68	0.77	0.93	1.07	1.15	1.34	1.5	1.64
	100	0.47	0.74	0.83	0.95	1.14	1.32	1.42	1.66	1.87	2.05
	112	0.56	0.9	1	1.15	1.39	1.61	1.74	2.04	2.3	2.51
	125	0.67	1.07	1.19	1.37	1.66	1.92	2.07	2.44	2.74	2.98
	140	0.78	1.26	1.41	1.62	1.96	2.28	2.45	2.87	3.22	3.48
	160	0.94	1.51	1.69	1.95	2.36	2.73	2.54	3.42	3.8	4.06
	≥180	1.09	1.76	1.97	2.27	2.74	3.16	3.4	3.93	4.32	4.54
B	125	0.84	1.3	1.44	1.64	1.93	2.19	2.33	2.64	2.85	2.96
	140	1.05	1.64	1.82	2.08	2.47	2.82	3	3.42	3.7	3.85
	160	1.32	2.09	2.32	2,66	3.17	3.62	3.86	4.4	4.75	4.89
	180	1.59	2.53	2.81	3.22	3.85	4.39	4.68	5.3	5.67	5.76
	200	1.85	2.96	3.3	3.77	4.5	5.13	5.46	6.13	6.47	6.43
	224	2.17	3.47	3.86	4.42	5.26	5.97	6.33	7.02	7.25	6.95
	250	2.5	4	4.46	5.1	6.04	6.82	7.2	7.87	7.89	8.14
	≥280	2.89	4.61	5.13	5.85	6.9	7.76	8.13	8.6	8.22	8.8
C	200	1.39	1.92	2.41	2.87	3.3	3.69	4.07	4.58	5.29	5.84
	224	1.7	2.37	2.99	3.58	4.12	4.64	5.12	5.78	6.71	7.45
	250	2.03	2.85	3.62	4.33	5	5.64	6.23	8.04	8.21	9.04
	280	2.42	3.4	4.32	5.19	6	6.76	7.52	8.49	9.81	10.72
	315	2.84	4.04	5.14	6.17	7.14	8.09	8.92	10.05	11.53	12.46
	355	3.36	4.75	6.05	7.27	8.45	9.5	10.46	11.73	13.31	14.12
	400	3.91	5.54	7.06	8.52	9.82	11.02	12.1	13.48	15.04	15.53
	≥450	4.51	6.4	8.2	9.81	11.29	12.63	13.6	15.23	16.59	16.47
D	355	5.31	7.35	9.24	10.9	12.39	13.7	14.83	16.15	17.25	16.77
	400	6.52	9.13	11.45	13.55	15.42	17.07	18.46	20.06	21.2	20.15
	450	7.9	11.02	13.85	16.4	18.67	20.63	22.25	24.01	24.84	22.02
	500	9.21	12.88	16.2	19.17	21.78	23.99	25.76	27.5	26.71	23.59
	560	10.76	15.07	18.95	22.38	25.32	27.73	29.55	31.04	29.67	22.58
	630	12.54	17.57	22.05	25.94	29.18	31.68	33.38	34.19	30.15	18.06
	710	14.55	20.35	25.45	29.76	33.18	35.59	36.87	36.35	27.88	7.99
	≥800	16.76	23.39	29.08	33.72	37.13	39.14	39.55	36.76	21.32	

表 5-5　$i \neq 1$ 时，单根普通 V 带基本额定功率增量 ΔP_1（部分）　kW

型号	小轮转速 n_1/(r/min)	传动比 i									
		1.00～1.01	1.02～1.04	1.05～1.08	1.09～1.12	1.13～1.18	1.19～1.24	1.25～1.34	1.35～1.50	1.51～1.99	≥2
A	400	0.00	0.01	0.01	0.02	0.02	0.03	0.03	0.04	0.04	0.05
	700		0.01	0.02	0.03	0.04	0.05	0.06	0.07	0.08	0.09
	800		0.01	0.02	0.03	0.04	0.05	0.06	0.08	0.09	0.10
	950		0.01	0.03	0.04	0.05	0.06	0.07	0.08	0.10	0.11
	1 200		0.02	0.03	0.05	0.07	0.08	0.10	0.11	0.13	0.15
	1 450		0.02	0.04	0.06	0.08	0.09	0.11	0.13	0.15	0.17
	1 600		0.02	0.04	0.06	0.09	0.11	0.13	0.15	0.17	0.19
	2 000		0.03	0.06	0.08	0.11	0.13	0.16	0.19	0.22	0.24
	2 400		0.03	0.07	0.10	0.13	0.16	0.19	0.23	0.26	0.29
	2 800		0.04	0.08	0.11	0.15	0.19	0.23	0.26	0.30	0.34
B	400	0.00	0.01	0.03	0.04	0.06	0.07	0.08	0.10	0.11	0.13
	700		0.02	0.05	0.07	0.10	0.12	0.15	0.17	0.20	0.22
	800		0.03	0.06	0.08	0.11	0.14	0.17	0.20	0.23	0.25
	950		0.03	0.07	0.10	0.13	0.17	0.20	0.23	0.26	0.30
	1 200		0.04	0.08	0.13	0.17	0.21	0.25	0.30	0.34	0.38
	1 450		0.05	0.10	0.15	0.20	0.25	0.31	0.36	0.40	0.46
	1 600		0.06	0.11	0.17	0.23	0.28	0.34	0.39	0.45	0.51
	2 000		0.07	0.14	0.21	0.28	0.35	0.42	0.49	0.56	0.63
	2 400		0.08	0.17	0.25	0.34	0.42	0.51	0.59	0.68	0.76
	2 800		0.10	0.20	0.29	0.39	0.49	0.59	0.69	0.79	0.89
C	200	0.00	0.02	0.04	0.06	0.08	0.10	0.12	0.14	0.16	0.18
	300		0.03	0.06	0.09	0.12	0.15	0.18	0.21	0.24	0.26
	400		0.04	0.08	0.12	0.16	0.20	0.23	0.27	0.31	0.35
	500		0.05	0.10	0.15	0.20	0.24	0.29	0.34	0.39	0.44
	600		0.06	0.12	0.18	0.24	0.29	0.35	0.41	0.47	0.53
	700		0.07	0.14	0.21	0.27	0.34	0.41	0.48	0.55	0.62
	800		0.08	0.16	0.23	0.31	0.39	0.47	0.55	0.63	0.71
	950		0.09	0.19	0.27	0.37	0.47	0.56	0.65	0.74	0.83
	1 200		0.12	0.24	0.35	0.47	0.59	0.70	0.82	0.94	1.06
	1 450		0.14	0.28	0.42	0.58	0.71	0.85	0.99	1.14	1.27

续表

型号	小轮转速 n_1/(r/min)	传动比 i									
		1.00～1.01	1.02～1.04	1.05～1.08	1.09～1.12	1.13～1.18	1.19～1.24	1.25～1.34	1.35～1.50	1.51～1.99	≥2
D	200	0.00	0.07	0.14	0.21	0.28	0.35	0.42	0.49	0.56	0.63
	300		0.10	0.21	0.31	0.42	0.52	0.62	0.73	0.83	0.94
	400		0.14	0.28	0.42	0.56	0.70	0.83	0.97	1.11	1.25
	500		0.17	0.35	0.52	0.70	0.87	1.04	1.22	1.39	1.56
	600		0.21	0.42	0.62	0.83	1.04	1.25	1.46	1.67	1.88
	700		0.24	0.45	0.73	0.97	1.22	1.46	1.70	1.95	2.19
	800		0.28	0.56	0.83	1.11	1.39	1.67	1.95	2.22	2.50
	950		0.33	0.66	0.99	1.32	1.60	1.92	2.31	2.64	2.97
	1 200		0.42	0.84	1.25	1.67	2.09	2.20	2.92	3.34	3.75
	1 450		0.51	1.01	1.51	2.02	2.52	3.02	3.52	4.03	4.53
	950		0.65	1.29	1.95	2.62	3.27	3.92	4.58	5.23	5.89

表 5-6 包角修正系数 K_α

α_1/(°)	180	75	70	165	160	155	150	145	140	135	130	125	120
K_α	1	0.99	0.98	0.96	0.95	0.93	0.92	0.91	0.89	0.88	0.86	0.84	0.82

表 5-7 带长修正系数 K_L

基准长度 L_d/mm	K_L					
	Z	A	B	C	D	E
400	0.87					
450	0.89					
500	0.91					
560	0.94					
630	0.96	0.81				
710	0.99	0.83				
800	1.00	0.85				
900	1.03	0.87	0.82			
1 000	1.06	0.89	0.84			
1 120	1.08	0.91	0.86			
1 250	1.11	0.93	0.88			
1 400	1.14	0.96	0.90			
1 600	1.16	0.99	0.92	0.83		
1 800	1.18	1.01	0.95	0.86		

续表

基准长度 L_d/mm	K_L					
	Z	A	B	C	D	E
2 000		1.03	0.98	0.88		
2 240		1.06	1.00	0.91		
2 500		1.09	1.03	0.93		
2 800		1.11	1.05	0.95	0.83	
3 150		1.13	1.07	0.97	0.86	
3 550		1.17	1.09	0.99	0.89	
4 000		1.19	1.13	1.02	0.91	
4 500			1.15	1.04	0.93	0.90
5 000			1.18	1.07	0.96	0.92
5 600				1.09	0.98	0.95
6 300				1.12	1.00	0.97
7 100				1.15	1.03	1.00
8 000				1.18	1.06	1.02
9 000				1.21	1.08	1.05
10 000				1.23	1.11	1.07

3. V带型号的确定

V带型号可由计算功率 P_C 和小带轮转速 n_1 查图5-10得到。

$$P_C = K_A P \tag{5-13}$$

式中：P 为传动的额定功率(kW)；K_A 为工作情况系数，见表5-8。

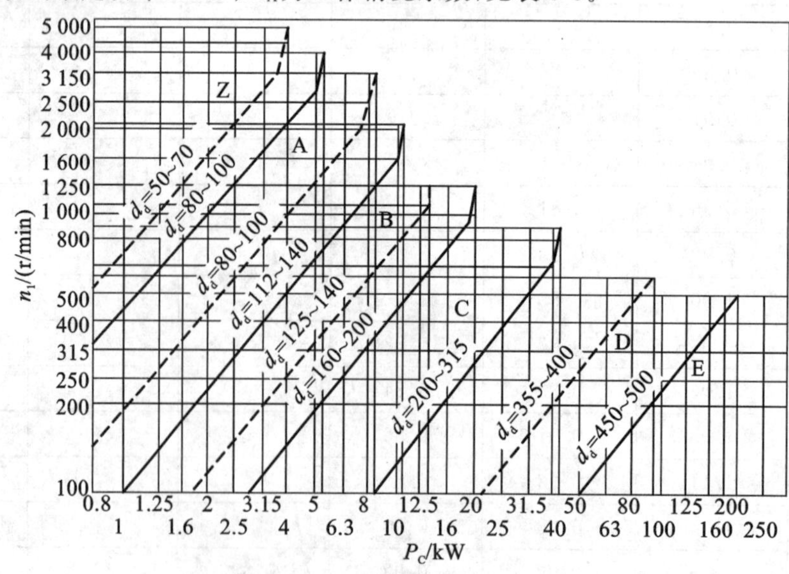

图 5-10　V带型号选型图

表 5-8　工作情况系数 K_A

工　况		K_A					
		空轻载启动			重载启动		
		每天工作小时数/h					
		＜10	10～16	＞16	＜10	10～16	＞16
载荷变动最小	液体搅拌机、通风机和鼓风机(≤7.5 kW)、离心式水泵和压缩机、轻载荷输送机	1.0	1.1	1.2	1.1	1.2	1.3
载荷变动小	带式输送机(不均匀载荷)、通风机(＞7.5 kW)、旋转式水泵和压缩机(非离心式)、发电机、金属切削机床、印刷机、旋转筛、锯木机和木工机械	1.1	1.2	1.3	1.2	1.3	1.4
载荷变动较大	制砖机、斗式提升机、往复式水泵和压缩机、起重机、磨粉机、冲剪机床、橡胶机械、振动筛、纺织机械、重载输送机	1.2	1.3	1.4	1.4	1.5	1.6
载荷变动很大	破碎机(旋转式、颚式等)、磨碎机(球磨、棒磨、管磨)	1.3	1.4	1.5	1.5	1.6	1.8

4. 带传动主要参数确定

1) 带轮基准直径

带轮直径小,传动结构紧凑,但弯曲应力过大,使带的寿命降低。设计时应取小带轮基准直径 $d_{d1} \geqslant d_{dmin}$。各种型号的 V 带的 d_{dmin} 值见表 5-9。大带轮直径 $d_{d2} = i \cdot d_{d1}$。d_{d1}、d_{d2} 一般应符合标准值(见表 5-9)。

表 5-9　V 带带轮直径　　mm

型　号	Y	Z	A	B	C	D	E
d_{dmin}	20	50	75	125	200	355	500
d_d 的范围	20～125	50～630	75～800	125～1 125	200～2 000	355～2 000	500～2 500
d_d 的标准系列值	20　22.4　25　28　31.5　35.5　40　45　50　56　63　67　71　75　80　85　90　95　100　106　112　118　125　132　140　150　160　170　180　200　212　224　236　250　265　280　300　315　355　375　400　425						

2) 验算带速

$$v = \frac{\pi d_{d1} n_1}{60 \times 1\ 000} \tag{5-14}$$

式中:v——带速(m/s);

d_{d1}——小带轮基准直径(mm);

n_1——小带轮转速(r/min)。

带速太高,传动离心力增大,且单位时间内带饶过带轮的次数增多,从而使带的寿命降低;带速太低,当传动功率一定时,传递的圆周力增大,使带的根数过多。合理的带速范围应在 5～

25 m/s。

3）中心距和带长

传动中心距小，结构紧凑，但带短，使带在带轮上饶转次数增多，从而降低带的寿命，同时使包角减小，导致传动能力降低；传动中心距大，不仅使传动尺寸增大，当带速较高时，还会引起带的颤动。所以中心距应适中。

设计时，按具体情况参考下式初步计算中心距 a_0。

$$0.7(d_{d1}+d_{d2})\leqslant a_0\leqslant 2(d_{d1}+d_{d2}) \tag{5-15}$$

带长 L_0 可通过带传动的几何关系求得。

$$L_0=2a_0+1.57(d_{d1}+d_{d2})+\frac{(d_{d2}-d_{d1})^2}{4a_0} \tag{5-16}$$

根据初定的中心距 a_0，计算出带长 L_0 以后，由前述表格查出接近的标准长度 L_d 再按下列近似公式计算中心距 a。

$$a\approx a_0+\frac{L_d-L_0}{2} \tag{5-17}$$

考虑安装、调整、补偿初拉力的需要，中心距应留出 $\pm 0.03L_d$ 的调整余量。

4）小轮包角

$$\alpha_1=180°-\frac{d_{d2}-d_{d1}}{a}\times 57.3° \tag{5-18}$$

α_1 的合理取值范围是 $\alpha_1\geqslant 120°$。若不满足此条件，可增大中心距或减小两轮直径差。

5）确定带的根数

$$z=\frac{P_C}{(P_1+\Delta P_1)K_\alpha K_L} \tag{5-19}$$

带的根数 z 应圆整成整数，为使各根带受力均匀，带的根数不宜过多，一般取 2～5 根为宜，最多不能超过 8～10 根，否则应改选型号重新设计。

6）初拉力

为使传动带正常工作，必须加适当的初拉力，初拉力过小，易发生打滑；初拉力过大带的寿命降低，且对轴和轴承的压力大。单根 V 带合适的初拉力 F_0 可按下式计算，安装时必须予以保证。

$$F_0=\frac{500P_C}{zv}\left(\frac{2.5}{K_\alpha}-1\right)+qv^2 \tag{5-20}$$

式中：q——每米带长的质量，kg/m。其他符号的含义同前。

7）带传动作用在轴上的压力

带传动作用在轴上的压力 F_Q 即为传动带紧松边拉力的矢量和，一般初拉力按下式做近似计算：

$$F_Q=2zF_0\sin\frac{\alpha_1}{2} \tag{5-21}$$

F_Q 是设计轴、选择轴承的依据。

【例 5-1】 如图 5-11 所示为带式运输机传动装置运动简图，已知：异步电动机额定功率 $P=5.5$ kW，转速 $n=960$ r/min，卷筒直径 $D=350$ mm，运输带的有效拉力 $F=3\ 000$ N，运输带

的速度 $v=1.5\ \mathrm{m/s}$，卷筒效率为 0.96，装置连续工作，载荷平稳，单向运转。试设计 V 带传动。

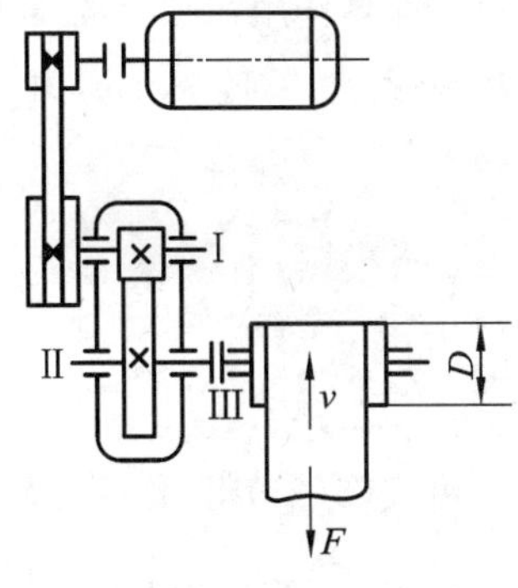

图 5-11　例 5-1 图（带式运输机）

解：(1) 选择普通 V 带截型。

查表 5-8 得 $K_A=1.3$，由式(5-13)得：

$$P_C=K_AP=1.3\times5.5\ \mathrm{kW}=7.15\ \mathrm{kW}$$

由图 5-10 可知应选用 B 型 V 带。

(2) 确定带轮基准直径并验算带速。

由图 5-10 可知，推荐的小带轮基准直径为 $d_{d1}=125\sim140\ \mathrm{mm}$，取 $d_{d1}=125\ \mathrm{mm}$。

故有：

$d_{d2}=id_{d1}=3\times125\ \mathrm{mm}=375\ \mathrm{mm}$（符合带轮标准直径系列）

按式(5-14)计算带速：

$$v=\frac{\pi d_{d1}n_1}{60\times1\,000}=\frac{3.14\times125\times960}{60\times1\,000}\ \mathrm{m/s}=6.28\ \mathrm{m/s}$$

在 5～25 m/s 范围内，带速合适。

(3) 确定带长和中心距。

由式(5-15)得：

$$0.7(d_{d1}+d_{d2})\leqslant a_0\leqslant2(d_{d1}+d_{d2})$$

$$0.7\times(125+375)\leqslant a_0\leqslant2\times(125+375)$$

$$350\leqslant a_0\leqslant1\,000$$

取 $a_0=600\ \mathrm{mm}$。由式(5-16)得：

$$\begin{aligned}L_0&=2a_0+1.57(d_{d1}+d_{d2})+\frac{(d_{d2}-d_{d1})^2}{4a_0}\\&=\left[2\times600+1.57\times(125+375)+\frac{(375-125)^2}{4\times600}\right]\ \mathrm{mm}\\&\approx2\,011\ \mathrm{mm}\end{aligned}$$

查表 5-2 取 $L_d=2\,000\ \mathrm{mm}$。

由式(5-17)得：

$$a\approx a_0+\frac{L_d-L_0}{2}=\left(600+\frac{2\,000-2\,011}{2}\right)\mathrm{mm}=594.5\ \mathrm{mm}$$

(4) 验算小带轮包角。

由式(5-18)得：

$$\alpha_1=180^\circ-\frac{d_{d2}-d_{d1}}{a}\times57.3^\circ=180^\circ-\frac{375-125}{594.5}\times57.3^\circ=155.9^\circ>120^\circ$$

小轮包角合适。

(5) 确定带的根数。

查表 5-4 得 $P_1=1.65\ \mathrm{kW}$，查表 5-5 得 $\Delta P_1=0.3\ \mathrm{kW}$，查表 5-6 得 $K_\alpha=0.93$，查表 5-7 得 $K_L=0.98$，由式(5-19)得：

$$z=\frac{P_C}{(P_1+\Delta P_1)K_\alpha K_L}=\frac{7.15}{(1.65+0.3)\times0.93\times0.98}=4.02$$

故取 $z=5$。

(6) 计算作用在轴上的压力。

B 型带 $q=0.17\ \text{kg/m}$,由式(5-20)得,单根 V 带的初拉力为

$$F_0=\frac{500P_C}{zv}\left(\frac{2.5}{K_\alpha}-1\right)+qv^2$$
$$=\left[\frac{500\times 7.15}{5\times 6.28}\times\left(\frac{2.5}{0.93}-1\right)+0.17\times 6.28^2\right]\text{N}$$
$$=198.88\ \text{N}$$

则由式(5-21)得,作用在轴上的压力为

$$F_Q=2zF_0\sin\frac{\alpha_1}{2}=\left(2\times 5\times 198.88\times\sin\frac{155.9^\circ}{2}\right)\text{N}=1\ 944.98\ \text{N}$$

(7) 绘制带轮的工作图(略)。

5.1.5 带传动的张紧、安装和维护

1. 带传动的张紧

由于带传动靠摩擦力传递运动,因此传动带套装在带轮上之后需张紧,使带有一定的初拉力 F_0,以保证带以一定的压力压向带轮,使带具有一定的传动能力。带传动工作一段时间后,由于塑性变形和磨损,使带的初拉力减小,传动能力下降,须重新张紧。常用的张紧方法有两种。

1) 调整中心距

如图 5-12 所示,调节调整螺栓,使连接带轮的电机在水平导轨上左移,通过加大中心距从而达到张紧的目的。如图 5-13 所示,通过调节调整螺母使摆架转动而张紧。如图 5-14 所示,将连接带轮的电机安装在摆架上,使重力产生的转矩与初拉力产生的转矩平衡,当初拉力减小时,摆架摆动,实现自动张紧。

2) 张紧轮张紧装置

当带传动中心距不可调节时,可采用张紧轮张紧,如图 5-15 所示。V 带张紧时,张紧轮一般装在靠近大带轮松边内侧,使带只受单向弯曲。

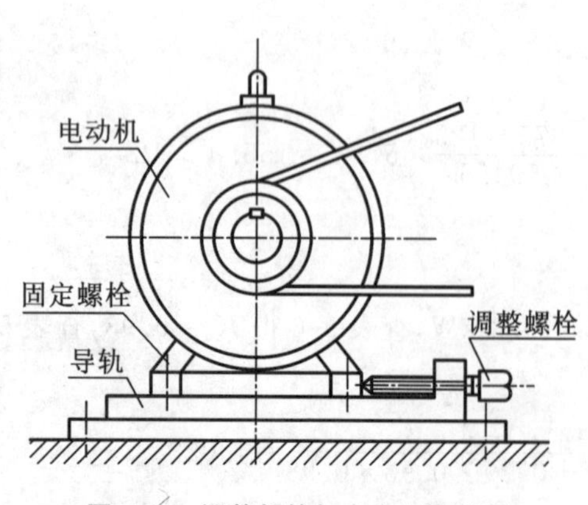

图 5-12 调整螺栓加大中心距张紧

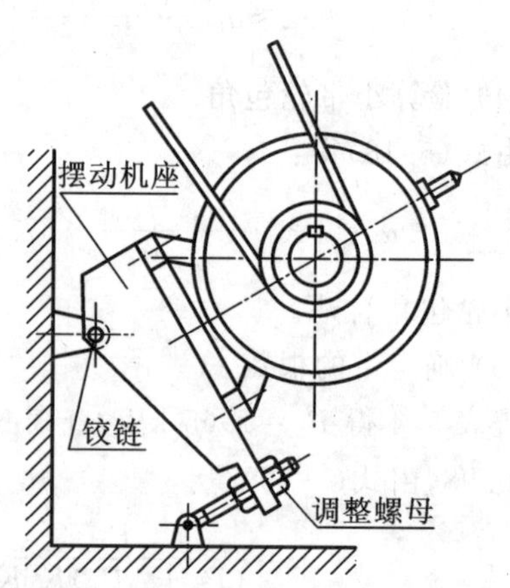

图 5-13 调整螺母使摆架转动张紧

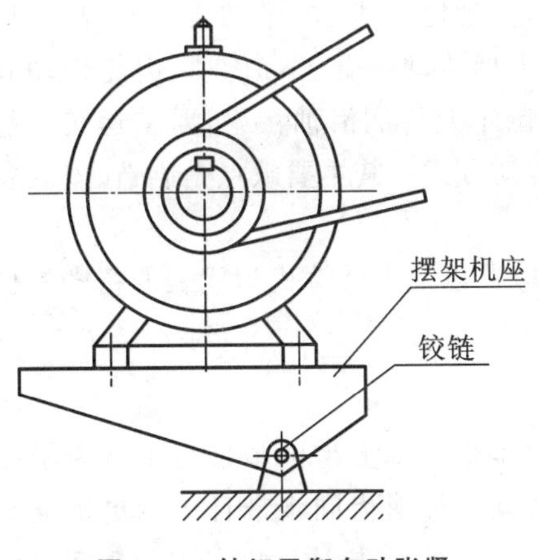

图 5-14 转矩平衡自动张紧

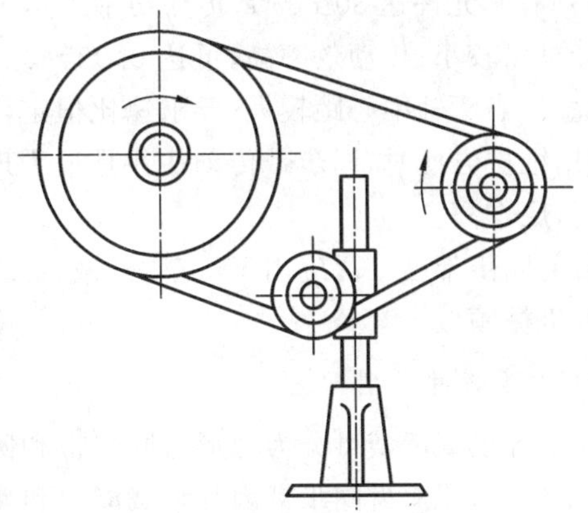

图 5-15 张紧轮张紧

2. 带传动的安装和维护

(1) 安装 V 带时,应先将中心距缩小,带套在带轮轮槽中后,再逐渐加大中心距使带张紧。

(2) 安装时应使两带轮轴线平行,各带轮对应的轮槽应对正。

(3) 多根 V 带传动时,应选同型号、同尺寸、同配组公差的 V 带,以使各带能够受力均匀。

(4) 定期检查 V 带,以便及时张紧或更换 V 带。当有一根 V 带松弛或损坏时,应全部更换,不能新旧带混用。

(5) 为安全起见,同时为避免与酸、碱、油污等接触,带传动应加保护罩。

若带传动长时间闲置,应将传动带放松。

5.1.6 同步带传动

1. 同步带传动的特点和类型

1) 同步带传动的特点

同步带又称为齿形带,是目前发展较快的一种带型。同步带是以细钢丝绳或者玻璃纤维为抗拉体,外覆以聚氨酯或氯丁橡胶的环形带。由于带的抗拉体承载后变形小,且内周制成齿状使其与齿形的带轮相啮合,故带与带轮间无相对滑动,构成同步传动,如图 5-16 所示。

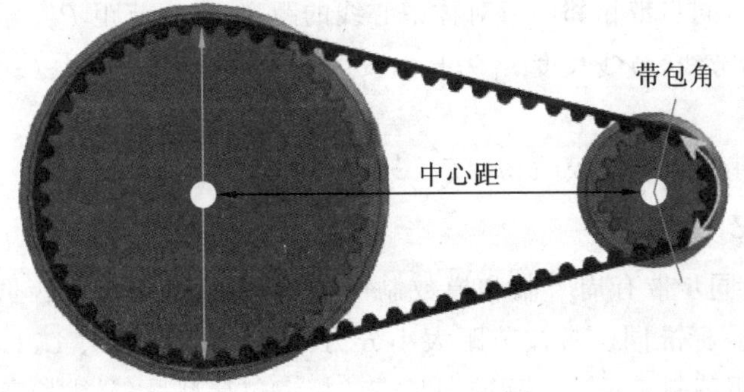

图 5-16 同步带传动图

同步带传动的优点是能保证固定的传动比;不依靠摩擦力传动,所需初拉力较小,轴和轴承上所受的载荷小;带薄而轻,抗拉体强度高,允许的圆轴速度较高,同步带传动时的线速度可达

50 m/s(有时允许达 80 m/s),传动功率可达 300 kW,传动比可达 10;带的柔性好,故所用带轮的直径可以较小;传动效率高,可达 0.98～0.99。同步带传动综合了带传动、齿轮传动和链传动的优点,当两轴中心距较大,要求速比恒定,机械周围不允许润滑油污染,要求运转平稳无噪声,使用维护方便时,同步带传动往往是最为理想的传动方式。其主要缺点是制造、安装精度要求较高,成本高。

目前同步带已广泛应用于汽车、机械、纺织、家用电器以及以计算机为代表的精密机械和测量计算机械领域。

2）同步带的类型

同步带根据齿型可分为梯形齿同步带和圆弧齿同步带。梯形齿同步带是出现最早的同步带,应用较广,圆弧齿同步带因其承载能力和疲劳寿命高于梯形齿同步带且传动更加准确而应用日趋广泛,目前,汽车用同步带几乎都采用圆弧齿型。此外,在与计算机有关的精密机械领域以及印刷、计量测量领域,还出现了特殊节距齿型的同步带和无侧隙的三角形同步带。

同步带根据结构可分为单面齿同步带和双面齿同步带,如图 5-17 所示。

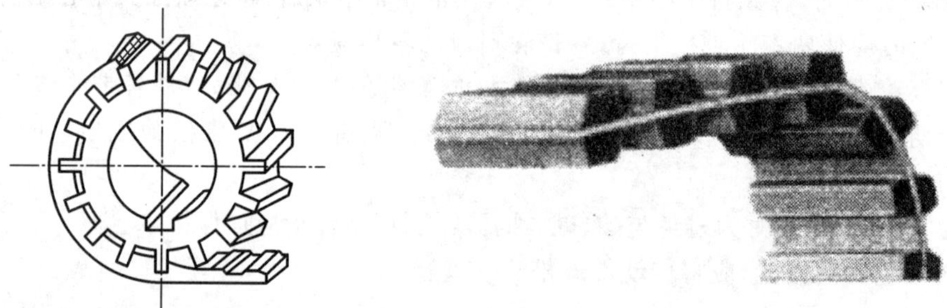

(a) 单面梯形齿同步带及带轮　　(b) 双面梯形齿同步带

图 5-17　单面齿和双面齿同步带

同步带根据材料可分为橡胶同步带和聚氨酯同步带。

2. 同步带的参数和标记

1）同步带的参数

(1) 节距 P_b 与基本长度 L_p。

在规定张紧力下,同步带相邻两齿对称中心线的距离,称为节距 P_b。同步带工作时保持原长度不变的周线称为节线,节线长度 L_p 为基本长度[公称长度,$L_p=P_b z$(z 为齿数)]。

(2) 模数 m。

与齿轮一样,同步带也规定模数 $m=P_b/z$。

2）同步带的标记

较常用的梯形齿同步带有周节制和模数制两种,其中周节制梯形齿同步带已列入国家标准,称为标准同步带。标准同步带按节距大小分为 MXL、XXL、XL、L、H、XH、XXHt 等几种类型,其节距大小采用英制表示法。标准同步带的标记包括型号、节线长度代号、宽度代号和国标号。对称齿双面同步带在型号前加“DA”,交错齿双面同步带在型号前加“DB”。标记示例:橡胶同步带 980 H 20GB/T11616-89,表示长度代号 980,即节线长为 98 in=2 489.20 mm,型号 H,节距为 1.7 mm,带宽代号 200,即带宽为 2 in=50.8 mm。聚氨酯同步带 DA 900 H 200

GB/T11616－89，表示对称齿双面同步带，长度代号 900，即节线长 90 in＝2 286 mm，型号 H，节距为12.7 mm；带宽代号 200，即带宽为 2 in＝50.8 mm。

模数制梯形齿同步带以模数为基本参数，模数系列为 1.5、2、2.5、3、4、5、7、10。

标记为：模数×齿数×宽度。标记示例：聚氨酯同步带 2×45× 25，表示模数 $m=2$，齿数$z=45$，带宽 $b_p=25$ mm 的聚氨酯同步带。

3. 同步带轮

同步带轮的材料以及轮辐、轮毂结构同 V 带轮。为防止齿带轮形带工作时从带轮上脱落，一般推荐小带轮两边均有挡圈，如图 5-18 所示，而大带轮则可无挡圈。此外，大、小带轮也可均为单面挡圈，但挡圈各在不同侧。

图 5-18 同步带带轮

5.2 链 传 动

5.2.1 链传动的结构和类型

链传动由主动链轮 1、从动链轮 2、传动链 3 组成，如图 5-19 所示。链传动工作时靠链轮轮齿与链啮合传递运动。

机械中传递动力的传动链主要有滚子链（见图 5-19）和齿形链（见图 5-20）。齿形链是由许多齿形链板用铰链连接而成的，它运转较平稳，噪声小，但重量大，成本较高，多用于高速传动，链速可达 40 m/s。

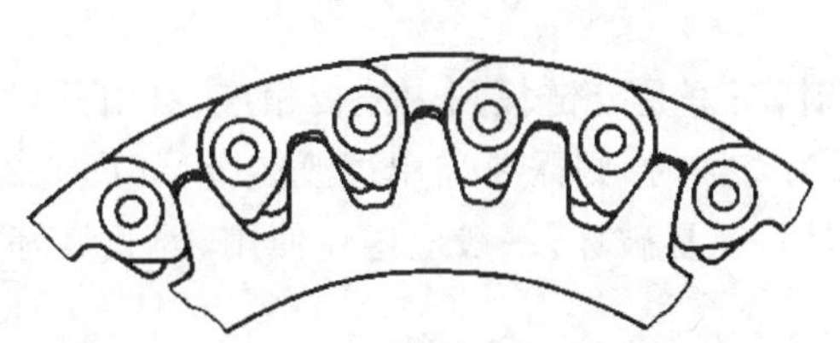

图 5-19 滚子链

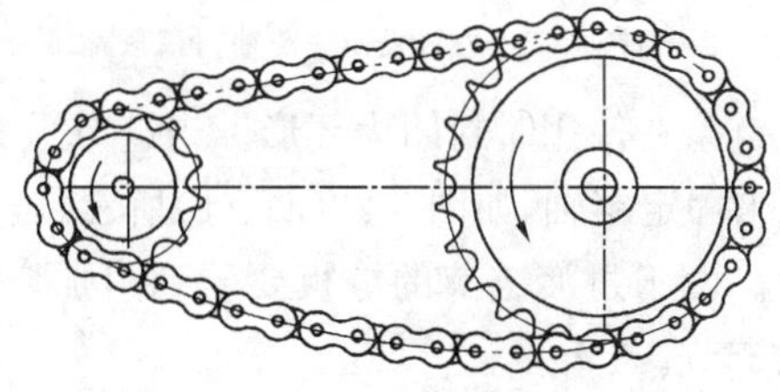

图 5-20 齿形链

5.2.2 链传动的特点及应用

链传动具有以下特点。

(1) 链传动是啮合传动，无弹性滑动现象，故能保持平均传动比恒定。

(2) 链条安装时不需要初拉力，所以工作时作用在轴和轴承上的压力小，有利于延长轴承寿命。

(3) 在高温、潮湿、多尘、油污等不利条件下能维持工作。

(4) 中心距适用范围较大。

(5) 不能保证恒定的瞬时传动比，故传动平稳性差，噪声和振动大，不能用于变载和急速反转的场合。

(6) 链条易磨损,只能用于平行轴之间的传动。

5.2.3 滚子链与链轮

在链传动中应用最广泛的是滚子链。

1. 滚子链

如图 5-21 所示,滚子链由内链板 1、外链板 2、销轴 3、套筒 4 和滚子 5 组成。其中,内链板与套筒、外链板与销轴之间用过盈配合,滚子与套筒、套筒与销轴之间为间隙配合,构成屈伸自如的活动铰链。由于链与链轮啮合时滚子在轮齿表面滚动,因此滚子与轮齿之间为滚动摩擦。在受力不大而速度又较低的场合,可不要滚子,这种链称为套筒链。

在滚子链中,相邻两销轴的中心距称为节距,用 P 表示,它是链传动的基本参数。滚子链已标准化,分 A、B 两个系列。A 级链用于重载、高速和重要场合。B 级链用于一般传动。链的节距越大,链条各零件的尺寸越大,链的承载能力越强。

当传递的载荷较大时,链传动可采用双排链(见图 5-22)或多排链,但排数不宜超过四排,以免受力不均。

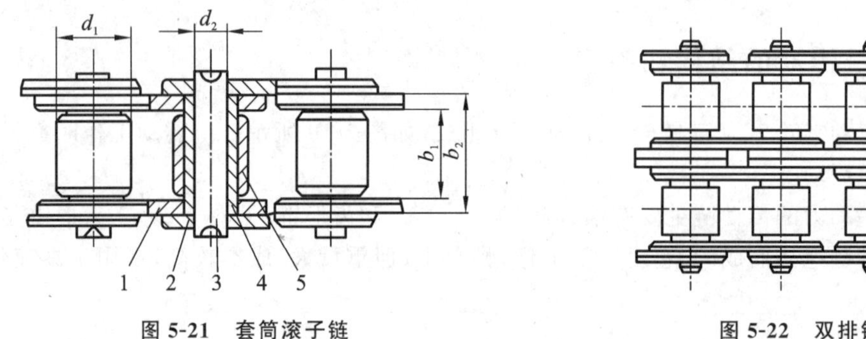

图 5-21 套筒滚子链

1—内链板;2—外链板;3—销轴;4—套筒;5—滚子

图 5-22 双排链

链条在使用时封闭为环形。当链节数为偶数时,正好是外链板和内链板相连,可用开口销或弹簧卡固定销轴,如图 5-23(a)、(b)所示;若链节数为奇数时,则需要采用过渡链节,如图 5-23(c)所示。由于过渡链节的链板要受到附加弯矩的作用,容易破坏,一般应避免使用,因此最好采用偶数链节。

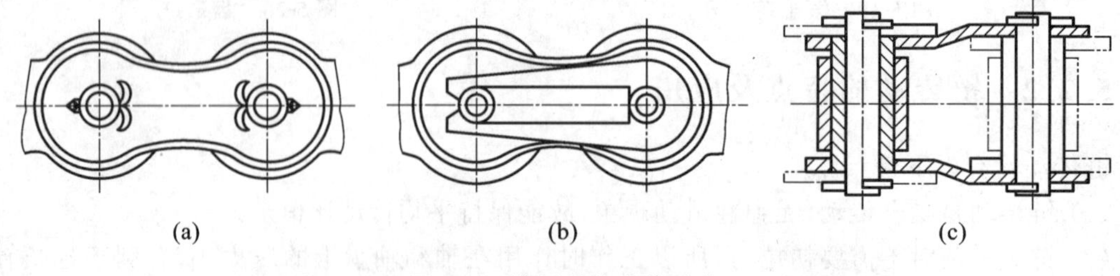

图 5-23 滚子链接头的形式

2. 链轮

链轮的齿形应保证链节平稳顺利地进入和退出啮合,受力良好,不易脱链,便于加工。

滚子链链轮的齿形已标准化。当链轮采用标准齿形时,在链轮零件图上不必绘制其端面齿形,只需注明链轮的基本参数和主要几何尺寸(节距 P、齿数 z、滚子直径 d_r、链轮分度圆直径

D、齿顶圆直径 D_a 和齿根圆直径 D_f)。如图 5-24 所示。

链轮的结构与链轮的直径有关。小直径链轮采用实心式结构,如图 5-25(a)所示;中等直径链轮采用孔板式结构,如图 5-25(b)所示;大直径链轮采用组合式结构,以便更换齿圈。图 5-25(c)所示为焊接式,5-25(d)所示为装配式。

链轮的齿面应具有足够的强度和耐磨性。小链轮轮齿比大链轮轮齿的啮合次数多,故小链轮轮齿应采用较好的材料制造。

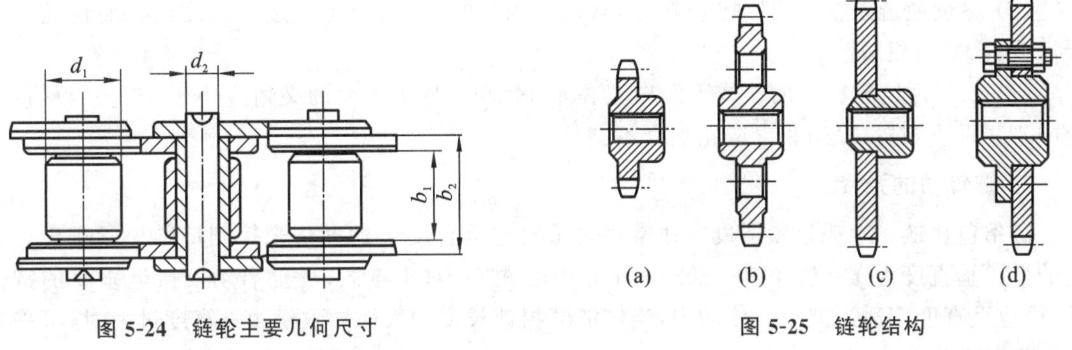

图 5-24 链轮主要几何尺寸

图 5-25 链轮结构

5.2.4 链传动的主要失效形式

链传动的主要失效形式有以下几种。

1. 链板的疲劳破坏

链传动时,链条周而复始地由松边到紧边不断运动着,它的各个元件都在变应力作用下工作,经过一定的循环次数后,链板将会出现疲劳断裂。在正常的工作条件下,一般是链板首先发生疲劳断裂,其疲劳强度成为限定链传动承载能力的主要因素。

2. 滚子和套筒的冲击疲劳破坏

链传送在反复启动、制动或者反转时产生巨大的惯性冲击引起的冲击疲劳,会使滚子和套筒发生冲击疲劳破坏。

3. 链条铰链的磨损

链条的各个元件在工作过程中都会有不同程度的磨损,但主要磨损还是发生在铰链的销轴与套筒的承压面上。磨损使链条的节距增加,容易产生跳齿和脱链。一般开式传动时极为容易产生磨损,降低链条寿命。

4. 链条铰链的胶合

当链轮转速达到一定值时,链节啮入时受到的冲击能量增大,工作表面的温度过高,销轴和套筒之间的润滑油膜被破坏使得两摩擦表面相互粘连,并在相对运动中将较软的金属撕下,产生胶合。胶合在一定程度上限制了链传动的极限转速。

5. 链条拉断

在低速($v \leqslant 0.6$ m/s)重载或者突然过载时,载荷超过了链条的静力强度,导致链条被拉断。

链条在中、高速时($v \geqslant 0.6$ m/s),上述链传动的前四种状况都有可能发生;当链速度较低时($v \leqslant 0.6$ m/s)主要失效形式为链条拉断。

5.2.5 链传动的布置、张紧和润滑

1. 链传动的布置

链传动的布置遵循如下原则。

(1) 通常情况下链传动的两轴线保持平行，两链轮的回转平面应在同一平面内，否则会引起脱链和不正常磨损。

(2) 尽量使链条主动边(紧边)在上，从动边(松边)在下，以免松边垂直度过大时链轮齿相干涉或紧、松边相碰。

(3) 如果两链轮中心的连线不能布置在水平面上，与水平面的夹角应小于45°。应尽量避免中心线垂直布置，以防止下链轮啮合不良。

2. 链传动的张紧

链条包在链轮上应松紧适度。通常用测量松边垂直度 f 的办法来控制链的松紧程度。合适的松边垂直度为 $f=(0.01\sim0.02)a$（a 是中心距）。对于重载、反复启动及接近垂直的链传动，松边垂直度应适当减小。传动中，当铰链磨损使长度增大而导致松边垂直度过大时，可采取如下张紧措施。

(1) 通过调整中心距，使链张紧。

(2) 拆除1～2个链节，缩短链长，使链张紧。

(3) 加张紧轮，使链条张紧。张紧轮一般设在松边，靠近小链轮处，同带传动一样。张紧轮可以是链轮，其齿数与小链轮相近，也可以是无齿的辊轮，辊轮直径稍小，并常用夹布胶木制造。

图5-26所示为链传动的张紧图。

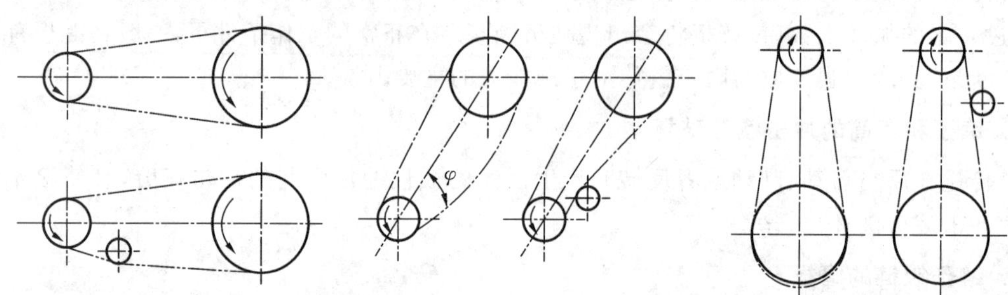

图 5-26 链传动的张紧图

5.3 螺旋传动

螺旋传动是利用螺杆和螺母组成的螺旋副来实现传动要求的，它主要用于将回转运动变为直线运动，或将直线运动变为回转运动，同时传递运动或动力。

与其他将回转运动转变为直线运动的传动装置如曲柄滑块机构相比，螺旋传动具有结构简单，工作连续、平稳，传动能力大，传动精度高等优点，因此广泛应用于各种机械和仪表中，虽然螺旋传动摩擦大、易磨损，传动效率低，但滚动螺旋传动的应用，已经很大程度上提高了螺旋传动的效率。

5.3.1 螺旋传动的类型及应用

1. 按螺杆与螺母的相对运动关系分类

根据螺杆和螺母的相对运动关系，常用螺旋传动的运动形式分为两种：螺杆转动、螺母移动，多用于机床的进给机构中；螺母固定、螺杆转动并移动，多用于螺旋起重机或者螺旋压力机中。

2. 按螺旋传动的用途分类

(1) 传力螺旋：以传递动力为主，要求以较小的转矩产生较大的轴向推力。这种传力螺旋主要是承受很大的轴向力，一般为间歇性工作，工作速度不高，且要求具有自锁能力，广泛应用于举重器、千斤顶、加压螺旋等。

(2) 传导螺旋：以传递运动为主，有时也承受较大的轴向力。传导螺旋常需要在较长时间内连续工作，工作速度高，因此，要求具有较高的传动精度。如机床刀架进给机构的螺旋。

(3) 调整螺旋：它用于调整、固定零件的相对位置。调整螺旋不经常转动，一般在空载下进行调整，如机床、仪器及测试装置中的微调螺旋。

3. 按其螺旋副的摩擦性质分类

(1) 滑动螺旋。螺旋副为滑动摩擦的螺旋传动，称为滑动螺旋传动。滑动螺旋传动机构所采用的螺纹为矩形螺纹、梯形螺纹和锯齿形螺纹。

(2) 静压螺旋。螺纹工作面间形成液体静压油膜润滑的螺旋传动，称为静压螺旋传动。静压螺旋传动摩擦系数小，传动效率可达99%，无磨损和爬行现象，无反向空程，轴向刚度很高，不自锁，具有传动的可逆性，但螺母结构复杂，而且需要有一套压力稳定、温度恒定和过滤要求高的供油系统。静压螺旋常被用作精密机床进给和分度机构的传导螺旋。这种螺旋多采用梯形螺纹。在螺母每圈螺纹中径处开有3～6个间隔均匀的油腔。静压螺旋的摩擦阻力小，传动效率高，但结构复杂，在高精度、高效率的重要传动中采用，如数控、精密机床，测试装置或自动控制系统中的螺旋传动等。

(3) 滚动螺旋：用滚动体在螺纹工作面间实现滚动摩擦的螺旋传动，又称滚珠丝杠传动。滚动体通常为滚珠，也有用滚子的。滚动螺旋传动的摩擦系数、效率、磨损、寿命、抗爬行性能、传动精度和轴向刚度等虽比静压螺旋传动稍差，但远比滑动螺旋传动好。滚动螺旋已广泛地应用于机床、飞机、船舶和汽车等要求高精度或高效率的场合。

5.3.2 滑动螺旋传动

滑动螺旋结构简单，加工方便，传动比大，传动平稳，承载能力高，工作可靠，易于自锁；其缺点是磨损快，寿命短，低速时有爬行现象(滑移)，传动效率低(一般为30%～40%)，传动精度低等。

1. 单螺旋机构

单螺旋机构又称为普通螺旋机构，是由单一螺旋副组成的，它有如下四种形式。

(1) 螺母固定不动，螺杆回转并作直线运动。如图5-27所示的台式虎钳，螺杆1上装有活动钳口2，螺母4与固定钳口3连接固定在工作台上，当转动螺杆1时可带动活动钳口2左右移动，使之与固定钳口分离或合拢，完成夹紧或松开工件的要求。

这种单螺旋机构，通常还应用于千斤顶、千分尺和螺旋压力机等。

(2) 螺杆固定不动，螺母回转并作直线运动。如图 5-28 所示的螺旋千斤顶，螺杆 4 被安装在底座上静止不动，转动手柄 3 使螺母 2 回转，螺母就会上升或下降，从而举起或放下托盘 1 上的重物。

这种单螺旋机构常应用于插齿机刀架传动等。

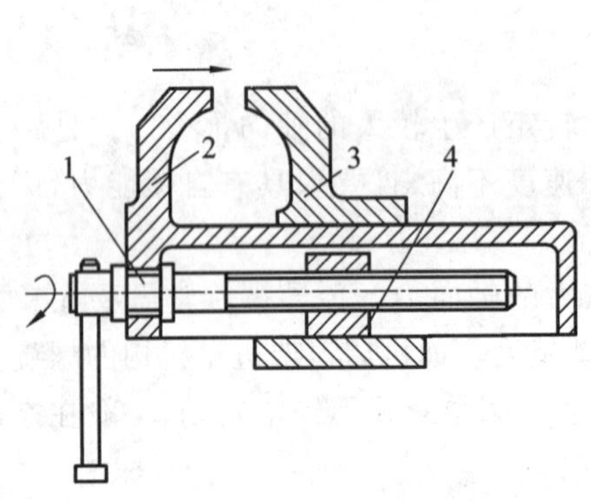

图 5-27　台式虎钳

1—螺杆；2—活动钳口；3—固定钳口；4—螺母

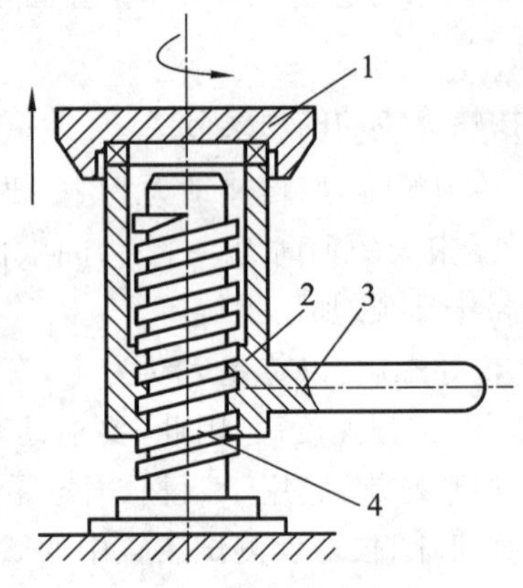

图 5-28　螺旋千斤顶

1—托盘；2—螺母；3—手柄；4—螺杆

(3) 螺杆原位回转，螺母作直线运动。如图 5-29 所示的车床滑板丝杆螺母传动，螺杆 1 在机架 3 中可以转动而不能移动，螺母 2 与滑板 4 相连接只能移动不能转动。转动手轮使螺杆转动时，螺母就会带动滑板 4 移动。

螺杆原位回转，螺母作直线运动的形式应用较广，如摇臂钻床中摇臂的升降机构、牛头刨床工作台的升降机构等。

(4) 螺母原位回转，螺杆作直线运动。如图 5-30 所示的应力试验机上的观察镜螺旋调整装置，由机架 4、螺杆 2、螺母 3 和观察镜 1 组成，当转动螺母 3 时可使螺杆 2 向上或向下移动，来调整观察镜 1 的上下位置。

H 型游标卡尺中的微量调节装置也属于这种形式的单螺旋机构。

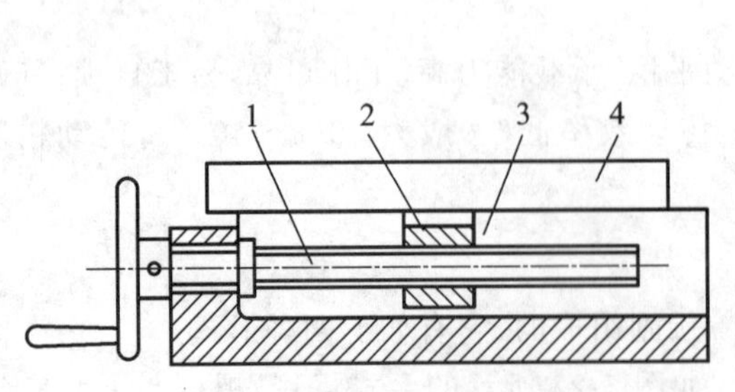

图 5-29　车床滑板丝杆螺母传动

1—螺杆；2—螺母；3—机架；4—滑板

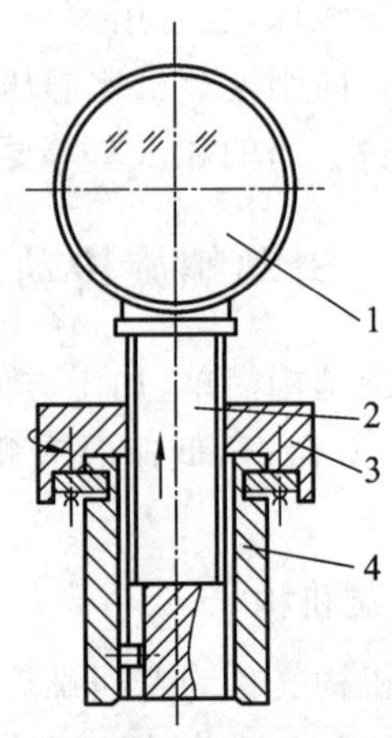

图 5-30　应力试验机上的观察镜螺旋调整装置

1—观察镜；2—螺杆；3—螺母；4—机架

2. 双螺旋机构

图 5-31 所示为双螺旋机构，螺杆 2 上有两段不同导程的螺纹，分别与螺母 1、3 组成两个螺旋副，其中螺母 3 兼做机架，当螺杆 2 转动时，一方面相对螺母 3 移动，同时又使不能转动的螺母 1 相对螺杆 2 移动。

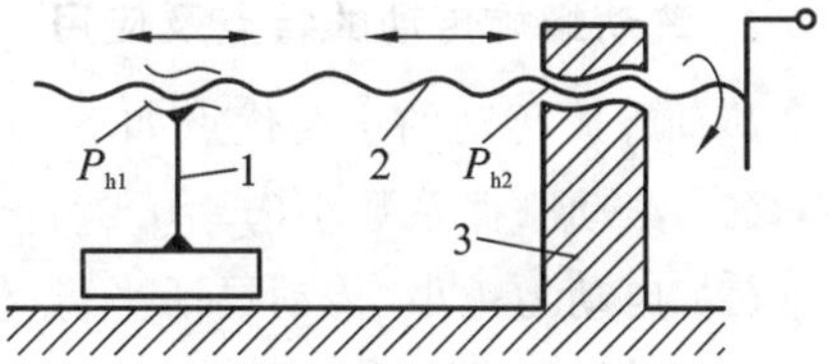

图 5-31 双螺旋机构

1、3—螺母；2—螺杆

3. 螺杆和螺母的材料

滑动螺旋传动中的摩擦比较严重，要求螺旋传动材料的耐磨性能、抗弯性能都要好。一般螺杆材料的选用原则有下面三点。

(1) 一般情况下，如普通机床丝杠，可采用 45、50 钢。

(2) 高精度传动时多选碳素工具钢。

(3) 需要较高硬度，如 35～45 HBRC 时，可采用 65Mn 钢；当需要 50～56 HRC 时，可采用铬锰合金钢，也可选用耐磨铸铁。

螺母材料可用铸造锡青铜，重载低速的场合可选用强度高的铸造铝铁青铜，轻载低速时也可选用耐磨铸铁。

5.3.3 滚动螺旋传动

1. 滚动螺旋的类型

在螺杆和螺母之间设有封闭循环的滚道，在滚道间填充钢珠，使螺旋副的滑动摩擦变为滚动摩擦，从而减少摩擦，提高传动效率，这种螺旋传动称为滚动螺旋传动，又称滚珠丝杠副。

滚动螺旋传动的类型有很多种，具体如下。

1) 按用途分类

(1) 定位滚动螺旋传动：通过旋转角度和导程控制轴向位移量，称为 P 类滚动螺旋传动。

(2) 传动滚动螺旋传动：用于传递动力，称为 T 类滚动螺旋传动。

2) 按滚珠的循环方式分类

(1) 外循环滚动螺旋传动：如图 5-32 所示，这是在螺母的外表面上铣出一个供滚珠返回的螺旋槽，其两端钻有圆孔，与螺母上的内滚道相通。在螺母的滚道上装有挡珠器，引导滚珠从螺母外表面上的螺旋槽返回滚道，循环到工作滚道的另一端。

(2) 内循环滚动螺旋传动：如图 5-33 所示，滚珠在循环回路中始终和螺杆接触，螺母上开有侧孔，孔内装有反向器将相邻两螺纹滚道连通，滚珠越过螺纹顶部进入相邻滚道，形成循环回路。

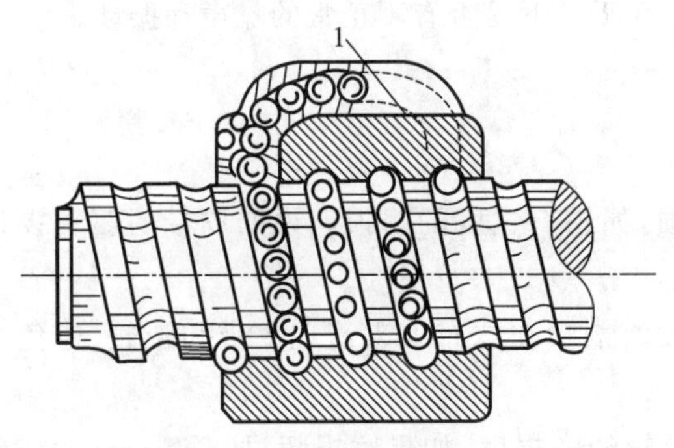

图 5-32 外循环滚动螺旋传动

1—导路

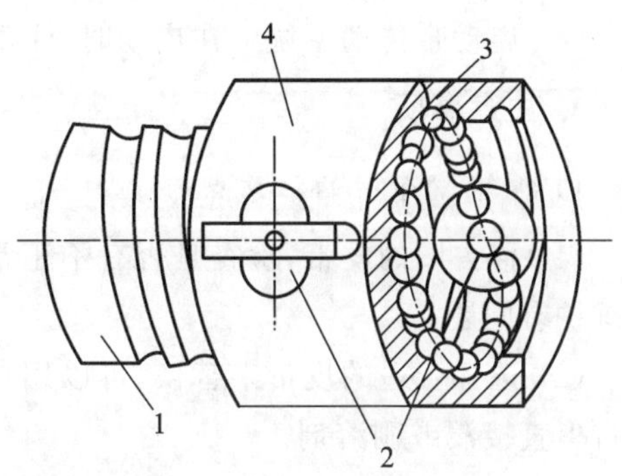

图 5-33 内循环滚动螺旋传动

1—螺杆；2—反向器；3—滚珠；4—螺母

2. 滚动螺旋传动的特点及应用

滚动螺旋传动的主要优点如下。

(1) 滚动摩擦系数小($f=0.002\sim0.005$),传动效率高(可达90%)。

(2) 启动力矩小,传动灵活平稳,低速不爬行,同步性好。

(3) 磨损小且寿命长,可用调整装置调整间隙,传动刚度与精度均得到提高。

(4) 不具有自锁性,正逆运动效率相同,可实现逆传动。

滚动螺旋传动的主要缺点如下。

(1) 结构复杂,制造工艺要求高,成本较高。

(2) 在需要防止逆转的机构中,需附加自锁装置。

(3) 刚性和抗振性差,承载能力不如滑动螺旋传动的承载能力大。

滚动螺旋传动多用于车辆转向机构及对传动精度要求较高的场合,如飞机机翼和起落架的控制驱动、大型水闸闸门的升降驱动及数控机床的进给机构等。

实训项目:拆卸、安装V带

项目实施步骤具体如下。

1. 拆卸V带

(1) 切断所有的动力。

(2) 卸下任何妨碍拆卸皮带的皮带轮或软管。

(3) 卸下皮带罩。

(4) 松开皮带张紧轮调节螺栓。

(5) 松开张紧轮并取下旧的皮带。

2. 安装V带

(1) 将皮带置于带轮上。

(2) 松开张紧轮调节螺栓,从而使其可以相对皮带摆动。

(3) 调整张紧轮张紧皮带,用手旋转驱动系统几圈,直到皮带被合适的张紧,保持皮带的张力在规定的张力范围内是非常重要的。

(4) 启动带传动系统。在启动时,注意看一下和听一下是否有不正常的噪声和振动。

3. 注意事项

1) 拆卸V带时的注意点

(1) 移去旧的皮带,检查是否有不正常的磨损,如果有过度的磨损就说明皮带的驱动设计或维护有问题。

(2) 选择合适的皮带来替换,可以用点不挥发溶剂喷在抹布上来清理皮带和带轮,避免在皮带上直接浸或刷溶剂。

(3) 检验带轮是否磨损或损坏,用槽规检查带轮的磨损度,如果磨损超过0.8 mm,就需要更换新带轮,确保带轮之间是对齐的。

2）安装 V 带时的注意点

小心地使张紧轮进入位置。切勿让张紧轮猛烈击打皮带。小心确保张紧轮弹簧妥善地接合。

通过拆卸、安装 V 带的过程操作，掌握 V 带的结构，了解 V 带传动初拉力的调节方法。

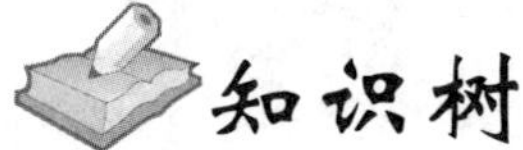

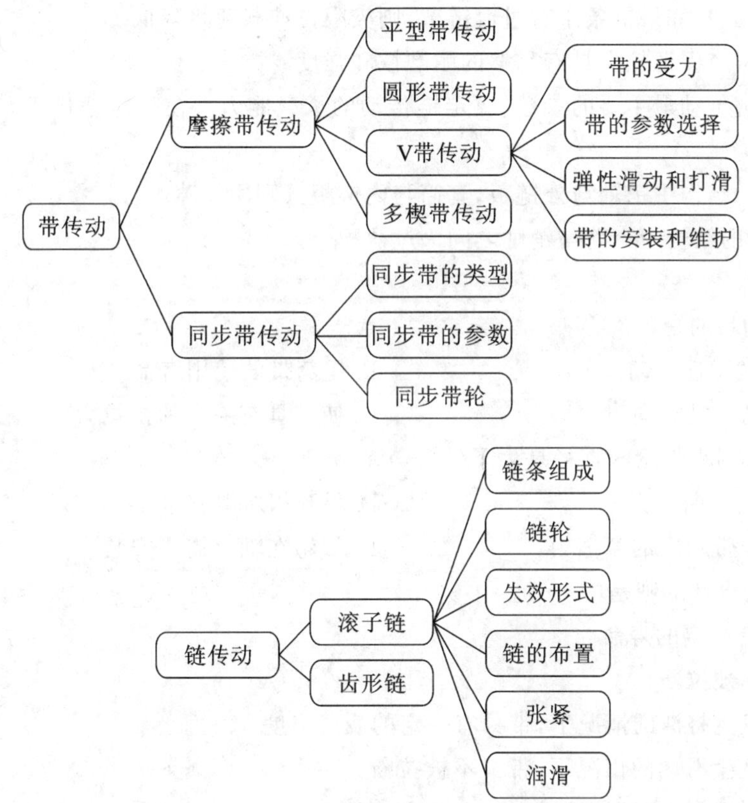

【巩固与练习】

一、填空题

1. 带传动中，传动带所受的三种应力是________应力、________应力和________应力。最大应力等于________，它发生在________处，若带的许用应力小于它，将导致带的________失效。

2. 带传动中，打滑是指________，多发生在________轮上。

3. 带传动的传动比不宜过大，若传动比过大，将使________，从而使带的有效拉力值减小。

4. 控制适当的预紧力是保证带传动正常工作的重要条件，预紧力不足，则________；预紧力过大，则________。

5. 滚子链传动主要是由________、________及________组成。

6. 滚子链由________、________、________、________及________所组成。

7. 螺旋机构可以用来把回转运动变为________。

8. 单螺旋传动的四种形式是________、________、________、________。

二、判断题

1. 限制带轮最小直径的目的是限制带的弯曲应力。 ( )

2. 带传动接近水平布置时,应将松边放在下边。 ( )

3. 若设计合理,带传动的打滑是可以避免的,但弹性滑动却无法避免。 ( )

4. 带传动中,实际有效拉力的数值取决于预紧力、包角和摩擦系数。 ( )

5. 适当增加带长,可以延长带的使用寿命。 ( )

6. 在链传动中,如果链条中有过渡链节,则极限拉伸载荷将降低。 ( )

7. 链轮材料应保证轮齿具有足够的耐磨性和强度。 ( )

8. 节距是链传动最主要的参数,决定链传动的承载能力。在一定条件下,节距越大,承载能力越低。 ( )

9. 滚子链的结构中销轴与外链板,套筒与内链板分别用间隙配合连接。 ( )

10. 滚子链的结构中套筒与销轴之间为过盈配合。 ( )

三、选择题

1. 带张紧的目的是( )。

A. 减轻带的弹性滑动　　B. 提高带的使用寿命

C. 改变带的运动方向　　D. 使带具有一定的初拉力

2. 设计中限制小带轮的直径是为了( )。

A. 限制带的弯曲应力　　B. 限制相对滑移量

C. 保证带与带轮间的摩擦力　　D. 带轮在轴上需要安装

3. 带传动的设计准则是( )。

A. 保证带有一定的寿命

B. 保证带不被拉断

C. 保证不发生打滑的情况下,带具有一定的疲劳强度

D. 保证不发生滑动的情况下,带又不被拉断

4. 选取 V 带型号,主要取决于( )。

A. 带传动的功率和小带轮转速　　B. 带的线速度

C. 带的紧边拉力

5. 设计带传动时,考虑工作情况系数 K_A 的目的是( )。

A. 传动带受到交变应力的作用

B. 多根带同时工作时的受力不均

C. 工作负荷的波动

6. V 带的楔角为 40°,为使带绕在带轮上能与轮槽侧面贴合更好,设计时应使轮槽楔角( )。

A. 小于 40°　　B. 等于 40°

C. 大于 40°

7. 在下列传动中,平均传动比和瞬时传动比均不稳定的是( )。

A. 带传动　　B. 链传动

C. 齿轮传动

8. 用张紧轮张紧 V 带,最理想的是在靠近(　　)张紧。

A. 小带轮松边由外向内　　B. 小带轮松边由内向外

C. 大带轮松边由内向外

9. 带在工作时受到交变应力的作用,最大应力发生在(　　)。

A. 带进入小带轮处　　B. 带离开小带轮处

C. 带进入大带轮处

10. 链传动中,链节数常采用偶数,这是为了使链传动(　　)。

A. 工作平稳　　B. 链条与链轮轮齿磨损均匀

C. 提高传动效率　　D. 避免采用过渡链节

11. 链条磨损会导致的结果是(　　)。

A. 销轴破坏　　B. 链条与链轮轮齿磨损均匀

C. 套筒破坏　　D. 影响链与链轮的啮合,导致脱链

四、简答题

1. 在相同条件下,V 带和平型带哪个能传递更大的载荷?

2. V 带轮槽角 φ 为何要设计得比 V 带楔角 θ 小些?

3. 如图 5-34 所示,V 带在轮槽中的安装情况,哪种正确?为什么?

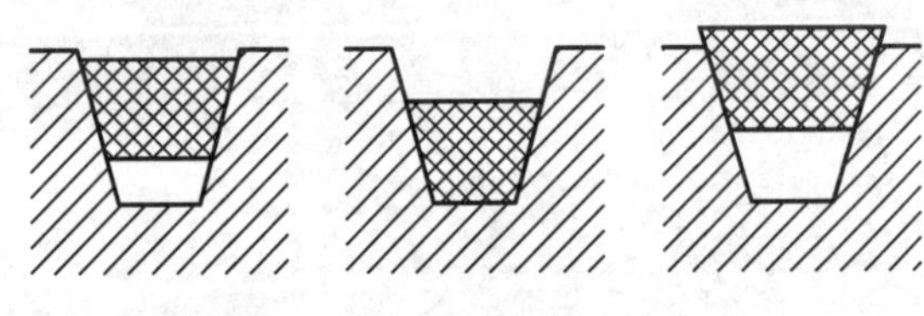

图 5-34　习题图

4. 带传动的最大应力发生在什么地方?由几部分构成?最大应力值为多少?

5. 带传动中弹性滑动和打滑是怎样产生的,它们对传动有何影响?能否避免?

6. 带传动为什么要张紧?常用的张紧方法有哪些?带传动的张紧轮通常布置在什么位置?

7. 新旧带能否混合使用?为什么?

8. 试述链传动的特点,并与带传动进行比较。

9. 设计一带式输送机的 V 带传动,已知:异步电动机的额定功率 $P=7.5$ kW,转速 $n_1=1\,440$ r/min,从动轮转速 $n_2=565$ r/min,三班制工作,要求中心距 $a\leqslant 500$ mm。

10. 已知某普通 V 带传动由电动机驱动,电动机转速为 $n_1=1\,450$ r/min,小带轮的基准直径 $d_{d1}=100$ mm,大带轮的基准直径 $d_{d2}=280$ mm,中心距 $a\approx 250$ mm,用两根 V 带传动,载荷平稳,两班制工作,求此传动所能传递的最大功率。

11. 影响链传动速度不均匀性的主要参数是什么?为什么?

12. 链传动的张紧可采用哪些方法?

13. 链传动的主要失效形式有哪些?

14. 螺旋传动的主要作用是什么?

15. 螺旋传动的主要失效形式是什么?

第6章 齿轮传动

◀ 能力目标

1. 能根据渐开线性质分析渐开线齿轮的传动特点。

2. 能用普通量具确定给定渐开线齿轮的参数。

3. 能正确分析齿轮失效形式，对齿轮进行强度校核或确定齿轮参数。

◀ 知识目标

1. 掌握渐开线齿轮的啮合特点。

2. 掌握直齿圆柱齿轮、斜齿圆柱齿轮、直齿圆锥齿轮，蜗杆蜗轮的参数及几何尺寸计算。

3. 掌握齿轮强度计算及结构设计有关知识。

6.1 齿轮传动的类型和特点

6.1.1 齿轮传动的类型

齿轮传动的类型很多。按齿轮轴线的相互位置关系和齿轮形状，齿轮传动可分为图 6-1 所示的各种类型。

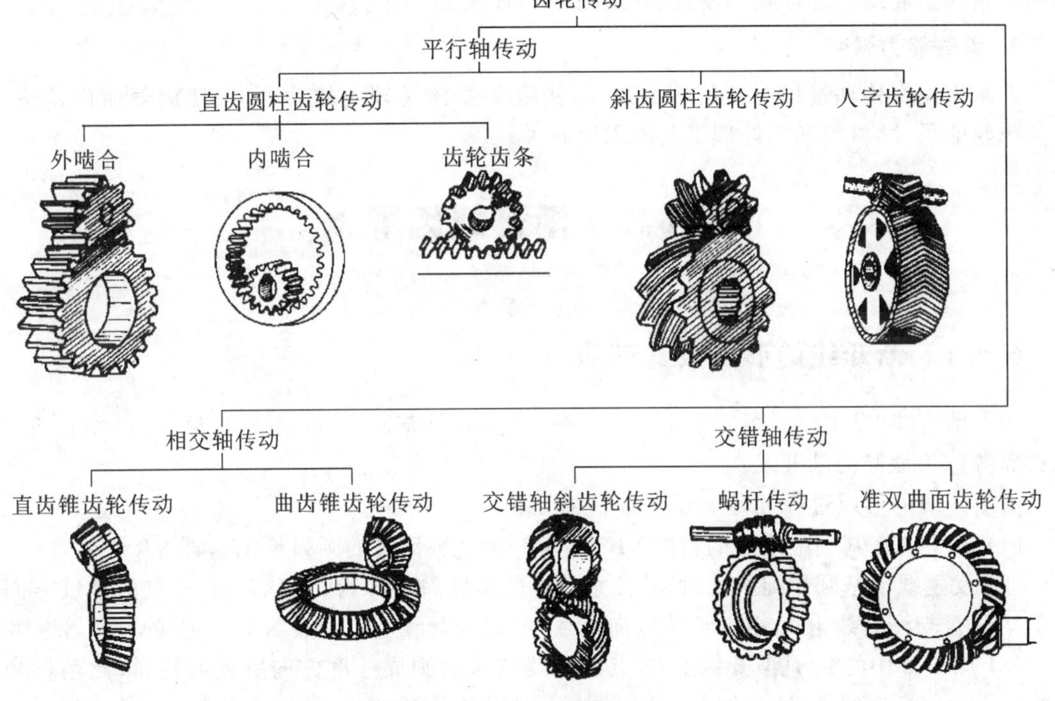

图 6-1 齿轮传动的类型

按工作条件，齿轮传动分为闭式齿轮传动和开式齿轮传动。闭式齿轮传动中，齿轮和轴承等零件全部封闭于一个刚性箱体内，润滑条件好，重要传动大都采用这种传动方式，减速器是最常见的闭式齿轮传动；开式齿轮传动中，其轮齿外露，外界灰尘杂质易进入啮合面间，润滑条件差，轮齿易磨损，只适用于简易机械设备及低速或不重要的工作场合。

按齿廓曲线形状，齿轮可分为渐开线齿轮、摆线齿轮和圆弧齿轮，本章主要介绍渐开线齿轮。

6.1.2 齿轮传动的特点

齿轮传动是现代机械中应用最广的一种传动形式，齿轮传动之所以得到广泛的应用是因为有以下优点。

(1) 能保证两轮间瞬时传动比恒定，传动平稳，噪声小。

(2) 传递的圆周速度和功率范围广。

(3) 可实现两平行、相交和交错轴传动。

(4) 结构紧凑，传动效率高，寿命长。

但是齿轮传动也有一些缺点。

(1) 制造、安装精度要求较高,维护费用高,成本较高。

(2) 不宜用于远距离传动。

6.1.3 对齿轮传动的基本要求

齿轮常用于传递运动和动力,对其基本要求如下。

1. 传动准确、平稳

要求齿轮在传动过程中,保证瞬时传动比(ω_1/ω_2)恒定不变,以免产生动载荷、冲击、振动和噪声。这与齿轮的齿廓形状和制造、安装精度等有关。

2. 承载能力强

要求齿轮在传动过程中有足够的强度、刚度并能传递较大的动力,在使用寿命内不失效。这与齿轮的尺寸、材料和热处理工艺等因素有关。

6.2 渐开线齿廓

6.2.1 渐开线的形成及其性质

当一动直线(发生线)(图 6-2 中 $n-n$)在固定的圆(基圆)上作纯滚动时,此直线上任一点 K 的轨迹称为该圆的渐开线。

由渐开线的形成过程可得渐开线的下列性质。

(1) 发生线在基圆上滚过的长度$\overline{NK}$,等于基圆上被滚过的圆弧长$\overset{\frown}{AN}$,即$\overline{NK}=\overset{\frown}{AN}$。

(2) 发生线沿基圆作纯滚动时,其任意一点的速度瞬心即为切点 N,故 K 点的速度方向垂直于$\overline{NK}$,且与渐开线上 K 点的切线方向一致,所以渐开线上任一点 K 的法线必与基圆相切。

(3) 图 6-2 中的 α_K 是渐开线上 K 点的法线与该点圆周速度方向所夹的锐角,此角称为该点的压力角。渐开线上各点的压力角不同,K 点距离基圆越远,其压力角越大;反之越小。基圆上的压力角为零。

(4) 渐开线的形状取决于基圆的大小(见图 6-3)。基圆半径越小,渐开线越弯曲;基圆半径越大,渐开线越平直;当基圆半径无穷大时,渐开线就成为一条与发生线垂直的直线。

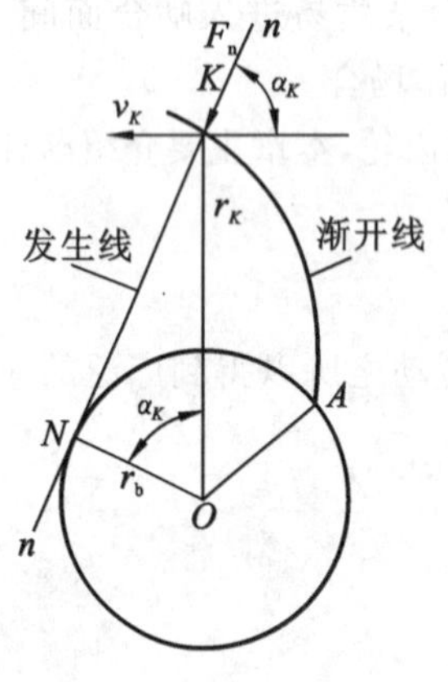

图 6-2 渐开线的形成

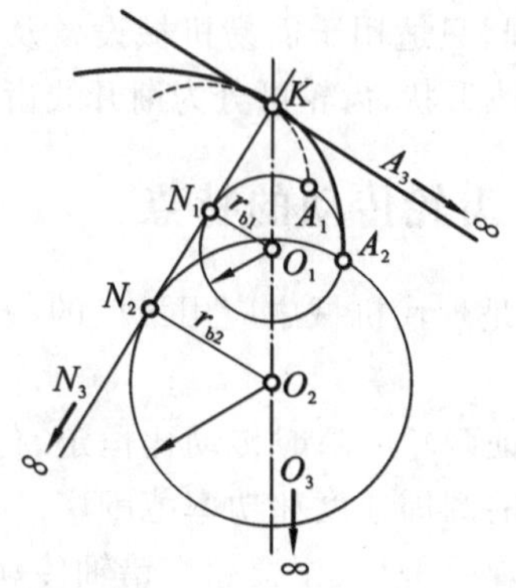

图 6-3 渐开线的形状与基圆大小的关系

(5) 因发生线与基圆相切,故基圆内无渐开线。

6.2.2 渐开线齿廓的啮合特性

齿轮传动的传动比是主、从动轮的角速度之比,也可表示为主、从动轮的转速之比,即

$$i_{12}=\frac{\omega_1}{\omega_2}=\frac{n_1}{n_2} \tag{6-1}$$

如图 6-4 所示,一对相互啮合的渐开线齿廓 E_1 和 E_2 在任一点 K 接触,主、从动轮分别以 ω_1、ω_2 的角速度转动,过 K 点作两齿廓的公法线 N_1N_2,由渐开线性质(2)可知,此公法线必为两基圆的内公切线。由于两基圆大小及安装位置均固定不变,其同一方向的内公切线只有一条,所以两齿廓在任意点啮合时,啮合点总在这条公法线 N_1N_2 上,这条公法线称为啮合线。该公法线 N_1N_2 与两轮连心线 O_1O_2 的交点 P 必为一固定点,该点称为节点。以 O_1、O_2 为圆心,O_1P、O_2P 为半径所作的圆称为两齿轮的节圆,其半径分别用 r_1' 和 r_2' 表示。一对渐开线齿轮的啮合可以看成是两个节圆的纯滚动。

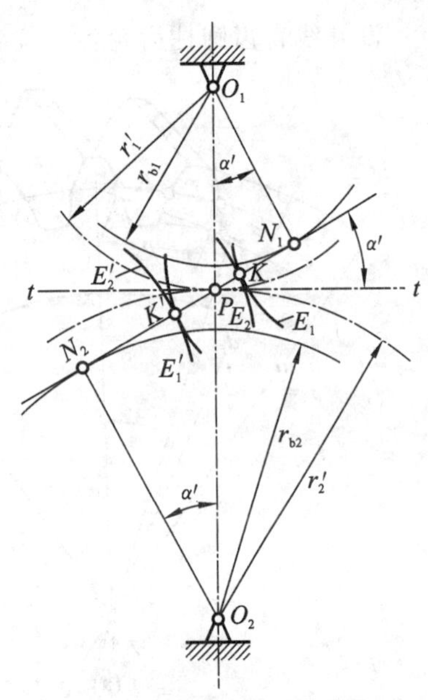

图 6-4 渐开线齿廓的啮合

1. 渐开线齿廓瞬时传动比恒定

可以证明,一对齿轮啮合过程中,如果啮合线与连心线的交点不变,即 P 点为定点,$\frac{O_2P}{O_1P}$ 为定值,则瞬时传动比 i_{12} 为定值:

$$i_{12}=\frac{\omega_1}{\omega_2}=\frac{n_1}{n_2}=\frac{O_2P}{O_1P}=\frac{r_{b2}}{r_{b1}} \tag{6-2}$$

瞬时传动比的恒定,保证了齿轮传动的平稳性。

2. 渐开线齿廓间传递压力方向不变

如前所述,一对渐开线齿廓在任意点啮合时,过接触点的齿廓公法线都为同一条直线,即两轮基圆的内公切线 N_1N_2。这说明,在啮合过程中两齿廓的啮合点都在直线 N_1N_2 上。因此,N_1N_2 是两齿廓啮合点的轨迹,称为渐开线齿廓的啮合线。

过节点 P 作两轮节圆的公切线 t-t,它与啮合线 N_1N_2 所夹的锐角称为啮合角。由图 6-4 可知,渐开线齿廓在传动过程中啮合角的大小不变,且恒等于齿轮节圆上的压力角 α',即

$$\cos\alpha'=\frac{r_{b1}}{r_1'}=\frac{r_{b2}}{r_2'} \tag{6-3}$$

啮合角 α' 不变,表示两啮合齿廓间正压力方向不变(始终沿 N_1N_2 方向)。当齿轮传递的力矩一定时,若不计齿廓间的摩擦。则齿轮之间、轴与轴承之间压力的大小和方向均不变。这是渐开线齿轮传动的一大优点。

3. 渐开线齿轮传动中心距的可分性

由式(6-2)可知,渐开线齿轮传动的传动比等于两齿轮基圆半径之反比,当两齿轮制造好后,其基圆半径固定不变,所以,即使由于安装误差或磨损等原因,导致中心距发生一定变化,但传动比仍能保持恒定不变,这一特性称为渐开线齿轮中心距的可分性。渐开线齿轮的这一性质给安装、调试提供了便利,具有很高的实用价值。

6.3 标准渐开线直齿圆柱齿轮传动

6.3.1 渐开线齿轮的基本参数和几何尺寸

1. 渐开线直齿圆柱齿轮各部位名称及符号

渐开线直齿圆柱齿轮各部位名称及符号如图 6-5 所示。

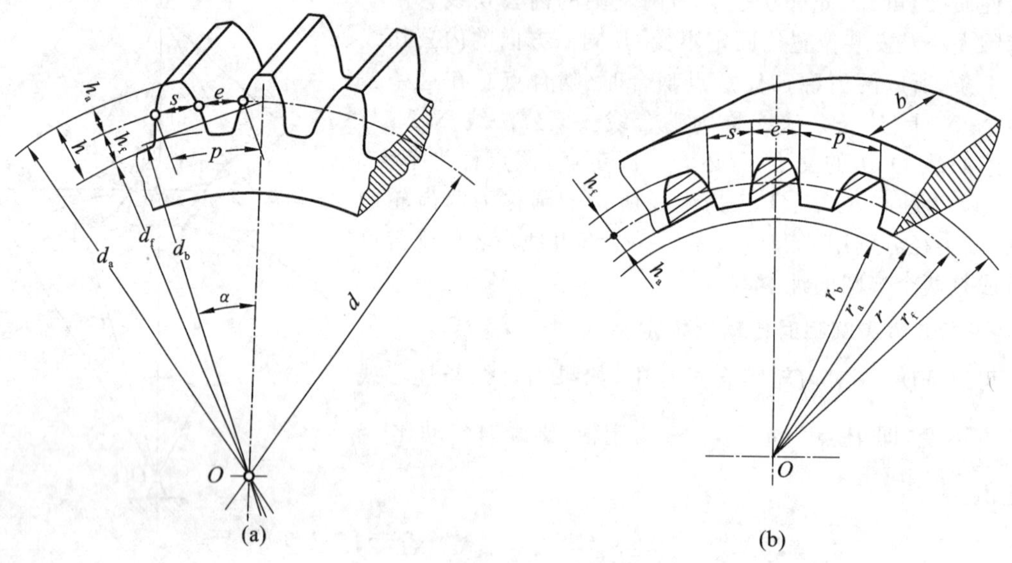

图 6-5 齿轮各部分的名称和符号

(1) 齿距:在某一直径 d_K 的圆周上,相邻两齿同侧齿廓间的弧长称为该圆上的齿距,用 p_K 表示,不同圆周上的齿距不等,分度圆上的齿距用 p 表示。

(2) 齿厚:在某一直径为 d_K 的圆周上,某一轮齿两侧齿廓间的弧长称为齿厚,用 s_K 表示。

(3) 齿槽宽:在某一直径为 d_K 的圆周上相邻两齿空间部分的弧长称为齿槽宽,用 e_K 表示。d_K 不同时,s_K 和 e_K 也不同。由图 6-5 可知,$p_K=s_K+e_K$,同理可知,分度圆上 $p=s+e$。

(4) 齿顶圆:轮齿顶部所在的圆,称为齿顶圆,直径用 d_a 表示。

(5) 齿根圆:轮齿的齿槽底部所在的圆,称为齿根圆,直径 d_f 表示。

(6) 分度圆:分度圆是位于齿顶圆与齿根圆之间,作为齿轮各部分尺寸基准的一个圆。标准齿轮分度圆上的齿厚(s)等于齿槽宽(e),即 $s=e$。分度圆上的直径用 d 表示。

(7) 齿顶高:轮齿在分度圆与齿顶圆之间的部分称为齿顶,其径向高度为齿顶高,用 h_a 表示。

(8) 齿根高:轮齿在分度圆与齿根圆之间的部分称为齿根,其径向高度为齿根高,用 h_f 表示。

(9) 齿全高:轮齿在齿顶圆与齿根圆之间的径向高度为齿全高,用 h 表示。则

$$h=h_a+h_f$$

2. 标准渐开线直齿圆柱齿轮基本参数

(1) 齿数 z:齿轮轮齿的数目,称为齿数,用 z 表示,其值为整数。

(2) 模数 m:对于某一齿轮,其分度圆直径 d、齿距 p、齿数 z 间的几何关系为

$$\pi d = zp$$

即:

$$d = \frac{p}{\pi} z$$

式中:π 为无理数,为计算、测量方便,规定 p/π 为整数或较完整的有理数,称为模数,用 m 表示,表 6-1 为我国规定的标准模数系列。于是上式可改写为

$$d = mz$$

表 6-1 渐开线圆柱齿轮的标准模数 mm

第一系列	1,	1.25,	1.5,	2,	2.5,	3,	4,	5,	6,	8,	10,	12,	16,	20,	25,	32,	40,	50
第二系列	1.75,	2.25,	2.75,	(3.25),	6.5,	(3.75),	4.5,	6.5,	(6.5),	7,	9,	(11),	14,	18,	22,	28,	36,	45

注:①本表用于渐开线圆柱齿轮,对斜齿轮指法向模数;

②选用时应优先选用第一系列,其次是第二系列,括号内的模数尽量不选。

模数是反映轮齿形状大小的一个重要参数,齿数相同时,模数越大,轮齿越大,其承载能力越强,如图 6-6 所示。

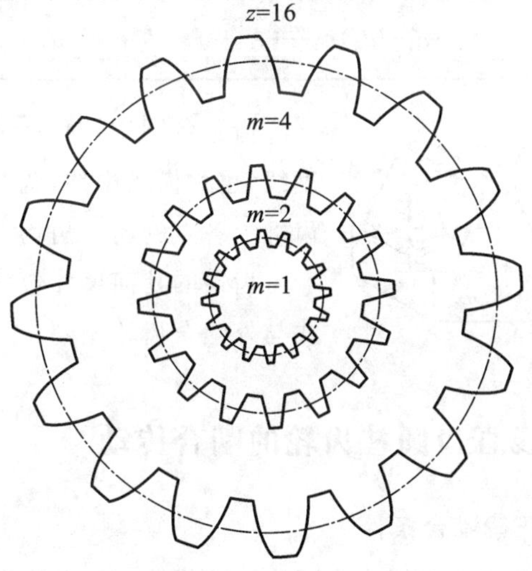

图 6-6 模数对齿轮尺寸的影响

(3) 压力角 α:不同圆周上渐开线齿廓的压力角不等,我国规定,分度圆处的压力角 α 为标准值,且 $\alpha=20°$。

(4) 齿顶高系数 h_a^* 和顶隙系数 c^*:齿顶高与齿根高应与模数成正比,即

$$\left.\begin{aligned} h_a &= h_a^* m \\ h_f &= (h_a^* + c^*) m \end{aligned}\right\} \tag{6-4}$$

标准规定,正常齿制齿轮,$h_a^*=1, c^*=0.25$;短齿制,$h_a^*=0.8, c^*=0.3$。

3. 标准直齿圆柱齿轮的几何尺寸计算

m、α、h_a^*、c^* 为标准值,$s=e$ 的直齿圆柱齿轮,称为标准直齿圆柱齿轮。其几何尺寸计算公式见表 6-2。

表 6-2　标准直齿圆柱齿轮几何尺寸计算公式

名　称	符　号	外啮合齿轮	内啮合齿轮
顶隙	c	$c=c^* m$	
齿顶高	h_a	$h_a=h_a^* m$	
齿根高	h_f	$h_f=(h_a^*+c^*)m$	
齿全高	h	$h=h_a+h_f=h_a^* m+(h_a^*+c^*)m=(2h_a^*+c^*)m$	
齿距	p	$p=m\pi$	
齿厚	s	$s=\dfrac{m\pi}{2}$	
齿槽宽	e	$e=\dfrac{m\pi}{2}$	
分度圆直径	d	$d=mz$	
基圆直径	d_b	$d_b=d\cos\alpha=mz\cos\alpha$	
齿顶圆直径	d_a	$d_a=d+2h_a=(z+2h_a^*)m$	$d_a=d-2h_a=(z-2h_a^*)m$
齿根圆直径	d_f	$d_f=d-2h_f=(z-2h_a^*-2c^*)m$	$d_f=d+2h_f=(z+2h_a^*+2c^*)m$
中心距	a	$a=\dfrac{1}{2}(d_1+d_2)=\dfrac{m}{2}(z_1+z_2)$	$a=\dfrac{1}{2}(d_2-d_1)=\dfrac{m}{2}(z_2-z_1)$

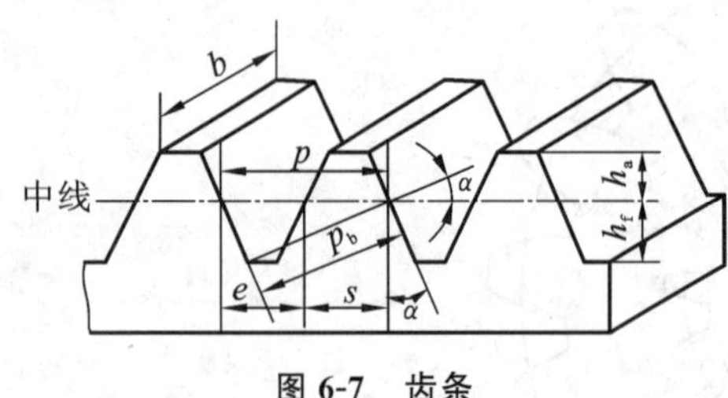

图 6-7　齿条

齿条各圆均转化为直线，其中分度圆转化为分度线，也称齿条中线，齿条各高度上齿距相等，直线齿廓上各点的压力角均为20°，如图 6-7 所示。

齿条的几何尺寸包括 h_a、h_f、h、p、s 和 e，计算公式与外啮合齿轮相同。

6.3.2　标准渐开线直齿圆柱齿轮的啮合传动

1. 一对渐开线齿轮的正确啮合条件

如图 6-8 所示，一对外啮合渐开线直齿圆柱齿轮传动，N_1N_2 为两齿轮的理论啮合线段，K、K' 为相啮合的两对齿同侧齿廓上的啮合点。由图 6-8 可知，要使两齿轮能正确啮合，则必须使其法向齿距相等，即 $\overline{K_1K_1'}=\overline{K_2K_2'}$。

由图中的几何关系及渐开线性质(1)可知：

$$\overline{K_1K_1'}=\overline{N_1K'}-\overline{N_1K}=p_{b1}$$

$$\overline{K_2K_2'}=\overline{N_2K}-\overline{N_2K'}=p_{b2}$$

则

$$p_{b1}=p_{b2}=p_b$$

p_{b1}、p_{b2} 分别为两齿轮的基圆齿距。

又因

$$p_b=\frac{\pi d_b}{z}=\frac{\pi d\cos\alpha}{z}=\frac{\pi mz\cos\alpha}{z}=\pi m\cos\alpha$$

则有

$$\pi m_1\cos\alpha_1=\pi m_2\cos\alpha_2$$

即

$$m_1\cos\alpha_1=m_2\cos\alpha_2$$

由于模数和压力角均已标准化，要满足上式关系，必须有

$$\left.\begin{aligned}m_1=m_2=m\\ \alpha_1=\alpha_2=\alpha\end{aligned}\right\}\qquad(6\text{-}5)$$

即：两齿轮的模数和压力角必须分别相等。

根据正确啮合条件可进一步推导齿轮传动比的计算公式为

$$i_{12}=\frac{\omega_1}{\omega_2}=\frac{d_{b2}}{d_{b1}}=\frac{d_2}{d_1}=\frac{z_2m_2}{z_1m_1}=\frac{z_2}{z_1}\qquad(6\text{-}6)$$

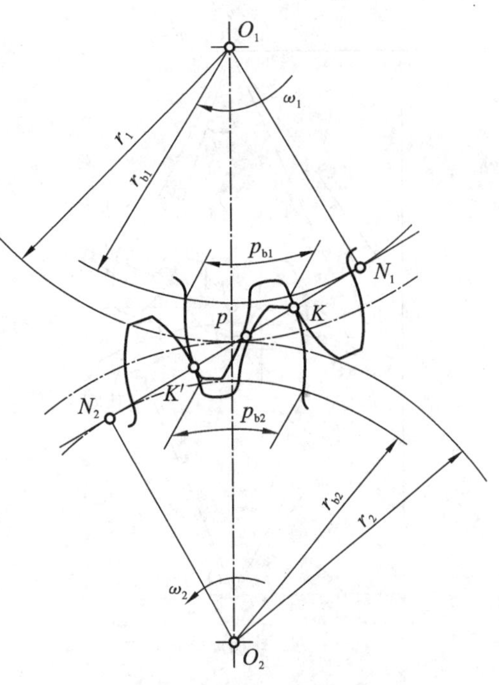

图 6-8 渐开线齿轮的正确啮合

2. 连续传动条件

如图 6-9 所示，一对外啮合齿轮在传动中，任一对轮齿实际啮合过程为：首先主动轮 1 的齿根推动从动轮 2 的齿顶，开始啮合点为从动轮齿顶圆与啮合线 N_1N_2 的交点 B_2，随着齿轮运动，啮合点沿啮合线移动，并由主动轮齿根移向齿顶，从动轮齿顶移向齿根，终止啮合点为主动轮齿顶圆与啮合线的交点 B_1，线段$\overline{B_1B_2}$称为实际啮合线段。

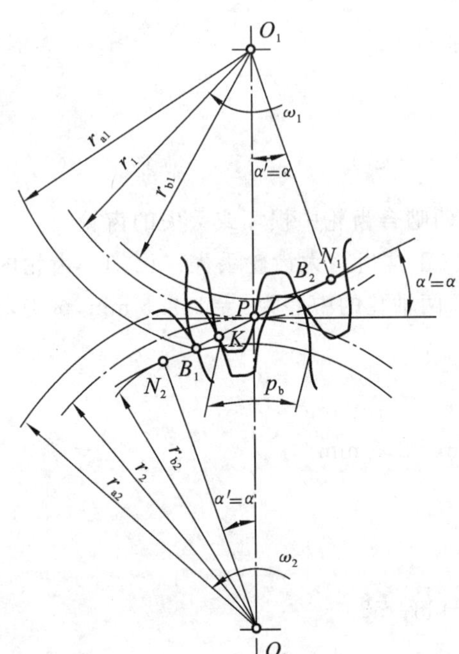

图 6-9 连续传动条件

两齿轮在啮合传动时，若前一对轮齿还未脱离啮合前，后一对轮齿就已进入啮合，则传动连续，这就要求实际啮合线段$\overline{B_1B_2}$必须大于或等于相邻两齿同侧齿廓在啮合线上的长度$\overline{KK'}$，由前面分析可知$\overline{KK'}=p_b$，即要求 $\overline{B_1B_2}\geqslant p_b$，令 $\varepsilon=\dfrac{\overline{B_1B_2}}{p_b}$，ε 称为重合度，则齿轮连续传动条件为

$$\varepsilon=\frac{\overline{B_1B_2}}{p_b}\geqslant 1\qquad(6\text{-}7)$$

重合度 ε 表示在实际啮合区间，同时参加啮合的轮齿对数，ε 值越大，表示同时参与啮合的轮齿对数越多，传动越平稳，承载能力越强。一般机械传动，要求 ε≥1.1～1.4。

3. 正确安装及标准中心距

一对标准渐开线齿轮正确啮合时，为避免齿轮反转时出现空程从而产生冲击和振动，理论上要求无齿侧间隙，通常把理论上无齿侧间隙的安装称为标准安装，如图 6-10 所示。在理论分析时，将两齿轮的啮合看成无齿侧间隙啮合。

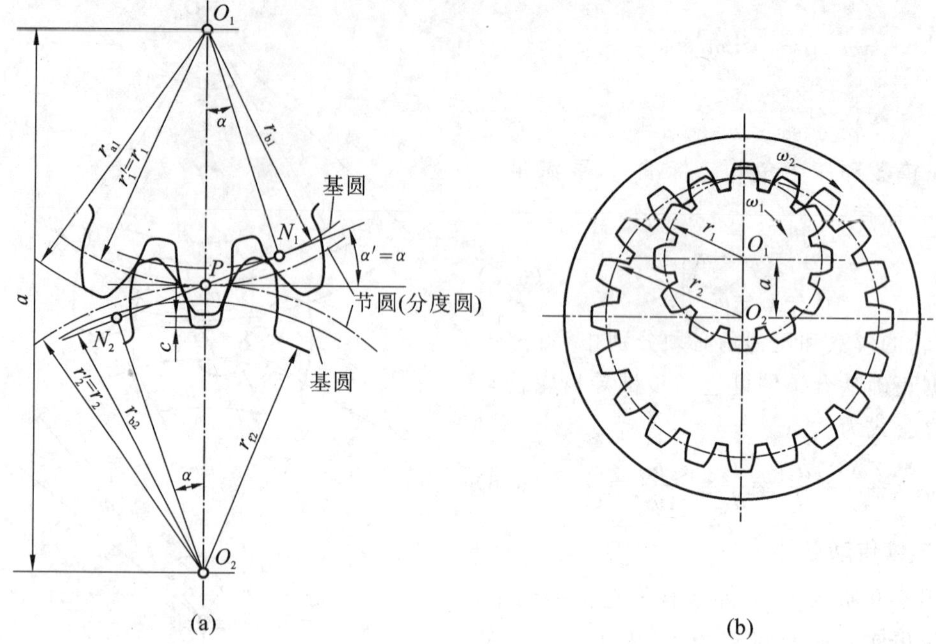

图 6-10 齿轮传动的中心距

一对正确啮合的标准渐开线齿轮传动，在标准安装时，分度圆上的 $s_1=e_1=s_2=e_2$，此时分度圆与节圆重合，即 $d'=d$，其中心距，称为标准中心距，用 a 表示

外啮合如图 6-10(a)所示：

$$a=r_1'+r_2'=r_1+r_2=\frac{1}{2}m(z_1+z_2) \tag{6-8a}$$

内啮合如图 6-10(b)所示：

$$a=r_2'-r_1'=r_2-r_1=\frac{1}{2}m(z_2-z_1) \tag{6-8b}$$

根据上述正确啮合条件和标准安装条件，可以配制两啮合齿轮中损坏或丢失的齿轮。

【例 6-1】 一对外啮合的标准渐开线直齿圆柱齿轮(正常齿)，大齿轮丢失。已知小齿轮的齿数 $z_1=38$，现测得小齿轮的齿顶圆直径 $d_{a1}=100$ mm，两轴孔的中心距 $a=112.5$ mm，试确定大齿轮的主要尺寸。

解：(1)求模数 m。

$$m=\frac{d_{a1}}{z_1+2h_a^*}=\frac{100}{38+2\times1}\ \text{mm}=2.5\ \text{mm}$$

m 符合标准系列，取 $m=2.5$ mm。

(2) 齿数 z_2。

$$z_2=\frac{2a}{m}-z_1=\frac{2\times112.5}{2.5}-38=52$$

(3) 大齿轮主要几何尺寸。

$$d_2=mz_2=2.5\times52\ \text{mm}=130\ \text{mm}$$

$$d_{a2}=m(z_2+2h_a^*)=2.5\times(52+2\times1)\ \text{mm}=135\ \text{mm}$$

$$d_{f2}=m(z_2-2h_a^*-2c^*)=2.5\times(52-2\times1-2\times0.25)\ \text{mm}=123.75\ \text{mm}$$

$$d_{b2}=mz_2\cos\alpha=2.5\times52\times\cos 20°=122.16\ \text{mm}$$

其他几何尺寸略。

6.3.3 渐开线齿轮加工原理、根切现象及变位齿轮概念

1. 渐开线齿轮的加工方法

齿轮的加工方法很多，如铸造法、模锻法、热轧法、切削法等，其中切削法最常用。按加工原理不同，切削法包括仿形法和范成法。

1）仿形法

仿形法是在铣床上，采用与被加工齿轮齿廓形状相同的成型铣刀进行铣削加工的方法。成型铣刀有盘状铣刀[见图 6-11(a)]和指状铣刀[见图 6-11(b)]两种。加工时铣刀绕本身轴线旋转，同时沿齿轮轴线方向直线移动，每铣完一个齿槽，退刀，然后将齿坯转过 $360°/z$，再铣下一个齿槽，属间断切削。

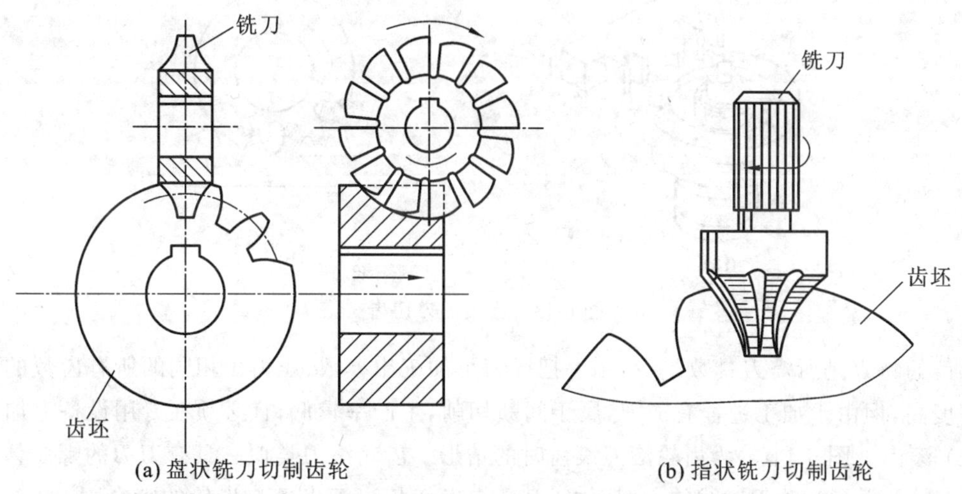

(a) 盘状铣刀切制齿轮　　(b) 指状铣刀切制齿轮

图 6-11　仿形法切齿

仿形法铣齿的特点是加工精度低，生产率低，但加工方法简单，不需专用机床，适用于齿轮修配及大模数齿轮单件生产。

2）范成法

范成法又称为展成法，是利用轮齿啮合时其齿廓互为包络线的原理来进行切齿的。采用带有渐开线齿廓的齿轮或齿条刀具和被加工齿坯按一定的啮合关系运动，切制出所加工齿轮的齿形的方法。插齿和滚齿是范成法最常用的加工方法，剃齿和磨齿属于精加工方法。

(1) 插齿。插齿所用刀具有齿轮插刀和齿条插刀。图 6-12(a)为齿轮插刀插齿时的情形，插刀(齿数 z_1)和齿坯(被加工齿轮齿数 z_2)按定传动比 $i_{12}=\omega_1/\omega_2=z_2/z_1$ 转动，同时插刀沿齿坯轴线方向作上下切削运动。图 6-12(b)为被切制出的轮齿齿廓。

这种加工方法是以齿轮啮合原理为依据的，所以同一把插刀便可加工与刀具具有相同模数和压力角，但不同齿数的齿轮。

当齿轮插刀的齿数增加到无穷多时，其基圆半径也增至无穷大，渐开线齿廓变成直线齿廓，齿轮插刀变成齿条插刀。如图 6-13(a)所示为齿条插刀切制齿轮坯的情形，其加工原理与齿轮插刀切制齿轮坯相同。图 6-13(b)为齿条插刀切制出的轮齿齿廓。

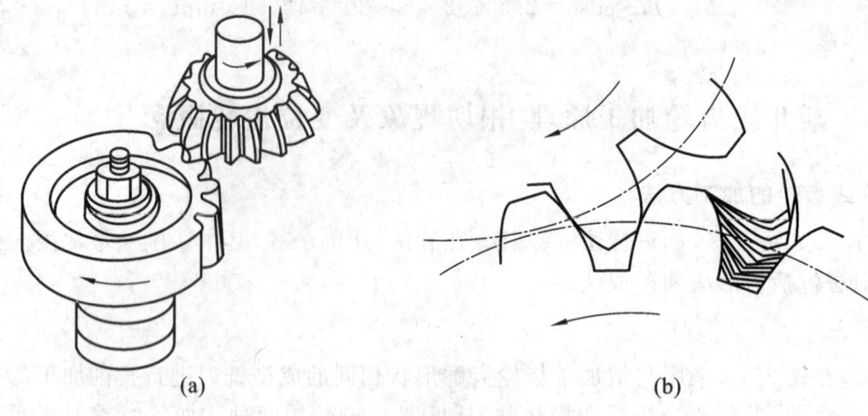

图 6-12　齿轮插刀切齿

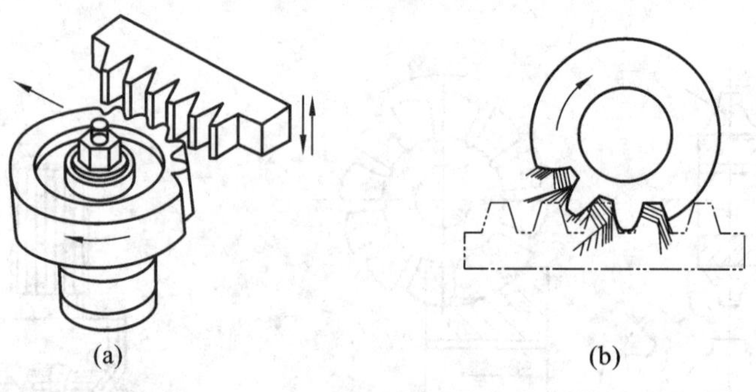

图 6-13　齿条插刀切齿

插齿的特点是所需刀具数量少，用一把插刀可加工出模数、压力角相同的所有齿数的齿轮，加工精度高，但由于加工过程有退刀，属于间断切削，生产率较低，且必须在专用设备上加工。

(2) 滚齿。图 6-14(a)为齿轮滚刀滚齿时的情形。齿轮滚刀类似一具有刀刃的螺旋体，在垂直于齿坯轴线并通过滚刀轴线的主剖面内，刀具与齿坯相当于齿条与齿轮的啮合，如图 6-14(b)所示。加工时，滚刀(头数为 z_1)和齿坯(被加工齿数为 z_2)按 $i_{12}=\omega_1/\omega_2=z_2/z_1$ 的传动比转动，同时，为切出整个齿宽，滚刀还沿着齿坯轴线移动。

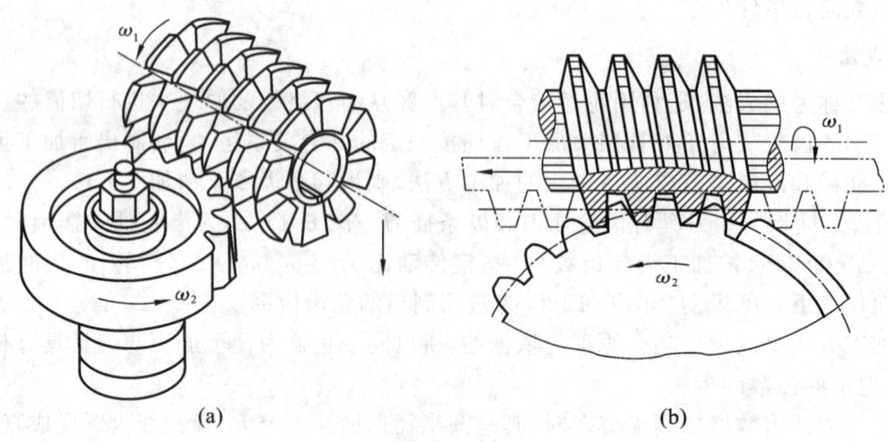

图 6-14　齿轮滚刀切齿

滚齿的特点是所需刀具数量少，用一把滚刀可加工出模数、压力角相同的所有齿数的齿轮，加工精度高，属连续切削，生产效率高，适用于批量生产，但也必须在专用设备上切齿。

2. 根切

用范成法加工齿轮时，如果被加工齿轮的齿数过少，如图 6-15(a)所示，实际极限啮合点 B_2 会超过理论极限啮合点 N_1，此时加工出的齿轮轮齿根部将被刀具齿顶过多地切去一部分，这种现象称为根切。图 6-15(b)为发生根切现象后的齿形。根切后的齿轮齿根部分的抗弯强度被削弱，使承载能力下降，且其齿根部分的渐开线被破坏，降低了齿轮传动的重合度，使传动的平稳性及承载能力下降，因此，应避免根切。

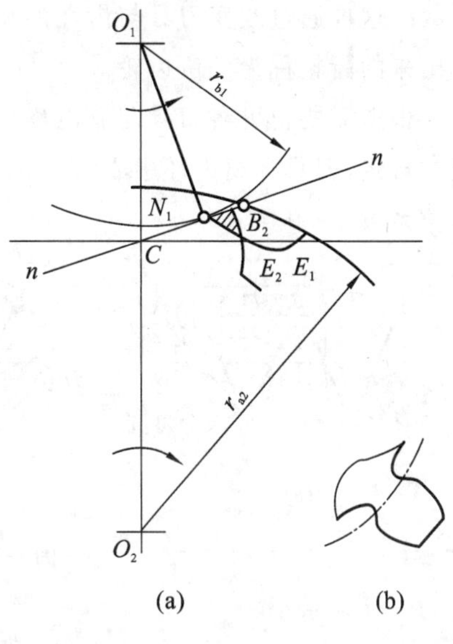

图 6-15 根切

如图 6-16(a)所示，模数相同时，所加工齿轮齿数越少，r_b 越小，CN_1 越短，越易出现 B_2 超过 N_1 的情况，要避免根切现象，则需增加被加工齿轮的齿数，保证 $CB_2 \leqslant CN_1$。由图 6-16(b)得

$$CB_2 = \frac{h_a^* m}{\sin\alpha} \qquad CN_1 = \frac{mz\sin\alpha}{2}$$

整理得

$$z \geqslant \frac{2h_a^*}{\sin^2\alpha} \tag{6-9}$$

正常齿制标准直齿圆柱齿轮，$h_a^* = 1$，$\alpha = 20°$，其不发生根切的最少齿数为 $z_{min} \approx 17$，另外，通过范成法加工变位齿轮，也可以避免根切现象的发生。

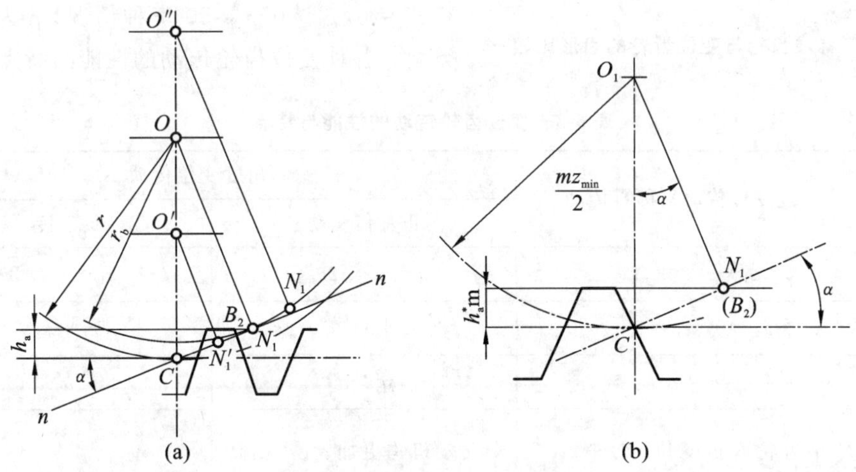

图 6-16 齿轮齿数与根切的关系

3. 变位齿轮简介

用范成法加工标准齿轮时，齿轮刀具的分度圆或齿条刀具的分度圆的中线与被加工齿轮的齿坯的分度圆是相切的，如图 6-17(a)所示。如前所述，当用齿条型刀具切制 $z<17$ 的齿轮时，刀具的齿顶线会超过啮合极限点 N_1，必产生根切。为避免根切可把刀具向远离轮坯中心的方

向移动一段距离，如图 6-17(b)所示，使刀具的齿顶线不超过 N_1 点，因此不会产生根切，但这时刀具中线不再与齿坯的分度圆相切，刀具移动的距离 xm 称为变位量，其中 m 为模数，x 为变位系数。这种通过改变刀具与齿坯的相对位置进行切齿的方法称为变位修正法，用变位修正法加工出来的齿轮称为变位齿轮。

根据需要也可将刀具向靠近齿坯中心的方向移动一段距离进行切齿，如图 6-17(c)所示。通常规定，刀具远离齿坯中心时为正变位，变位系数 $x>0$；刀具靠近齿坯中心移动时为负变位，变位系数 $x<0$。

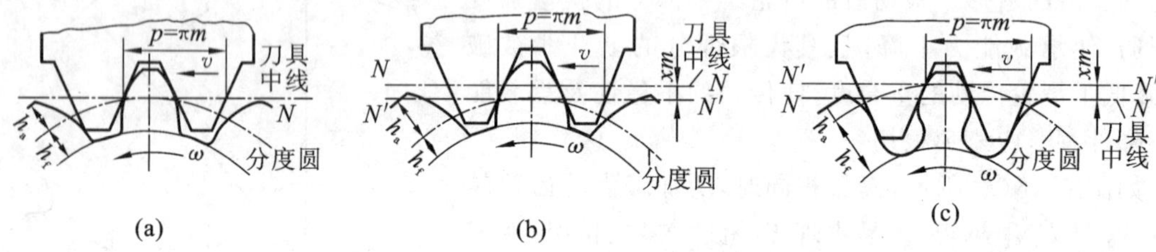

图 6-17　切制各种齿轮时刀具位置

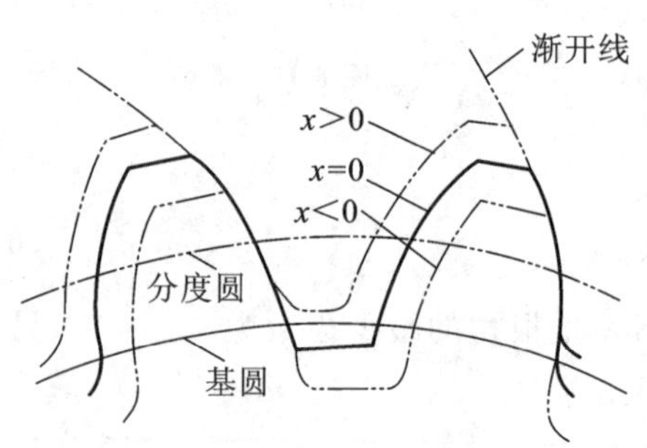

图 6-18　标准齿轮与变位齿轮的齿形比较

变位齿轮的模数、压力角、分度圆直径、基圆直径均与标准齿轮相同，其齿廓曲线和标准齿轮齿廓曲线是同一基圆上形成的渐开线，只是所取部位不同，如图 6-18 所示，可看出，正变位齿轮齿根部分齿厚增大，而齿顶变薄；负变位齿轮则相反。

一对变位齿轮传动，根据两齿轮变位系数的和 $x_\Sigma=0$，$x_\Sigma>0$，$x_\Sigma<0$ 三种情况，分为三种传动类型。各种变位齿轮传动的性能与特点见表 6-3。

表 6-3　变位齿轮传动的性能与特点

传动类型	高度变位传动又称零传动	角度变位传动	
		正传动	负传动
齿数条件	$z_1+z_2\geqslant 2z_{\min}$	$z_1+z_2<2z_{\min}$	$z_1+z_2>2z_{\min}$
变位系数	$x_1+x_2=0$，$x_1=-x_2\neq 0$	$x_1+x_2>0$	$x_1+x_2<0$
中心距	$a'=a$	$a'>a$	$a'<a$
主要优点	小齿轮取正变位，允许 $z_1<z_{\min}$，减小传动尺寸。提高了小齿轮齿根强度，减小了小齿轮齿面磨损，可成对替换标准齿轮	传动机构更加紧凑，提高了抗弯强度和接触强度，提高了耐磨性能，可满足 $a'>a$ 的中心距要求	重合度略有提高，满足 $a'<a$ 的中心距要求
主要缺点	互换性差，小齿轮齿顶易变尖，重合度略有下降	互换性差，齿顶变尖，重合度下降较多	互换性差，抗弯强度和接触强度下降，轮齿磨损加剧

6.4 斜齿圆柱齿轮传动

6.4.1 斜齿圆柱齿轮齿廓曲面的形成及啮合特点

1. 斜齿圆柱齿轮齿廓曲面的形成

如图 6-19(a)所示，当发生面 S 在基圆柱上作纯滚动时，发生面上一条与基圆柱母线 NN 平行的直线 KK 在空间形成的渐开线曲面，称为直齿圆柱齿轮齿廓曲面，如图 6-19(b)所示。斜齿圆柱齿轮的齿廓曲面的形成与其相似，所不同的是发生面上的直线 KK 与 NN 成一交角 β_b，β_b 称为基圆柱上的螺旋角。当发生面 S 在基圆柱上作纯滚动时直线 KK 所形成的是一渐开螺旋面，斜齿圆柱齿轮的齿廓曲面就是这种渐开螺旋面，如图 6-20(b)所示。

2. 斜齿圆柱齿轮传动特点

斜齿轮传动与直齿轮传动比较有如下特点。

1）斜齿轮传动平稳

直齿轮的轮齿进入啮合或脱离啮合时均为全齿宽接触或分离，斜齿轮进入啮合或脱离啮合时则是从一点开始逐渐到全齿宽接触或分离，所以传动平稳。

2）斜齿轮承载能力大

斜齿轮重合度大，同时参加啮合的齿数多，承载能力大。

3）斜齿轮在传动中产生轴向力

由于斜齿轮齿的倾斜，工作时产生轴向力 F_a，对工作不利，所以螺旋角 β 不能过大。若需大的螺旋角时可采用人字齿轮。

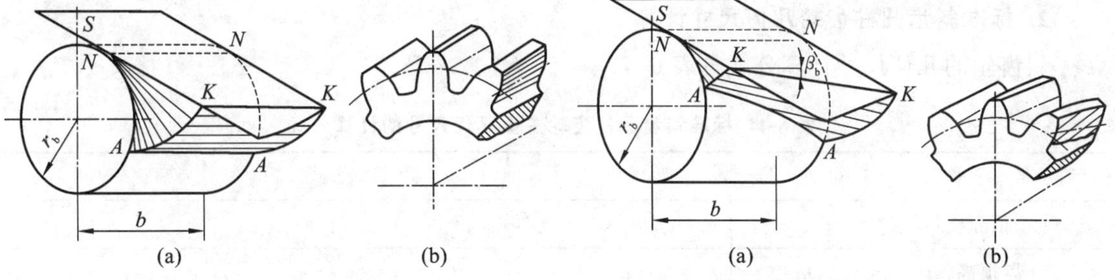

图 6-19 直齿圆柱齿轮齿廓曲面的形成

图 6-20 斜齿圆柱齿轮齿廓曲面的形成

6.4.2 斜齿圆柱齿轮的基本参数及几何尺寸计算

1. 基本参数

1）螺旋角

如图 6-21 所示，将斜齿圆柱齿轮沿分度圆柱面展开，分度圆柱面与齿廓曲面的交线，称为齿线，齿线与齿轮轴线间的夹角称为分度圆螺旋角，用 β 表示。一般斜齿轮取 $\beta=8°\sim20°$，人字齿轮取 $\beta=25°\sim45°$。

斜齿轮按轮齿的旋向分为左旋和右旋两种。将齿轮轴线垂直放置，螺旋线向左升高为左旋，如图 6-22(a)所示；向右升高为右旋，如图 6-22(b)所示。

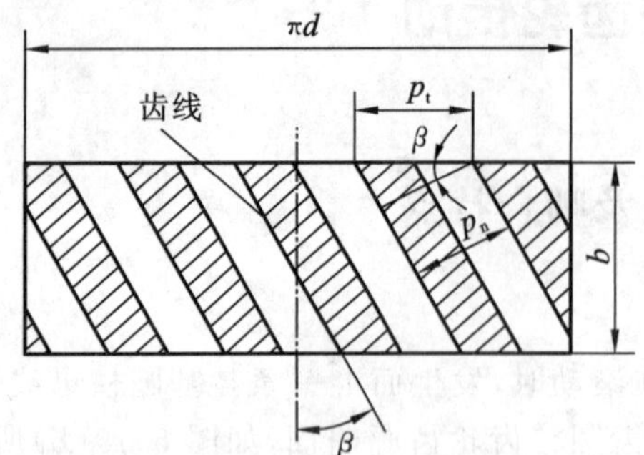

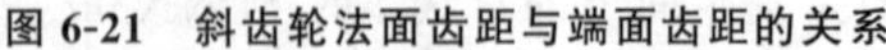

图 6-21　斜齿轮法面齿距与端面齿距的关系

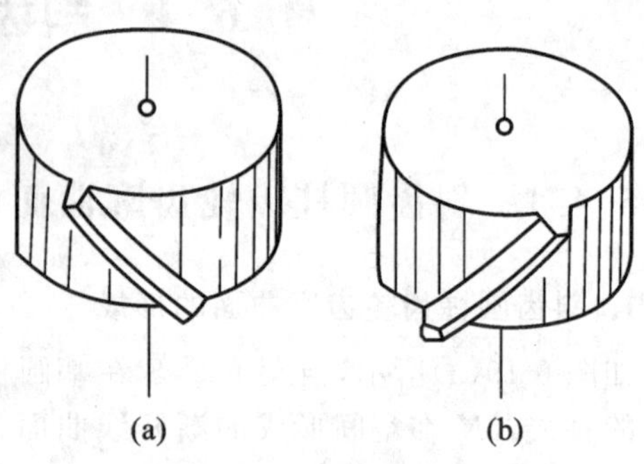

图 6-22　斜齿轮的旋向

2）模数和压力角

斜齿圆柱齿轮的主要参数分端面参数和法面参数两种。如图 6-21 所示，垂直于齿轮轴线的平面 $t-t$ 称为端面，其上的参数称为端面参数；垂直于齿线的平面 $n-n$ 称为法面，其上参数称为法面参数。从图中几何关系可知端面齿距 p_t 与法面齿距 p_n 间的关系为

$$p_n = p_t \cos\beta$$

因为端面模数 $m_t = p_t/\pi$，法面模数 $m_n = p_n/\pi$，则

$$m_n = m_t \cos\beta$$

端面压力角 α_t 与法面压力角 α_n 间的关系为

$$\tan\alpha_n = \tan\alpha_t \cos\beta$$

切制斜齿轮时，刀具沿齿线方向进刀，因此，斜齿轮以法面参数为标准值，即法面模数 m_n、法面压力角 α_n、法面齿顶高系数 h_{an}^* 和法面顶隙系数 c_n^* 均为标准值，并采用与直齿轮相同的标准值和齿制。

2. 标准斜齿圆柱齿轮几何尺寸计算

斜齿轮的几何尺寸计算公式见表 6-4。

表 6-4　标准斜齿圆柱齿轮主要几何尺寸的计算公式

名　称	符　号	计算公式
顶隙	c_n	$c_n = c_n^* m_n$
齿顶高	h_a	$h_a = h_{an}^* m_n$
齿根高	h_f	$h_f = (h_{an}^* + c_n^*) m_n$
齿全高	h	$h = h_a + h_f = h_{an}^* m_n + (h_{an}^* + c_n^*) m_n = (2h_{an}^* + c_n^*) m_n$
分度圆直径	d	$d = m_t z = m_n z/\cos\beta$
齿顶圆直径	d_a	$d_a = d + 2h_a = m_n\left(\dfrac{z}{\cos\beta} + 2h_{an}^*\right)$
齿根圆直径	d_f	$d_f = d - 2h_f = m_n\left(\dfrac{z}{\cos\beta} - 2h_{an}^* - 2c_n^*\right)$
中心距	a	$a = \dfrac{1}{2}(d_1 + d_2) = \dfrac{m_n}{2\cos\beta}(z_1 + z_2)$

6.4.3 斜齿圆柱齿轮的正确啮合条件

一对斜齿圆柱齿轮的正确啮合条件为：两齿轮的法面模数和法面压力角分别相等，两齿轮分度圆上的螺旋角大小相等，外啮合时旋向相反、内啮合时旋向相同。即

$$\left.\begin{array}{l} m_{n1}=m_{n2}=m \\ \alpha_{n1}=\alpha_{n2}=\alpha \\ \beta_1=\pm\beta_2 \\ (\text{外啮合时取“}-\text{”，内啮合时取“}+\text{”}) \end{array}\right\} \tag{6-10}$$

6.4.4 当量齿轮和当量齿数

斜齿轮在进行强度计算和采用仿形法加工选择铣刀时，必须知道其法面齿形，即要确定斜齿轮的当量齿轮与当量齿数。如图 6-23 所示，过分度圆柱面上点 c 作斜齿轮法面 $n-n$，截面为一椭圆，以椭圆在 c 点的曲率半径 ρ 为分度圆半径，以斜齿轮法面模数 m_n 为模数，取标准压力角 α_n，作一直齿圆柱齿轮，此直齿圆柱齿轮称为原斜齿轮的当量齿轮，其齿数称为当量齿数，用 z_V 表示。

$$z_V=\frac{z}{\cos^3\beta} \tag{6-11}$$

式中：z——斜齿轮的实际齿数。

由上式可知斜齿轮不发生根切的最少齿数为 $z_{min}=17\cos^3\beta<17$。

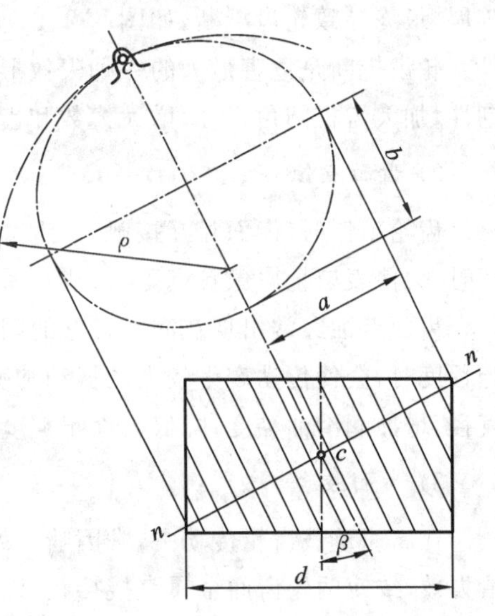

图 6-23 斜齿轮的当量齿数

【例 6-2】 一对标准斜齿圆柱齿轮传动。已知 $z_1=27$，$z_2=95$，$\beta=8°06'34''$，$m_n=3$ mm，试求这对齿轮的主要尺寸。

解：分度圆直径：

$$d_1=m_nz_1/\cos\beta=(3\times27/\cos8°06'34'')\ \text{mm}=81.82\ \text{mm}$$

$$d_2=m_nz_2/\cos\beta=(3\times95/\cos8°06'34'')\ \text{mm}=287.88\ \text{mm}$$

齿顶高： $h_a=h_{an}^*m_n=1\times3\ \text{mm}=3\ \text{mm}$

齿根高： $h_f=(h_{an}^*+c_n^*)m_n=[(1+0.25)\times3]\ \text{mm}=3.75\ \text{mm}$

全齿高： $h=h_a+h_f=(3+3.75)\ \text{mm}=6.75\ \text{mm}$

齿顶圆直径： $d_{a1}=d_1+2h_a=(81.82+2\times3)\ \text{mm}=87.82\ \text{mm}$

$$d_{a2}=d_2+2h_a=(287.88+2\times3)\ \text{mm}=293.88\ \text{mm}$$

齿根圆直径： $d_{f1}=d_1-2h_f=(81.82-2\times3.75)\ \text{mm}=74.32\ \text{mm}$

$$d_{f2}=d_2-2h_f=(287.88-2\times3.75)\ \text{mm}=280.38\ \text{mm}$$

中心距： $a=\frac{1}{2}(d_1+d_2)=\left[\frac{1}{2}\times(81.82+287.88)\right]\ \text{mm}=184.85\ \text{mm}$

6.5 圆柱齿轮强度计算

6.5.1 齿轮的失效形式和设计准则

1. 轮齿常见的失效形式

齿轮的失效主要为轮齿失效，其他部分失效较少，轮齿的常见失效形式有以下几种。

1）轮齿折断

在工作中，轮齿就像一个悬臂梁，轮齿的根部承受着较大的交变弯曲应力的作用，且由于截面变化，应力较为集中，因此易在齿根部分产生疲劳裂纹，又由于传动的继续，使疲劳裂纹不断扩展，最终导致轮齿折断，如图 6-24(a)所示。

轮齿折断是危害最大的一种失效形式，一般可通过提高材料的弯曲疲劳强度和轮齿芯部的韧性，加大齿根圆角半径，增大模数和齿宽等措施，提高轮齿的抗折断能力。

2）齿面点蚀

齿轮工作时，齿面相互接触，产生交变的接触应力，当齿面接触应力的重复次数超过一定限度时，会使表层金属微粒剥落，形成一系列麻点，这种现象称为齿面点蚀，如图 6-24(b)所示。

齿面点蚀经常出现在润滑良好的闭式软齿面(≤350 HBS)齿轮传动中，当齿面点蚀达到一定程度时，会使传动产生较大的振动和噪声，最终导致传动失效。通过提高齿面硬度，增大齿轮直径，增加润滑油黏度，降低齿面粗糙度等措施，可防止齿面点蚀的过早出现。

3）齿面胶合

在高速重载齿轮传动中，常因啮合处高压接触使温升过高，破坏了齿面的润滑油膜，造成润滑失效，致使两轮齿面金属直接接触，以致局部金属黏结在一起。随着传动过程的继续，较硬金属齿面将较软的金属表层沿滑动方向撕划出沟槽，这种现象称为齿面胶合，如图 6-24(c)所示。对于低速重载传动，由于润滑油膜不易形成也可能发生胶合失效。

齿面胶合会造成啮合不良。提高齿面硬度，降低齿面粗糙度，选用抗胶合性能好的齿轮副材料，采用润滑和冷却效果好的润滑方式，使用含抗胶合添加剂的合成润滑油等措施，可防止或减轻胶合现象的发生。

4）齿面磨损

轮齿接触面间由于有相对滑动而引起齿面间的摩擦磨损，特别是对于开式齿轮传动，由于工作条件差，外界杂物易进入啮合面间使磨损速度加快。磨损降低了传动的平稳性，并使齿厚变薄而最终导致轮齿弯曲折断，如图 6-24(d)所示。

磨损是开式传动最常见的失效形式。通过提高齿面硬度，降低齿面粗糙度，改善润滑条件等措施，可减轻齿面磨损。

5）塑性变形

在重载下，由于过大的应力作用，轮齿材料因屈服产生塑性流动而形成齿面或齿体的塑性

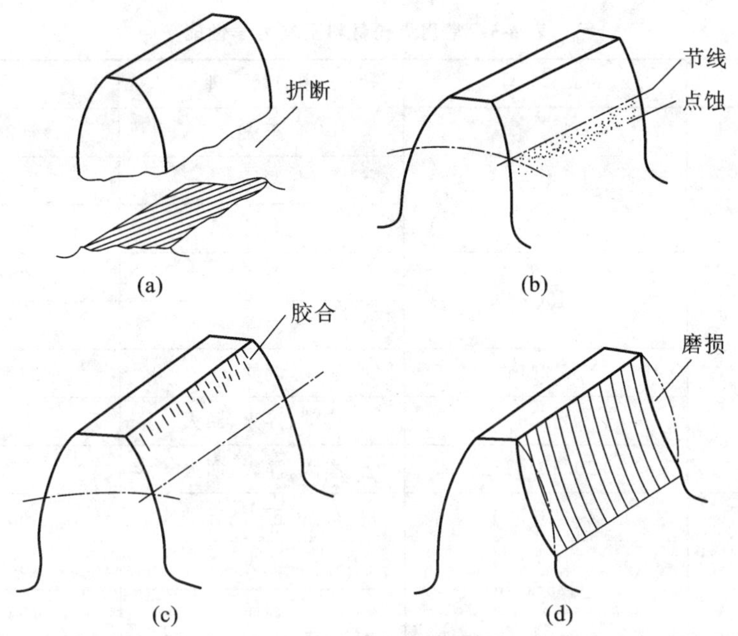

图 6-24 轮齿的失效形式

变形，一般多发生于较软的齿面上。

为减轻或防止塑性变形，应提高齿面硬度。

2. 设计准则

对于闭式软齿面(≤350 HBS)传动，其主要失效形式是齿面点蚀，通常按齿面接触疲劳强度设计，然后验算其齿根弯曲疲劳强度。

对于闭式硬齿面(>350 HBS)和铸铁齿轮传动，其主要失效形式是轮齿折断，应按齿根弯曲疲劳强度设计，然后验算其齿面接触疲劳强度。

对于开式齿轮传动，其主要失效形式是齿面磨损，但最终的失效形式是轮齿折断，所以按齿根弯曲疲劳强度设计，然后将设计出的模数加大 10%～20%，再圆整为标准模数。

6.5.2 齿轮的材料及热处理

针对齿轮的各种失效形式，齿轮在选材及热处理时，应保证齿面具有较高的抗点蚀、抗胶合、抗磨损能力，并保证齿根具有较高的抗疲劳折断能力。最理想的齿轮材料性能是齿面硬、齿芯韧。

实际应用中最常用于制造齿轮的材料是锻造的优质碳素钢和合金结构钢；对于形状复杂、直径较大(d≥500 mm)的齿轮，可采用铸钢或球墨铸铁；对于低速、轻载、无冲击及开式传动中的齿轮，可采用灰铸铁；对于有特殊要求(如防磁等)的齿轮，可采用有色金属。齿轮常见的热处理方式有正火、调质和淬火。

表 6-5 列出了齿轮常用材料牌号及进行相应热处理后的主要力学性能，供设计时参考。

表 6-5　常用齿轮材料及其力学性能

类　型	牌　号	热处理	硬　度
优质碳素钢	45	正火	162～217 HBS
		调质	217～255 HBS
		表面淬火	40～50 HRC
合金结构钢	40Cr	调质	241～286 HBS
		表面淬火	48～55 HRC
	35SiMn	调质	217～269 HBS
	20Cr	渗碳、淬火、回火	56～62 HRC
	20CrMnTi	渗碳、淬火、回火	56～62 HRC
铸钢	ZG310-570	正火	163～197 HBS
	ZG35SiMn	正火	163～217 HBS
		调质	197～248 HBS
铸铁	HT300		187～255 HBS
	QT600-3		190～270 HBS

小齿轮转速较高，且轮齿啮合承载次数多，为了使两轮寿命接近，设计时通常使小齿轮的齿面硬度高于大齿轮 30～50 HBS。

6.5.3　轮齿受力分析及计算载荷

1. 受力分析

如图 6-25(a)所示为一对标准直齿圆柱齿轮传动的主动齿轮在分度圆柱上的受力情况，轮齿间的相互作用力沿齿廓公法线方向(即啮合线方向)，称为法向力，用 F_n 表示。将法向力 F_n 分解为相互垂直的两个分力：圆周力 F_t 和径向力 F_r。主动齿轮上的圆周力 F_{t1} 方向与力作用点的圆周速度方向相反，从动齿轮上圆周力 F_{t2} 方向与力作用点的圆周速度方向相同；主、从动齿轮上径向力 F_{r1}、F_{r2} 的方向分别指向各自的回转轴线，如图 6-25(b)所示。作用于从动齿轮上的圆周力 F_{t2} 和径向力 F_{r2} 分别与主动齿轮上的圆周力 F_{t1} 和径向力 F_{r1} 大小相等，方向相反，互为作用力与反作用力。

如图 6-28(a) 所示，根据力矩平衡条件 $\sum m_{01} = 0$ 得

$$T_1 - \frac{d_1}{2} \times F_{t1} = 0$$

即

圆周力
$$F_{t1} = F_{t2} = \frac{2T_1}{d_1}$$

径向力
$$F_{r1} = F_{r2} = F_{t1}\tan\alpha$$

法向力
$$F_n = \frac{2T_1}{d_1\cos\alpha}$$

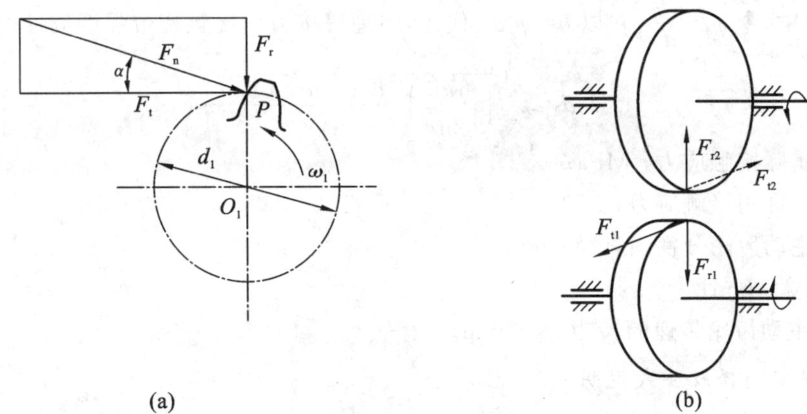

图 6-25 直齿圆柱齿轮受力分析

式中：T_1——主动齿轮的理论转矩，N·mm，$T_1=9.55\times10^6\ \dfrac{P_1}{n_1}$；

P_1——主动齿轮传递的功率，kW。

2. 计算载荷

上述法向力 F_n 是在平稳工作条件下求出的理论载荷，实际计算中考虑到原动机、工作机的载荷特性及齿轮相对于轴承布置情况对载荷的影响，计算时应采用计算载荷 F_{nc}。

$$F_{nc}=KF_n$$

式中：K——考虑了实际传动中各种影响载荷因素的载荷系数，查表 6-6 取值。

表 6-6 载荷系数 K

原动机工作情况	工作机载荷特性		
	平稳和比较平稳	中等冲击	严重冲击
工作平稳(如电动机、汽轮机等)	1～1.2	1.2～1.6	1.6～1.8
轻度冲击(如多缸内燃机)	1.2～1.6	1.6～1.8	1.9～2.1
中等冲击(如单缸内燃机)	1.6～1.8	1.8～2.0	2.2～2.4

注：斜齿圆柱齿轮、圆周速度较低、精度高、齿宽较小、齿轮在轴承之间对称布置时，取小值，反之取大值。

6.5.4 齿轮传动强度计算

齿轮传动的强度计算是根据轮齿可能出现的失效形式来进行的。在工作中，轮齿的主要失效形式是齿面点蚀和轮齿折断，因此只讨论齿面接触疲劳强度和齿根弯曲疲劳强度的计算。

1. 齿面接触疲劳强度计算

1) 计算公式

经推导可得，一对钢制直齿圆柱齿轮传动在保证满足齿面接触强度，不发生点蚀时的接触疲劳强度计算公式为

$$\sigma_H=671\sqrt{\frac{KT_1(\mu\pm1)}{bd_1{}^2\mu}}\leqslant[\sigma_H] \tag{6-12}$$

式(6-12)中，令 $\psi_d=\frac{b}{d_1}$，并以 $b=\psi_d d_1$ 代入，整理得按齿面接触疲劳强度设计的设计公式为

$$d_1 \geqslant \sqrt[3]{\left(\frac{671}{[\sigma_H]}\right)^2 \frac{KT_1(u\pm 1)}{\psi_d u}} \tag{6-13}$$

式中：σ_H——实际接触应力，MPa；

$[\sigma_H]$——许用接触应力，MPa；

d_1——主动齿轮分度圆直径，mm；

b——齿宽，mm；

T_1——主动齿轮传递的转矩，N·mm。

2）有关参数选择及公式说明

(1) 齿数比 u 为一对啮合齿轮中大齿轮的齿数与小齿轮齿数之比，即 $u=\frac{z_{大}}{z_{小}}$，在减速传动中 $u=i$，增速传动中 $u=\frac{1}{i}$，对于一般闭式齿轮传动，单级齿数比取 $u\leqslant 6\sim 8$，否则会使传动外廓尺寸过大；开式传动或手动传动，u 可达 8～12。

(2) $(u\pm 1)$项中，"＋"号用于外啮合传动，"－"号用于内啮合传动。

(3) 齿宽系数 ψ_d：一般取 $\psi_d=0.2\sim 2.4$。对于闭式传动，当硬度小于 350 HBS，齿轮对称于轴承布置并靠近轴承时，取 $\psi_d=0.8\sim 1.4$；齿轮不对称于轴承布置或悬臂布置，且结构刚性较大时，取 $\psi_d=0.6\sim 1.2$；结构刚性较小时，取 $\psi_d=0.4\sim 0.9$。对于硬度大于 350 HBS 的闭式传动，ψ_d 的数值应在上述各种情况下降低 50%。对于开式齿轮传动，$\psi_d=0.3\sim 0.5$。

(4) 许用接触应力$[\sigma_H]$。

$$[\sigma_H]=\frac{\sigma_{Hlim}}{S_H} \tag{6-14}$$

式中：σ_{Hlim}——试验齿轮的接触疲劳极限(MPa)，其数值可根据齿轮的材料、热处理方式和齿面硬度及质量等级要求，由图 6-26 查取。

S_H——接触强度计算的安全系数，$S_H=1.1\sim 1.35$，一般传动 S_H 取偏小值，重要传动取偏大值。

(5) 两齿轮啮合时，实际接触应力 $\sigma_{H1}=\sigma_{H2}$，由于两轮材料和热处理不同，$[\sigma_{H1}]\neq[\sigma_{H2}]$，所以计算时应以$[\sigma_{H1}]$和$[\sigma_{H2}]$中数值较小者代入式(6-12)或者式(6-13)中。

(6) 式(6-12)和式(6-13)适用于两齿轮均为钢制传动，当两齿轮并非钢对钢时，应将式中的 671 修正为 $671\times Z_E/189.8$，Z_E 为材料弹性系数，可查有关手册确定。

2. 齿根弯曲疲劳强度计算

弯曲疲劳强度计算主要是针对轮齿疲劳折断为主要失效形式的齿轮传动。在分析齿根弯曲应力时，按法向载荷作用于齿顶，并假设载荷全部由一对轮齿承担，此时齿根所产生的弯曲应力最大。如图 6-27 所示，将受载轮齿看作一悬臂梁，齿根危险截面(可用 30°切线法确定，如图 6-27 所示)处齿宽为 s_F，距 F_n 和轮齿对称线交点距离为 h_F。

1）计算公式

经推导可得齿根危险截面弯曲应力的强度校核公式：

$$\sigma_F=\frac{M}{W}=\frac{2KT_1Y_{FS}}{d_1bm}\leqslant[\sigma_F] \tag{6-15}$$

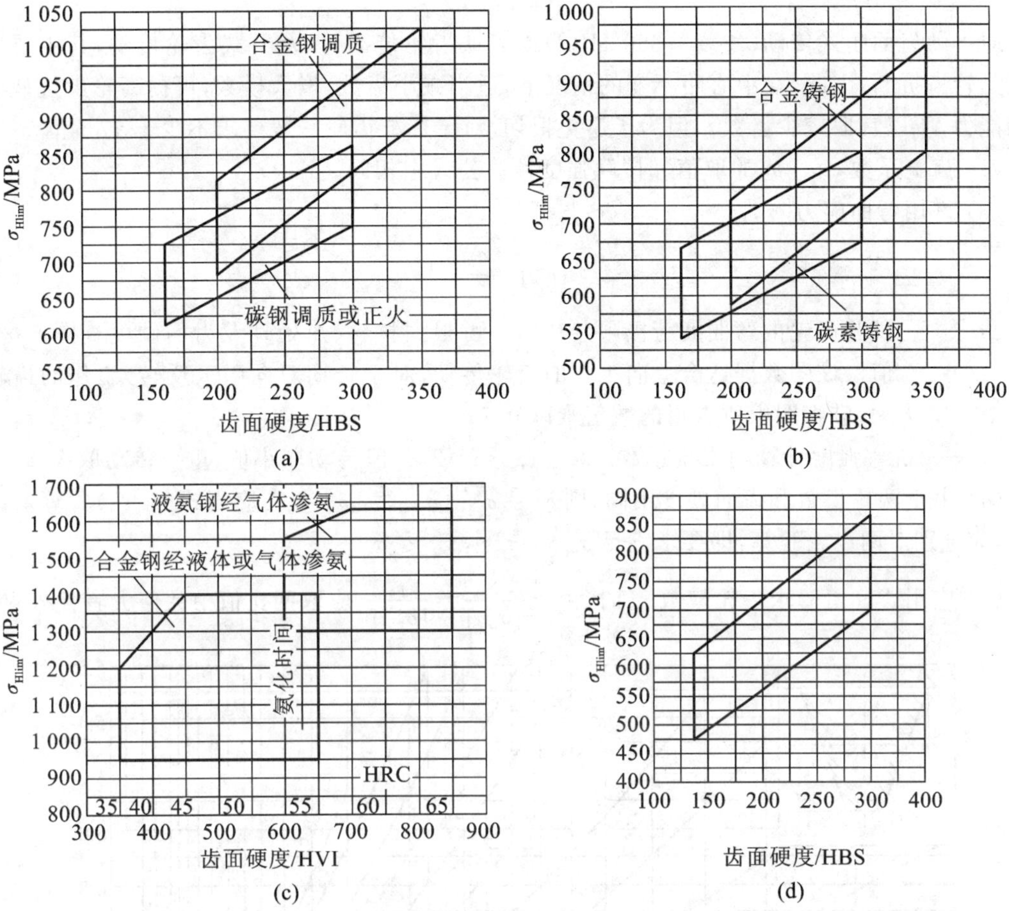

(a)　(b)

(c)　(d)

图 6-26　试验齿轮接触疲劳极限

式(6-15)中，令 $\psi_d=\frac{b}{d_1}$，以 $b=\psi_d d_1$ 代入并整理可得齿根弯曲疲劳强度的设计公式：

$$m\geqslant\sqrt[3]{\frac{2KT_1Y_{FS}}{\psi_d z_1^2[\sigma_F]}} \tag{6-16}$$

式中：σ_F——实际弯曲应力，MPa；

Y_{FS}——复合齿形系数，根据齿数查图 6-28 取值，x 为变位系数，对于标准齿轮 $x=0$；

$[\sigma_F]$——许用弯曲应力，MPa；

其他参数含义同前。

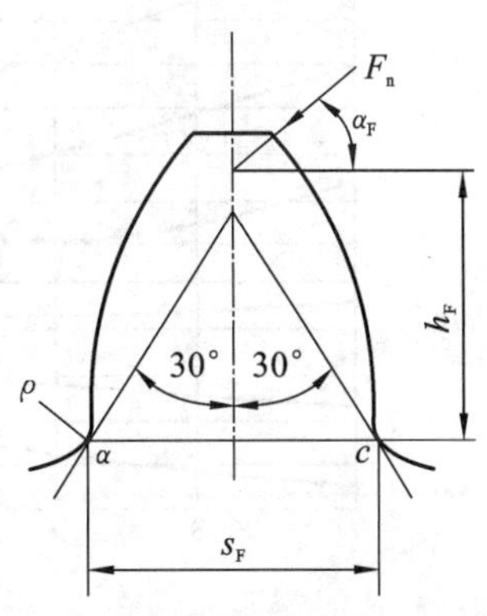

图 6-27　齿根弯曲疲劳强度计算

2）参数选择及公式说明

（1）齿数 z。

对于软齿面闭式传动（硬度≤350 HBS），其主要失效形式是齿面点蚀，因此，在中心距不变的情况下，增加齿数，减小模数，能加大重合度，避免点蚀，且使传动平稳，同时齿数多则模数小（但对于传递动力的齿轮，模数不宜小于 1.5～2 mm），齿顶圆直径小，能减少金属切削量，节省材料、减少加工工时，降低加工成本。所以，在满足弯曲强度的条件下，宜取较多的齿数。一般

推荐 $z_1=20\sim40$。

对于硬齿面闭式传动(硬度>350 HBS)或铸铁齿轮传动,以及开式齿轮传动,其主要失效形式是轮齿折断,因此,在中心距不变的情况下,适当减小齿数,增大模数,可提高轮齿抗疲劳折断的能力,所以宜取较少齿数。但为了避免根切,对于标准齿轮一般要求不少于 17 个齿。

(2) 齿宽系数 ψ_d。ψ_d 的取值和接触强度计算公式中相同。

(3) 许用弯曲应力$[\sigma_F]$。

$$[\sigma_F]=\frac{\sigma_{Flim}}{s_F} \tag{6-17}$$

式中:σ_{Flim}——试验齿轮的弯曲疲劳极限(MPa)。可根据材料、热处理及齿面硬度查图 6-29 取值。该图数据适合单向工作的齿轮传动,对于长期双向(正、反转)工作的齿轮传动,应将图中所查得的数值乘以 0.7;

s_F——抗弯强度计算的安全系数。$s_F=1.3\sim2.2$,一般传动取小值,重要传动取大值。

(4) 由于两轮齿数和齿面硬度不同,则 $\sigma_{F1}\neq\sigma_{F2}$、$[\sigma_{F1}]\neq[\sigma_{F2}]$,在应用式(6-15)验算弯曲强度时,应分别对两齿轮验算,即要求满足 $\sigma_{F1}\leqslant[\sigma_{F1}]$,$\sigma_{F2}\leqslant[\sigma_{F2}]$。

(5) 应用式(6-16)求齿轮模数 m 时,由于 $\frac{Y_{FS1}}{[\sigma_{F1}]}\neq\frac{Y_{FS2}}{[\sigma_{F2}]}$,应取两比值中数值大者代入求 m。

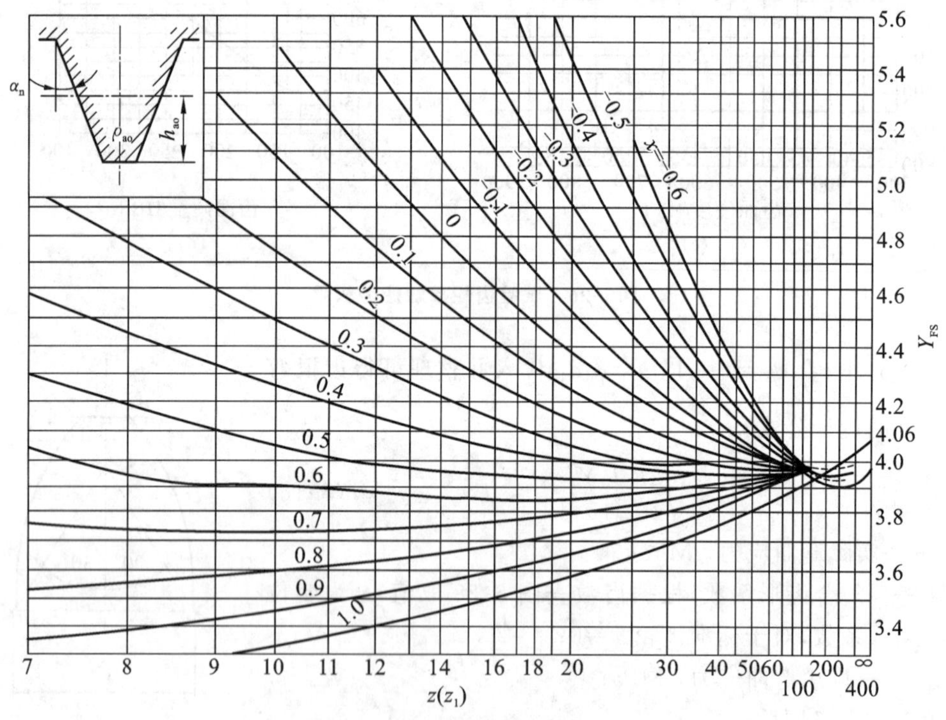

图 6-28 外齿轮复合齿形系数

【例 6-3】 设计一个二级减速器中的低速级直齿圆柱齿轮传动。已知:电动机驱动,中等冲击,单向运转,齿轮相对轴承非对称布置,传递功率 $P=17$ kW,主动齿轮转速 $n_1=400$ r/min,传动比 $i=3.5$。

解:(1) 选择齿轮材料及热处理方式,确定许用应力。

根据表 6-4,由于无特殊要求,小齿轮采用 45 钢调质,硬度为 217~255 HBS,取中间值 236 HBS;

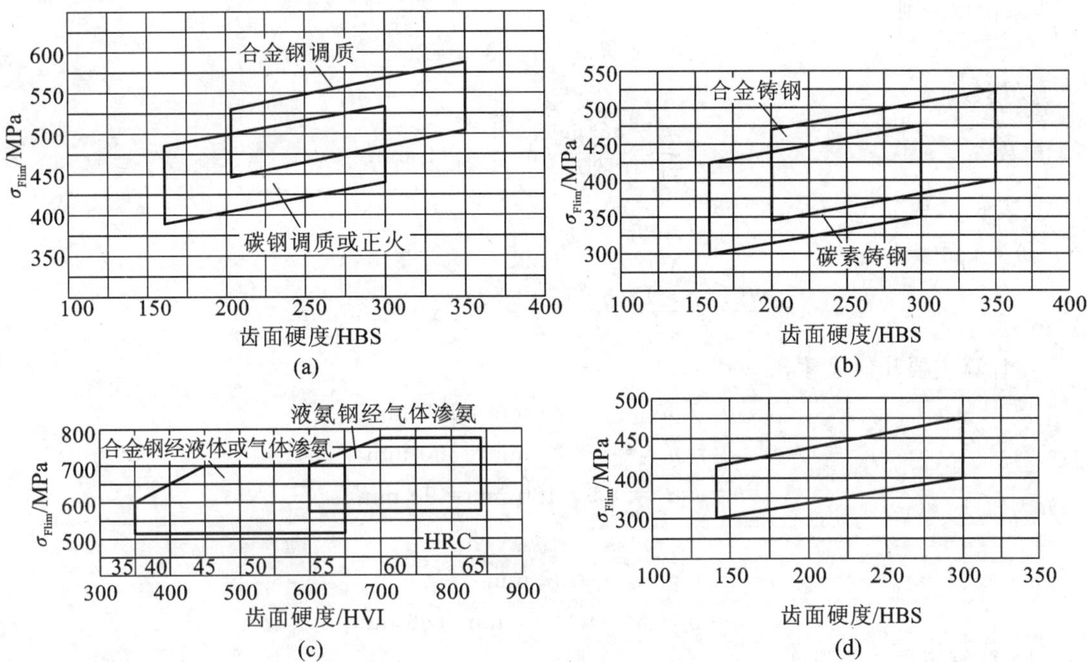

图 6-29 试验齿轮弯曲疲劳极限

大齿轮采用 45 钢正火，硬度为 162～217 HBS，取中间值 190 HBS。查图 6-26 得 $\sigma_{H1lim}=720$ MPa，$\sigma_{H2lim}=690$ MPa，取 $s_H=1.1$。

则由式(6-14)得：

$$[\sigma_{H1}]=\frac{\sigma_{H1lim}}{s_H}=\frac{720}{1.1}\ \text{MPa}=654.5\ \text{MPa}$$

$$[\sigma_{H2}]=\frac{\sigma_{H2lim}}{s_H}=\frac{690}{1.1}\ \text{MPa}=627.3\ \text{MPa}$$

查图 6-29 得，$\sigma_{F1lim}=460$ MPa，$\sigma_{F2lim}=450$ MPa，取 $s_F=1.4$。

则由式(6-17)得

$$[\sigma_{F1}]=\frac{\sigma_{F1lim}}{s_F}=\frac{460}{1.4}\ \text{MPa}=328.6\ \text{MPa}$$

$$[\sigma_{F2}]=\frac{\sigma_{F2lim}}{s_F}=\frac{450}{1.4}\ \text{MPa}=321.4\ \text{MPa}$$

(2) 按齿面接触强度设计计算。

查表 6-6 取载荷系数 $K=1.5$；取齿宽系数 $\psi_d=0.9$；取 $[\sigma_H]=[\sigma_{H2}]=627.3$ MPa；齿数比 $u=i=3.5$。

$$T_1=9.55\times10^6\frac{P_1}{n_1}=9.55\times10^6\times\frac{17}{400}\ \text{N}\cdot\text{mm}=405\ 875\ \text{N}\cdot\text{mm}$$

将以上数值代入式(6-13)得

$$d_1\geqslant\sqrt[3]{\left(\frac{671}{[\sigma_H]}\right)^2\frac{KT_1(u\pm1)}{\psi_d u}}=\sqrt[3]{\left(\frac{671}{627.3}\right)^2\times\frac{1.5\times405\ 875\times(3.5+1)}{0.9\times3.5}}\ \text{mm}=99.83\ \text{mm}$$

(3) 确定两齿轮的主要参数及尺寸。

① 齿数。

取 $z_1=20$，则

$$z_2=z_1\times u=20\times 3.5=70$$

② 模数。

模数：
$$m=\frac{d_1}{z_1}=\frac{99.83}{20}\ \text{mm}=4.99\ \text{mm}$$

查表 6-1，取 $m=5$ mm。

③ 中心距 a。

$$a=\frac{m(z_1+z_2)}{2}=\frac{5\times(20+70)}{2}\ \text{mm}=225\ \text{mm}$$

④ 计算主要几何尺寸。

$$d_1=mz_1=5\times 20\ \text{mm}=100\ \text{mm}$$
$$d_2=mz_2=5\times 70\ \text{mm}=350\ \text{mm}$$
$$b=\psi_d d_1=0.9\times 100\ \text{mm}=90\ \text{mm}$$

取

$$b_2=90\ \text{mm}$$
$$b_1=b_2+6=(90+6)\ \text{mm}=96\ \text{mm}$$

(4) 验算齿根弯曲强度。

查图 6-28，根据 $z_1=20$，$z_2=70$ 得 $Y_{FS1}=4.35$，$Y_{FS2}=3.95$。由式(6-15)得

$$\sigma_{F1}=\frac{2KT_1Y_{FS1}}{d_1bm}=\frac{2\times 1.5\times 405875\times 4.35}{100\times 90\times 5}\ \text{MPa}=117.7\ \text{MPa}<[\sigma_{F1}]$$

$$\sigma_{F2}=\sigma_{F1}\frac{Y_{FS2}}{Y_{FS1}}=117.7\times\frac{3.95}{4.35}\ \text{MPa}=106.9\ \text{MPa}<[\sigma_{F2}]$$

所以两轮齿根弯曲强度足够。

(5) 作大齿轮工作图(略)。

6.6 直齿圆锥齿轮传动

6.6.1 圆锥齿轮传动的特点

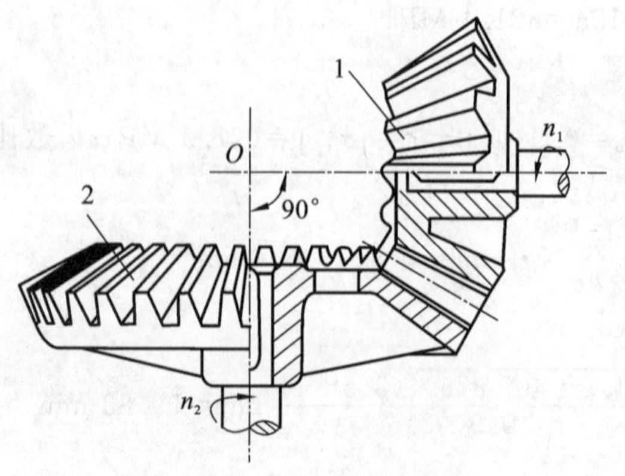

图 6-30 圆锥齿轮传动

圆柱齿轮传动适用于两轴线平行的工作场合，圆锥齿轮传动适用于两轴相交的工作场合，如图 6-30 所示。轴线之间的夹角称为轴交角，用 Σ 表示，轴交角 $\Sigma=90°$ 的圆锥齿轮机构最为常见。圆锥齿轮的几何参数均转化为圆锥，如分度圆锥、齿顶圆锥、齿根圆锥、基圆锥等，δ 为分度圆锥角，$\Sigma=\delta_1+\delta_2$，轴交角 $\Sigma=90°$ 的直齿圆锥齿轮传动应用最广。

6.6.2 直齿圆锥齿轮的基本参数及几何尺寸计算

一对标准直齿圆锥齿轮传动，其节圆锥与分度圆锥重合，如图 6-31 所示，由于圆锥齿轮大端轮齿尺寸大，计算和测量时的相对误差小，同时也便于确定齿轮外部尺寸，所以规定大端参数为标准值。圆锥齿轮的基本参数有 m、z、α、h_a^*、c^* 和 δ，我国规定正常齿制圆锥齿轮 $h_a^*=1$，$c^*=0.2$，$\alpha=20°$，模数 m 取表 6-7 所列系列数值。

表 6-7 圆锥齿轮标准模数

mm

1	1.125	1.25	1.375	1.5	1.75	2	2.25	2.5	2.75
3	3.25	3.5	3.75	4	4.5	5	6.5	6	6.5
7	8	9	10	11	12	14	16	18	20
22	25	28	30	32	36	40	45	50	

轴交角 $\Sigma=90°$ 的标准直齿圆锥齿轮传动（见图 6-31）的几何尺寸及其计算公式见表 6-8。

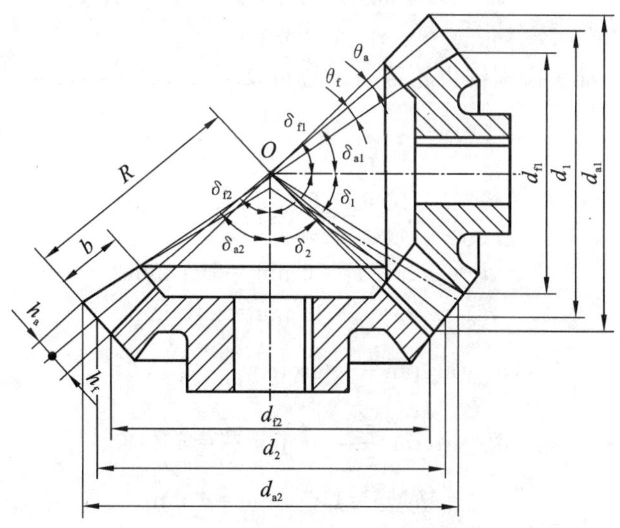

图 6-31 圆锥齿轮几何尺寸

表 6-8 标准直齿圆锥齿轮的几何尺寸计算

名 称	符 号	小 齿 轮	大 齿 轮
传动比	i	$i=\dfrac{z_2}{z_1}=\dfrac{r_2}{r_1}=\cot\delta_1=\tan\delta_2$	
齿顶高	h_a	$h_a=h_a^* m$	
齿根高	h_f	$h_f=(h_a^*+c^*)m$	
齿全高	h	$h=h_a+h_f=(2h_a^*+c^*)m$	
分度圆直径	d	$d_1=mz_1$	$d_2=mz_2$
齿顶圆直径	d_a	$d_{a1}=d_1+2h_a^* m\cos\delta_1$	$d_{a2}=d_2+2h_a^* m\cos\delta_2$
齿根圆直径	d_f	$d_{f1}=d_1-2(h_a^*+c^*)m\cos\delta_1$	$d_{f2}=d_2-2(h_a^*+c^*)m\cos\delta_2$

续表

名　称	符　号	小　齿　轮	大　齿　轮
外锥距	R	$R=\dfrac{d_1}{2\sin\delta_1}=\dfrac{d_2}{2\sin\delta_2}$	
齿宽	b	$b\leqslant\dfrac{R}{3}$	
分度圆锥角	δ	$\delta_1=\arctan\dfrac{z_1}{z_2}$	$\delta_2=\arctan\dfrac{z_2}{z_1}$
齿顶角	θ_a	$\theta_a=\arctan\dfrac{h_a^* m}{R}$	
齿根角	θ_f	$\theta_f=\arctan\dfrac{(h_a^*+c^*)m}{R}$	
齿顶圆锥角	δ_a	$\delta_{a1}=\delta_1+\theta_a$	$\delta_{a2}=\delta_2+\theta_a$
齿根圆锥角	δ_f	$\delta_{f1}=\delta_1-\theta_f$	$\delta_{f2}=\delta_2-\theta_f$

一对直齿圆锥齿轮正确啮合条件是：两轮大端模数和压力角分别相等，且锥顶必须重合，即

$$\left.\begin{aligned}m_1=m_2=m\\ \alpha_1=\alpha_2=\alpha\end{aligned}\right\} \tag{6-18}$$

【例 6-4】 一对标准直齿圆锥齿轮传动。已知，$\Sigma=90°$，$z_1=26$，$z_2=60$，$m=4$ mm，试计算这对锥齿轮的主要尺寸。

解：

传动比：
$$i=\frac{z_2}{z_1}=\frac{60}{26}=2.31$$

分度圆直径：
$$d_1=mz_1=4\times26\text{ mm}=104\text{ mm}$$
$$d_2=mz_2=4\times60\text{ mm}=240\text{ mm}$$

分度圆锥角：
$$\delta_1=\arctan\frac{z_1}{z_2}=\arctan\frac{26}{60}=23°26'$$
$$\delta_2=\arctan\frac{z_2}{z_1}=\arctan\frac{60}{26}=66°34'$$

齿顶高：
$$h_a=h_a^* m=1\times4\text{ mm}=4\text{ mm}$$

齿根高：
$$h_f=(h_a^*+c^*)m=[(1+0.2)\times4]\text{ mm}=4.8\text{ mm}$$

齿全高：
$$h=h_a+h_f=(4+4.8)\text{ mm}=8.8\text{ mm}$$

齿顶圆直径：
$$d_{a1}=d_1+2h_a^* m\cos\delta_1=(104+2\times1\times4\times\cos23°26')\text{ mm}=111.34\text{ mm}$$
$$d_{a2}=d_2+2h_a^* m\cos\delta_2=(240+2\times1\times4\times\cos66°34')\text{ mm}=243.18\text{ mm}$$

齿根圆直径：
$$d_{f1}=d_1-2(h_a^*+c^*)m\cos\delta_1=[104-2\times(1+0.2)\times4\times\cos23°26']\text{ mm}=95.19\text{ mm}$$
$$d_{f2}=d_2-2(h_a^*+c^*)m\cos\delta_2=[240-2\times(1+0.2)\times4\times\cos66°34']\text{ mm}=236.18\text{ mm}$$

外锥距：
$$R=\frac{d_1}{2\sin\delta_1}=\frac{104}{2\sin23°26'}=130.78\text{ mm}$$

齿顶角：
$$\theta_a=\arctan\frac{h_a^* m}{R}=\arctan\frac{1\times4}{130.78}=1°46'$$

齿根角：
$$\theta_f=\arctan\frac{(h_a^*+c^*)m}{R}=\arctan\frac{(1+0.2)\times4}{130.78}=2°07'$$

齿顶圆锥角：

$$\delta_{a1}=\delta_1+\theta_a=23°26'+1°46'=25°12'$$

$$\delta_{a2}=\delta_2+\theta_a=66°34'+1°46'=68°20'$$

齿根圆锥角：

$$\delta_{f1}=\delta_1-\theta_f=23°26'-2°07'=21°19'$$

$$\delta_{f2}=\delta_2-\theta_f=66°34'-2°07'=64°27'$$

6.7 齿轮的结构设计

齿轮传动设计中，在进行了强度计算和几何尺寸计算后，便可确定齿轮的主要参数和几何尺寸大小，如 m、z、d、d_a、a、b 等。而齿轮的结构形式和齿轮的轮毂、轮辐、轮缘等部分的尺寸，则由齿轮结构设计来确定。

齿轮结构设计，通常的含义是先根据齿轮直径的大小，选择合理的结构形式，然后再由经验公式确定有关尺寸，绘制零件工作图。

齿轮常见的结构见表 6-9。

表 6-9 常用齿轮结构形式

名　称	结构形式	结构尺寸
齿轮轴		当齿轮直径很小时，齿轮与轴不便分开制作，应制成齿轮轴
实心式齿轮		$d_a\leqslant 200$ mm 圆柱齿轮 $x>(2\sim 2.5)m$； 圆锥齿轮 $x>(1.6\sim 2)m$
腹板式圆柱齿轮		$d_a\leqslant 500$ mm $d_1=1.6d_s$（d_s为轴径） $D_0=\frac{1}{2}(D_1+d_1)$ $D_1=d_a-(10\sim 12)m_n$ $d_0=0.25(D_1-d_1)$ $c=0.3b$ $L=(1.2\sim 1.3)d_s\geqslant b$

续表

名称	结构形式	结构尺寸
腹板式锥齿轮	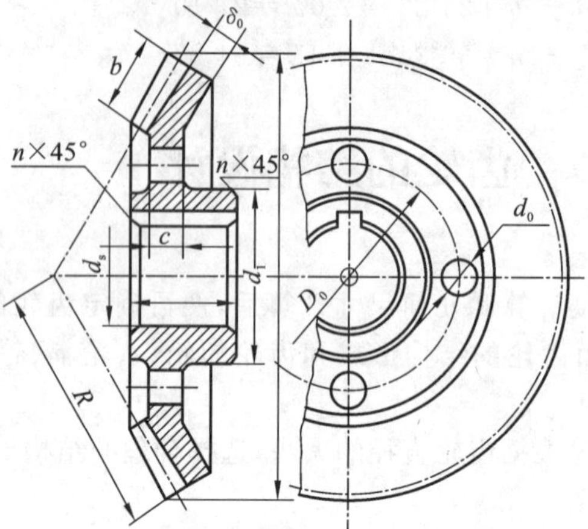	$d_a \leqslant 500$ mm $d_1=1.6d_s$ $c=(0.1\sim0.17)R$ $L=(1.1\sim1.2)d_s$ D_0 和 d_0 根据结构确定 $n=0.5m$
轮辐式齿轮	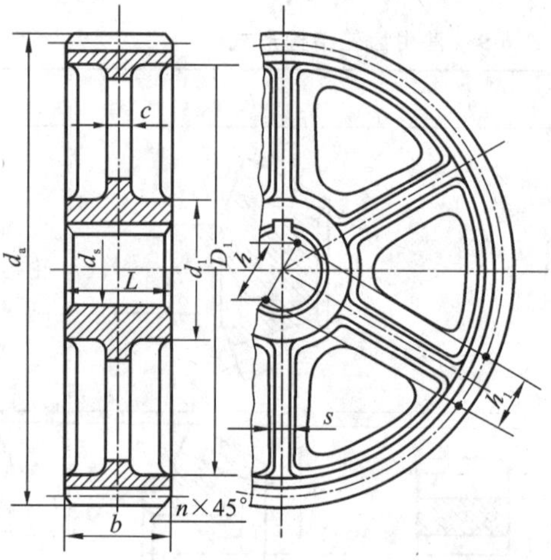	$d_a>400$ mm $d_1=1.6d_s$(铸钢) $d_1=1.8d_s$(铸铁) $D_1=d_a-(10\sim12)m_n$ $h=0.8d_s$ $h_1=0.8h$ $c=0.2h$ $s=h/6$(不小于 10) $L=(1.1\sim1.2)d_s$ $n=0.5m$

6.8 蜗杆传动

6.8.1 蜗杆传动的类型

蜗杆传动由蜗杆、蜗轮和机架组成，用于传递空间两垂直交错轴之间的运动和动力(见图 6-32)，通常交错角为 90°。蜗杆传动是一种特殊的齿轮传动。蜗杆如同一个螺旋角很大，齿数很少，半径较小的斜齿轮，外形像螺杆一样；蜗轮则像一个螺旋角较小，齿数较多，半径较大的斜齿轮。

一般蜗杆为主动件，蜗轮为从动件。蜗杆有左、右旋之分，旋向的判别同螺纹。常用的是右旋蜗杆，如图 6-33(a)、(b)所示均为右旋。按螺旋线数目又可分为单头、双头和多头蜗杆。

按蜗杆形状的不同，又可分为圆柱蜗杆传动[见图 6-33(a)]、弧面蜗杆传动[见图 6-33(b)]等，圆柱蜗杆传动最常用。圆柱蜗杆按其螺旋面的形状不同，可分为阿基米德蜗杆(ZA 蜗杆)和渐开线蜗杆(ZI 蜗杆)等。

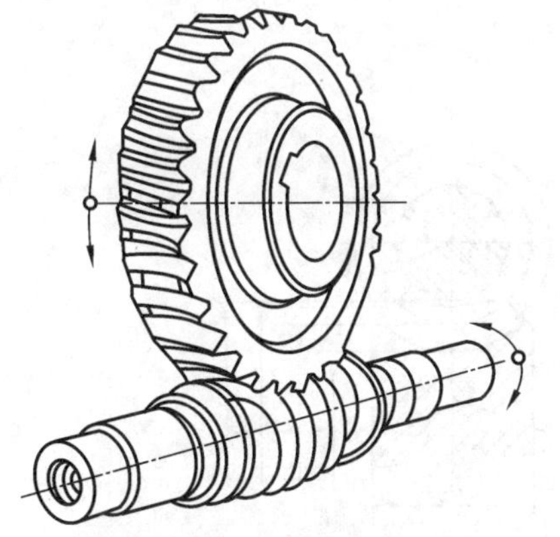

图 6-32 蜗杆传动

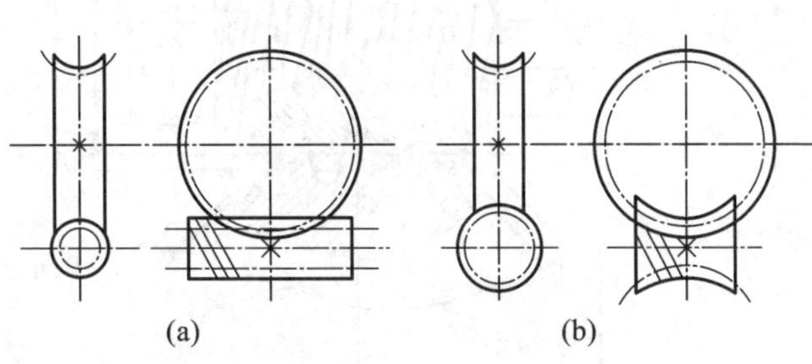

图 6-33 蜗杆传动的类型

阿基米德蜗杆(见图 6-34)如同一个梯形螺杆,可用直刃梯形车刀在车床上加工。阿基米德蜗杆加工方便,应用较广泛,但导程角较大(>15°)时,加工困难,且难以磨齿,不便采用硬齿面,精度较低。一般用于头数较少,载荷较小,低速或不太重要的传动。渐开线蜗杆加工方便,易磨削,精度高,多用于高速大功率和较精密的传动。

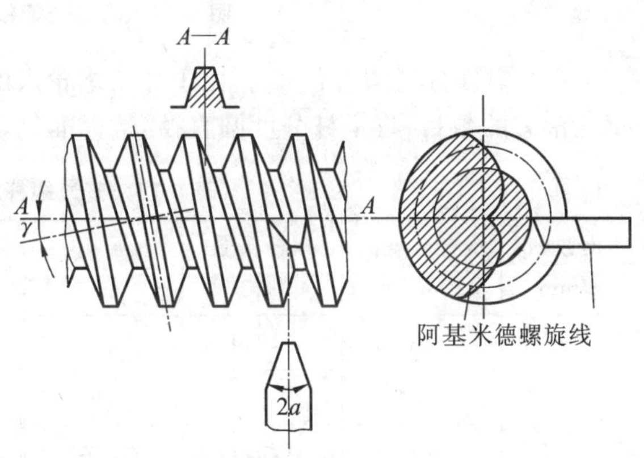

图 6-34 阿基米德蜗杆

6.8.2 蜗杆传动的特点

与齿轮传动相比较,蜗杆传动具有下述特点。

(1) 传动比大、结构紧凑。传递动力时,单级传动比可达 5～80,分度机构中可达 1 000。

(2) 传动平稳、无噪声。蜗杆传动如同螺旋传动,传动平稳,无噪声。

(3) 具有自锁性。当蜗杆的导程角 γ 很小时,蜗杆传动具有自锁性。

(4) 传动效率较低。蜗杆传动齿面间滑动速度大,齿面易磨损,发热量高,效率低。一般传动效率 $\eta=0.7\sim0.8$,具有自锁性时,传动效率 $\eta=0.4\sim0.5$。

(5) 成本较高。为了减摩耐磨,蜗轮齿圈常用贵重的铜合金制造,成本较高。

蜗杆传动常用于传动比较大,结构要求紧凑,传动功率不大的场合。

6.8.3 圆柱蜗杆传动的主要参数和几何尺寸

1. 圆柱蜗杆传动的主要参数

(1) 模数 m 和压力角 α。通过蜗杆轴线并垂直于蜗轮轴线的平面,称为中间平面(见图 6-35)。在此平面内蜗轮与蜗杆的啮合相当于齿轮与齿条的啮合。因此,规定在中间平面内的参数为标准值。所以蜗杆传动的正确啮合条件为:蜗杆轴向剖面(角标 x_1)和蜗轮端面(角标 t_2)上的模数和压力角分别相等,即

$$\left.\begin{aligned} m_{x1}&=m_{t2}=m \\ \alpha_{x1}&=\alpha_{t2}=\alpha \\ \gamma_1&=\beta_2 \end{aligned}\right\} \tag{6-19}$$

蜗杆的标准模数见表 6-10。

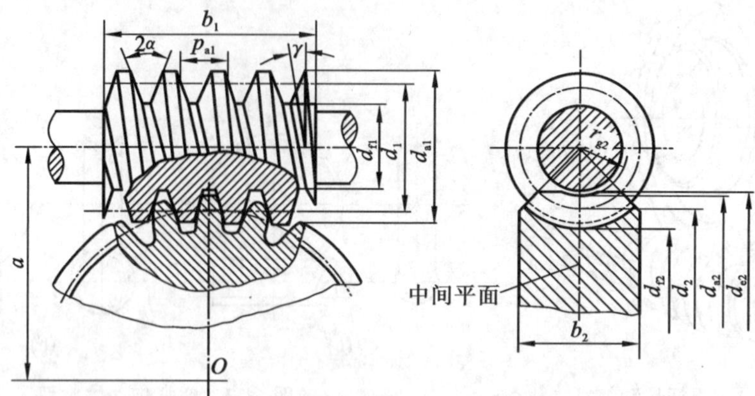

图 6-35 阿基米德蜗杆传动的中间平面

(2) 蜗杆分度圆直径 d_1。由于加工蜗轮齿的滚刀参数与工作蜗杆的参数必须相同，为限制蜗轮滚刀的数目，将蜗杆分度圆直径 d_1 标准化，其值与模数匹配，见表 6-10。

表 6-10 普通蜗杆的 m 与 d_1 的匹配

模数 m /mm	蜗杆分度圆直径 d_1/mm	蜗杆头数 z_1	$m^2 d_1$ /mm^3	模数 m /mm	蜗杆分度圆直径 d_1/mm	蜗杆头数 z_1	$m^2 d_1$ /mm^3
2	18	1,2,4	72	5	63	1,2,4	1 575
	22.4	1,2,4	96		90	1	2 250
	28	1,2,4	112	6.3	50	1,2,4	1 984
	36.5	1	142		63	1,2,4,6	2 500
2.5	20	1,2,4	125		80	1,2,4	3 175
	25	1,2,4,6	156		112	1	4 445
	31.5	1,2,4	197	8	63	1,2,4	4 032
	45	1	281		80	1,2,4,6	5 120
3.15	25	1,2,4	248		100	1,2,4	6 400
	31.5	1,2,4,6	313		140	1	8 960
	40	1,2,4	396	10	71	1,2,4	7 100
	56	1	556		90	1,2,4,6	9 000
4	31.5	1,2,4	504		112	1	11 200
	40	1,2,4,6	640		160	1	16 000
	50	1,2,4	800	12.5	90	1,2,4	14 062
	71	1	1 136		112	1,2,4	17 500
5	40	1,2,4	1 000		140	1,2,4	21 875
	50	1,2,4,6	1 250		200	1	31 250

注：本表属于第一系列。

(3) 蜗杆分度圆柱导程角 γ。将蜗杆沿分度圆柱展开(见图 6-36),蜗杆分度圆导程角 γ 为

$$\tan\gamma=\frac{z_1 p_{x1}}{\pi d_1}=\frac{z_1 m}{d_1} \tag{6-20}$$

式中:p_{x1} 是蜗杆的轴向齿距(mm),$p_{x1}=\pi m$;

z_1 是蜗杆的头数。

导程角 γ 越大,传动效率越高。

令 $q=\frac{z_1}{\tan\gamma}$,称为蜗杆的直径系数,蜗杆的直径可表示为

$$d_1=mq \tag{6-21}$$

由式(6-20)、式(6-21)可知,d_1 越小或 q 越小,导程角 γ 越大,传动效率也越高,但蜗杆的刚度和强度越低。通常,转速高的蜗杆可取较小的 d_1 值,蜗轮齿数 z_2 较多时可取较大的 d_1 值。

对于普通蜗杆传动,除模数和压力角应分别相等外,蜗杆的导程角 γ 应等于蜗轮的螺旋角 β,且旋向相同。

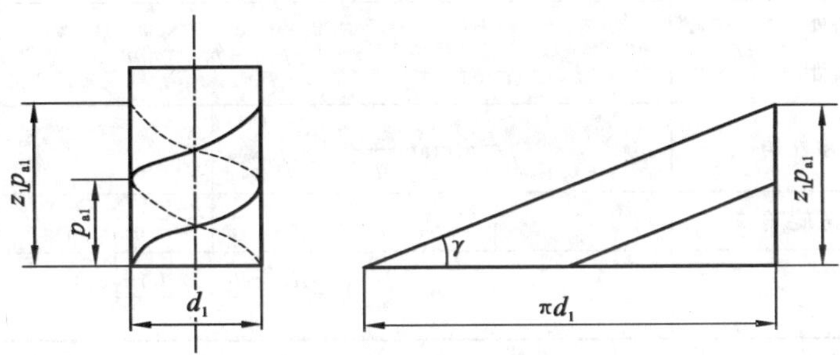

图 6-36 蜗杆分度圆柱展开图

(4) 传动比 i、蜗杆头数 z_1 和蜗轮齿数 z_2。

$$i=\frac{n_1}{n_2}=\frac{z_2}{z_1}=\frac{d_2}{d_1\tan\gamma} \tag{6-22}$$

式中:n_1、n_2 分别是蜗杆和蜗轮的转速(r/min);

d_2 是蜗轮的分度圆直径(mm)。

通常蜗杆头数 $z_1=1$、2、4、6,z_1 值应从传动比、制造和效率方面考虑,传动比大时,取 $z_1=1$,但传动效率较低;要求传动自锁时,必须使 $z_1=1$,且 $\gamma\leqslant 3.5°$。传递功率较大时,为提高效率可采用多头蜗杆,取 $z_1=2\sim6$,但多头蜗杆制造难度大。

蜗轮齿数 $z_2=iz_1$。z_2 不宜太少,以免产生根切;但也不宜过多,z_2 过多,使蜗杆长度增加,造成刚度和啮合精度下降,一般取 $27\leqslant z_2\leqslant 83$。$z_1$、$z_2$、$\gamma$ 及 i 的推荐值见表 6-11。

表 6-11 常用传动比时 z_1、z_2 的推荐值

i	5～6	7～8	9～13	14～24	25～27	28～40	>40
z_1	6	4	3～4	2～3	2～3	1～2	1
z_2	29～36	28～32	27～52	28～72	50～80	28～80	>40

(5) 齿顶高系数 h_a^* 和顶隙系数 c^*。国家标准规定 $h_a^*=1$,$c^*=0.2$。

(6) 中心距 a。蜗杆传动中心距计算式为

$$a=\frac{d_1+d_2}{2}=\frac{m(q+z_2)}{2} \tag{6-23}$$

2. 蜗杆传动几何尺寸计算

蜗杆传动主要几何尺寸计算公式见表6-12。

表6-12　蜗杆传动主要几何尺寸计算公式

名　　称	计算公式	
	蜗　　杆	蜗　　轮
齿顶高	$h_{a1}=m$	$h_{a2}=m$
齿根高	$h_{f1}=1.2m$	$h_{f2}=1.2m$
分度圆直径	$d_1=mq$	$d_2=mz_2$
齿顶圆直径	$d_{a1}=m(q+2)$	$d_{a2}=m(z_2+2)$
齿根圆直径	$d_{f1}=m(q-2.4)$	$d_{f2}=m(z_2-2.4)$
顶隙	$c=0.2m$	
蜗杆轴向齿距 蜗轮端面齿距	$p_{x1}=p_{t2}=\pi m$	
蜗杆分度圆柱导程角	$\gamma=\arctan\frac{z_1}{q}$	
蜗轮分度圆柱螺旋角		$\beta=\gamma$
中心距	$a=\frac{d_1+d_2}{2}=\frac{m(q+z_2)}{2}$	

【例6-5】 一标准阿基米德蜗杆传动。已知蜗杆头数$z_1=2$，$m=6.3$ mm，$d_1=63$ mm，$i=22$。试计算蜗杆传动的主要尺寸。

解：

蜗杆直径系数：
$$q=\frac{d_1}{m}=\frac{63}{6.3}=10$$

蜗轮齿数：
$$z_2=iz_1=22\times 2=44$$

蜗轮分度圆直径：
$$d_2=mz_2=6.3\times 44\ \text{mm}=277.2\ \text{mm}$$

齿顶圆直径：
$$d_{a1}=m(q+2)=[6.3\times(10+2)]\ \text{mm}=75.6\ \text{mm}$$
$$d_{a2}=m(z_2+2)=[6.3\times(44+2)]\ \text{mm}=289.8\ \text{mm}$$

齿根圆直径：
$$d_{f1}=m(q-2.4)=[6.3\times(10-2.4)]\ \text{mm}=47.88\ \text{mm}$$
$$d_{f2}=m(z_2-2.4)=[6.3\times(44-2.4)]\ \text{mm}=262.08\ \text{mm}$$

中心距：
$$a=\frac{m(q+z_2)}{2}=\frac{6.3\times(10+44)}{2}\ \text{mm}=170.1\ \text{mm}$$

蜗杆分度圆柱导程角：
$$\gamma=\arctan\frac{z_1}{q}=\frac{2}{10}$$
$$\gamma=11°18'36''$$

实训项目：标准直齿圆柱齿轮参数测绘

项目实施步骤具体如下。

1. 测量齿轮的几何尺寸

通过游标卡尺测得齿顶圆直径 d_a。

如齿数为偶数，可直接测出 d_a；若为奇数，d_a 测量方法如图 6-37 所示。

由图 6-37 得：

$$d_a = D + 2K$$

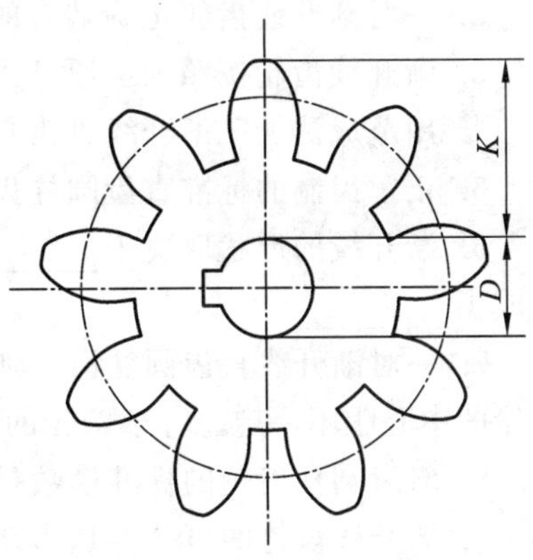

图 6-37　测量齿顶圆直径

2. 确定齿轮模数

测出齿顶圆直径 d_a 后，按 $m=\frac{d_a}{z+2}$ 计算模数，然后与标准模数表进行核对取标准模数。

3. 绘制齿轮的工作图

请读者用 A_3 图纸另行绘制。

知识树

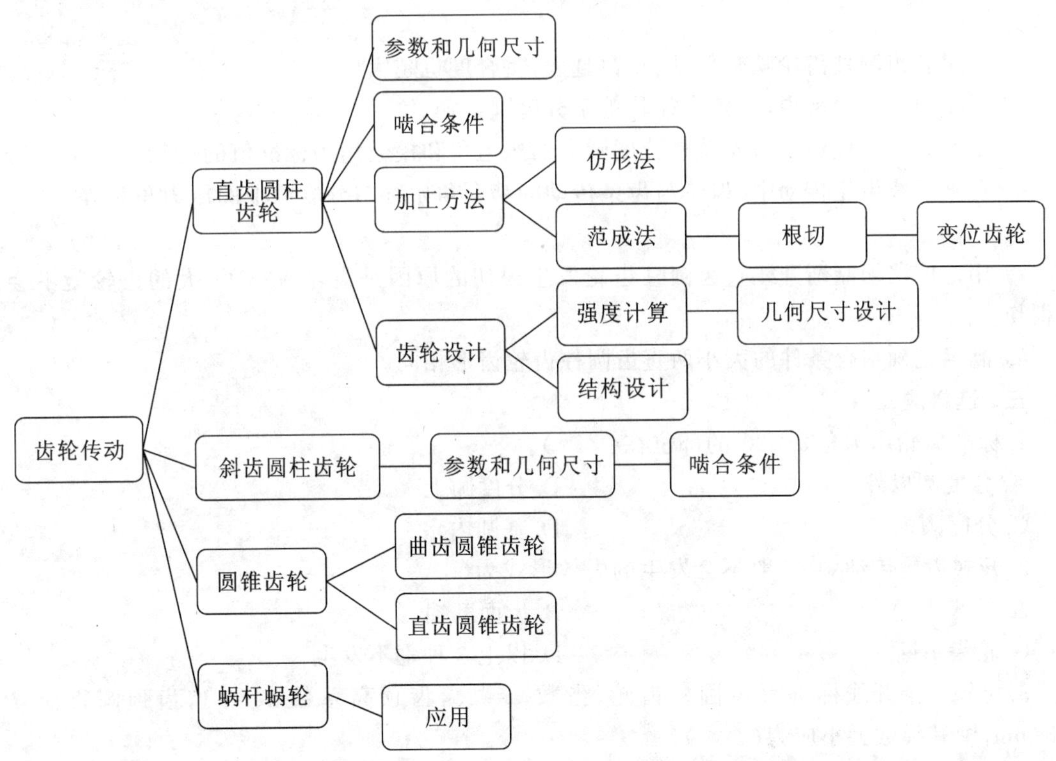

【巩固与练习】

一、填空题

1. 渐开线直齿圆柱外齿轮齿廓上各点的压力角是不同的，它在________上的压力角为零，在________上的压力角最大，在________上的压力角则取为标准值。渐开线上各处的压力角________，在基圆上的压力角等于________。

2. 一对渐开线齿轮正确啮合的条件为________,连续传动的条件为________。

3. 渐开线齿轮按照加工原理可分为________和________。

4. 用范成法加工渐开线直齿圆柱齿轮,发生根切的原因是________。

5. 正常齿制的标准直齿圆柱齿轮,避免根切的最小齿数是________。

6. 渐开线的形状取决于________,当基圆半径趋于无穷大时,渐开线是________,齿轮就变成了________。

7. 一对渐开线直齿圆柱齿轮啮合传动时,两轮的________圆总是相切并相互作纯滚动,而两轮的中心距不一定总等于两轮的________圆半径之和。

8. 斜齿圆柱齿轮的标准模数是________,直齿圆锥齿轮的标准模数是________。

9. 渐开线齿轮的可分性是指渐开线齿轮中心距安装略有误差时________。

10. 标准齿轮除模数和压力角为标准值外,还应当满足的条件是________。

11. 当直齿圆柱齿轮的齿数少于 z_{min} 时,可采用________变位的办法来避免根切。

12. 齿轮的常见失效形式有________、________、________、________、________。

二、判断题

1. 渐开线标准齿轮的齿根圆恒大于基圆。 (　　)

2. 根据渐开线性质,基圆之内没有渐开线,所以渐开线齿轮的齿根圆必须设计得比基圆大些。 (　　)

3. 一对直齿圆柱齿轮啮合传动,模数越大,重合度也越大。 (　　)

4. 对于单个齿轮来说,节圆半径就等于分度圆半径。 (　　)

5. 所谓直齿圆柱标准齿轮就是分度圆上的压力角和模数均为标准值的齿轮。 (　　)

6. 在渐开线齿轮传动中,齿轮与齿条传动的啮合角始终与分度圆上的压力角相等。 (　　)

7. 用范成法切制渐开线直齿圆柱齿轮发生根切的原因是齿轮太小了,大的齿轮就不会发生根切。 (　　)

8. 满足正确啮合条件的大小两直齿圆柱齿轮齿形相同。 (　　)

三、选择题

1. 标准齿轮压力角 $\alpha<20^{\circ}$ 的部位在(　　)。

A. 分度圆以外　　B. 分度圆上

C. 分度圆内　　D. 基圆内

2. 开式齿轮传动中,一般不会发生的失效形式为(　　)。

A. 轮齿点蚀　　B. 齿面磨损

C. 轮齿折断　　D. 以上 3 种都不发生

3. 已知一渐开线标准直齿圆柱齿轮,齿数 $z=25$,齿顶高系数 $h_a^*=1$,齿顶圆直径 $d=135$ mm,则其模数大小应为(　　)。

A. 2 mm　　B. 4 mm

C. 5 mm　　D. 6 mm

4. 一对能正确啮合传动的渐开线直齿圆柱齿轮必须满足(　　)。

A. 齿形相同　　B. 模数相等,齿厚等于齿槽宽

C. 模数相等,压力角相等　　D. 模数相等,压力角不相等

5. 渐开线直齿圆柱外齿轮齿顶圆压力角(　　)分度圆压力角。

A. 大于　　B. 小于

C. 等于　　D. 大于等于

6. 一对渐开线直齿圆柱齿轮的啮合线切于(　　)。

A. 两分度圆　　B. 两基圆

C. 两齿根圆　　D. 两齿顶圆

7. 用范成法切制渐开线齿轮时,齿轮根切的现象可能发生在(　　)的场合。

A. 模数较大　　B. 模数较小

C. 齿数较多　　D. 齿数较少

8. 当渐开线圆柱齿轮的齿数少于 z_{min} 时,可采用(　　)的办法来避免根切。

A. 正变位　　B. 负变位

C. 减少切削深度　　D. 增大切削深度

9. 渐开线直齿圆锥齿轮的几何参数是以(　　)作为标准的。

A. 小端　　B. 中端

C. 大端　　D. 小端、大端都可以

10. 对齿轮轮齿材料性能的基本要求是(　　)。

A. 齿面要硬,齿心要脆　　B. 齿面要硬,齿心要韧

C. 齿面要软,齿心要韧　　D. 齿面要软,齿心要脆

四、简答题

1. 齿轮传动有哪些优缺点?

2. 标准直齿圆柱齿轮的基本参数有哪些?模数在尺寸计算中起什么作用?

3. 基圆是否一定比齿根圆小?压力角 $\alpha=20°$、齿顶高系数 $h_a^*=1$ 的直齿圆柱齿轮,其齿数在什么范围时,基圆比齿根圆大?

4. 分度圆具有什么特点,对齿轮几何尺寸的划分有什么作用?分度圆与节圆有什么不同,在什么条件下重合?

5. 仿形法铣齿、范成法插齿和滚齿各有何特点?各适用于何种场合?

6. 什么是变位齿轮?与相应标准齿轮相比其参数、齿形及几何尺寸有何变化?

7. 一对圆柱齿轮传动,其两齿轮的材料与热处理均相同,试问两齿轮在啮合处的接触应力是否相等?其许用接触应力是否相等?其接触强度是否相等?两齿轮在齿根处的弯曲应力是否相等?其许用弯曲应力是否相等?其弯曲强度是否相等?

五、计算题

1. 已知一对正确安装的外啮合直齿圆柱齿轮,采用正常齿制,$m=3.5$ mm,齿数 $z_1=21$,$z_2=64$,求传动比 i_{12} 及两轮的分度圆直径、节圆直径、齿顶圆直径、齿根圆直径、基圆直径、齿距、齿厚和齿槽宽。

2. 已知一对渐开线标准直齿圆柱外齿轮,$i=3$,$z_1=21$,$m=5$ mm。试计算该对齿轮的分度圆直径、齿顶圆直径、齿根圆直径、基圆直径、中心距、齿距、齿厚和槽宽。

3. 为修配一个损坏的渐开线外齿轮,实测齿轮的齿顶圆直径 $d_a=200.84$ mm,齿数 $z=65$,全齿高 $h=6.60$ mm。试确定该齿轮的主要参数 m、d、d_f、d_b。

4. 已知一对外啮合齿轮的标准中心距 $a=120$ mm,$z_1=28$,$z_2=52$。试求该对齿轮的模数和分度圆直径。

5. 一车床主轴箱内有一对正确安装标准直齿圆柱齿轮,其模数 $m=3$ mm,齿数 $z_1=21$,

$z_2=66$，正常齿制，试计算传动的中心距。

6. 已知一对正常齿制的标准直齿圆柱齿轮，$m=10$ mm，$z_1=17$，$z_2=22$，中心距 $a=200$ mm，要求：

(1) 绘制两轮的齿顶圆、分度圆、节圆、齿根圆和基圆；

(2) 作出理论啮合线、实际啮合线；

(3) 检查是否满足传动连续性条件。

7. 一变速箱中，原设计一对直齿轮，其参数为 $z_1=15$，$z_2=38$，$m=2.5$ mm，由于两轮轴孔中心距为 70 mm，试改变该设计，以适应轴孔中心距。提示：(1)调整齿数；(2)采用斜齿轮。

8. 已知一对直齿圆柱齿轮传动的参数为 $m=3$ mm，$z_1=24$，$z_2=56$，试计算这对齿轮的主要几何尺寸。

9. 已知一对正常齿制的标准斜齿圆柱外齿轮，$m_n=4$ mm，$z_1=23$，$z_2=98$，中心距为 250 mm，试求：两轮的分度圆螺旋角、端面模数、端面压力角、分度圆直径、齿顶圆直径、齿根圆直径和当量齿数。

10. 试计算一对斜齿圆柱齿轮传动，当 $m_n=3$ mm，$z_1=26$，$z_2=91$，$\beta=15°$，$h_{an}^*=1$，$c_n^*=0.25$，$\alpha_n=20°$时的理论中心距多大？若保证其他传动参数不变，当实际中心距为 200 mm 时，β 应为多大？

11. 已知一对正常齿制渐开线标准直齿圆锥齿轮，轴交角 $\Sigma=90°$，齿数 $z_1=26$，$z_2=46$，模数 $m=4$ mm，$h_a^*=1$，试求：两轮分度圆锥角、分度圆直径、齿顶圆直径、齿根圆直径、外锥距、齿顶圆锥角、齿根圆锥角和当量齿数。

12. 已知一圆柱蜗杆传动的模数 $m=5$ mm，蜗杆分度圆直径 $d_1=50$ mm，蜗杆头数 $z_1=2$，传动比 $i=25$。试计算该蜗杆传动的主要几何尺寸。

13. 有两对闭式直齿圆柱齿轮传动，已知：材料相同，工况相同，尺寸为

Ⅰ组：$z_1=18$，$z_2=41$，$m=4$ mm，$b=50$ mm

Ⅱ组：$z_1=36$，$z_2=82$，$m=2$ mm，$b=50$ mm

分别按接触疲劳强度和弯曲疲劳强度，求两对齿轮传动所能传递的转矩之比。

第7章 轮系与减速器

能力目标

1. 能正确分析、判别轮系的类型。

2. 能准确计算轮系的传动比，并确定转向关系。

3. 能正确拆装减速器，会维护减速器。

知识目标

1. 掌握轮系的分类及功用。

2. 掌握轮系传动比的计算，并正确计算轮系传动比，判别转向关系。

3. 认识减速器的类型和结构，能计算减速器的传动比，会分配二级减速器的传动比。

7.1 轮系的类型

由一对齿轮组成的传动机构是最简单的齿轮机构，实际应用中，由于多方面的原因，一对齿轮传动往往不能满足要求，常采用若干对齿轮组成的齿轮传动系统，我们把这种系统简称为轮系。轮系在工程上应用很广泛，例如，汽车变速箱、金属切削机床等都有轮系的应用。

在轮系的传动中，根据各轮几何轴线的位置是否固定，将轮系分为定轴轮系、行星轮系和混合轮系。

1. 定轴轮系

轮系中各个齿轮的几何轴线位置均固定不动，这种轮系称之为定轴轮系，如图 7-1 所示。定轴轮系可分为平面定轴轮系[见图 7-1(a)]和空间定轴轮系[见图 7-1(b)]两种。平面定轴轮系中的齿轮全部都是圆柱齿轮或者齿条，各齿轮的轴线相互平行或重合。空间定轴轮系中包含圆锥齿轮传动或蜗杆蜗轮传动。

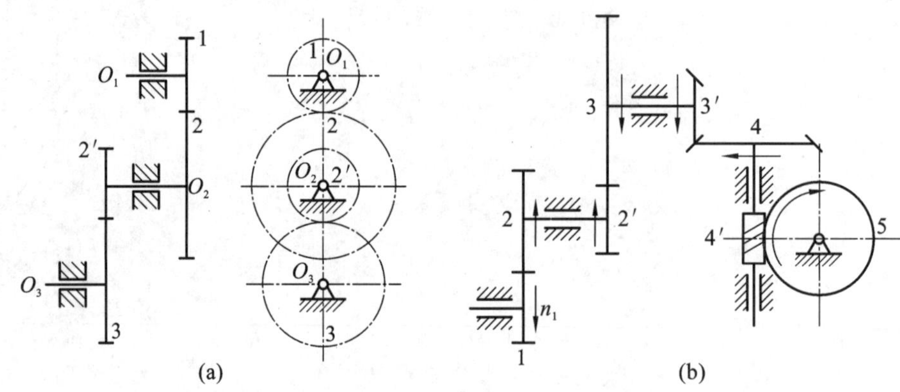

图 7-1　定轴轮系

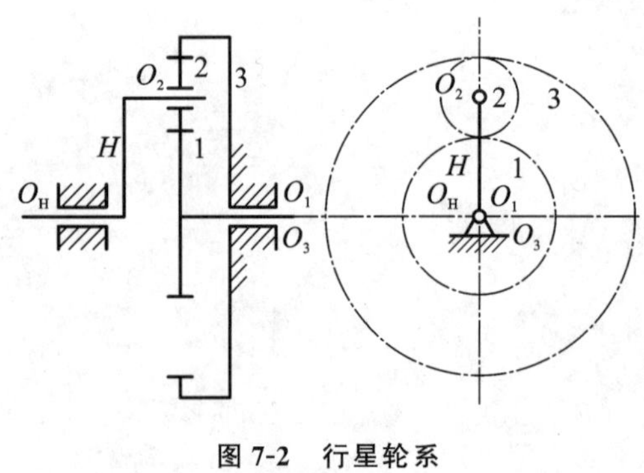

图 7-2　行星轮系

2. 行星轮系

当轮系在运动时中至少有一个齿轮的几何轴线是绕位置固定的另一齿轮的几何轴线转动，这种轮系，称为行星轮系。如图 7-2 所示的轮系，由外齿轮 1、2 和内齿轮 3 及构件 H 组成。其中，齿轮 1、3 和构件 H 均绕固定轴线 O_1 转动，但齿轮 2 除绕自身的几何轴线 O_2 转动(自转)外，同时又随轴线 O_2 绕轴线 O_1 周转(公转)，这样就构成了行星轮系。

3. 混合轮系

前面讨论的定轴轮系以及行星轮系都是基本轮系，工程实际中经常要用到混合轮系。所谓混合轮系，就是由定轴轮系和行星轮系[见图 7-3(a)]或几个单一行星轮系组成的[见图 7-3(b)]。

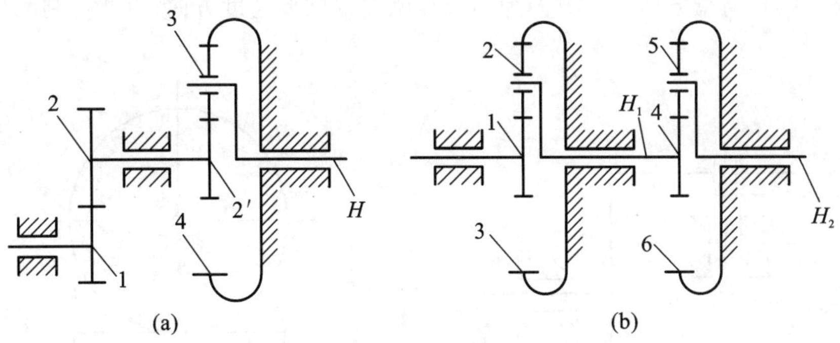

图 7-3 混合轮系

7.2 定轴轮系传动比的计算

轮系中，首轮 1 与末轮 k 的角速度(或转速)之比，称为轮系的传动比，用 i_{1k} 表示，即：$i_{1k}=\frac{\omega_1}{\omega_k}=\frac{n_1}{n_k}$。轮系传动比的计算包括两个内容：(1)计算传动比的大小；(2)确定首末两轮的转向关系。

7.2.1 一对齿轮啮合的传动比

一对圆柱齿轮啮合传动时，设主动轮 1 转速为 n_1，齿数为 z_1；从动轮 2 转速为 n_2，齿数为 z_2，则传动比为

$$i_{12}=\frac{n_1}{n_2}=\pm\frac{z_2}{z_1}$$

式中“+”表示从动轮与主动轮转向相同，如内啮合圆柱齿轮(见图 7-4)；“−”表示从动轮与主动轮转向相反，如外啮合圆柱齿轮传动，两轮的转向相反(见图 7-5)。

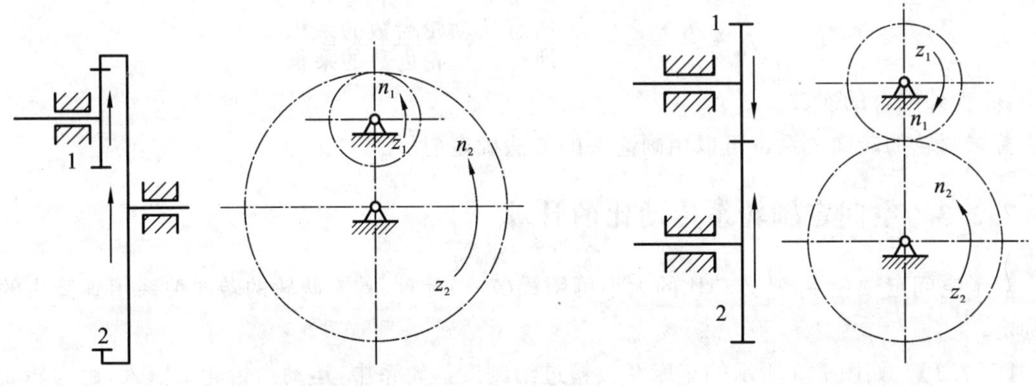

图 7-4 内啮合齿轮传动

图 7-5 外啮合齿轮传动

对于轴线互不平行的圆锥齿轮传动和蜗杆传动，不存在转向相同和相反问题，所以不能用正负号表示转向关系，必须在图中用画箭头的方法表示，如图 7-6、图 7-7 所示。

蜗杆传动转向的判别用左右手定则，即蜗杆右(左)旋用右(左)手，右手握住蜗杆轴线，四指

方向指向蜗杆转向，拇指方向的反方向为啮合点蜗轮的圆周速度方向，由此可判断蜗轮的转向，见图 7-7。

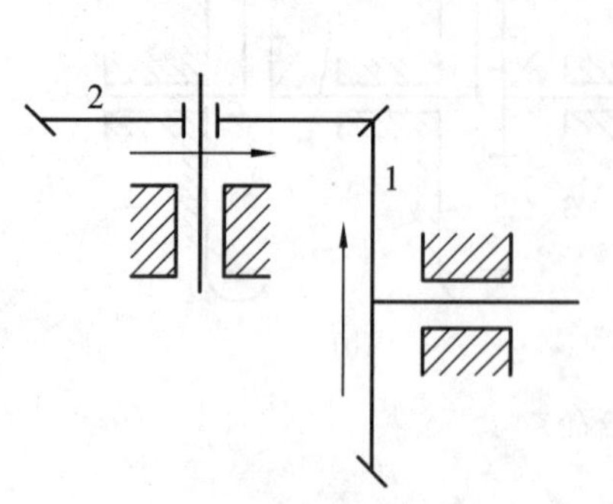

图 7-6　圆锥齿轮传动

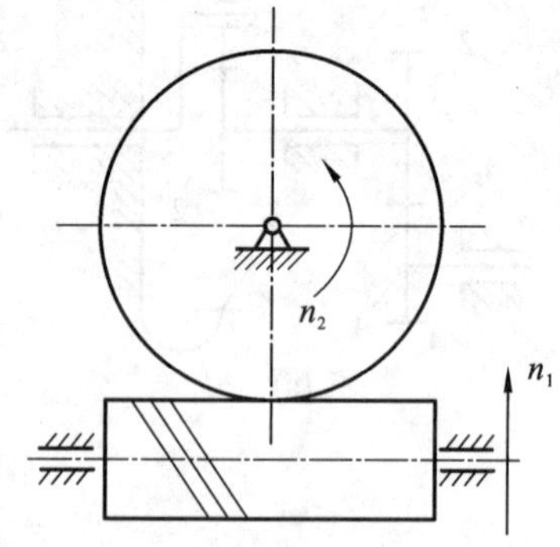

图 7-7　蜗杆传动

7.2.2　平面定轴轮系传动比的计算

如图 7-8 所示的平面定轴轮系，其各对齿轮的传动比为

$$i_{12}=\frac{n_1}{n_2}=-\frac{z_2}{z_1},i_{2'3}=\frac{n_2'}{n_3}=+\frac{z_3}{z_2'},\quad i_{3'4}=\frac{n_3'}{n_4}=-\frac{z_4}{z_3'},i_{45}=\frac{n_4}{n_5}=-\frac{z_5}{z_4}$$

将以上各式连乘得

$$i_{12}\times i_{2'3}\times i_{3'4}\times i_{45}=\frac{n_1}{n_2}\times\frac{n_2'}{n_3}\times\frac{n_3'}{n_4}\times\frac{n_4}{n_5}=\left(-\frac{z_2}{z_1}\right)\times\left(+\frac{z_3}{z_2'}\right)\times\left(-\frac{z_4}{z_3'}\right)\times\left(-\frac{z_5}{z_4}\right)$$

考虑到 $n_2=n_2'$，$n_3=n_3'$，将上式整理后得

$$i_{15}=\frac{n_1}{n_5}=(-1)^3\ \frac{z_2z_3z_4z_5}{z_1z_2'z_3'z_4}$$

上式表明，平面定轴轮系的传动比等于轮系中各对啮合齿轮的所有从动轮齿数的连乘积与所有主动轮齿数连乘积之比。首末两轮的转向关系取决于外啮合次数。在该轮系中，齿轮 4 虽然参与了啮合，但却不影响传动比的大小，只起到改变转向的作用，这样的齿轮称为惰轮。

上述结论可推广到平面定轴轮系的一般情形，即

$$i_{1k}=\frac{n_1}{n_k}=(-1)^m\ \frac{\text{所有从动轮齿数的乘积}}{\text{所有主动轮齿数的乘积}}\qquad(7\text{-}1)$$

式中：m 为外啮合的次数。

首末两轮的转向关系也可以用画箭头的方法确定(见图 7-8)。

7.2.3　空间定轴轮系传动比的计算

对于空间定轴轮系，其传动比的大小可用式(7-1)计算，首末两轮的转向关系用画箭头的方法确定。

【例 7-1】　如图 7-9 所示的车床溜板箱进给刻度盘轮系中，运动由齿轮 1 输入，由齿轮 5 输出。各齿轮的齿数为 $z_1=18$，$z_2=87$，$z_3=28$，$z_4=20$，$z_5=84$。试计算轮系的传动比 i_{15}。

解：该轮系为平面定轴轮系，由式(7-1)得

$$i_{15}=\frac{n_1}{n_5}=(-1)^2\ \frac{z_2z_4z_5}{z_1z_3z_4}=(-1)^2\times\frac{87\times20\times84}{18\times28\times20}=14.5$$

计算结果为正,说明首末两轮转动方向相同。首末两轮的转向关系也可用画箭头的方法确定(见图 7-9)。

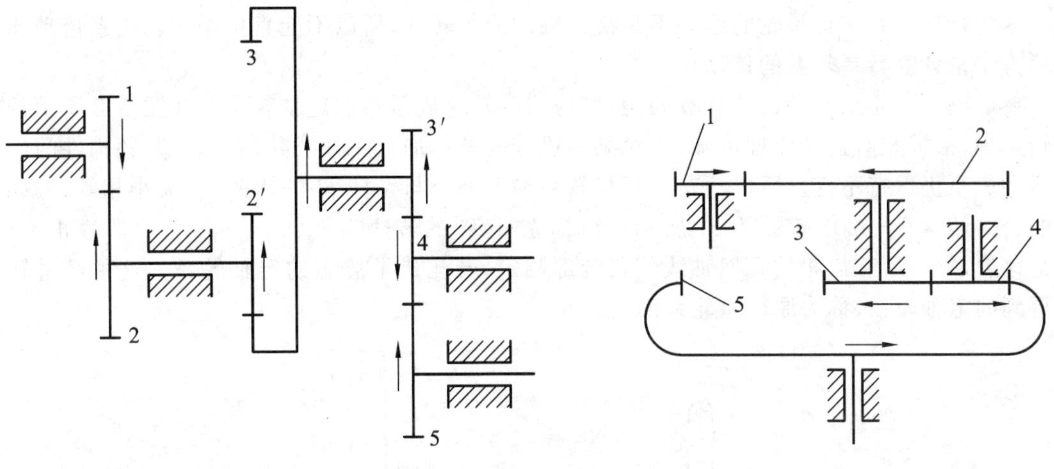

图 7-8 定轴轮系传动比分析

图 7-9 例 7-1 图

【例 7-2】 一定轴轮系如图 7-10 所示。已知 $z_1=20$、$z_2=30$、$z_2'=40$、$z_3=20$、$z_4=60$、$z_4'=40$、$z_5=30$、$z_6=40$、$z_6'=2$、$z_7=40$,又知齿轮 1 的转速 $n_1=2\ 400$ r/min(转向如图 7-10 所示),求:(1)传动比 i_{17};(2)蜗轮 7 的转速 n_7 和转向。

解:该轮系为空间定轴轮系,所以传动比用式(7-1)计算,蜗轮的转向用画箭头的方法确定。

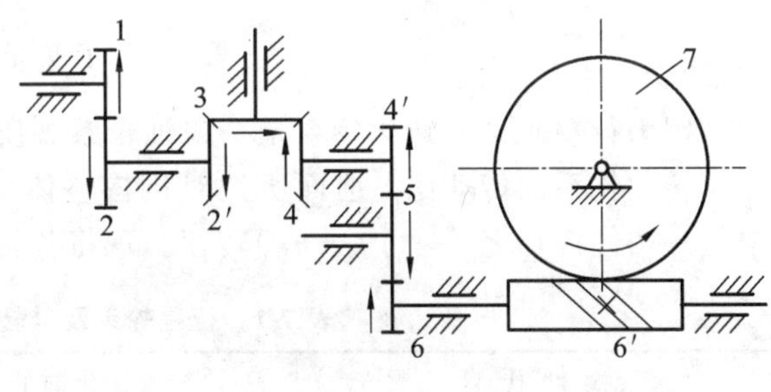

图 7-10 例 7-2 图

(1) 传动比 i_{17}。

由式(7-1)得:

$$i_{17}=\frac{n_1}{n_7}=\frac{z_2\times z_3\times z_4\times z_5\times z_6\times z_7}{z_1\times z_2'\times z_3\times z_4'\times z_5\times z_6'}$$

$$=\frac{30\times 20\times 60\times 30\times 40\times 40}{20\times 40\times 20\times 40\times 30\times 2}=45$$

(2) 蜗轮的转速 n_7。

$$n_7=\frac{n_1}{i_{17}}=\frac{2\ 400}{45}=53.3\ \text{r/min}$$

用画箭头方法确定 n_7 为逆时针方向旋转(见图 7-10)。

7.3 行星轮系传动比的计算

7.3.1 行星轮系的组成

每一个简单的行星轮系都由三种构件组成(如图 7-2 所示)。

(1) 行星轮:既自转又公转的齿轮 2。

(2) 中心轮:与行星轮相啮合且轴线固定的齿轮 1、3。

(3) 系杆:支持并带动行星轮转动的构件 H。

7.3.2 行星轮系传动比的计算

因为行星轮系中行星轮的运动不是绕定轴的简单转动,所以不能直接用定轴轮系传动比的计算方法来计算行星轮系的传动比。

要解决行星轮系传动比的计算问题,则应将其转化成假想的定轴轮系。在图 7-2 所示的行星轮系中,根据相对运动原理可知,当对某一机构的整体加上一种公共转速时,其各构件间的相对运动关系仍保持不变。所以给整个行星轮系加上一个与系杆 H 的转速 n_H 大小相等、方向相反的公共转速($-n_H$),如图 7-11 所示,此时,系杆 H 的转速为零($n_H-n_H=0$),即静止不动。于是该轮系中,所有齿轮的几何轴线位置全部固定,转化成了假想的定轴轮系。这种经过转化后得到的定轴轮系,称为原行星轮系的转化轮系。

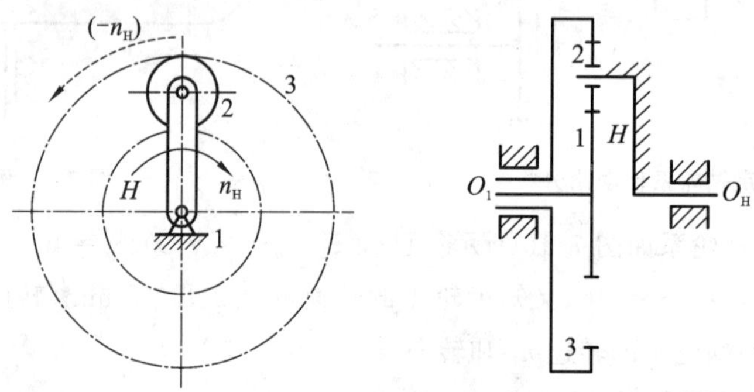

图 7-11 行星轮系传动比分析

因为行星轮系的转化轮系是一定轴轮系。所以可引用计算定轴轮系传动比的计算方法来计算转化轮系的传动比。前面所说对机构整体加上了一个($-n_H$)转速,实际上就等于给机构中每一构件都加上了一个($-n_H$)转速。现将各构件转化前、后的转速列于表 7-1 中。

表 7-1 行星轮系及其转化轮系各构件转速表

构件代号	转化前的转速	转化轮系中的转速
1	n_1	$n_1^H=n_1-n_H$
2	n_2	$n_2^H=n_2-n_H$
3	n_3	$n_3^H=n_3-n_H$
H	n_H	$n_H^H=n_H-n_H$

表中的 n_1、n_2、n_3、n_H 是各构件在行星轮系中的转速(或称绝对转速),n_1^H、n_2^H、n_3^H、n_H^H 是各构件在转化轮系中的转速(或称相对转速)。

将行星轮系转化成定轴轮系后,即可应用求解定轴轮系传动比的方法,求出其中任意两轮间的传动比。如求转化轮系中齿轮 1 对齿轮 3 的传动比时,可写成

$$i_{13}^H=\frac{n_1-n_H}{n_3-n_H}=(-1)^1\frac{z_2z_3}{z_1z_2}=-\frac{z_3}{z_1}$$

式中齿数比前面的"—"号,表示在转化轮系中 1、3 两轮的转向相反。

公式中共有 3 个未知转速(n_1、n_3、n_H),只要给定其中的两个,即可求出第三个。

由以上结论,写出行星轮系传动比计算的通用公式:

$$i_{1k}^H=\frac{n_1^H}{n_k^H}=\frac{n_1-n_H}{n_k-n_H}=(-1)^m\frac{\text{所有从动齿轮齿数乘积}}{\text{所有主动齿轮齿数乘积}} \tag{7-2}$$

应用式(7-2)时,应注意以下几点。

(1) $i_{1k}^{H}=\frac{n_1-n_H}{n_k-n_H}$表示转化轮系中,1、$k$ 两轮的相对转速比,$i_{1k}=\frac{n_1}{n_H}$表示实际轮系中,1、k 两轮的绝对转速比,$i_{1k}^{H}\neq i_{1k}$。

(2) 当所有齿轮几何轴线都平行时,公式中齿数比前的 $(-1)^m$,表示在转化轮系中 1 和 k 两轮的相对转向,而不是绝对转向,其确定方法与定轴轮系相同;不是所有齿轮几何轴线都平行时,转化轮系中 1、k 两轮的转向可用画箭头的方法逐对标注。

(3) 公式中共有三个未知转速(n_1、n_k、n_H),当给定其中两个,要往公式中代入具体数值时,必须连同转向的正负号一同带入。即规定某一转向为"+"时,相反的转向为"-"。而公式中未知转速的真正转向,由计算结果中的符号决定。

(4) 公式只适用首末两轮轴线平行的情况。

如图 7-12 所示,因为 $i_2^H\neq n_2-n_H$,所以 $i_{12}^{H}\neq\frac{n_1-n_H}{n_2-n_H}$。

【例 7-3】 如图 7-2 所示行星轮系,已知 $z_1=32$、$z_2=16$、$z_3=64$,求下列三种情况下,齿轮 3 的转速 n_3 及其转向。(1)$n_1=20$ r/min,$n_H=10$ r/min,转向相同;(2)$n_1=40$ r/min,$n_H=10$ r/min,转向相同;(3)$n_1=20$ r/min,$n_H=10$ r/min,转向相反。

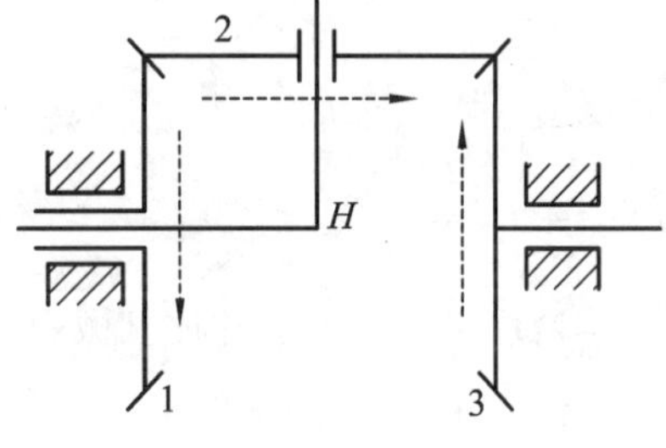

图 7-12 圆锥齿轮行星轮系

解:由式(7-2)得

$$i_{13}^{H}=\frac{n_1-n_H}{n_3-n_H}=-\frac{z_3}{z_1}=-\frac{64}{32}=-2$$

化简后得

$$n_3=\frac{3n_H-n_1}{2} \tag{a}$$

(1) 设 n_1 为正,因 n_1、n_H转向相同,则可在(a)式中均代入正值,得

$$n_3=\frac{3n_H-n_1}{2}=\frac{3\times10-20}{2}\text{r/min}=5\text{ r/min}$$(n_3 为正值,所以与 n_1、n_H 转向相同)

(2) 设 n_1 为正,因 n_1、n_H转向相同,则可在(a)式中均代入正值,得

$$n_3=\frac{3n_H-n_1}{2}=\frac{3\times10-40}{2}\text{r/min}=-5\text{ r/min}$$(n_3 为负值,所以与 n_1、n_H 转向相反)

(3) 设 n_1 为正,因 n_1、n_H转向相反,则可在(a)式中代入相反符号,设 n_H 为正,得

$$n_3=\frac{3n_H-n_1}{2}=\frac{3\times10-(-20)}{2}\text{r/min}=25\text{ r/min}$$(n_3 为正值,所以与 n_H 转向相同)。

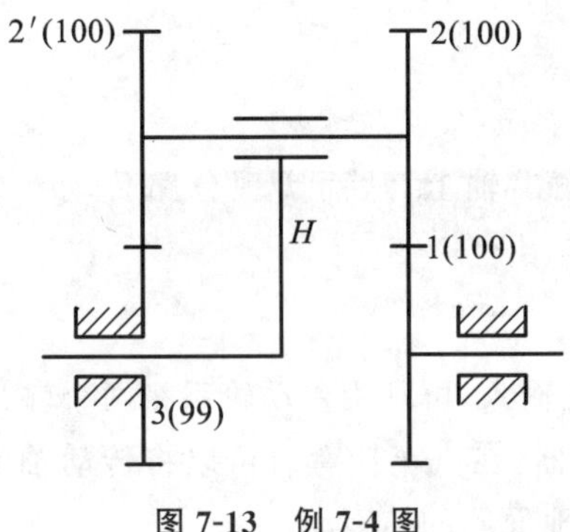

图 7-13 例 7-4 图

【例 7-4】 如图 7-13 所示,行星轮系 $z_1=100$,$z_2=101$,$z_2'=100$,$z_3=99$,求传动比 i_{H1}。

解:由式(7-2)得

$$i_{13}^{H}=\frac{n_1-n_H}{n_3-n_H}=(-1)^2\frac{z_2z_3}{z_1z_2'}=\frac{101\times99}{100\times100}$$

因齿轮 3 固定,故 $n_3=0$,代入上式得

$$\frac{n_1-n_H}{0-n_H}=\frac{101\times99}{100\times100},\quad \frac{n_1}{n_H}=1-\frac{9\ 999}{10\ 000}=\frac{1}{10\ 000}$$

$$i_{H1}=\frac{n_H}{n_1}=10\ 000$$(系杆 H 与齿轮 1 转向相同)

7.4 混合轮系传动比的计算

混合轮系由定轴轮系和行星轮系[见图 7-3(a)]或几个单一的行星轮系组成[见图 7-3(b)]。

1. 混合轮系传动比的计算

在计算混合轮系的传动比时，须先将混合轮系准确地划分基本轮系(定轴轮系和行星轮系)，然后分别列出方程式，最后联立求解，得到所要求的传动比。

2. 划分基本轮系的方法

划分基本轮系的方法为：先找行星轮(既有自转，又有公转的齿轮)，再找系杆(带动行星齿轮周转的构件)，最后确定中心轮(与行星齿轮相啮合并作定轴转动的齿轮)；然后重复以上步骤找出所有行星轮系，剩余的部分，即为定轴轮系。

7.5 轮系的功用

轮系广泛应用于各种机械中，其主要功用有以下几方面。

1. 实现较远距离传动

当需要在距离较远的两轴之间传递运动时，可采用多个齿轮组成的定轴轮系来代替一对齿轮的传动，这样可以减小齿轮尺寸，既节省空间，又节约了材料，还能方便齿轮的制造和安装。

2. 获得大的传动比

一对齿轮的传动比不宜大于 8，否则会造成大齿轮尺寸过大，增加制造成本，占用过多空间，小齿轮尺寸过小寿命低。要获得大的传动比，可采用多级传动的轮系来实现，当传动比太大时，宜采用行星轮系传动。如图 7-13 所示的行星轮系，传动比可达 10 000，但它的效率低，只适用于传递运动。

3. 实现变速传动和换向传动

输入轴转速不变时，利用轮系可以使输出轴获得多种工作转速，并可以换向。汽车、机床都需要这种变速传动。如图 7-14 所示的车床变速箱，在电动机转速不变的情况下，通过齿轮 1、2，三联齿轮 3—3′—3″(与轴用滑键相连)、4、4′、4″及双联齿轮 5—5′和 6—6′，可使带轮获得 6 种转速。

4. 实现分路传动

轮系可以将输入的一种转速同时分配到几个不同的输出轴上，从而实现分路传动。如图 7-15 所示，运动由Ⅰ轴输入，可分别由Ⅱ、Ⅲ、Ⅳ、Ⅴ、Ⅵ轴输出。

5. 实现运动的合成与分解

如图 7-16 所示的锥齿轮差动轮系中，由于有两个原动件输入，可利用差动轮系将两个输入运动合成为一个输出运动。如图 7-17 所示的汽车后桥差动器，在汽车转弯时可以将传动轴的运动以不同的速度分别传递给左右两个车轮，以维持车轮与地面间的纯滚动。

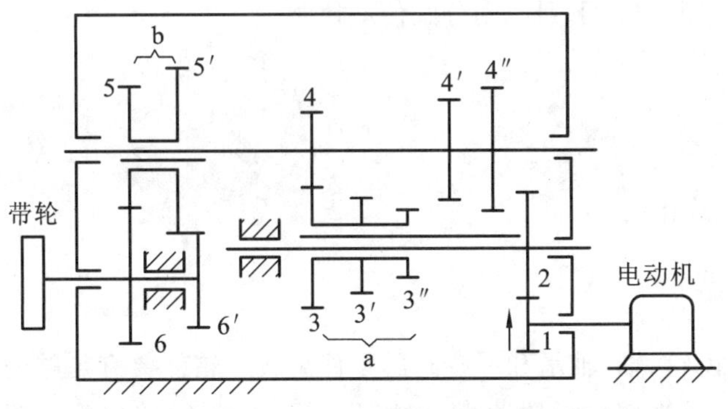

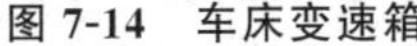
图 7-14　车床变速箱

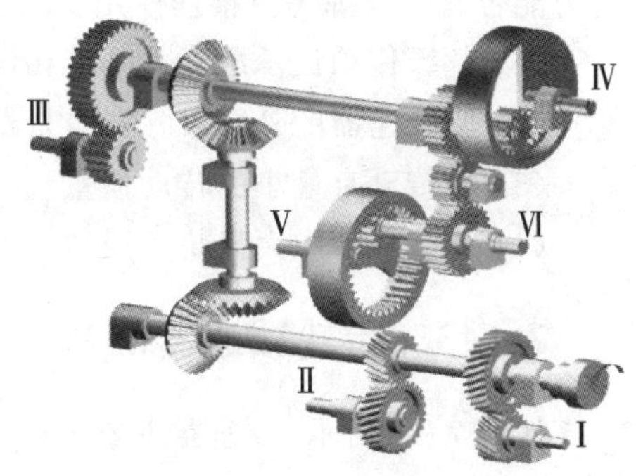

图 7-15　轮系的分路传动

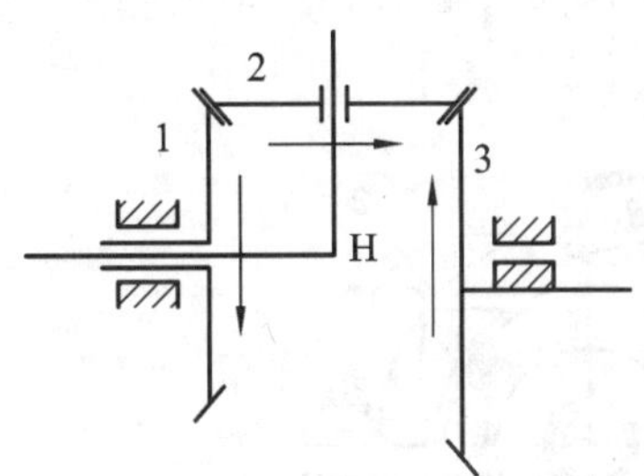

图 7-16　锥齿轮差动轮系

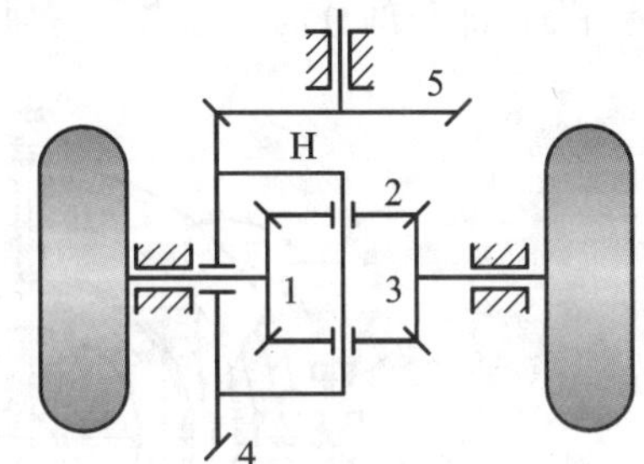

图 7-17　汽车后桥差动器

7.6　减　速　器

减速器由封闭在箱体中的齿轮或蜗杆蜗轮组成，是一种原动机和工作机之间的传动装置，其作用是改变轴的转速和转矩，以适应工作需要。由于减速器具有结构紧凑，传动效率较高，可以进行标准化、系列化设计和生产，使用维修方便等优点，在工程中应用非常广泛。

7.6.1　减速器的类型

减速器种类很多，常用的有以下几种。

(1) 齿轮减速器：包括圆柱齿轮减速器、锥齿轮减速器及圆柱-锥齿轮减速器等。

(2) 蜗杆减速器：包括普通蜗杆减速器、弧面蜗杆减速器、锥蜗杆减速器及齿轮-蜗杆减速器等。

(3) 行星减速器：包括渐开线齿轮行星减速器、摆线齿轮行星减速器等。

其中齿轮减速器的特点是效率高，寿命长，使用维护方便，因为应用十分广泛。蜗杆减速器的外廓尺寸都比较紧凑却有很大的传动比，工作平稳，噪声较小，但传动效率低，应用最广的是单级蜗杆减速器。

7.6.2　减速器传动比的分配

由于单级减速器的传动比最大不超过 10，当总传动比超过 10 时，需要采用二级减速器或多级减速器，此时就应考虑各级传动比的分配问题，否则将会影响减速器外形尺寸的大小，承载能力能否充分发挥等。根据使用要求的不同,可按下列原则分配传动比。

(1) 各级传动比承载能力基本相同。

(2) 使减速器的外廓尺寸和重量最小。

(3) 使传动有最小的转动惯量。

(4) 各级传动中大齿轮的浸油深度大致相同。

7.6.3 齿轮减速器的基本构造

如图 7-18 所示,减速器主要由箱体、齿轮、轴、轴承和一些附属零件组成。箱体要有足够的强度和刚度,为此箱体须有足够的壁厚,在适当部位设置肋板,连接凸缘尺寸足够,连接螺栓间距适宜等。减速器箱体多数采用剖分式结构,这样会使装配和维修方便,剖分面通常是通过齿轮轴线的水平面,部分剖分面上会铣出导油沟,将飞溅到箱盖上的润滑油沿内壁流入油沟。

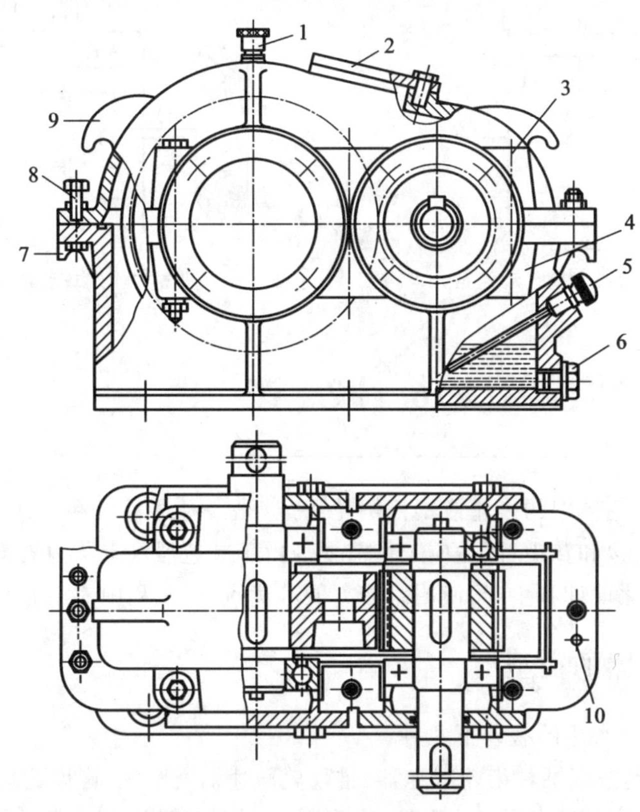

图 7-18 单级圆柱齿轮减速器

1—通气器;2—窥视孔盖;3—箱盖;4—箱体;5—测油尺;6—放油螺塞;7—吊耳;8—起盖螺钉;9—箱盖吊钩;10—定位销

为方便减速器的制造、装配和使用,在减速器上还设置了一系列附件,如窥视孔、通气孔、油标尺或者油面指示器、起盖螺钉、吊耳、定位销等。

窥视孔盖位于箱体的上方,用于观察齿轮啮合情况及向箱体内注入润滑油。减速器工作时,为使箱体内受热膨胀的空气能自由排出,以免箱体内压力升高而导致润滑油外泄,需在箱盖顶部或窥视孔盖上安装通气器。为方便拆卸减速器,其上装有两个起盖螺钉,拆卸时,可先卸下箱盖与箱座的连接螺栓和轴承端盖螺钉，再拧动起盖螺钉，将箱盖顶起以便吊运。减速器比较重时，为了搬运方便，在箱盖上设计了箱盖吊钩，以便起吊箱盖。箱座上装有测油尺来检测箱体内的油量，最低处有放油螺塞，以便排出油污或进行清洗。

实训项目：三级直齿圆柱齿轮减速器传动比计算

项目实施步骤具体如下。

(1) 选择合适的工具拆卸三级直齿圆柱齿轮减速器。

(2) 判断定轴轮系的类型。

(3) 分析定轴轮系的运动传递顺序。

(4) 判断轮系中首末两轮的转向关系。

(5) 画出三级直齿圆柱齿轮减速器中定轴轮系的示意图。

(6) 计算传动比。

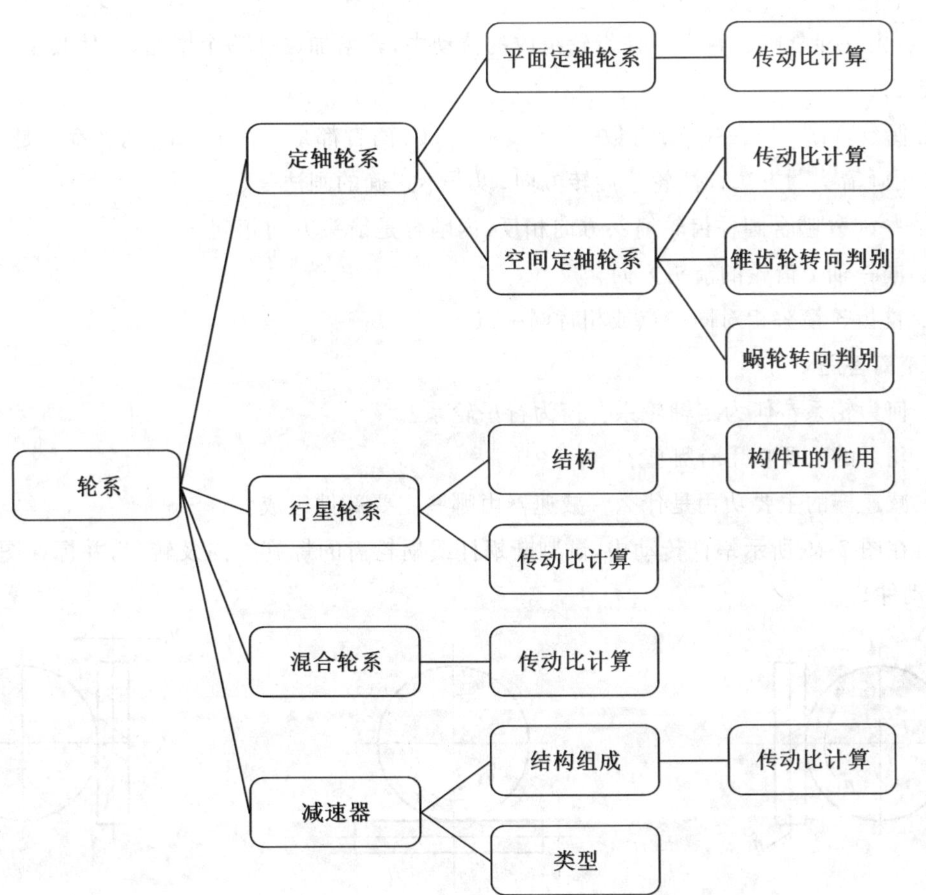

【巩固与练习】

一、填空题

1. 定轴轮系分为________和________。

2. 惰轮对________无影响,但能改变从动件的________。

3. 减速器中的起盖螺钉起________的作用。

4. 要想获得较大的传动比,应采用________轮系。

5. 行星轮系中轴线位置改变的齿轮是________轮。

二、选择题

1. 轮系运转时至少有一个齿轮的几何轴线相对 F 机架的位置是不固定的,而是绕另一个齿轮的几何轴线转动的轮系是(　　)。

A. 定轴轮系　　B. 行星轮系　　C. 混合轮系

2. 一对外啮合的齿轮传动中两轮的旋转方向(　　)。

A. 相同　　B. 相反　　C. 没关系

3. 当定轴轮系中各传动轴(　　)时,只能用标注箭头的方法确定各轮的转向。

A. 平行　　B. 不平行　　C. 交错　　D. 异变

4. 在由一对外啮合直齿圆柱齿轮组成的传动中,若增加(　　)个惰轮,会使其主、从动轮的转向相反。

A. 偶数　　B. 奇数　　C. 两者都是　　D. 两者都不是

5. 用画箭头的方法标注轮系旋转方向,以下不正确的画法是(　　)。

A. 一对外啮合圆柱齿轮箭头方向相反,内啮合是箭头方向相同

B. 同一轴上齿轮的箭头方向相反

C. 锥齿轮箭头相对同一点或相背同一点

三、简答题

1. 何为轮系?何为定轴轮系?何为行星轮系?

2. 轮系的主要功用有哪些?

3. 减速器的主要功用是什么?减速器由哪些主要部件组成?

4. 在图 7-19 所示蜗杆传动中,试判断蜗杆或蜗轮齿的螺旋方向及转向,并标在图上(蜗杆 1 为主动件)。

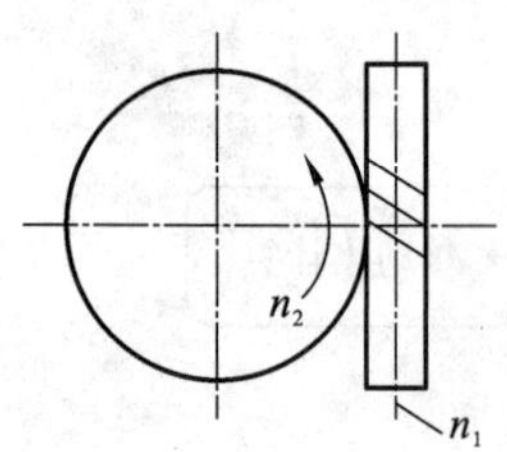

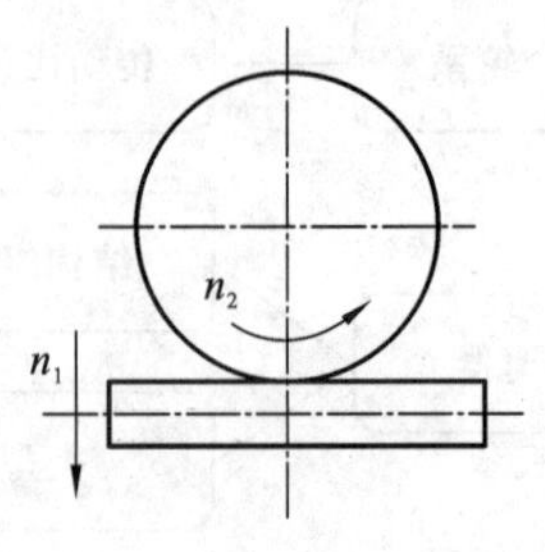

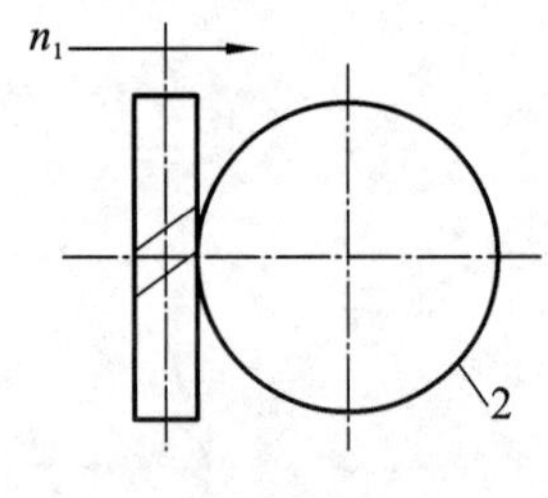

图 7-19　习题图 1

四、计算题

1. 如图 7-20 所示的定轴轮系中，已知各齿轮的齿数分别为：$z_1=z_4=20$，$z_3=z_6=60$。试求传动比 i_{16}。

2. 如图 7-21 所示的轮系中，已知各轮齿轮 $z_1=20$，$z_2=40$，$z_3=15$，$z_4=60$，$z_5=18$，$z_6=18$，$z_7=2$(左旋)，$z_8=40$，$z_9=20$，齿轮 9 的模数 $m=4$ mm，齿轮 1 的转速 $n_1=100$ r/min，转向如图所示。求齿条 10 的速度 v_{10} 并确定其移动方向。

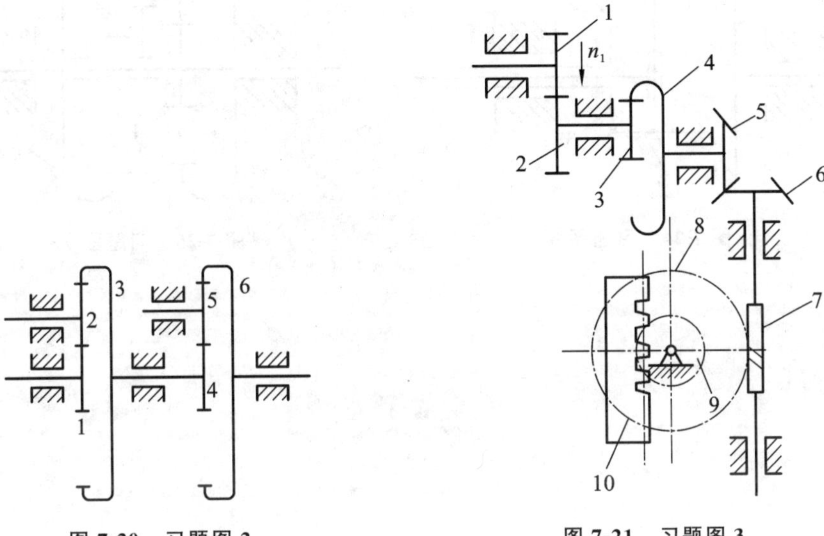

图 7-20 习题图 2　　图 7-21 习题图 3

3. 在图 7-22 所示的钟表传动示意图中，S、M、H 分别为秒针、分针和时针。$z_D=15$，$z_E=12$，$z_F=8$，$z_G=60$，$z_I=8$。求齿轮 A、B、C 的齿数。

4. 如图 7-23 所示，已知 $z_1=60$，$z_2=20$，$z_2'=25$，$z_3=15$；$n_1=50$ r/min，$n_3=200$ r/min，求：(1)若 n_1、n_3 转向如图 7-23(a)所示，求 n_H 的大小和方向；(2)若 n_1、n_3 转向如图 7-23(b)所示，求 n_H 的大小和方向。

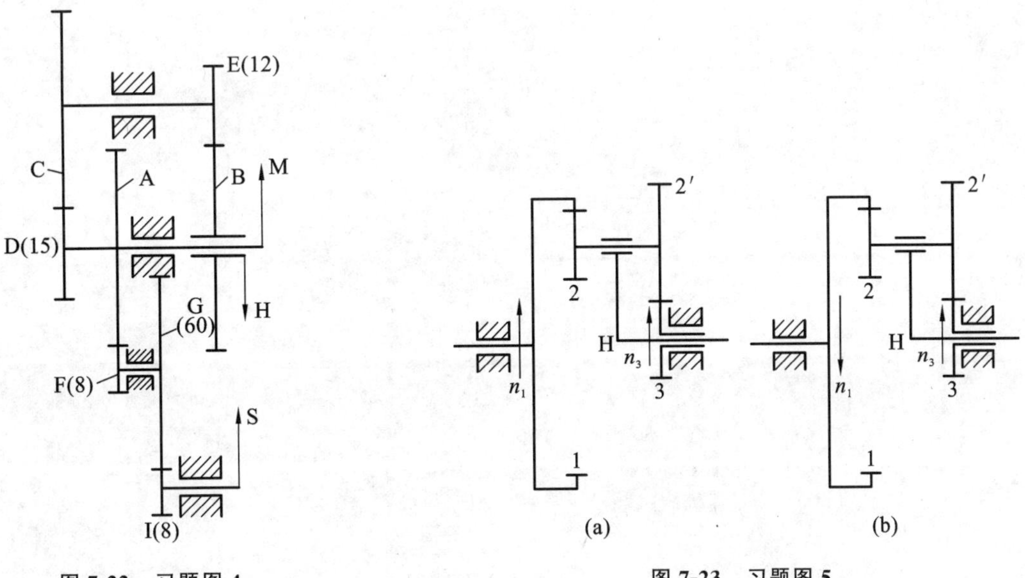

图 7-22 习题图 4　　图 7-23 习题图 5

5. 如图 7-24 所示的机构中，已知 $z_1=60$，$z_2=40$，$z_2'=z_3=20$，若 $n_1=n_3=120$ r/min，n_1 和 n_3 的转向相反，求 n_H 的大小及转向。

6. 如图 7-25 所示为电动三爪卡盘传动轮系，已知各轮齿数 $z_1=6$，$z_2=z_4=25$，$z_3=57$，$z_5=56$，试确定传动比 i_{15}。

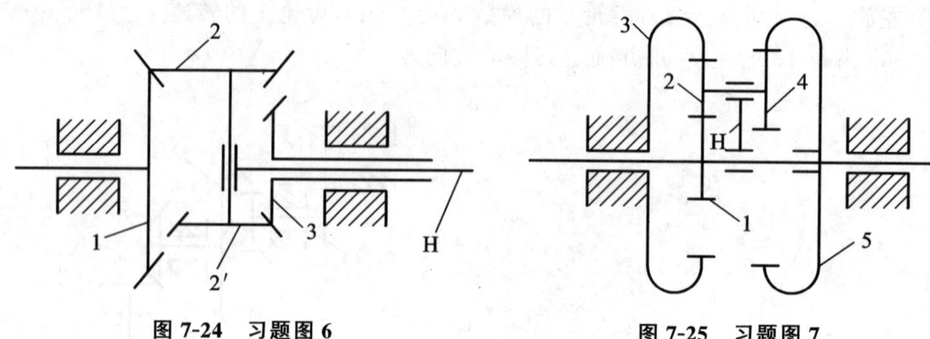

图 7-24　习题图 6　　图 7-25　习题图 7

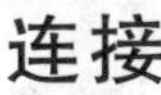

第 8 章 连接

能力目标

1. 能按照实际要求，正确选择连接类型。
2. 能选择键的尺寸，对键的强度进行校核。
3. 能根据适用场合不同，选择合适的螺栓连接类型。
4. 能对螺栓连接进行预紧和防松。

知识目标

1. 掌握键连接、销连接和螺纹连接的特点及其各种连接的应用场合。
2. 认识键的类型。
3. 认识螺纹参数，掌握螺栓连接的类型。
4. 认识螺栓连接的防松方式。

连接是将两个或两个以上的零件连成一体的结构。由于制造、安装运输和检修的需要，工业上广泛采用各种连接，将生产的零件组成机械。

连接按拆开连接时被连接件是否遭到破坏分为两大类：可拆连接和不可拆连接。可拆连接在拆开连接时，不损坏任一零件，常用的有键、销和螺纹连接等。不可拆连接在拆开连接时，至少要破坏或损伤连接中的一个零件，常见的有焊接、铆接、粘接和过盈配合等。按工作时被连接件是否产生相对运动连接还可分为动连接和静连接，组成连接的零件工作时相对位置不发生变化的连接为静连接，如减速器中齿轮与轴的连接，箱体与箱盖的连接等；组成连接的零件工作时相对位置发生变化的连接为动连接，如轴与轴承，机床主轴箱中滑移齿轮与轴的连接等。本章只介绍常见的键连接、销连接与螺纹连接。

8.1 键 连 接

8.1.1 键连接的类型

键连接主要用于轴与轴上零件(如齿轮)之间的周向固定并传递转矩，其中有的键连接也兼有轴向固定或轴向导向的作用。

键是标准件，有很多类型，键连接可分为松键连接和紧键连接两大类。松键连接中，所有的键没有斜度，安装时不需拧紧，键的侧面为工作面，工作时靠键的两个侧面互相挤压传递转矩，所以键宽与键槽需紧密配合，键的顶面与轮毂间应留有间隙。松键连接制造简单，装拆方便，轴与轴上零件对中性好，故应用广泛。缺点是不能承受轴向力。常用的松键连接有平键连接和半圆键连接。楔键连接和切向键连接为紧键连接，其工作面为键的上下面。

1. 平键连接

平键连接按用途可分为普通平键、导向平键和滑键连接三类。

1) 普通平键连接

普通平键连接如图 8-1(a)、(b)所示，用于轮毂与轴之间无相对移动的静连接。普通平键按端部形状可分为圆头(A 型)、方头(B 型)和单圆头(C 型)三类，如图 8-1(c)所示。A 型平键用于轴的中部，轴上键槽用端铣刀加工，如图 8-2(a)所示，键放置于与之形状相同的键槽中，因此键的轴向固定好，应用最广泛，但键槽尺寸变化突然，轴的应力集中较大。B 型平键也用于轴的中部，轴上键槽用盘铣刀加工，如图 8-2(b)所示，克服了 A 型平键的缺点，但键在键槽中的固定不好。C 型平键常用于轴端与轴上零件的连接，轴上键槽用端铣刀加工。

轮毂上的键槽是用插刀或拉刀加工的，因此都是开通的，如图 8-3 所示。

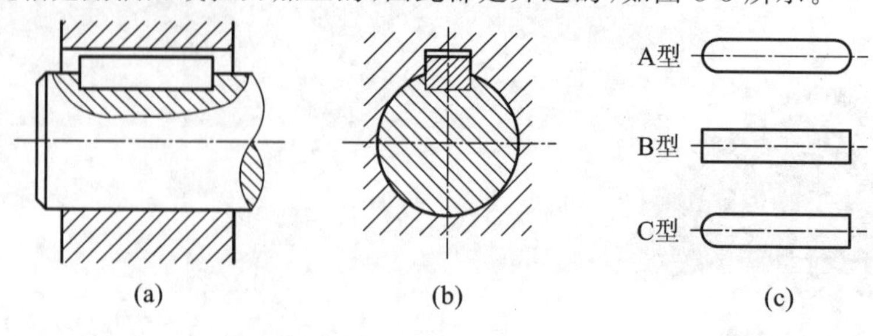

图 8-1 普通平键连接

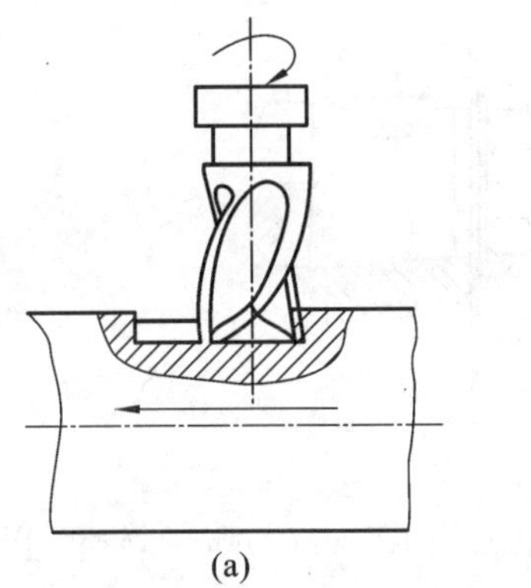
(a)

(b)

图 8-2 轴上键槽的加工方法

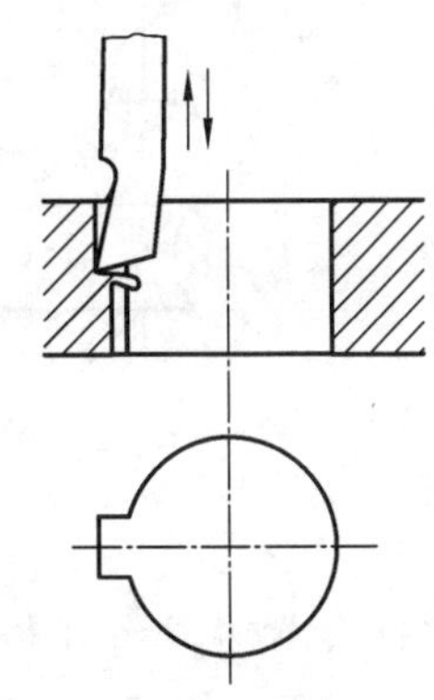

图 8-3 轮毂上键槽的加工方法

2）导向平键和滑键连接

导向平键和滑键主要用于轴与轮毂沿轴向相对移动的动连接。导向平键的长度尺寸较大，一般将键用螺钉固定在轴槽中，轮毂可沿键作轴向滑移，为了拆卸方便，键上制有起键螺纹孔，如图 8-4 所示。当轮毂沿轴滑移距离较大时，导向平键过长，制造困难，往往采用滑键连接，如图 8-5 所示。滑键固定在轮毂上，而在轴上加工较长的键槽，以满足使用要求。

2. 半圆键连接

如图 8-6 所示为半圆键连接。键的两侧面为半圆形，如图 8-6(a)所示，工作时也是靠键的两个侧面受挤压传递转矩，如图 8-6(b)所示，即侧面是工作面。其特点是加工和安装方便，轴上键槽用半径与键相同的盘铣刀铣出，因而键在键槽中能绕其几何中心摆动，以适应轮毂槽由于加工误差所造成的斜度。半圆键连接的优点是工艺性较好，装配方便。缺点是轴上键槽较深，对轴的强度削弱较大。一般只宜用于轻载，尤其适用于锥形轴端的连接，如图 8-6(c)所示。

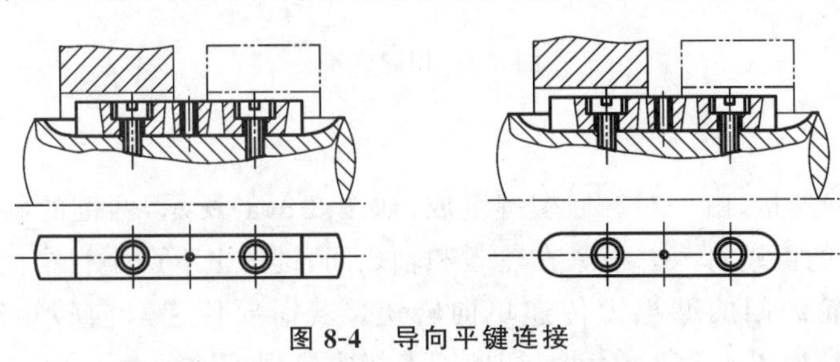

图 8-4 导向平键连接

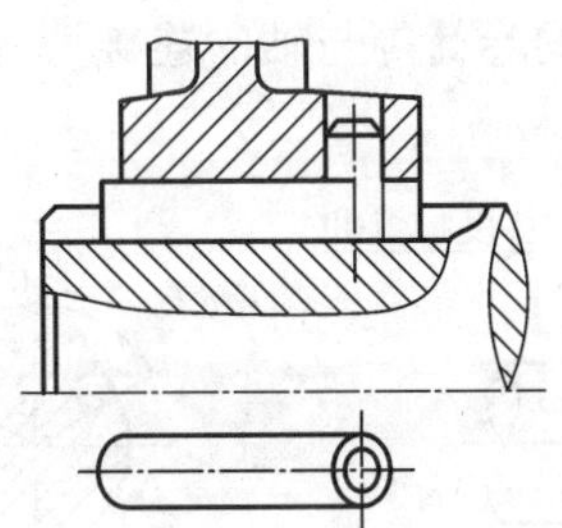

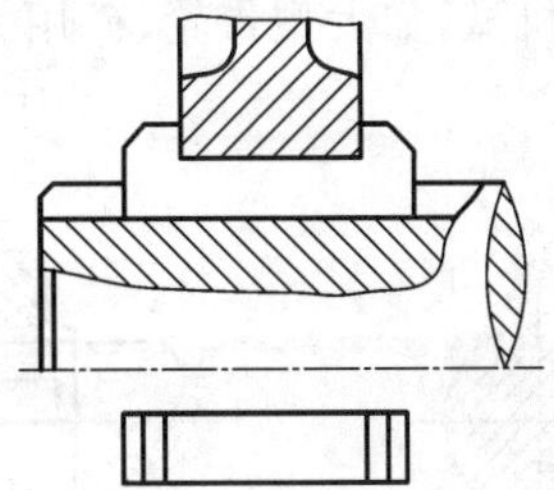

图 8-5 滑键连接

3. 楔键连接

楔键连接用于静连接，如图 8-7 所示。键的上表面和轮毂槽的底面各有 1∶100 的斜度，装

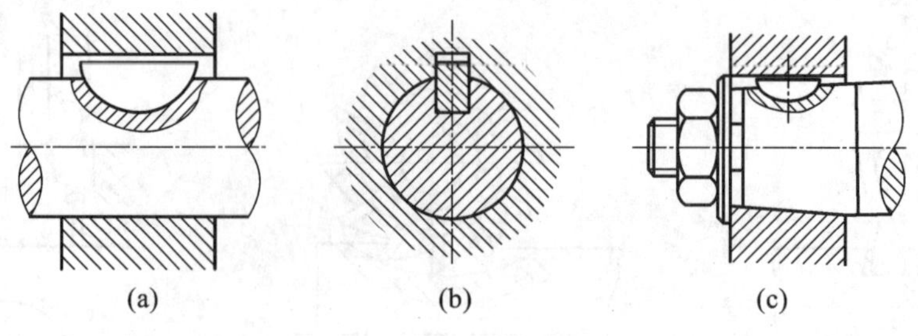

图 8-6　半圆键连接

配时需打入，靠楔紧作用传递转矩，键的侧面与键槽的侧面有间隙，如图 8-7(c)所示，键的上下两面是工作面。楔键连接能轴向固定零件和传递单向的轴向力，由于装配过程会引起轴上零件与轴偏心，所以楔键连接主要用于精度要求不高，转速较低而传递转矩较大的场合，可传递双向或有振动的转矩。

楔键分普通楔键和钩头楔键，普通楔键又分圆头[见图 8-7(a)]和方头[见图 8-7(b)]两类。钩头楔键如图 8-7(d)所示，便于拆装，用于轴端时，为了安全，应加防护罩。

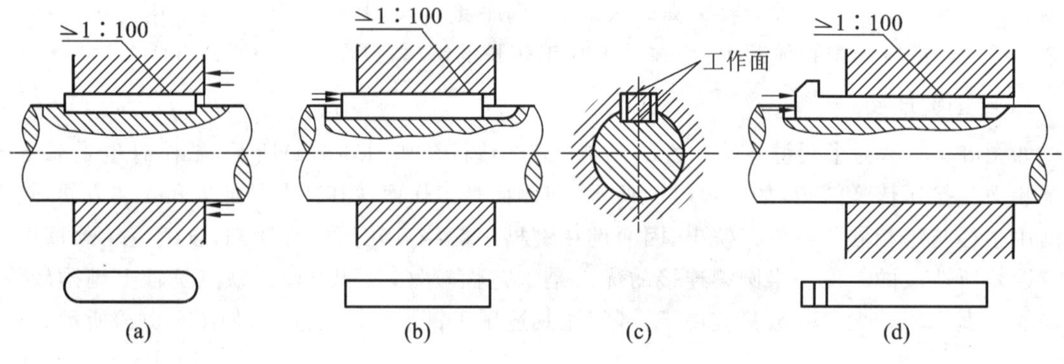

图 8-7　楔键连接

4. 切向键连接

切向键只用于静连接，由一对普通楔键组成，如图 8-8(a)所示，两键的斜面相互贴合，装配时，把两个键从轮毂的两端打入并楔紧在轮毂和轴之间，键的上下两平行窄面是工作面，依靠工作面的挤压和轴与轮毂间的摩擦力传递单向转矩。若需要传递双向转矩时，须用两对互成120°～135°的切向键，如图 8-8(b)所示。切向键连接主要用于轴径大于 100 mm，对中要求不高而载荷很大的重型机械，如大型带轮、矿用大型绞车的卷筒等与轴的连接。

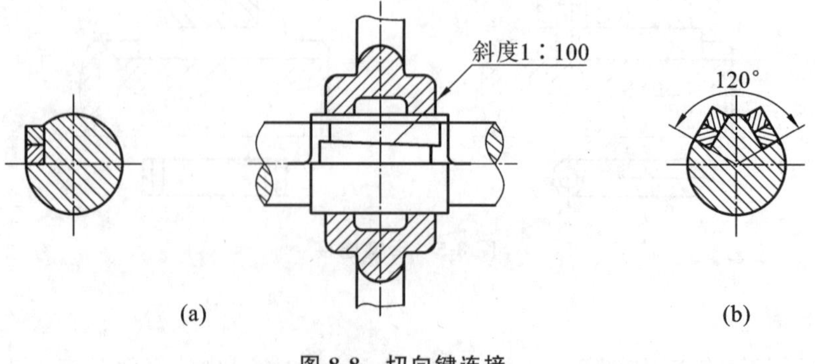

图 8-8　切向键连接

8.1.2 普通平键连接的选择和强度校核

平键是标准件。平键和键槽的尺寸及公差均应符合国家标准。平键和键槽的尺寸见表 8-1。

表 8-1 平键和键槽的尺寸 mm

轴	键	键槽										
公称直径 d	公称尺寸 $b\times h$	宽度 b 极限偏差					深度				半径 r	
		较松键连接		一般键连接		较紧键连接	轴 t		毂 t_1			
		轴 H9	毂 D10	轴 N9	毂 JS9	轴和毂 P9	公称尺寸	极限偏差	公称尺寸	极限偏差	最小	最大
6～8	2×2	+0.025 0	+0.060 +0.020	−0.004 −0.029	±0.0125	−0.006 −0.031	1.2	+0.1 0	1.0	+0.1 0	0.08	0.16
>8～10	3×3						1.8		1.4			
>10～12	4×4	+0.030 0	+0.078 +0.030	0 −0.030	±0.015	−0.012 −0.042	2.5		1.8			
>12～17	5×5						3.0		2.3		0.16	0.25
>17～22	6×6						3.5		2.8			
>22～30	8×7	+0.036 0	+0.098 +0.040	0 −0.036	±0.018	−0.015 −0.051	4.0	+0.2 0	3.3	+0.2 0		
>30～38	10×8						5.0		3.3		0.25	0.40
>38～44	12×8	+0.043 0	+0.120 +0.050	0 −0.043	±0.0215	−0.018 −0.061	5.0		3.3			
>44～50	14×9						5.5		3.8			
>50～58	16×10						6.0		4.3			
>58～65	18×11						7.0		4.4			
>65～75	20×12	+0.052 0	+0.149 +0.065	0 −0.052	±0.026	−0.022 −0.074	7.5		4.9		0.40	0.60
>75～85	22×14						9.0		5.4			
>85～95	25×14						9.0		5.4			
>95～110	28×16						10.0		6.4			
键长系列	6,8,10,12,14,16,18,20,22,25,28,32,36,40,45,50,56,63,70,80,90,100,110,125,140,160,180,200,250,280,320,360											

1. 平键连接的尺寸选择

根据连接的结构特点、使用要求和工作条件，首先选择键的类型，然后可按轴径 d 从标准中选取键的剖面尺寸($b\times h$)。键的长度 L 根据轮毂的宽度确定，一般键长略小于轮毂的宽度并符合标准。

2. 平键连接的强度校核

平键连接的受力情况如图 8-9 所示。由于标准平键有足够的剪切强度，普通平键连接主要的失效形式是工作面的压溃。其强度校核公式为

$$\sigma_{jy}=\frac{4T}{dhl}\leqslant[\sigma_{jy}] \tag{8-1}$$

式中：T 为传递的转矩(N·mm)；

d 为轴的直径(mm)；

h 为键的高度(mm)；

l 为键的有效工作长度(mm)，对 A 型键：$l=L-b$、对 B 型键：$l=L$、对 C 型键：$l=L-\frac{b}{2}$；

$[\sigma_{jy}]$为较弱材料的许用挤压应力(MPa)，其值查表 8-2。

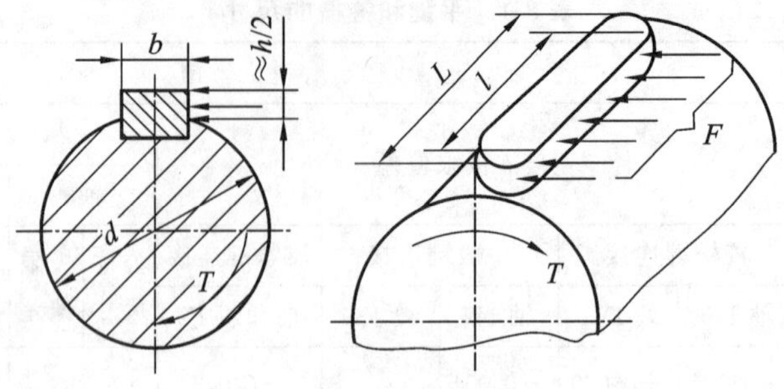

图 8-9 平键连接受力分析

平键连接如果强度不够，可适当增加键和轮毂的长度($L\leqslant 2.5d$)或采用两个键相隔 180°布置，考虑到载荷在两键上分布的不均匀性，按 1.5 个键计算。

表 8-2 键连接的许用应力 MPa

许用应力	连接方式	键或毂、轴的材料	载荷性质		
			静载荷	轻微冲击	冲击
$[\sigma_{jy}]$	静连接	钢	120～150	100～120	60～90
		铸铁	70～80	50～60	30～45
$[p]$	动连接	钢	50	40	30

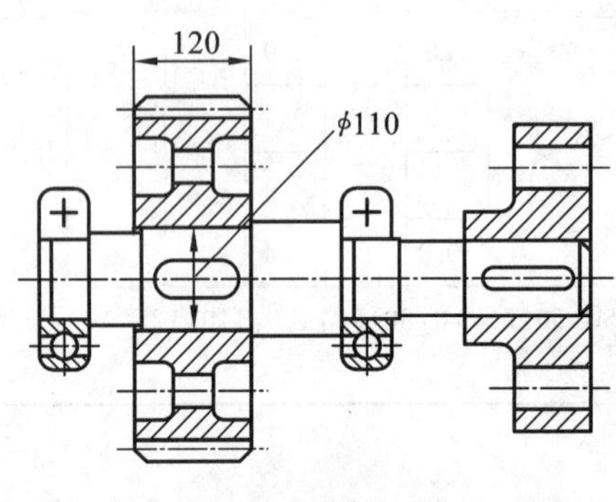

图 8-10 例 8-1 图

【例 8-1】 如图 8-10 所示，已知齿轮和轴的材料都为钢，轴直径 $d=110$ mm，齿轮轮毂宽 $B=110$ mm，传递转矩 $T=2\ 800$ N·m，载荷有轻微冲击，试选择平键的尺寸并验算连接强度。

解：(1) 选择键的类型和尺寸。

选择 A 型平键。根据轴直径 $d=110$ mm 和轮毂宽 $B=110$ mm，由表 8-1 查得键的截面尺寸为 $b=28$ mm，$h=16$ mm，$L=100$ mm。

(2) 校核键的挤压强度。

由表 8-2 查得$[\sigma_{jy}]=110$ MPa，键的有效工作长度 $l=L-b=(100-28)$ mm$=72$ mm，由式(8-1)得

$$\sigma_{jy}=\frac{4T}{dhl}=\frac{4\times 2\ 800\times 10^3}{110\times 16\times 72}\text{ MPa}=88.38\text{ MPa}\leqslant[\sigma_{jy}]$$

故键满足挤压强度要求。

(3) 标注键槽的尺寸公差(略)。

8.1.3 花键连接

在轴上加工出多个键齿称为花键轴，在轮毂内孔上加工出多个键槽称为花键孔，如图 8-11

所示，由花键轴和花键孔组成花键连接。工作时依靠轴上键齿和轮毂上键槽侧面的相互挤压传递转矩。花键连接由于键齿较多，接触面积大，因此能传递较大的载荷，同时由于齿槽较浅，故对轴的强度削弱较小，且轴上零件的对中性和沿轴向移动的导向性都比较好。但花键加工复杂，需要专用设备，因此成本很高。花键连接常用于载荷较大，定心精度要求较高或轮毂经常需要移动的连接。

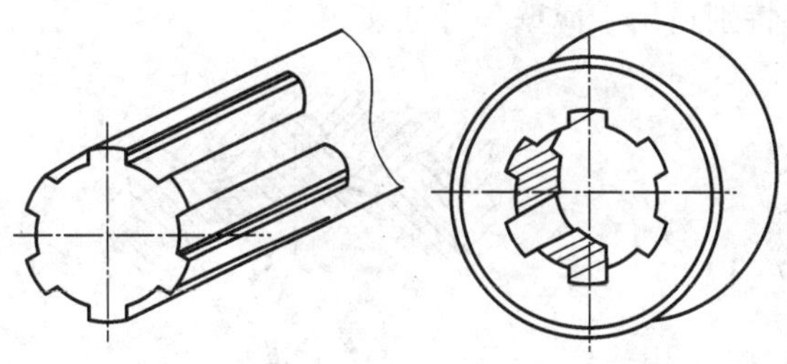

图 8-11 花键轴和花键孔

花键轴可用成型铣刀或滚刀加工，花键孔可以通过拉削或插削而成，有时为了增加花键表面的硬度以减少磨损，花键轴和花键孔还要经过热处理及磨削加工。

花键连接按其齿形的不同分为矩形花键连接[见图 8-12(a)]、渐开线花键连接[见图 8-12(b)]和三角形花键连接[见图 8-12(c)]。

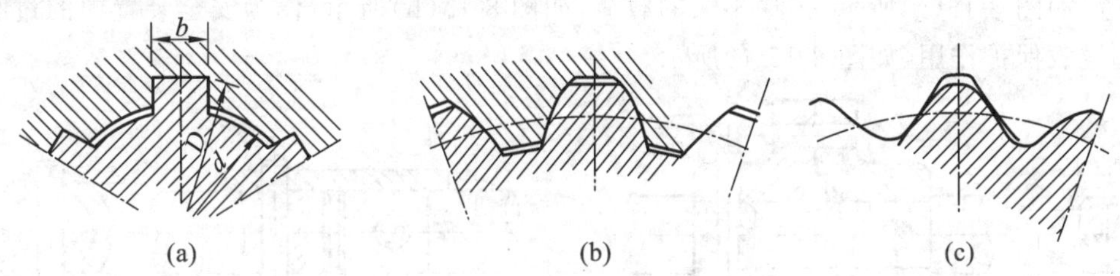

图 8-12 花键连接的三种类型

1. 矩形花键连接

矩形花键连接是应用最广泛的一种花键连接，其齿侧为直线，加工方便，能用磨削的方法获得较高的精度。矩形花键常用的定心方式有外径定心、内径定心和侧面定心三种，如图 8-13 所示。外径定心和内径定心定心精度高，侧面定心定心精度不高，但有利于载荷在齿侧工作面上均匀分布，适于重载及对定心精度要求不严格的场合。

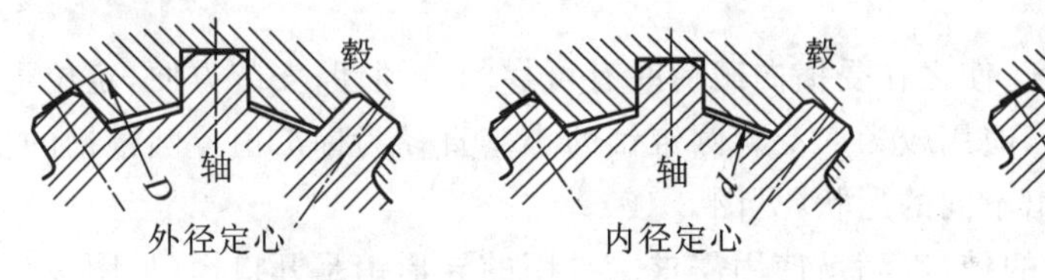

图 8-13 矩形花键定心方式

2. 渐开线花键连接

渐开线花键其花键轴的外齿廓和轮毂的内齿廓都是压力角为 30°的渐开线。渐开线花键的定心方式有外径定心和齿形定心两种(见图 8-14)。齿形定心具有自动定心的作用，并有利于各齿均匀受力，因此应用很广。外径定心需用专门的滚刀和插刀切齿，加工较复杂，用于特殊场合。

渐开线花键可用加工齿轮的方法加工，工艺性好，易于获得较高的精度，同时齿根较厚，强度高，因此适用于载荷大尺寸大的连接。

3. 三角形花键连接

三角形花键轴的外齿廓是压力角为 45°的渐开线，轮毂的内齿廓为三角形。这种花键的齿细而多，便于机构的装配和调整，对轴的强度削弱较小，因此，多用于轻载和直径较小的静连接，特别适用于薄壁零件连接。

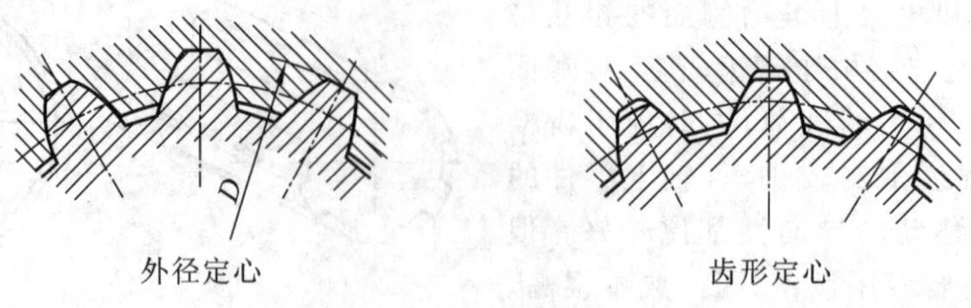

图 8-14　渐开线花键定心方式

8.2 销 连 接

销可用于轴和轮毂的连接，也可用于其他零件间的连接。销的主要用途有：固定零件间的相互位置，如图 8-15(a)所示；传递不大的载荷，如图 8-15(b)所示；作为安全装置中的过载剪断零件，起过载保护作用，如图 8-15(c)所示。

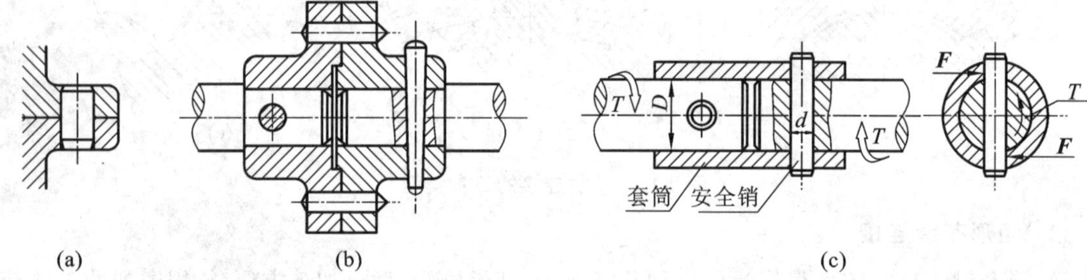

图 8-15　销连接

按形状不同销可以分为圆柱销、圆锥销和异形销等类型。圆柱销在装配时利用微小过盈固定在铰制孔中，可以承受不大的载荷。如果多次拆装，过盈量减小，将会降低连接的紧密性和定位的精确性。

圆锥销具有 1∶50 的锥度，使之在受横向载荷时有可靠的自锁性，安装方便，定位可靠，多次拆装对定位精度的影响较小，应用较为广泛。圆锥销的小头直径为标准值。圆锥销的上端和尾部可以根据使用要求，制造出不同的形状(见图 8-16)。

异形销是具有特殊形状的销，以满足使用需求。常用的异形销是开口销(见图 8-17)。开口销是标准件，常用于螺纹连接的防松，它具有结构简单、装拆方便等特点。

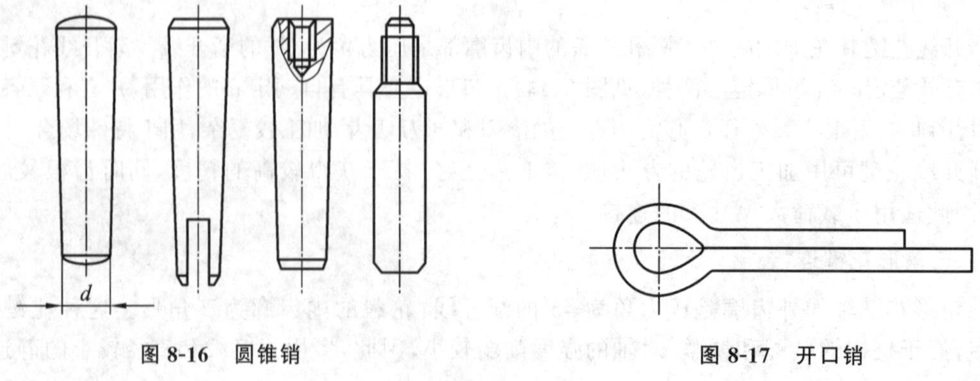

图 8-16　圆锥销

图 8-17　开口销

8.3 螺纹连接

螺纹连接是利用螺纹连接件，将两个或两个以上零件连接起来构成的一种可拆连接。它具有结构简单、工作可靠、装拆方便、成本低廉等优点，故应用广泛。

8.3.1 螺纹的形成、类型及主要参数

1. 螺纹的形成和类型

如图 8-18 所示，将一底边长为 πd 的直角三角形绕在直径为 d 的圆柱体上，并使其底边与圆柱体的底边重合，则直角三角形的斜边在圆柱体上形成一条螺旋线。用不同形状的车刀沿螺旋线可切制出各种形状的螺纹。

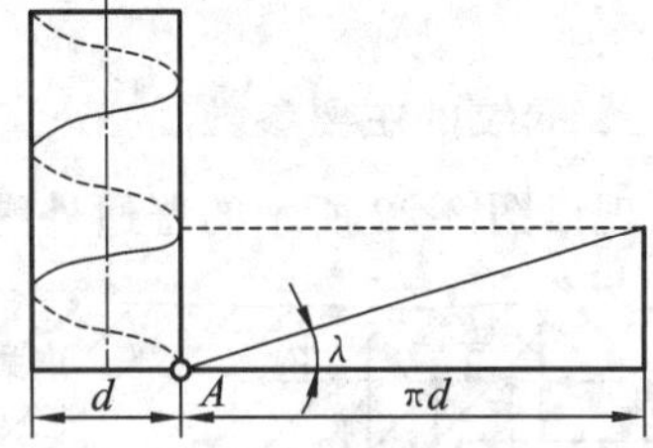

图 8-18 螺旋线的形成

按螺纹的牙型分类，常用的标准螺纹有普通螺纹[见图 8-19(a)]、管螺纹[见图 8-19(b)]、梯形螺纹[见图 8-19(c)]和锯齿形螺纹[见图 8-19(d)]。普通螺纹主要用于连接，管螺纹常用于管道连接，梯形螺纹和锯齿形螺纹用于传动。

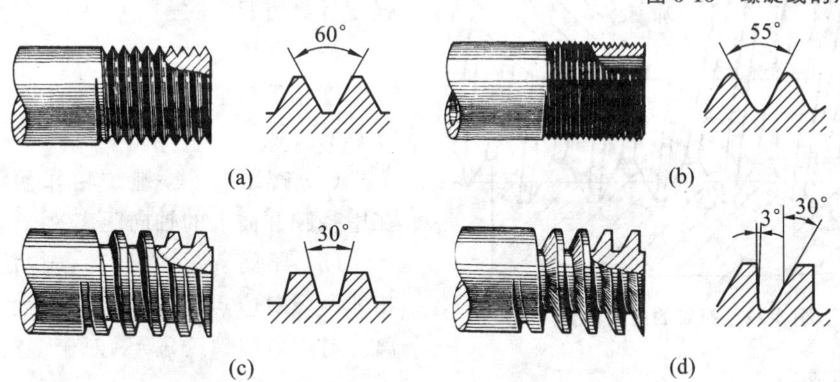

图 8-19 常用标准螺纹牙型

按螺旋线的线数不同，螺纹分为单线螺纹[见图 8-20(a)]、双线螺纹[见图 8-20(b)]和多线螺纹[见图8-20(c)]。单线螺纹主要用于连接，多线螺纹主要用于传动。

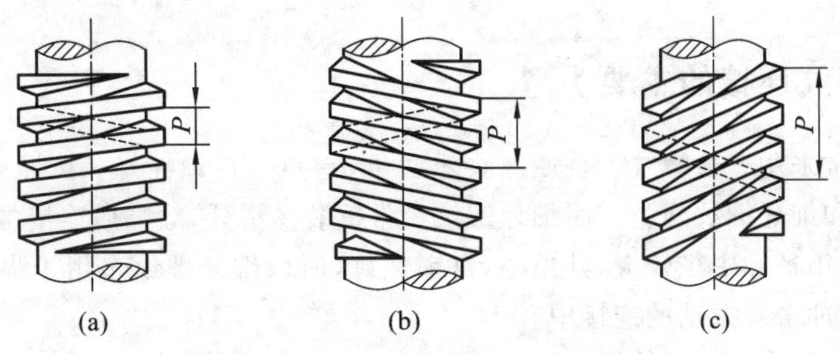

图 8-20 不同线数和不同旋向的螺纹

按螺旋线的绕行方向不同，螺纹分为左旋螺纹[见图 8-20(b)]和右旋螺纹[见图 8-20(a)、(c)]。通常采用右旋螺纹，左旋螺纹用于特殊场合。

螺纹还有外螺纹和内螺纹之分，在圆柱体的外表面上形成的螺纹为外螺纹[见图 8-21(a)]，在圆孔表面上形成的螺纹为内螺纹[见图 8-21(b)]。如螺钉为外螺纹，螺母为内螺纹。

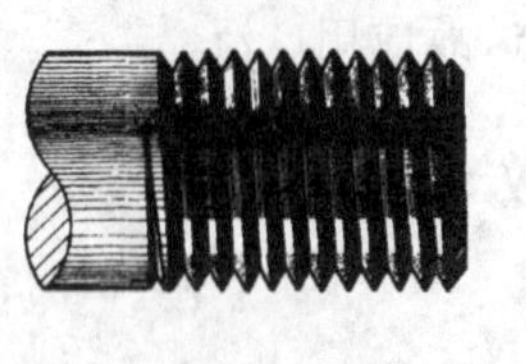

(a)

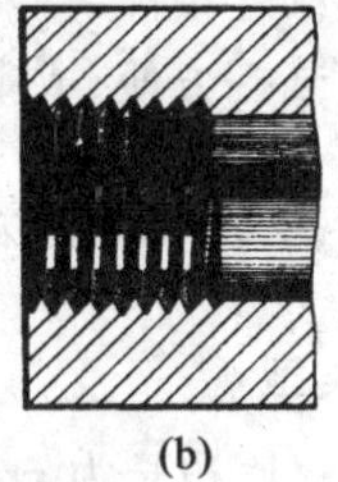

(b)

图 8-21　内外螺纹

2. 螺纹的主要参数

现以图 8-22 所示的普通外螺纹为例介绍螺纹的主要参数。

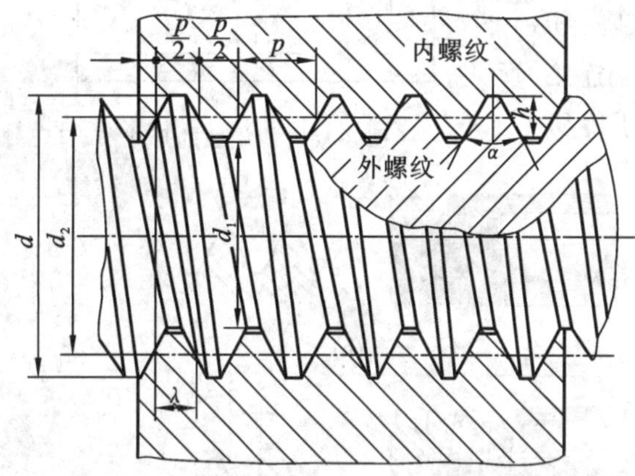

图 8-22　螺纹的主要参数

(1) 大径 d——螺纹的最大直径，标准规定螺纹的大径为公称直径。

(2) 小径 d_1——螺纹的最小直径，常作为强度计算直径。

(3) 中径 d_2——螺纹轴向剖面内牙和牙间宽度相等处的假象圆柱的直径，常作为几何计算的直径。

(4) 螺距 p——螺纹相邻两牙对应点间在中径圆柱面上的轴向距离。

(5) 导程 s——在同一条螺旋线上，螺纹相邻两牙对应点间在中径圆柱面上的轴向距离。对于单线螺纹 $p=s$，对于多线螺纹 $p=ns$ (n 为螺纹线数)。

(6) 牙型角 α——轴向截面内螺纹牙两侧边的夹角。

(7) 升角 λ——在中径圆柱上，螺旋线的切线与垂直于螺纹轴线的平面间的夹角。

$$\tan\lambda=\frac{s}{\pi d_2}=\frac{np}{\pi d_2}$$

8.3.2　螺纹连接的主要类型

连接螺纹通常采用普通螺纹。普通螺纹牙型角 $\alpha=60°$，自锁性好。按照螺距不同，普通螺纹分为粗牙螺纹和细牙螺纹两类。因细牙螺纹经常拆装易滑牙，故一般连接常用粗牙螺纹。但细牙螺纹螺距小，小径和中径较大，升角小，自锁性好，所以细牙螺纹多用于强度要求较高的薄壁零件或受变载、冲击及振动的连接中。

螺纹连接的主要类型有螺栓连接、双头螺柱连接、螺钉连接和紧定螺钉连接等。它们的结构特点及应用见表 8-3。

表 8-3 螺纹连接的基本类型、特点和应用

类型	结构	主要尺寸关系	特点和应用
螺栓连接	普通螺栓连接 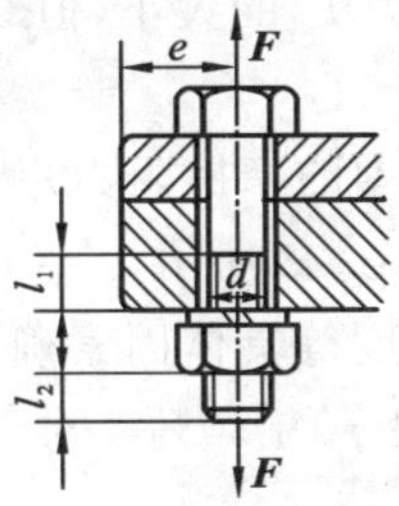	螺栓余留长度 l_1 受拉螺栓连接 静载荷 $l_1 \geqslant (0.3 \sim 0.5)d$ 变载荷 $l_1 \geqslant 0.75d$ 冲击、弯曲载荷 $l_1 \geqslant d$ 受剪螺栓连接 l_1 尽可能小 螺纹伸出长度 $l_2 \approx (0.2 \sim 0.3)d$ 螺栓轴线到被连接件边缘的距离 $e = d + (3 \sim 6)\text{mm}$ 配合螺栓余留长度 l_1 应尽可能小于螺纹伸出长度 l_2	无须在被连接件上车制螺纹，使用不受被连接件材料的限制，结构简单，装拆方便，应用最广。用于通孔并能从连接件两边进行装配的场合
	配合螺栓连接 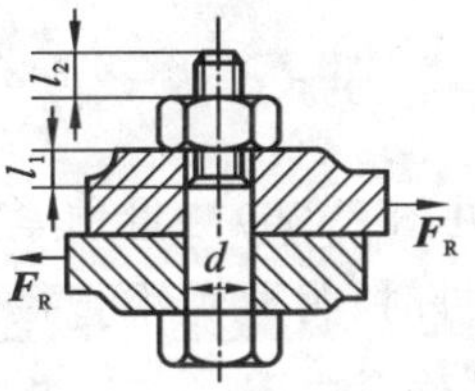		孔与螺栓杆之间没有间隙，采用基孔制过渡配合。用螺栓杆承受横向载荷或固定被连接件的相对位置
双头螺柱连接	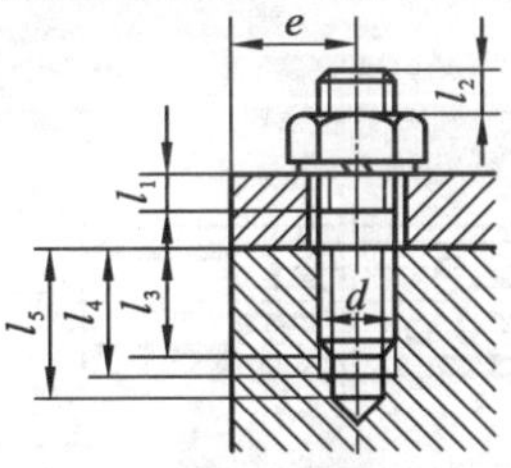	螺纹旋入深度 l_3，当螺孔零件为： 钢或青铜 $l_3 \approx d$ 铸铁 $l_3 \approx (1.25 \sim 1.5)d$ 铝合金 $l_3 \approx (1.25 \sim 2.5)d$ 纹孔深度 $l_4 \approx l_3 + (2 \sim 2.5)d$ 钻孔深度 $l_5 \approx l_4 + (0.2 \sim 0.3)d$ l_1、l_2、e 同上	双头螺柱的两端都有螺纹，一端紧固地旋入被连接件之一的螺纹孔内，另一端与螺母旋合而将两被连接件连接。多用于盲孔及被连接件需要经常拆卸的场合
螺钉连接	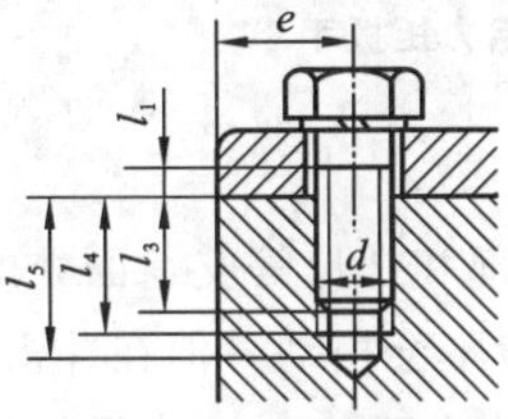		不用螺母，多用于盲孔被连接件很少拆卸时，以免损坏被连接件的螺纹孔
紧定螺钉连接	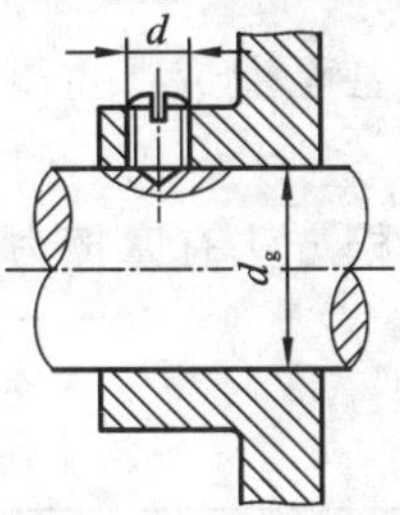	$d \approx (0.2 \sim 0.3)d_g$ （扭矩大时取大值）	旋入被连接件之一的螺纹孔中，其末端顶住另一被连接件的表面或顶入相应的坑中，以固定两个零件的相互位置，并可传递不大的力或扭矩

螺纹连接中用到的连接件，如螺栓、螺钉、双头螺柱、螺母、垫圈等，其结构形式和尺寸均已标准化。设计时，可根据螺纹的公称尺寸在相应的标准或机械手册中查出相应尺寸。

8.3.3 螺纹连接的预紧和防松

1. 螺纹连接的预紧

大多数螺纹连接在装配时都需要拧紧，通常称为预紧。预紧的目的是增强连接的可靠性、

紧密性和防松能力。连接件在承受工作载荷之前，就预先受到力的作用，这个预加作用力称为预紧力。如果预紧过紧，拧紧力过大，螺杆静载荷增大，降低本身强度；预紧过松，拧紧力过小，则工作不可靠。

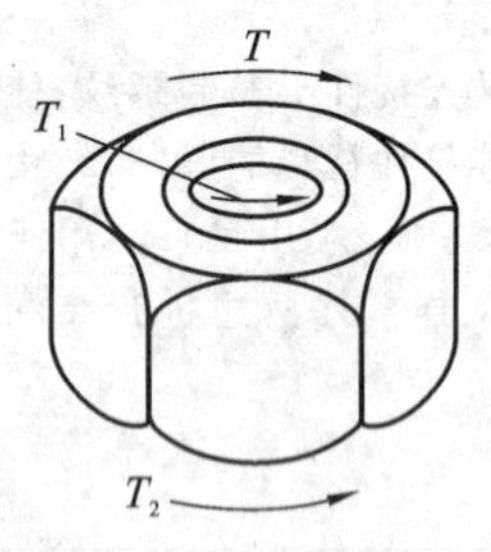

图 8-23 扳手拧紧力矩

对于一般的连接，可凭经验来控制预紧力 F_0 的大小，但对于重要的连接就要严格控制其预紧力。

预紧时，扳手拧紧力矩 T 用于克服螺纹副的摩擦阻力矩 T_1 和螺母与被连接件支承面间的摩擦阻力矩 T_2，如图 8-23 所示，$T=T_1+T_2$。

预紧力的大小可根据载荷性质、连接刚度等具体因素确定，一般规定拧紧后预紧力不得超过其材料的屈服极限 σ_s 的 80%。对于无润滑的 M10～M68 的粗牙普通螺纹，拧紧力矩可取：

$$T\approx 0.2F_0 d \tag{8-2}$$

式中：F_0 为预紧力；

d 为螺纹公称直径。

对于重要连接，常用测力矩扳手（见图 8-24）或定力矩扳手（见图 8-25）测量预紧力矩。若重要连接不能严格控制预紧力的大小，而只靠安装经验来拧紧螺母时，为避免小直径的螺栓被拉断，通常不宜采用小于 M12 的螺栓。一般常用 M12～M24 的螺栓。

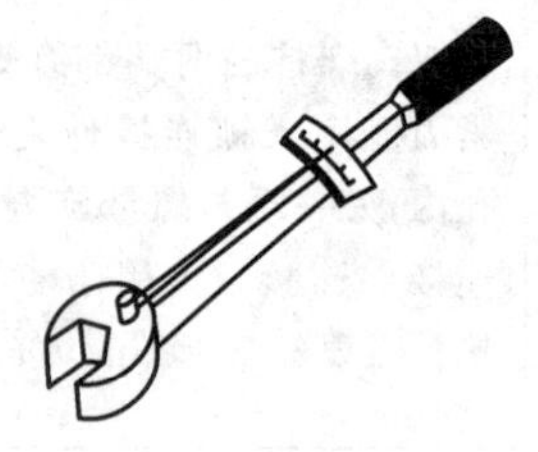
图 8-24 测力矩扳手

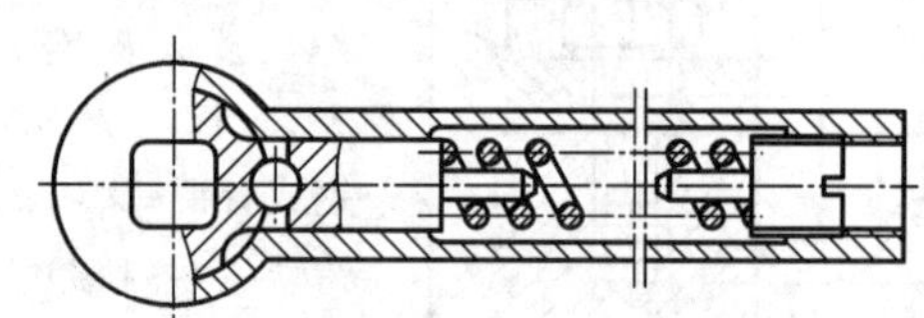
图 8-25 定力矩扳手

2. 螺纹连接的防松

连接用的螺纹，一般采用单线螺纹，其自锁性好，同时螺栓头部和螺母等支承面处的摩擦力也有放松作用，在静载荷和工作温度变化不大时，螺纹连接件一般不会松动。但在冲击、振动或变载荷作用下，或工作温度变化较大时，螺纹副间的预紧力和摩擦力可能减小或瞬间消失。这种现象多次出现后，就会使连接松脱，影响连接的牢固性和紧密性，甚至造成严重事故。因此，必须充分重视防松问题。

螺纹连接的防松原理，在于防止螺纹副的相对转动。常用的防松方法有摩擦力防松、机械防松和永久防松三类，见表 8-4。

表 8-4 常用的防松方法

摩擦力防松	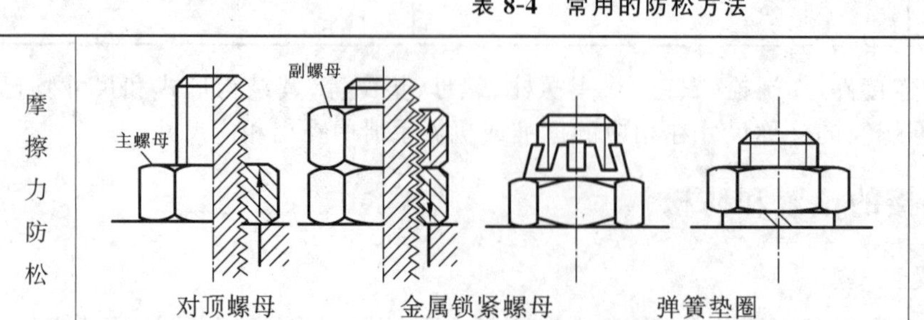	利用增大螺母与螺杆之间的正压力，从而增大摩擦力来阻止螺母的反转，达到防松的目的

续表

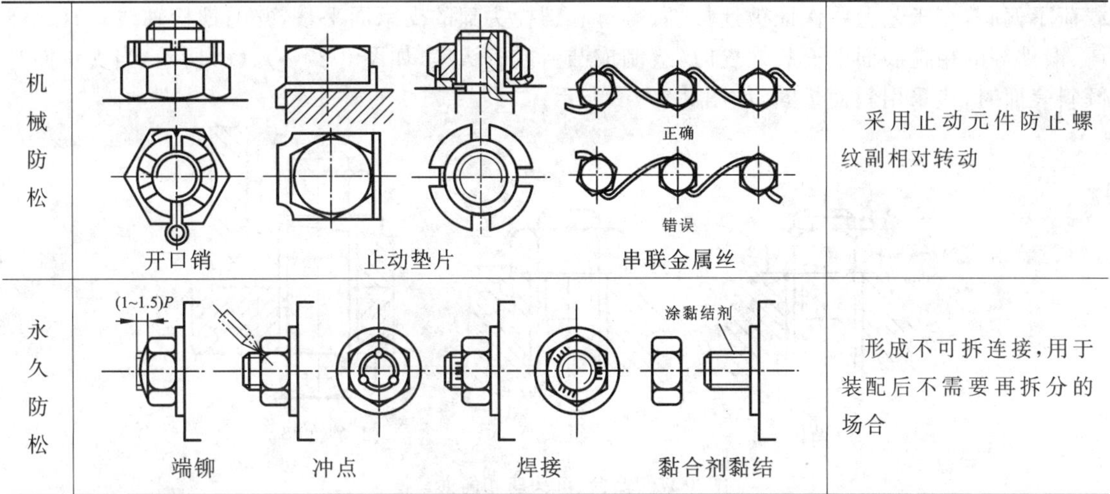

机械防松		采用止动元件防止螺纹副相对转动
永久防松		形成不可拆连接,用于装配后不需要再拆分的场合

8.3.4 螺栓组连接的结构设计

大多数机器的螺纹连接件都是成组使用的,其中螺栓组连接最具有典型性。设计螺栓组连接时,首先需要选定螺栓的数目及布置形式;然后确定螺栓连接的结构尺寸。在确定螺栓尺寸时,对不太重要的螺栓连接,可参考现有的机械设备,用类比法确定,不再进行强度校核。但对重要的连接,应根据连接的工作载荷,分析各螺栓的受力状况,找出受力最大的螺栓进行强度校核。

1. 螺栓组连接的结构设计

设计螺栓组结构时,应注意以下几点。

(1) 连接接合面的几何形状应设计成轴对称的、简单的几何形状,如圆形、环形、矩形、三角形等。螺栓组中心与连接结合面形心重合,保证连接接合面受力均匀。

(2) 螺栓的布置应使各螺栓的受力合理。对受剪螺栓组(铰制孔用螺栓连接),不要在平行于工作载荷作用方向成排布置 8 个以上的螺栓,以免螺栓受力不均匀,但弯扭作用螺栓组,要使螺栓的位置适当靠近连接接合面的边缘,以减小螺栓受力。同时承受轴向载荷和较大的横向载荷时,应采用销、套筒、键等抗剪零件来承受横向载荷,以减小螺栓的预紧力及其结构尺寸,如图 8-26 所示。

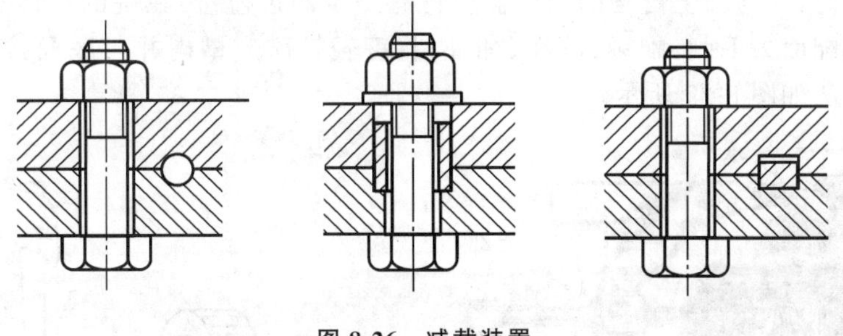

图 8-26 减载装置

(3) 螺栓排列应有合理的间距,应留适当的边距和扳手所需活动空间。扳手所需活动空间的尺寸可查阅有关标准。对于压力容器等紧密性要求较高的连接,螺栓间距可查相关设计手册。

(4) 分布在同一圆周上的螺栓数目,应取 4、6、8、12 等偶数,以便于分度、钻孔、画线,同一螺栓组中的螺栓的材料、直径和长度均应相同。

(5) 避免螺栓承受偏心载荷。偏心载荷会导致螺栓产生附加的弯曲应力,在结构上要保证载荷不偏心,在工艺上要保证被连接件、螺母和螺栓头部的支承面平整,并与螺栓轴线垂直。在铸、锻件等的粗糙表面上安装螺栓时,应制成凸台或沉头座,如图 8-27(a)、(b)所示,当支承面为倾斜表面时,应采用斜面垫圈,如图 8-27(c)所示。

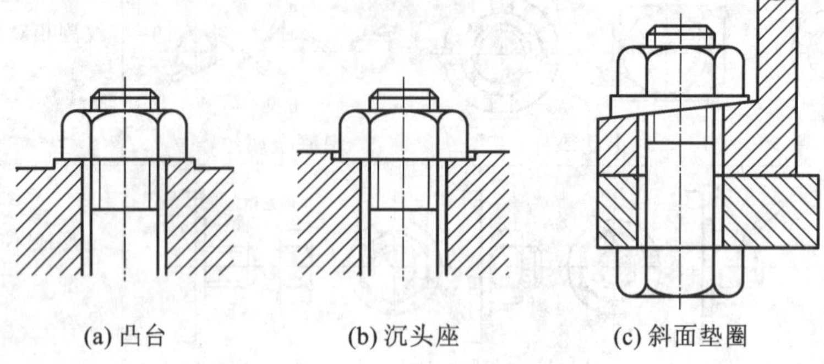

(a) 凸台　　(b) 沉头座　　(c) 斜面垫圈

图 8-27　凸台、沉头座和斜面垫圈

进行螺栓组的结构设计时,在综合考虑以上各点的同时,还要根据螺栓连接的工作条件合理地选择防松装置。

2. 螺栓组连接的受力分析

根据连接的结构和承受载荷的情况,对螺栓组进行受力分析,求出受力最大的螺栓,对其进行螺栓连接的强度校核。

实训项目:平键的装配和拆卸

项目实施步骤具体如下。

1. 平键的拆卸

拆卸键连接零件时,如拆卸内轮,需要特别小心,拆卸时需用专用工具,如图 8-28 所示的齿轮拉盘,拆卸时应施力均匀、柔和。

2. 平键的装配

用平键连接时,键与轴上键槽的两侧面应留有一定的过盈量:在键的顶面和轮毂之间应有一定的间隙。装配前去毛刺、配键、洗净、加油,将键轻轻敲入槽内并与底面接触,然后试装轮毂。具体装配方法如图 8-29 所示。

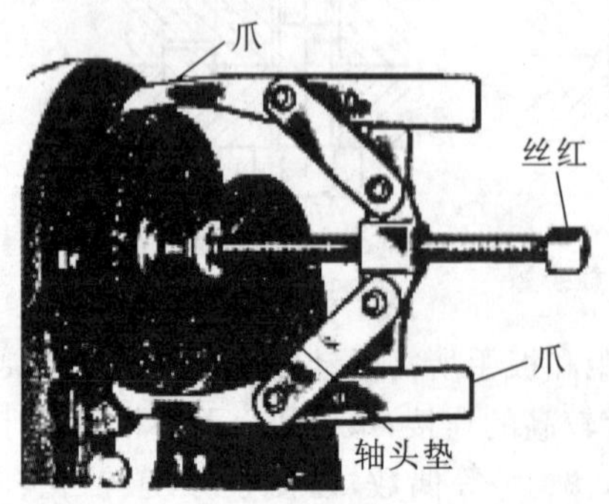

图 8-28　键连接的拆卸

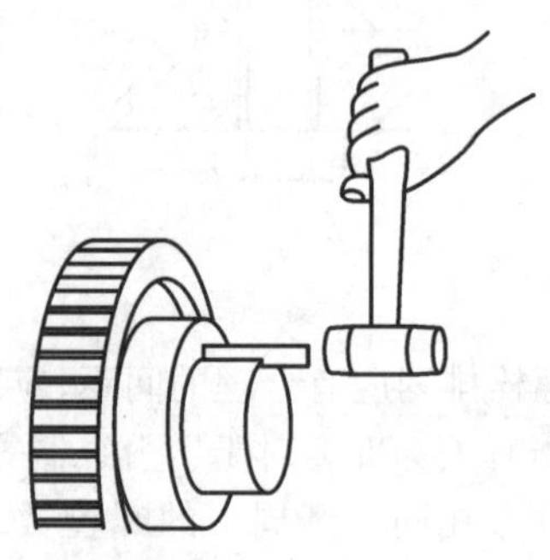

图 8-29　键连接的装配

在打键入槽时，必须谨慎，避免键端被镦粗，最好使用软的或塑料锤子，轮毂上的键槽若与键配合过紧时，可修整键槽，但不能松动。

用键安装齿轮或其他零件时，有时需要把它们放入油中加热至高温，使齿轮或零件膨胀以增大孔径，这样它们在轴上更容易滑动，便于安装。

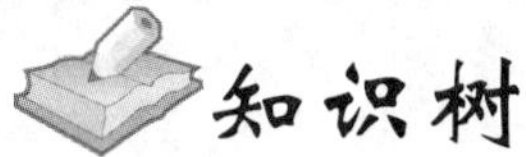

知识树

- 连接
  - 键连接
    - 松键
      - 平键 — 键的选择 — 键的强度校核
      - 半圆键
    - 紧键
      - 楔键
      - 切向键
    - 花键 — 轴孔结合结构
  - 销连接
    - 圆柱销 — 承载
    - 圆锥销 — 定位
    - 异形销
  - 螺纹连接
    - 螺纹类型和参数 — 螺纹大径、牙型角、螺距
    - 螺纹连接件的类型
      - 螺栓连接
        - 结构设计
        - 强度校核
      - 双头螺柱连接
      - 螺钉连接
    - 预紧与防松
      - 预紧 — 力矩扳手的使用
      - 防松
        - 增大摩擦力
        - 金属放松

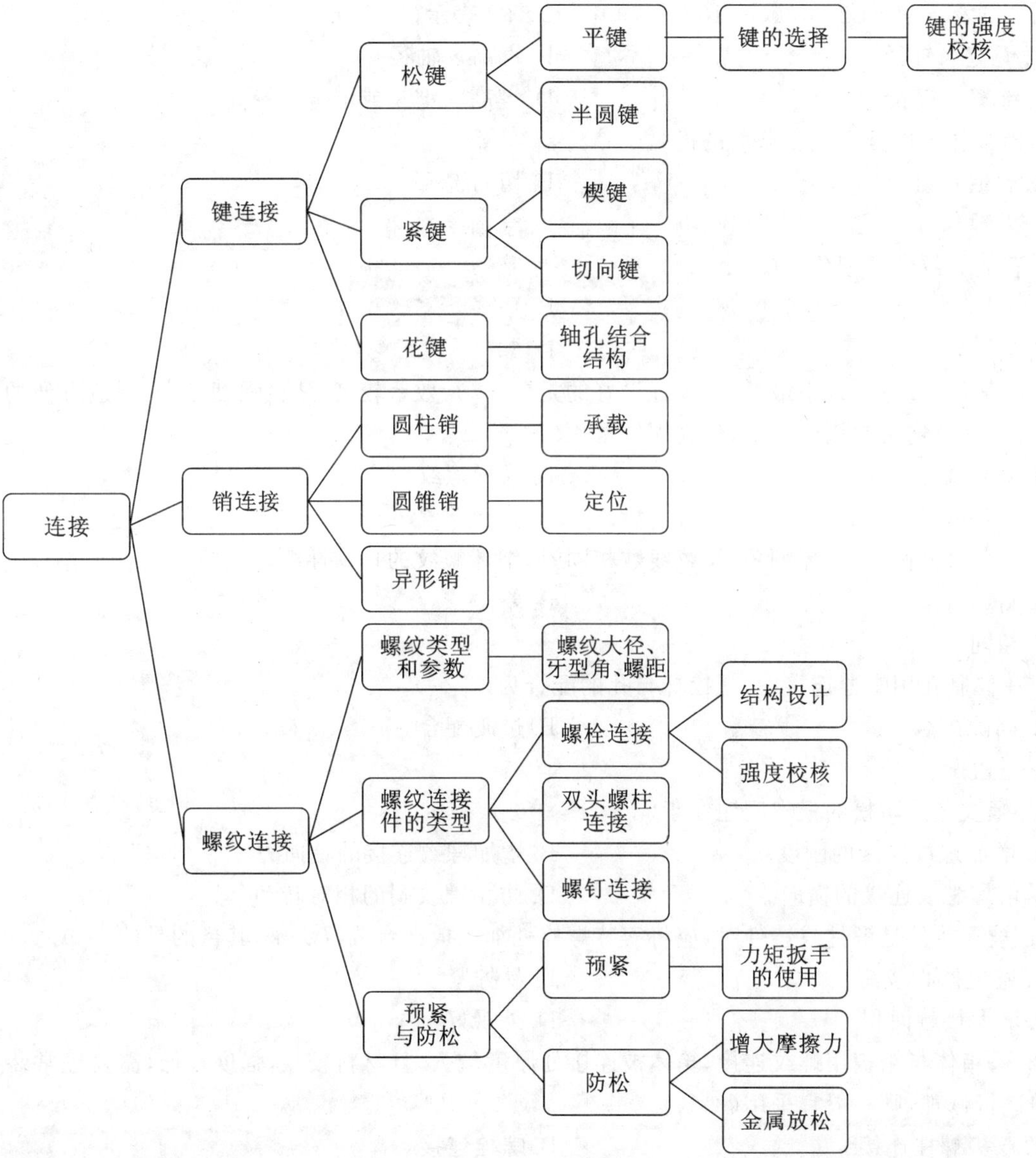

【巩固与练习】

一、选择题

1. 键连接的主要作用是使轴与轮毂之间(　　)。

A. 沿轴向固定并传递轴向力　　　　B. 沿轴向可作相对滑动并具有导向作用

C. 沿周向固定并传递扭矩　　D. 安装与拆卸方便

2. 键的剖面尺寸通常是根据(　　),按标准选择。

A. 传递扭矩的大小　　B. 传递功率的大小

C. 轮毂的长度　　D. 轴的直径

3. 键的长度主要是根据(　　)来选择。

A. 传递扭矩的大小　　B. 传递功率的大小

C. 轮毂的长度　　D. 轴的直径

4. 平键标记:键 B20×80GB 1096—79 中,20×80 表示(　　)。

A. 键宽×轴径　　B. 键高×轴径

C. 键宽×键长　　D. 键高×键长或键宽×键高

5. 沿工作长度具有不变截面的键是(　　)。

A. 普通楔键　　B. 切向键

C. 平键　　D. 半圆键

6. 普通螺纹的牙型角为(　　)。

A. 30°　　B. 45°

C. 55°　　D. 60°

7. 在常用螺纹中,效率最低、自锁性最好的是(　　),效率较高,牙根强度较大、制造方便的是(　　);螺纹连接常用(　　),传动螺纹常用(　　)。

A. 矩形螺纹　　B. 梯形螺纹

C. 三角螺纹

8. 当螺纹公称直径、牙型角、螺纹线数相同时,细牙螺纹的自锁性能(　　)。

A. 好　　B. 差

C. 相同

9. 在铰制孔用螺栓连接中,螺栓杆与孔的配合为(　　)。

A. 间隙配合　　B. 过渡配合

C. 过盈配合

10. 螺纹连接防松的根本问题在于(　　)。

A. 增加螺纹连接的刚度　　B. 增加螺纹连接的轴向力

C. 增加螺纹连接的横向力　　D. 防止螺纹副的相对转动

11. 被连接件是锻件或铸件时,应将安装螺栓处加工成凸台或沉头座,其目的是(　　)。

A. 避免偏心载荷　　B. 易拧紧

C. 增大接触面积　　D. 外观好

12. 一箱体与箱盖用螺纹连接,箱体被连接处厚度较大,且材料较软,强度较低,需要经常装拆箱盖进行修理,则一般宜采用(　　)。

A. 双头螺柱连接　　B. 螺栓连接

C. 螺钉连接

13. 普通螺栓受横向载荷时,主要靠(　　)来承受横向载荷。

A. 螺栓杆的抗剪切能力　　B. 螺栓杆的挤压能力

C. 接合面的摩擦力

14. 为了不严重削弱轴和轮毂的强度,两个切向键最好布置成(　　)。

A. 在轴的同一条母线上　　B. 180°

C. 120°～135°　　D. 90°

二、简答题

1. 试述键连接的类型、特点及应用。

2. 平键连接和楔键连接在结构、工作面及传力方式等方面有什么区别？

3. 如何选择平键连接？若平键连接强度不足，则应采取哪些措施？

4. 常用的花键连接有哪些类型？各有什么特点？

5. 销有哪些类型？各应用在什么场合？

6. 螺纹的主要参数有哪些？试画图说明。

7. 常用螺纹有哪些特点？连接用什么螺纹？传动用什么螺纹？

8. 常用螺纹的牙型有哪几种？如何判断螺旋的旋向？何谓单线螺纹和多线螺纹？螺距与导程有何关系？何谓连接螺纹和传动螺纹？

9. 查手册确定下列螺纹连接的主要尺寸，并按 1∶1比例画出装配图。

(1) 用 M12 六角螺栓连接两块各为 20 mm 厚的钢板(加弹簧垫圈)；

(2) 用 M12 双头螺柱连接一厚 20 mm 的钢板与一较厚的铸铁零件(加弹簧垫圈)。

10. 螺纹连接预紧的目的是什么？

11. 螺纹连接为什么要防松？常用的防松方法有哪些？

12. 某减速器低速轴与齿轮之间采用普通平键连接。已知：配合处轴段轴径 $d=80$ mm，轮毂长度 $L=100$ mm，齿轮材料为锻钢，工作时载荷有轻微冲击。试选择该平键连接并校核其强度。

第 9 章
轴系零部件

能力目标

1. 能按照要求进行轴的结构设计。
2. 能根据使用条件选择滚动轴承、联轴器的类型。

知识目标

1. 掌握轴的结构特点及其结构设计。
2. 掌握滚动轴承的特点及其应用条件。
3. 掌握常用联轴器的特点。

轴承和轴上零件等组成的工作部件总称为轴系。轴系是机器中重要的组成部分，其零部件包括轴、支承轴的轴承、连接轴的联轴器和离合器以及轮毂连接所用的键等。轴系零部件应用较多，主要功能是将传动零件（如齿轮、带轮、凸轮、联轴器等）可靠地支承在机架上，以传递动力和转矩。

9.1 轴

9.1.1 轴的类型

轴是组成机器的重要零件之一，用来支承轴上零件，并传递运动和动力。

1. 根据承受载荷分类

1）心轴

心轴只承受弯矩，不传递转矩。心轴又可分为固定心轴（工作时轴不转动，如自行车前轮轴）和转动心轴（工作时轴转动，如火车机车轮轴）两种，如图 9-1 所示。

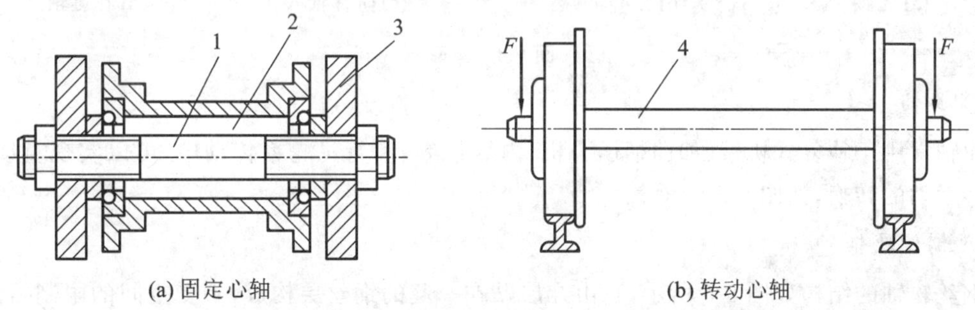

(a) 固定心轴　　(b) 转动心轴

图 9-1　心轴

1—前轮轴；2—前轮轮毂；3—前叉；4—转动心轴

2）传动轴

传动轴主要传递转矩，不承受弯矩或弯矩很小，结构比较细长，如图 9-2 所示的汽车中连接变速箱与后桥之间的轴。

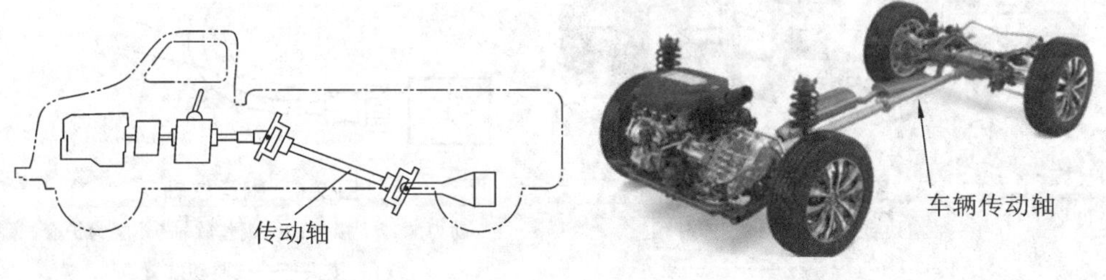

图 9-2　传动轴

3）转轴

转轴是机器中最常见、应用最广的轴。其特点是既传递转矩又承受弯矩，如图 9-3 所示为某减速器的输出轴。

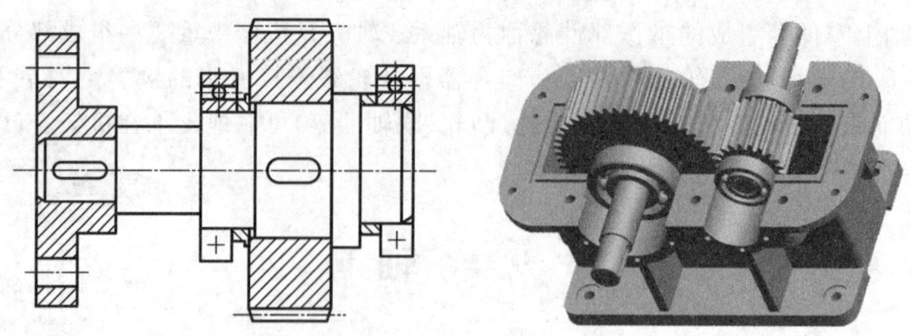

图 9-3　减速器轴

2. 根据轴线形状分类

1）直轴

轴类零件中大多数为直轴，它包括各段直径不变的光轴和各段直径变化的阶梯轴，直轴一般做成实心的，但为了减轻重量或满足某种功能，也可以做成空心轴。如图 9-4 所示。

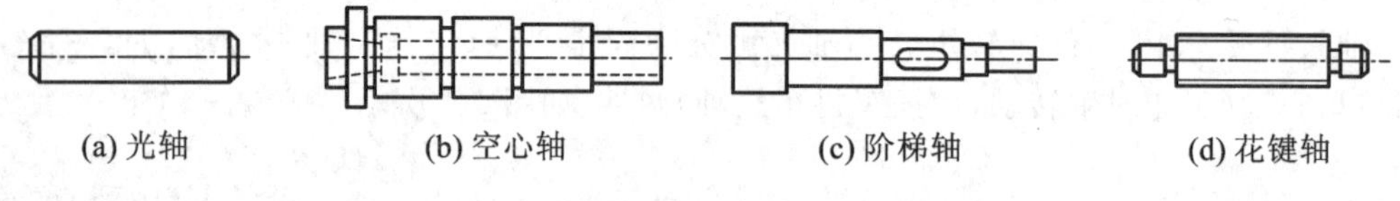

图 9-4　直轴

2）曲轴

曲轴常用于往复式机械（如曲柄压力机、内燃机等）和行星轮系传动中，可以实现直线运动与旋转运动的转换，如图 9-5 所示。

3）钢丝软轴

钢丝软轴的结构如图 9-6 所示，它由几层贴在一起的钢丝层构成，不受空间的限制，可以将扭转或旋转运动灵活地传到任何所需的位置，常用于医疗设备、操纵机构仪表等机械中。这种轴只能传递转矩，不能承受弯矩。

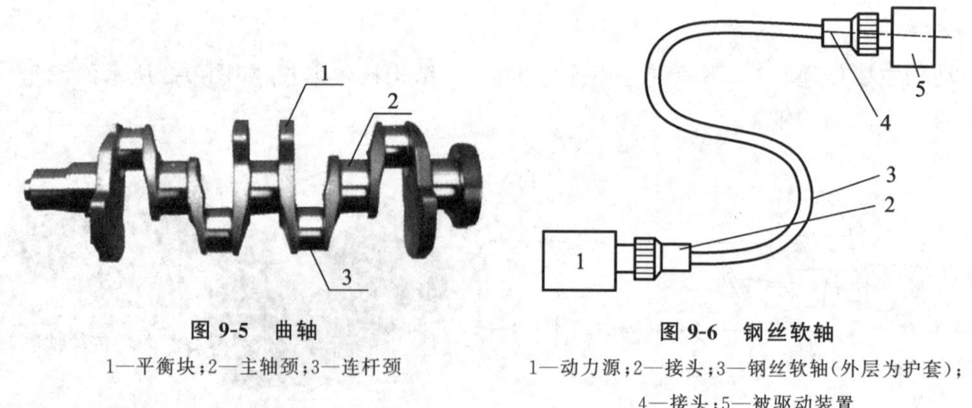

图 9-5　曲轴

1—平衡块；2—主轴颈；3—连杆颈

图 9-6　钢丝软轴

1—动力源；2—接头；3—钢丝软轴（外层为护套）；4—接头；5—被驱动装置

9.1.2　轴的材料

轴的主要失效形式是长期承受交变应力导致的疲劳损坏。因此，轴的材料选择要求具有足够的强度、韧性、耐磨性、耐腐蚀性，易于加工和热处理。

轴的材料常用优质中碳钢和合金钢，通常是经过轧制或锻造并经切削加工制成。直径较小的轴可用圆钢制造；重要的、大直径或阶梯直径变化较大的轴采用锻坯；尺寸偏大形状复杂的轴(如曲轴)也可采用铸钢或球墨铸铁。

碳素钢比合金钢价廉，且相对应力集中，敏感性较低，应用更为广泛。常用作轴的碳素钢有35、45和50等优质中碳钢，其中以45钢更为常用，为保证其机械性能，一般应进行调质或正火处理。有耐磨性要求的轴段应进行表面淬火及低温回火处理；载荷较小的轴可用普通碳素钢Q215、Q235等制成。

当轴传递的功率较大、要求减轻轴的重量和提高轴颈的耐磨性时，可采用合金钢，如20Cr、40C、40MnB等。合金钢具有较高的机械强度，可淬性较好，价格较贵，多用于重载、重要的轴或有特殊要求的轴。

轴的常用材料及其主要力学性能见表9-1。

表9-1 轴的常用材料及其主要力学性能

材料牌号	热处理	毛坯直径/mm	硬度/HB	抗拉强度极限 σ_b/MPa	屈服点 σ_s/MPa	弯曲疲劳极限 σ_{-1}/MPa	备注
A3		≤100		420	230	170	用于不重要或载荷不大的轴
35	正火	≤100	149～187	520	270	220	用于一般轴
45	正火	≤100	170～217	600	300	260	应用最广
	调质	≤200	217～255	650	360	280	
40Cr	调质	≤100	241～286	750	550	360	用于载荷较大而无冲击的轴
35SiMn 42SiMn	调质	≤100	229～286	800	520	360	性能接近40 Cr，用于中小型轴
40MnB	调质	≤200	241～286	750	500	350	性能接近40 Cr，用于重要轴
40CrNi	调质	≤100	270～300	920	750	430	用于很重要的轴
35CrMo	调质	≤100	207～269	750	550	360	性能接近40 CrNi，用于重载荷轴
38SiMnMo	调质	≤100	229～286	750	600	370	性能接近35CrMo
20Cr	渗碳淬火回火	≤60	HRC56～62	650	400	310	用于要求强度和韧性均较高的轴，例如某些齿轮轴和蜗杆等
20CrMnTi		15		1100	850	490	
1Cr18Ni9Ti	淬火	≤100	≤192	540	200	195	用于在高低温及强腐蚀条件下工作的轴
QT600-2			229～302	600	420	215	用于柴油机、汽油机的曲轴和凸轮轴等
QT800-2			241～321	800	560	285	

9.1.3 轴的结构

1. 轴的结构

图 9-7 所示为圆柱齿轮减速器输出轴的结构图，轴主要由轴头、轴颈和轴身三部分组成，轴上安装轮毂的部分叫作轴头。轴上被支承的部分叫作轴颈，连接轴颈和轴头的部分叫作轴身。

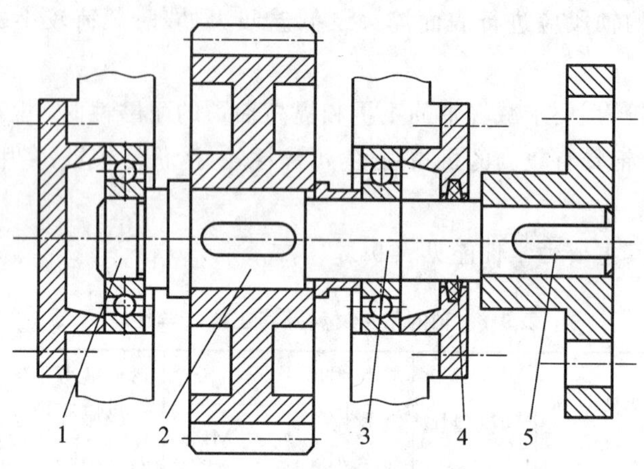

图 9-7 减速器输出轴

1,3—轴颈；2,5—轴头；4—轴身

从节省材料、减轻重量的观点来看，轴的各横剖面最好是等强度的。但从工艺角度来看，轴的形状是越简单越好。因此，实际的轴多做成阶梯轴，只有一些简单的心轴和一些有特殊要求的转轴，才做成具有同一直径的等直径轴。

轴颈和轴头的直径应该按规范取圆整尺寸，特别是装滚动轴承的轴颈必须按轴承的内径选取。轴颈、轴头与其连接零件的配合要根据工作条件合理地提出，同时还要规定这些部分的表面粗糙度，这些技术条件对轴的运转性能影响很大。为使轴运转平稳，必要时还应对轴颈和轴头提出平行度和同轴度等要求。

滑动轴承支承轴的结构与此相仿，仅轴颈结构不同。

2. 轴上零件的固定和定位

1）轴上零件的周向固定

周向固定的目的是限制轴上零件相对于轴的转动，常用的轴上零件的周向固定方法、特点及应用见表 9-2。

表 9-2 轴上零件的周向固定方法、特点及应用

固定方式	简图	特点及应用
平键连接		应用较广，其特点见键连接
花键连接		传递载荷能力强，对中性好，但是花键需要专用设备，成本高，因此用于重要场合

续表

固定方式	简图	特点及应用
圆锥销连接	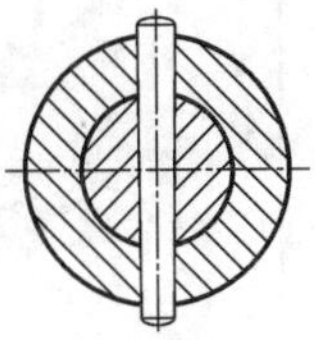	主要用来固定零件的相互位置，可传递不大的载荷
成形连接	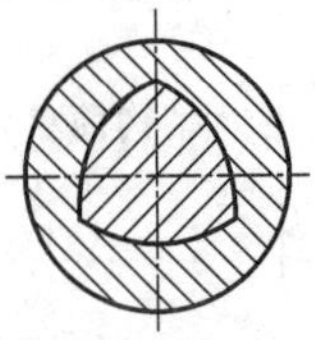	对中性好，工作可靠，无应力集中，但加工困难，故应用较少
过盈配合	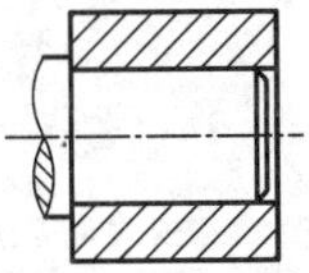	能同时实现周向和轴向固定。结构简单但装拆不便，且对加工面的加工精度要求高

2）轴上零件的轴向固定

为了防止零件在轴向力作用下发生轴向窜动，轴上零件应进行轴向固定，常用的轴向固定方法、特点及应用见表 9-3。

表 9-3　轴上零件的轴向固定方法、特点及应用

固定方式	简图	特点及应用
轴肩或轴环	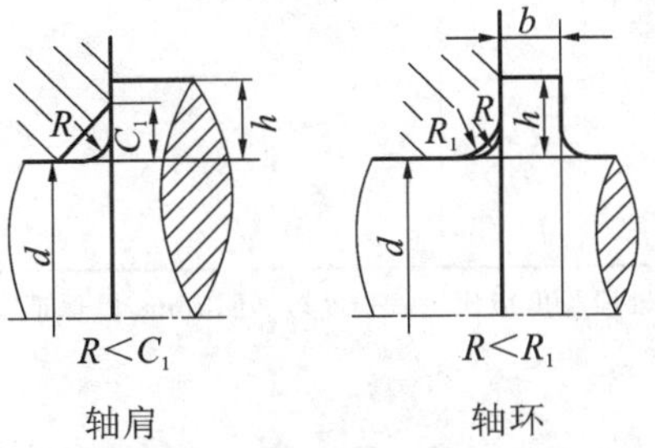 $R<C_1$ 轴肩　$R<R_1$ 轴环	用于单向轴向固定，简单可靠，可承受较大的轴向力。轴肩高度 $h\approx(0.07d+3)\sim(0.1d+5)$，或取 $h=(2\sim3)C_1$，轴环宽度 $b\approx1.4h$
套筒	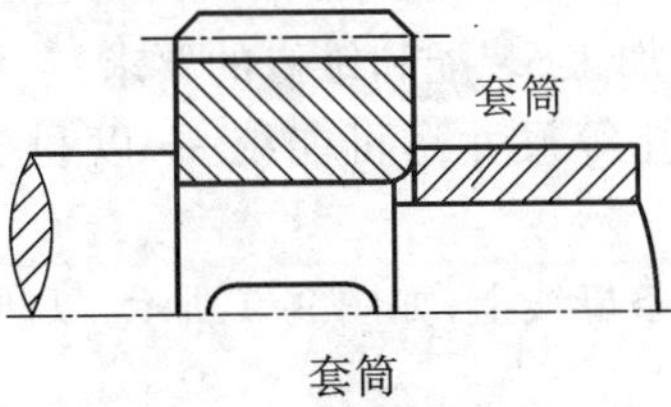 套筒	结构简单、固定可靠，可承受大的轴向力。多用于轴上两零件相距不远的场合
圆螺母	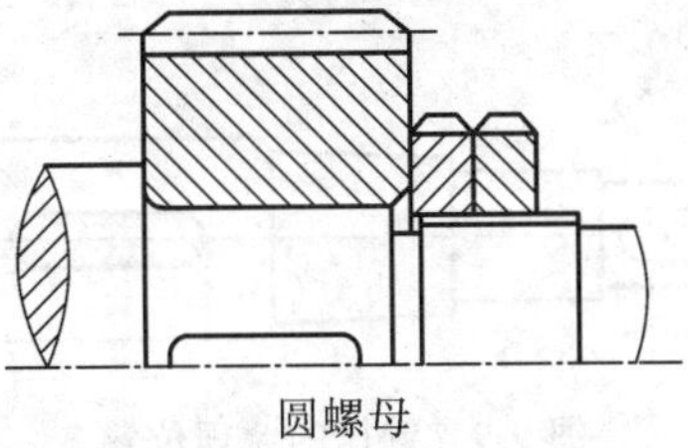 圆螺母	固定可靠，可承受较大的轴向力，但轴上的细牙螺纹和退刀槽对轴的强度削弱较大，应力集中较严重。一般用于两零件相距较远不适合用套筒固定的场合

续表

固定方式	简图	特点及应用
圆锥销、弹性挡圈和紧定螺钉	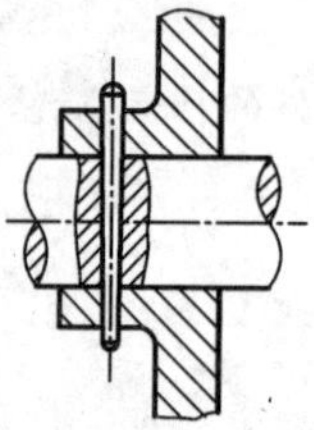 圆锥销 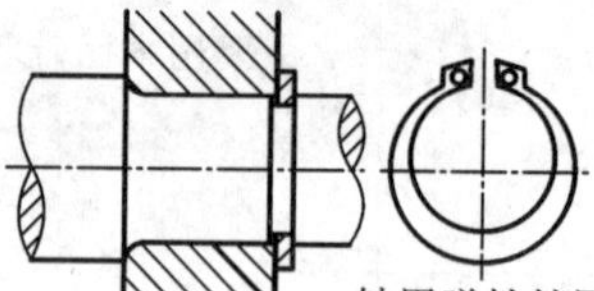 弹性挡圈 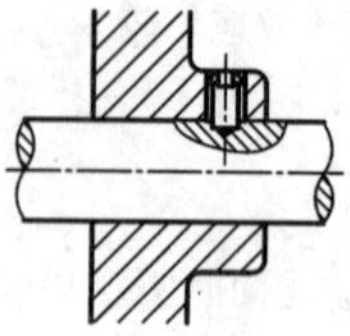 轴用弹性挡圈 紧定螺钉	结构简单，但只能承受较小的轴向力
轴端挡圈和圆锥面	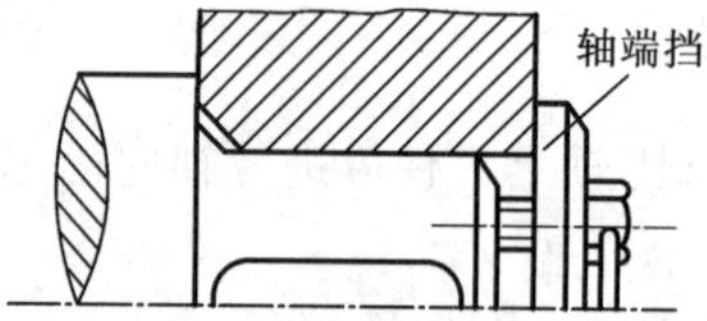 轴端挡圈 轴端挡圈 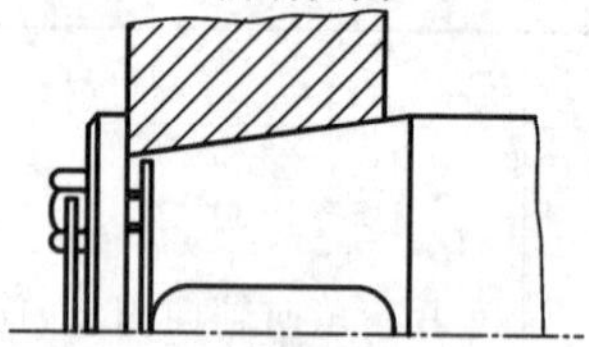 圆锥面	常用于轴端。锥面配合时，轴上零件装拆方便，多用于轴上零件与轴的同心度要求较高或轴受振动的场合

注：用套筒、圆螺母和轴端挡圈作轴向固定时，与轮毂配合的轴段长度应比轮毂长度短 2～3 mm，以保证在有轴向尺寸误差时能轴向压紧零件，防止窜动。

3. 轴的结构工艺性

轴的结构工艺性主要指在设计时要考虑轴的加工、装配和维修的要求。

(1) 轴上各段的键槽、圆角半径、倒角、中心孔等尺寸尽可能统一，以利于加工和检验，如图 9-8 所示。

(2) 轴上有多处键槽时，应使键槽在轴的同一条母线上，如图 9-9 所示，以便于加工和装配。

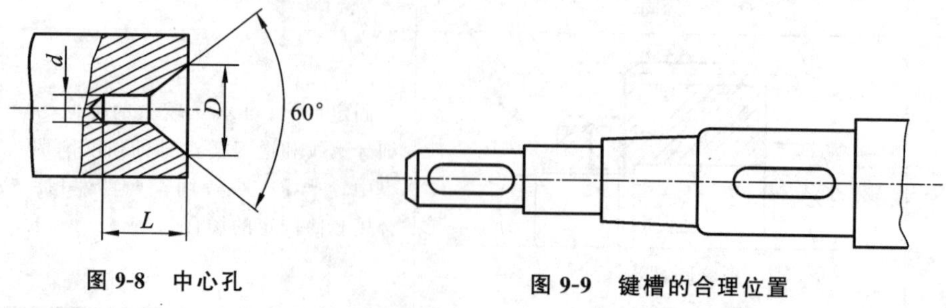

图 9-8　中心孔

图 9-9　键槽的合理位置

(3) 轴上需要磨削的轴段应设计出砂轮越程槽,如图 9-10 所示,需要车制螺纹的应留有螺纹退刀槽,如图 9-11 所示。

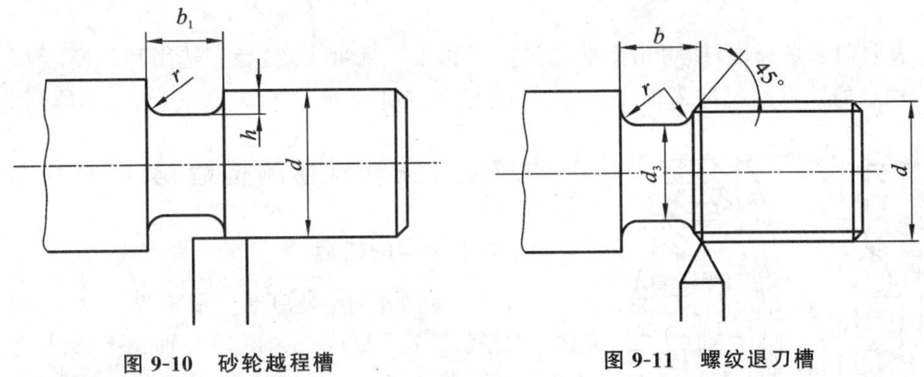

图 9-10 砂轮越程槽　　图 9-11 螺纹退刀槽

(4) 为便于零件的装配,轴端应有倒角。轴的两端采用标准中心孔作为加工的测量基准。

4. 提高轴的强度

1) 减小应力集中

轴上的应力集中会严重削弱轴的疲劳强度,因此轴的结构应尽量避免和减小应力集中。

轴截面尺寸变化处(如轴肩、键槽等)会引起应力集中,所以相邻两轴段直径相差不应过大,并应有过渡圆角,过渡圆角半径应尽可能大些。若轴上零件毂孔的倒角或圆角半径很小,不可能增大轴肩圆角半径时,可采用如图 9-12(a)所示的凹切圆角或如图 9-12(b)所示的过渡肩环结构。轴上零件过盈配合的边缘会产生应力集中,为减小应力集中,需要增大配合处直径,也可以在轮毂或轴上开卸载槽,如图 9-12(c)、(d)所示。

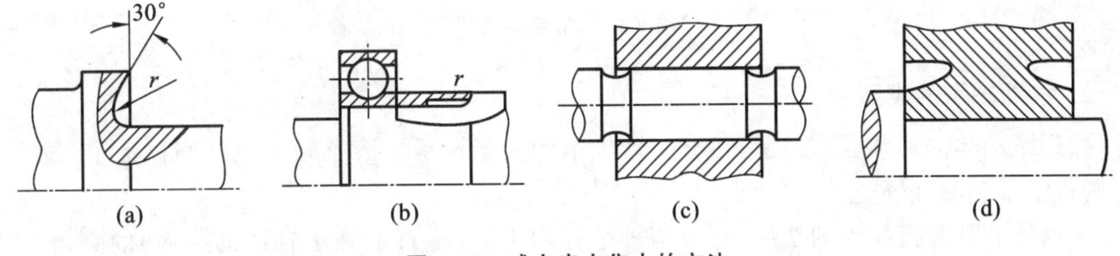

图 9-12 减小应力集中的方法

2) 改善轴的表面质量

轴的表面质量对轴的强度有显著影响,减小轴的表面粗糙度,对轴的表面采取表面强化,如滚压、表面淬火、渗碳和渗氮等,都可以显著提高轴的强度。

9.2 滚动轴承

9.2.1 滚动轴承的特点

滚动轴承的优点如下。

(1) 摩擦阻力小,因而启动灵敏,效率高、发热量小,并且润滑简单,维护保养方便。

(2) 轴承径向间隙小，并可用预紧的方法调整间隙，旋转精度高。

(3) 轴向尺寸小，某些滚动轴承可同时承受径向载荷和轴向载荷，故可使机器结构简化、紧凑。

(4) 滚动轴承是标准件，可由专业化生产厂家组织批量生产，易于选用和互换。

滚动轴承的缺点是抗冲击能力较差、高速时会出现噪声、工作寿命低、结构不能剖分等。

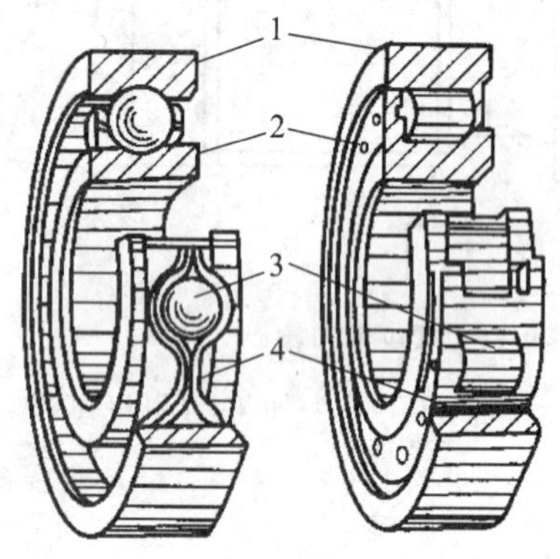

图 9-13　滚动轴承的构造

1—外圈；2—内圈；3—滚动体；4—保持架

9.2.2　滚动轴承的构造、类型和代号

1. 滚动轴承的构造

如图 9-13 所示，滚动轴承一般由外圈 1、内圈 2、滚动体 3 和保持架 4 等组成。内圈装在轴颈上，外圈装在机座或零件的轴承孔内，内外圈中间有滚道，滚动体位于内外圈滚道之间，当内外圈相对旋转时，滚动体将沿着滚道滚动，保持架的作用是把滚动体均匀地隔开。滚动体的形状有球形[见图 9-14(a)]和滚子形，滚子形中又包括圆柱滚子[见图 9-14(b)]、圆锥滚子[见图 9-14(c)]、鼓形滚子[见图 9-14(d)]和滚针[见图 9-14(e)]等。

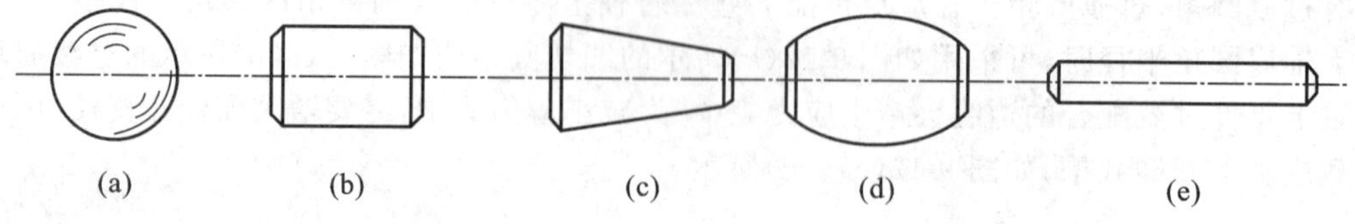

图 9-14　常用滚动体

2. 滚动轴承的类型

按照滚动体的形状，滚动轴承可分为球轴承和滚子轴承。滚子轴承包括圆柱滚子、鼓形滚子、圆锥滚子和滚针等。

滚动体和外圈接触点的法线 n—n 与轴承径向平面(垂直于轴承轴线的平面)的夹角 α(见图 9-15)，称为公称接触角。α 越大，轴承承受轴向载荷的能力越强。

滚动轴承按其承载方向分为向心轴承和推力轴承。

1) 向心轴承($0° \leqslant \alpha \leqslant 45°$)

向心轴承又分为径向接触向心轴承($\alpha = 0°$)和角接触向心轴承($0° < \alpha \leqslant 45°$)。

2) 推力轴承($45° < \alpha \leqslant 90°$)

推力轴承又分为角接触推力轴承($45° < \alpha < 90°$)和轴向接触轴承($\alpha = 90°$)。

按工作时能否调心，滚动轴承还可分为刚性轴承和调心轴承。

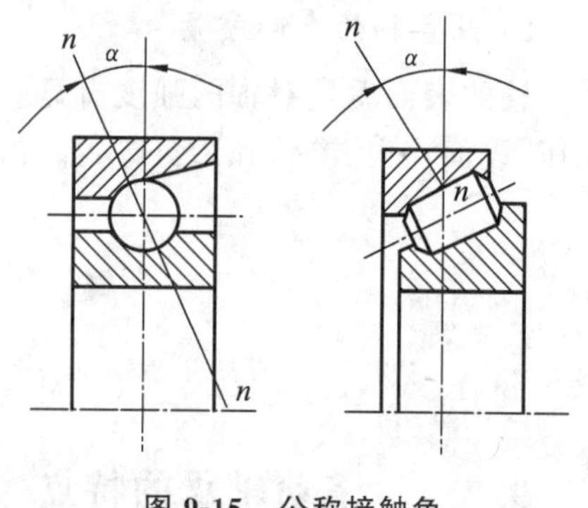

图 9-15　公称接触角

常用滚动轴承的基本类型、特性及应用见表 9-4。

表 9-4 常用滚动轴承的基本类型、特性及应用

类型代号	类型名称	结构简图、承载方向	主要特性及应用
1	调心球轴承	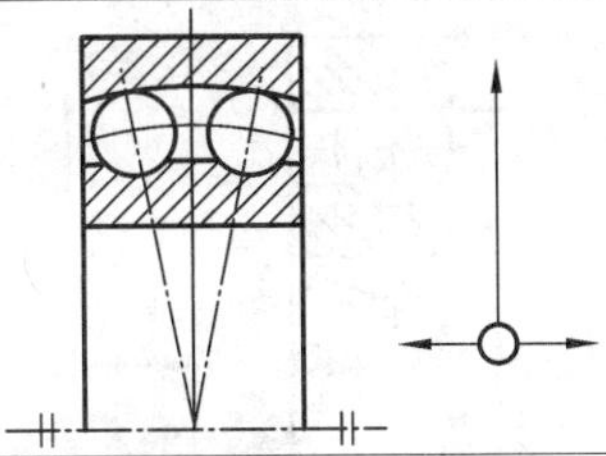	主要承受径向载荷，也能承受较小的双向轴向载荷，能自动调心
2	调心滚子轴承	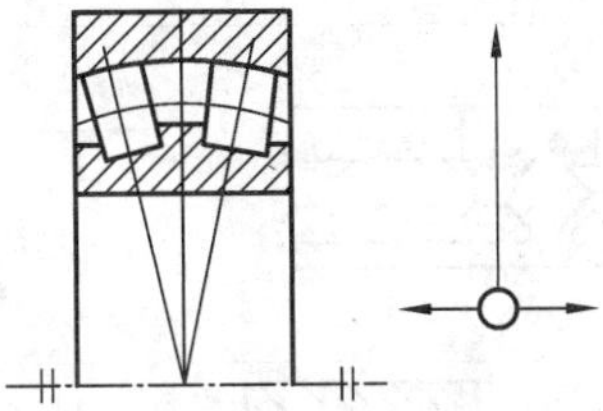	能承受较大的径向载荷和较小的双向轴向载荷，能自动调心
3	圆锥滚子轴承	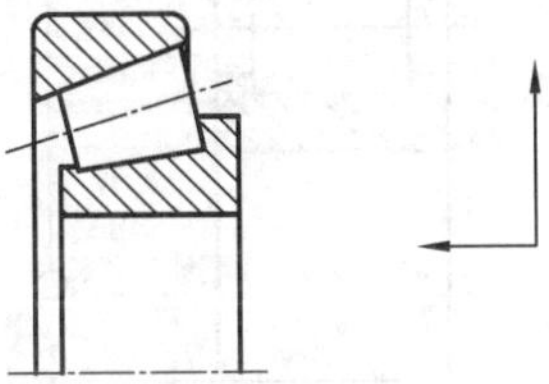	能同时承受径向载荷和单向轴向载荷，承载能力强；内外圈可分离，轴向和径向间隙容易调整，一般成对使用
4	双列深沟球轴承	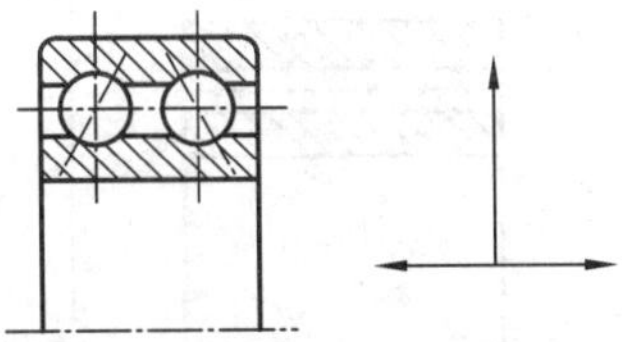	除具有深沟球轴承的特点，还具有承受双向载荷更大、刚性更大的特性，可用于比深沟球轴承要求更高的场合
5.1	推力球轴承	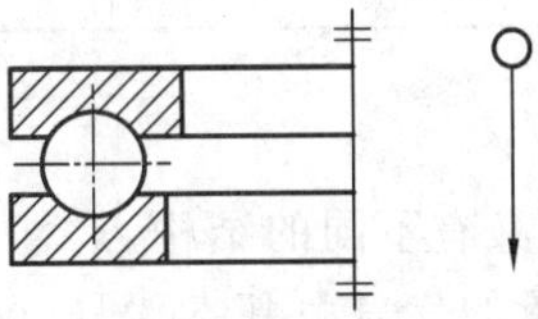	$\alpha=90°$，只能承受单向轴向载荷，不宜在高速下使用
5.2	双向推力球轴承	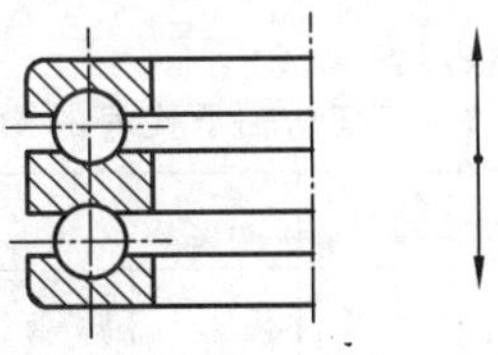	$\alpha=90°$，用于承受双向轴向载荷，不宜在高速下使用
6	深沟球轴承	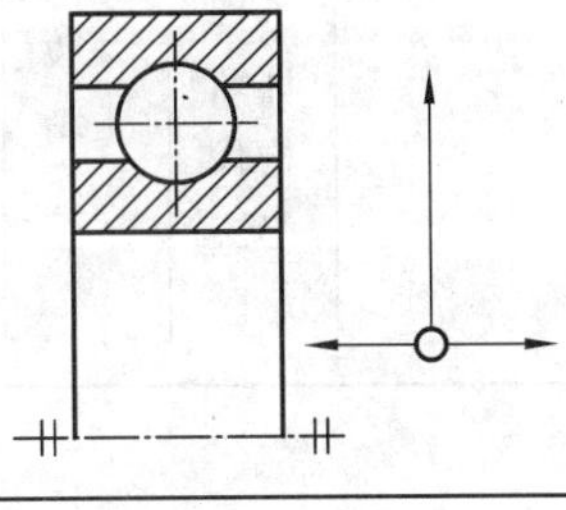	主要承受径向载荷，同时也能承受一定的双向轴向载荷，承载和抗冲击的能力较差

续表

类型代号	类型名称	结构简图、承载方向	主要特性及应用
7	角接触球轴承		能同时承受径向载荷和轴向载荷，接触角有15°、25°、40°等，接触角越大承受轴向载荷的能力也越强，通常成对使用
8	推力圆柱滚子轴承		只能承受单向轴向载荷，承载能力比推力球轴承大得多，常用于承受轴向载荷大而不需要调心的场合
N	圆柱滚子轴承		只能承受较大的径向载荷，抗冲击能力较强，内外圈可分离
NA	滚针轴承		只能承受径向载荷，承载能力强，径向尺寸小，内外圈可分离

3. 滚动轴承的代号

滚动轴承的类型很多，每种类型又有不同的结构、尺寸、公差等级和技术要求，国家标准规定了轴承代号的表示方法。滚动轴承的代号由基本代号、前置代号和后置代号三部分组成，用字母和数字等表示，见表9-5。

表9-5 滚动轴承代号的构成

<table>
<tr><td>前置代号</td><td colspan="5">基本代号</td><td colspan="7">后置代号</td></tr>
<tr><td rowspan="3">轴承分部件代号</td><td>五</td><td>四</td><td>三</td><td>二</td><td>一</td><td rowspan="3">*内部结构代号</td><td rowspan="3">密封与防尘结构代号</td><td rowspan="3">保持架及其材料代号</td><td rowspan="3">特殊材料轴承代号</td><td rowspan="3">*公差等级代号</td><td rowspan="3">*游隙代号</td><td rowspan="3">多轴承配置代号</td></tr>
<tr><td rowspan="2">类型代号</td><td colspan="2">尺寸系列代号</td><td colspan="2" rowspan="2">内径代号</td></tr>
<tr><td>宽高度系列代号</td><td>直径系列代号</td></tr>
</table>

注：1. 基本代号中一至五表示自右向左的位置序号。

2. 带“*”号者为常用后置代号。

1）基本代号

基本代号表示轴承基本类型、结构和尺寸，是轴承代号的基础。基本代号由轴承类型代号、尺寸系列代号及内径代号组成。

(1) 内径代号。内径代号用基本代号右起第一、二位数字表示，表示方法如表 9-6 所示。

表 9-6 常用轴承内径代号

内径代号	00	01	02	03	04～99	大于 22、28、32，小于 10 及非整数轴承内径
轴承内径 /mm	10	12	15	17	数字×5	直接用内径尺寸（毫米）表示，与尺寸系列代号用"/"分开

(2) 尺寸系列代号。尺寸系列代号指直径系列与轴承宽度系列（或高度系列）。

① 直径系列代号：表示结构相同、内径相同的轴承在外径和宽度方面的变化，用基本代号右起第三位数字表示。直径系列代号有 7、8、9、0、1、2、3、4 和 5，部分直径系列之间的尺寸对比如图 9-16 所示。

② 轴承的宽度系列代号：表示结构、内径和直径系列都相同的轴承，在宽度方面的变化，用基本代号右起第四位数字表示。当宽度系列为 0 时，多数轴承中可省略，但对于调心滚子轴承和圆锥滚子轴承，应标出。图 9-17 表示内径为 $\phi30$ 的圆锥滚子轴承在不同宽度系列时（直径系列相同）的外形尺寸对比。

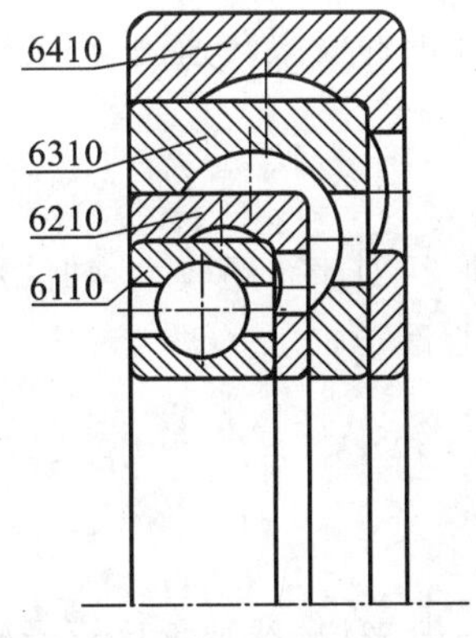

图 9-16 直径系列尺寸对比

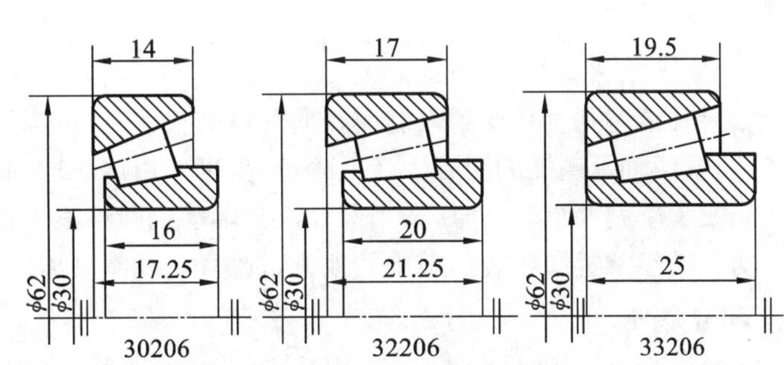

图 9-17 圆锥滚子轴承的宽度系列对比

③ 轴承类型代号：用基本代号右起第五位数字表示，其表示方法见表 9-4。

2）前置代号

前置代号用于表示轴承的分部件，用字母表示。其含义可查有关手册。

3）后置代号

后置代号用字母和数字等表示轴承的结构、公差及材料的特殊要求等。后置代号的内容很多，下面介绍几个常用的后置代号。

(1) 内部结构代号：表示同一类型轴承的不同内部结构，用紧跟着基本代号的字母表示。如：接触角为 15°、25°和 40°的角接触球轴承分别用 C、AC 和 B 表示。

(2) 轴承的公差等级：共 6 个级别，由高级到低级依次用代号/P2、/P4、/P5、/P6、/P6x 和/P0表示。0 级为普通级，在轴承代号中不标出。

(3) 常用的轴承径向游隙系列:共 6 个组别,按径向游隙由小到大的顺序,其代号分别用/C1、/C2、/C0、/C3、/C4、/C5 表示。0 组游隙是常用的游隙,在轴承代号中不标出。公差等级代号和游隙代号需同时表示时,可进行简化,取公差等级代号加上游隙组号组合表示,例如/P63、/P52 等。

滚动轴承代号举例:

7211C/P5——表示角接触球轴承;宽度系列代号 0 省略;直径系列代号为 2;内径为 55 mm,接触角 $\alpha=15°$,5 级公差,径向游隙为 0 组。

22308/P63——表示调心滚子轴承;宽度系列代号 2 省略;直径系列代号为 3;内径代号为 08,表示轴承内径为 40 mm;公差等级为 6 级;径向游隙为 3 组。

4. 滚动轴承的类型选择

选择轴承类型时,要根据载荷的大小、方向和性质,转速高低,结构尺寸的限制,刚度要求,调心要求等因素来选择,一般要考虑以下几点。

1) 轴承所受载荷的大小、方向和性质

当载荷小而平稳时,可选择球轴承;载荷大而有冲击时,可选用滚子轴承。

当轴承同时承受径向载荷和轴向载荷时,应根据它们的相对值考虑。如以径向载荷为主时可选用深沟球轴承;径向载荷和轴向载荷均较大时可选用角接触球轴承;轴向载荷比径向载荷大很多时,可选用向心轴承和推力轴承的组合结构。

2) 轴承的转速

每一型号的滚动轴承都有一定的极限转速,通常球轴承比滚子轴承的极限转速高,因此高速时宜选用球轴承。

3) 对轴承的特殊要求

如果轴承座孔直径受到限制而径向载荷又很大时,可选用滚针轴承;对于跨距较大,轴的刚度较差,或两轴承座孔的同心度较低等情况,可选用调心球轴承或调心滚子轴承。

当支承刚度要求较高时,选用圆柱滚子轴承或圆锥滚子轴承。

对于需经常拆卸或装拆困难的地方,选用内、外圈分离的轴承。

4) 经济性

在保证轴承工作性能的前提下,尽可能选用价格低廉的轴承。一般来说,球轴承比滚子轴承价格低廉;普通结构的轴承比特殊结构轴承价格低;型号相同的轴承,精度越高,价格越高。一般机械传动应选择普通级(P0)精度。

9.2.3 滚动轴承的组合设计

1. 滚动轴承的轴向固定

滚动轴承的轴向固定,分为轴承内圈与轴的固定及轴承外圈与座孔的固定。

轴承内圈常用的四种固定方式如下。

(1) 用轴肩作单向轴向固定可承受大的单向轴向力,如图 9-18(a)所示。

(2) 用轴肩和轴用弹性挡圈作双向轴向固定,弹性挡圈能承受的轴向力较小,如图 9-18(b)所示。

(3) 用轴肩和轴端挡圈作双向轴向固定,轴端挡圈可承受中等轴向力,如图 9-18(c)所示。

(4) 用轴肩和圆螺母、止动垫圈作双向轴向固定,可承受大的轴向力,如图 9-18(d)所示。

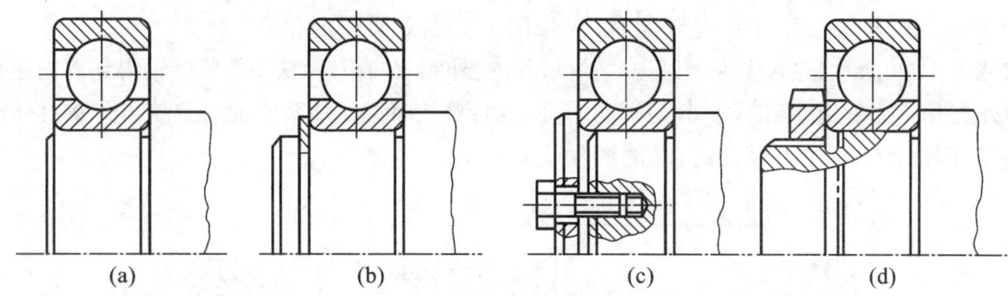

图 9-18 轴承内圈固定方式

外圈常用的三种固定方式如下。

(1) 用轴承端盖作单向轴向固定,可承受较大的单向轴向力,如图 9-19(a)所示。

(2) 用孔内凸肩和孔用弹性挡圈作双向轴向固定,挡圈能承受的轴向力较小,如图 9-19(b)所示。

(3) 用轴承端盖和孔内凸肩作双向轴向固定,可承受大的轴向力,如图 9-19(c)所示。

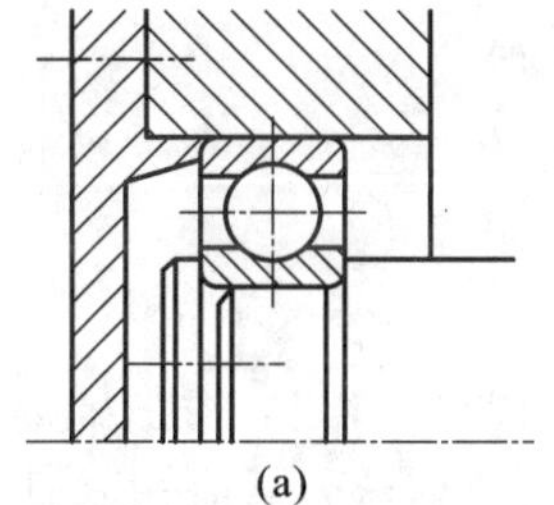

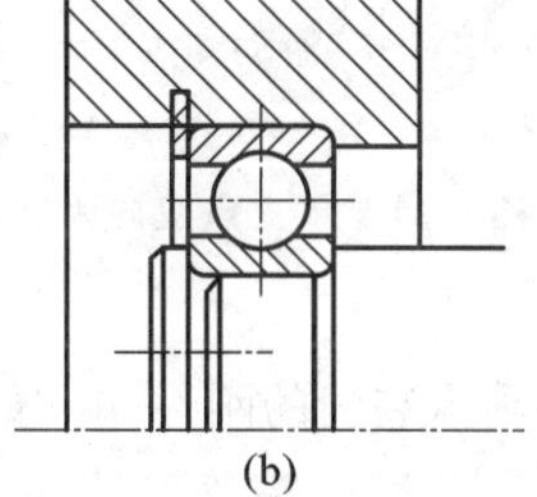

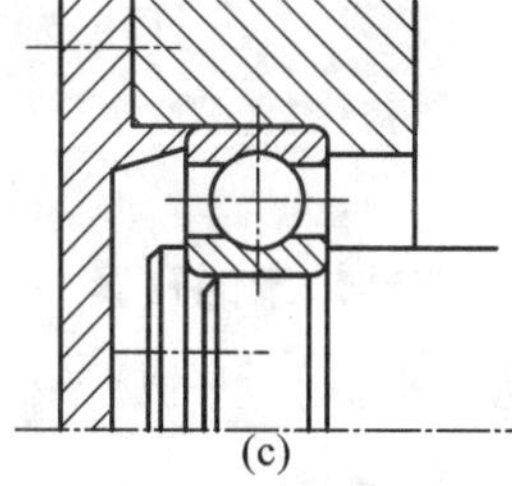

图 9-19 轴承外圈固定方式

2. 轴的支承结构形式

轴的支承结构要保证其在工作中不发生轴向的窜动,同时为了补偿轴的热伸长,又允许其在适当的范围内自由微量伸缩。轴的滚动轴承支承结构有两种基本形式。

1) 双支点单向固定

当轴的跨距较小,工作温度不高时,应采用双支点单向固定方式,如图 9-20 所示。每个支点只限制轴和轴承单方向的轴向移动,而两个支点组成了限制轴和轴承的双向轴向移动,这就是双支点单向固定。

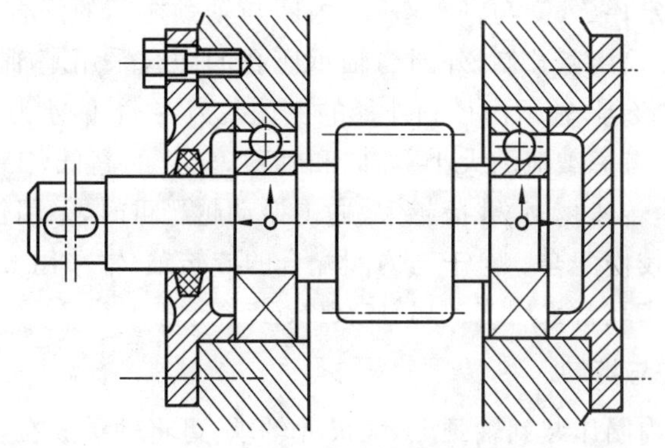

图 9-20 双支点单向固定

2）单支点双向固定

当轴的距跨较大或工作温度较高时，应采用单支点双向固定。

如图 9-21(a)所示，左端为一个深沟球轴承，其内、外圈双向固定，从而使整个轴得到双向定位，右端轴承外圈和座孔采用间隙配合，其两端面均没有约束，从而保证轴系的轴向游动。图 9-21(b)是采用圆柱滚子轴承（内、外圈可分离）时的游动支点结构。

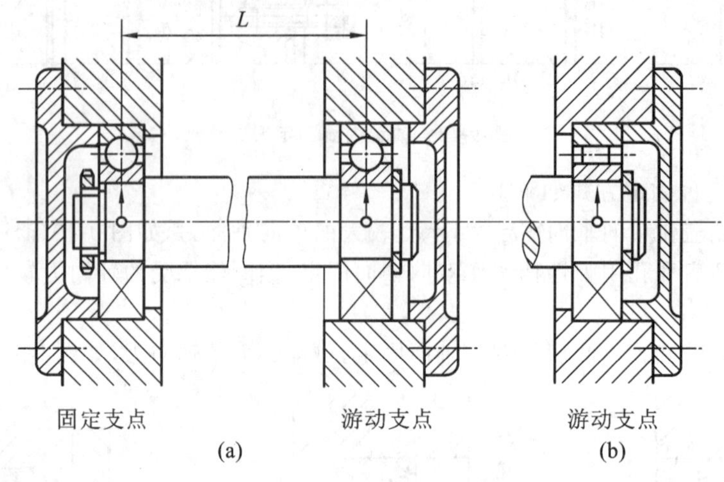

图 9-21　单支点双向固定

3. 滚动轴承的预紧

为了提高轴承的旋转精度，增加轴承装置的刚性，减小机器工作时轴的振动，滚动轴承通常需要预紧。所谓预紧，就是在安装时用某种方法在轴承中产生并保持一轴向力，以消除轴承中的轴向游隙，并在滚动体和内、外圈接触处产生弹性预变形。预紧后的轴承受到工作载荷时，其内、外圈的径向及轴向相对移动量要比未预紧的轴承大大地减少。

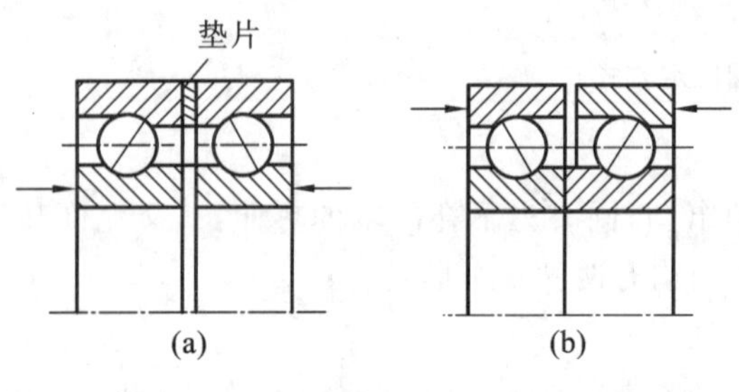

图 9-22　轴承的预紧

常用的预紧方法有加金属垫片[见图 9-22(a)]和磨窄套圈的方法[见图 9-22(b)]。

4. 滚动轴承的配合

轴承套圈的周向固定，靠外圈与轴承座孔、内圈与轴颈之间的配合保证。滚动轴承是标准件，其内圈与轴颈的配合采用基孔制，外圈与轴承座孔的配合采用基轴制。滚动轴承公差标准为：普通级、6 级、5 级、4 级等，轴承内径和外径的上偏差为零，下偏差为负值。

轴承配合的选择，应考虑载荷的大小、方向和性质，转速的高低，工作温度以及套圈是否回转等因素。一般原则是，转速越高、载荷越大、冲击振动越严重时，采用较紧的配合；经常拆卸的轴承或游动套圈则采用较松配合。对于与内圈配合的旋转轴，常采用 n6、m6、k5、k6、j5、js6 等，与不旋转的外圈配合的座孔常采用 K7、J6、J7、H7、G7 等。

5. 滚动轴承的安装与拆卸

一般采用压力机将内圈压装到轴颈上；大尺寸轴承，可将轴承放在热油中加热，使轴承内圈胀大，然后安装；尺寸较小的轴承，可用手锤和套筒安装（见图 9-23）。拆卸轴承时，应使用专用拆卸工具(见图 9-24)。为了便于拆卸,轴承的内圈在轴肩上应露出足够的高度。

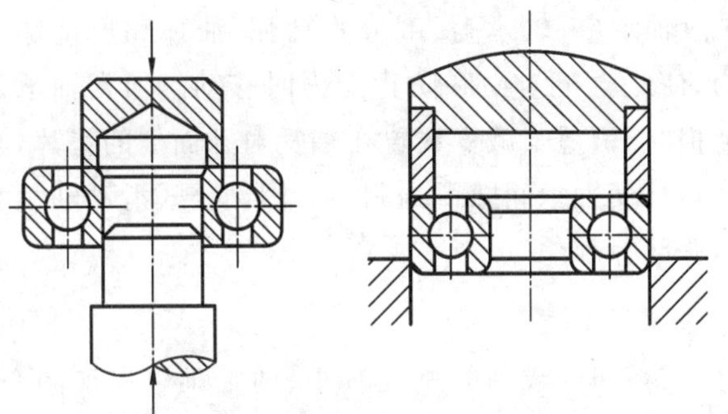
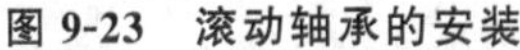

图 9-23　滚动轴承的安装

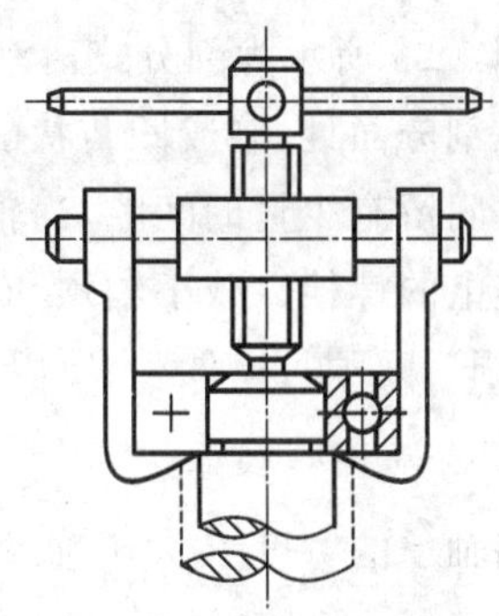

图 9-24　滚动轴承的拆卸

9.3　滑动轴承

当工作转速特高、旋转精度要求高、冲击大、径向尺寸受限制或必须剖分安装(如曲轴的轴承),以及需要在水或腐蚀性介质中工作等情况下,应采用滑动轴承。滑动轴承在轧钢机、汽轮机、内燃机、破碎机、剪床、航空发动机附件、雷达、卫星通信地面站、天文望远镜以及各种仪表中应用较广。

9.3.1　滑动轴承的分类和结构

滑动轴承根据承受载荷的方向,可分为向心滑动轴承和推力滑动轴承两类。滑动轴承一般由轴承座、轴瓦(或轴套)、润滑装置和密封装置等部分组成。

1. 向心滑动轴承

1) 整体式滑动轴承

图 9-25 所示为整体式滑动轴承,它由轴承座和整体轴套等组成,轴承座用螺栓与机座连接,顶部装有润滑油杯,内孔中压入带有油沟的轴套。这种轴承结构简单且成本低,但装拆不便,且轴承磨损后径向间隙无法调整。因此多用在间歇工作、低速轻载的简单机械中。

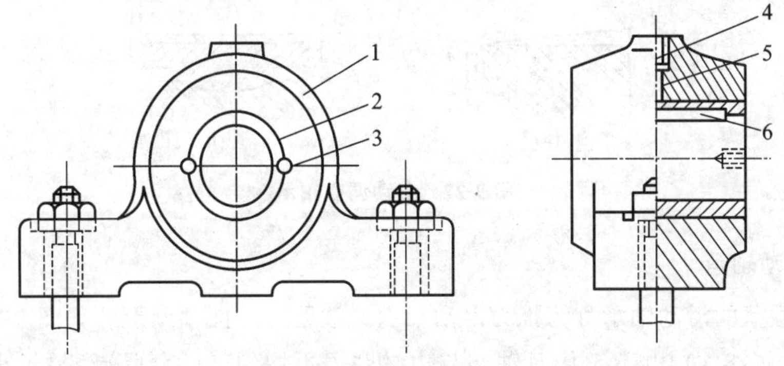

图 9-25　整体式滑动轴承

1—轴承座;2—整体轴套;3—止动螺钉;4—油杯螺纹孔;5—油孔;6—油沟

2）剖分式滑动轴承

图 9-26 所示为剖分式滑动轴承。它由轴承座、轴承盖、剖分式轴瓦、油杯和连接螺栓等组成。在剖分面处，制成凹凸状的配合表面，使之上下对中和防止受力时移动。通常轴承盖和轴承座之间留有少量的间隙，当轴瓦稍有磨损时，可适当减少放置在轴瓦对开面上的垫片，并拧紧轴承盖上的螺栓以减小轴颈和轴瓦间的间隙，使轴承间隙得到调整。因剖分式滑动轴承装拆方便，磨损后间隙可以调整，所以应用广泛，并已标准化。

3）自动调心轴承

当轴承的宽度 B 大于轴颈直径 d 的 1.5 倍时，或轴的刚度较小、两轴难以保证同心时，会使轴颈偏斜，导致轴承两端边缘急剧磨损，如图 9-27(a)所示。自动调心轴承如图 9-27(b)所示，其轴瓦外表面做成球面形状，与轴承盖及轴承座的球状内表面相配合，轴瓦可自动调位以适应轴颈在轴弯曲时产生的偏斜，从而可以避免轴颈与轴瓦的局部磨损。

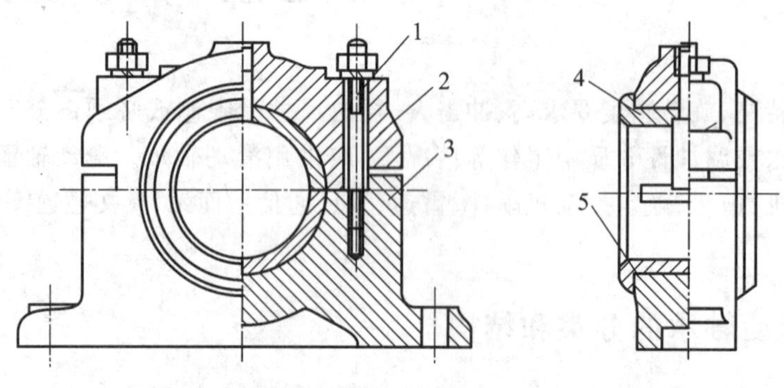

图 9-26　剖分式滑动轴承

1—螺柱；2—轴承盖；3—轴承座；4—上轴瓦；5—下轴瓦

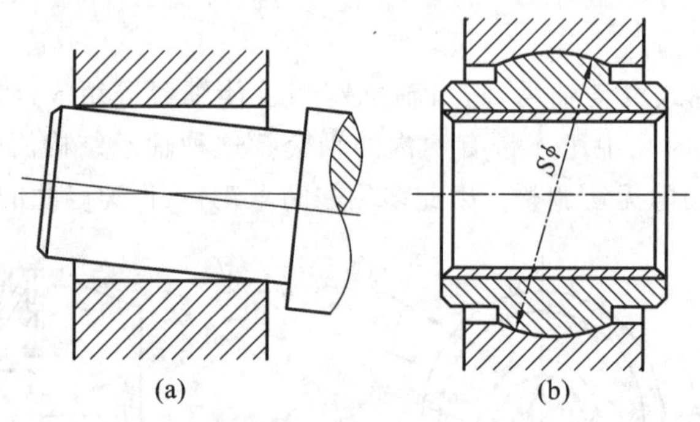

图 9-27　自动调心轴承

2. 推力滑动轴承

承受轴向载荷的滑动轴承称为推力滑动轴承。常见的止推轴颈形状如图 9-28 所示。实心端面轴颈[见图 9-28(a)]由于工作时轴心与边缘磨损不均匀，轴心部分磨损较小，以致压强过高，所以极少采用。空心端面轴颈[见图 9-28(b)]和环状轴颈[见图 9-28(c)]工作情况较好。载荷很大时，可采用多环轴颈[见图 9-28(d)]，它还能承受双向轴向载荷。

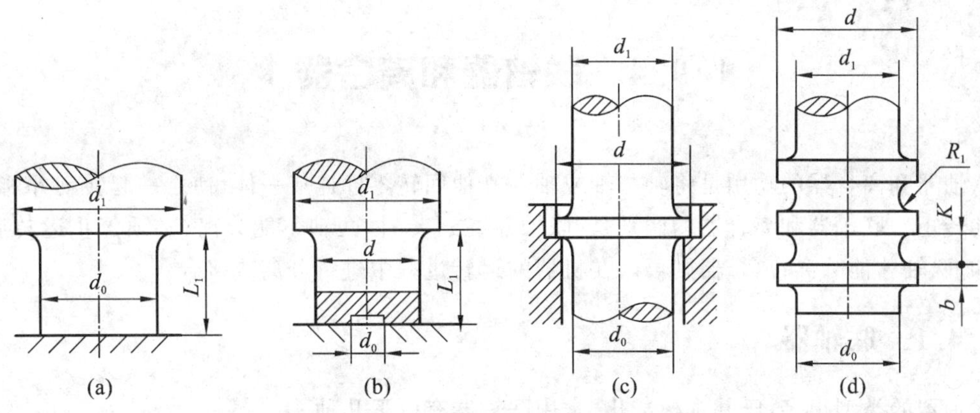

图 9-28　常见的止推轴颈形状

9.3.2　轴瓦结构

1. 轴瓦和轴承衬

轴瓦是与轴颈直接接触的工作部分，一般需要用减摩性好的材料制造。轴瓦有整体式和剖分式两种。整体式轴瓦又称轴套，如图 9-29(a)所示；剖分式轴瓦应用广泛，其结构如图 9-29(b)所示。它分上下两块轴瓦，轴瓦两端的凸缘用以作轴向定位。

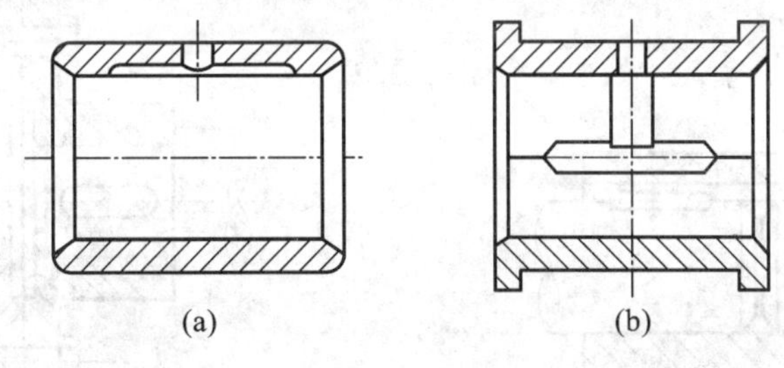

图 9-29　轴瓦

2. 油孔、油沟和油室

油孔用来供应润滑油，油沟用来输送和分布润滑油，油室则用来贮存润滑油。常见的油沟形式如图 9-30 所示。油沟应开在非承载区内。

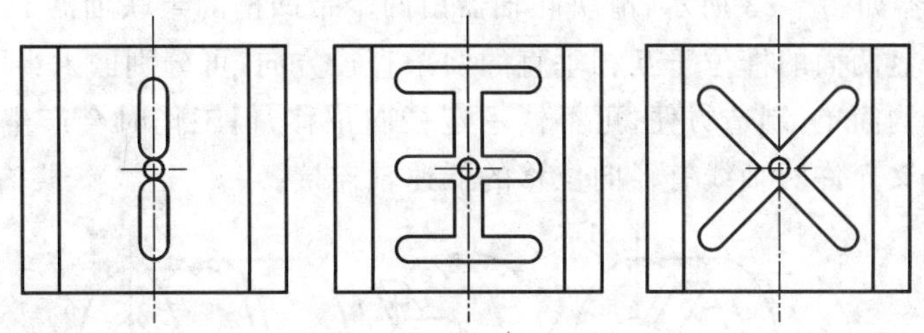

图 9-30　常见的油沟形式

9.3.3　轴瓦和轴承衬的常用材料

对轴瓦、轴承衬材料的基本要求是：有足够的强度，摩擦系数、热膨胀系数要小，耐磨性、耐腐蚀性、导热性、可塑性及跑合性好等。

轴瓦和轴承衬的常用材料有轴承合金、青铜、黄铜、铝合金、铸铁粉末冶金和非金属材料。

9.4 联轴器和离合器

联轴器和离合器的功用是将轴与轴或轴与其他回转零件连成一体，使之一起转动并能传递运动和转矩。联轴器和离合器的区别是：联轴器在运转时，两轴不能分离，必须停止运转后，将其拆卸，两轴才能分离；离合器则可以在机器的运转过程中进行分离或接合。

9.4.1 联轴器

联轴器的类型很多，已基本标准化，常用联轴器有以下几种。

1. 固定式刚性联轴器

(1) 套筒联轴器如图 9-31 所示，将套筒与被连接两轴的轴端分别用键或销钉固定连成一体。其结构简单，径向尺寸小，但传递的转矩较小，要求两轴必须很好地对中，装拆时需作较大轴向移动。常用于要求径向尺寸小、两轴能严格对中的场合。

(2) 凸缘联轴器如图 9-32 所示，凸缘联轴器由两个半联轴器及连接螺栓组成。凸缘联轴器结构简单，成本低，但不能缓冲、吸振，多用于转速较低、载荷平稳、两轴线对中性较好的场合。

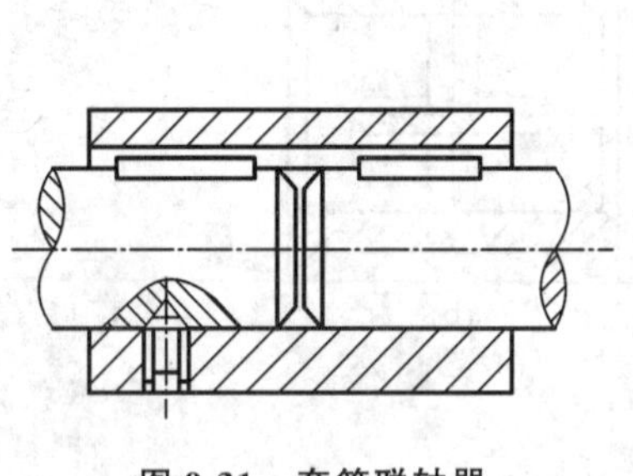

图 9-31 套筒联轴器

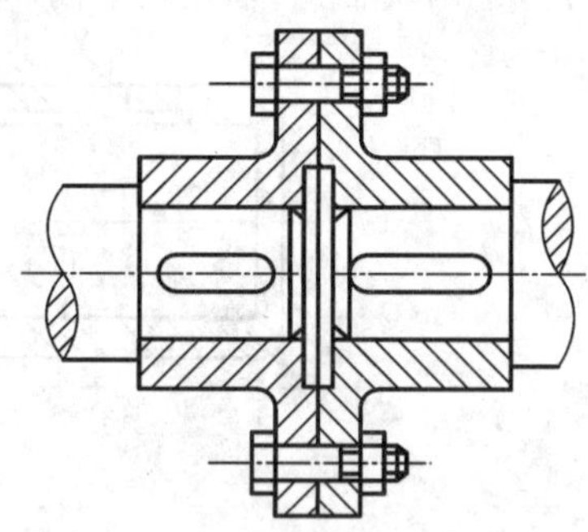

图 9-32 凸缘联轴器

2. 可移式刚性联轴器

(1) 滑块联轴器如图 9-33 所示，滑块联轴器由两个带凹槽的半联轴器 1、3 和两端有榫的中间圆盘 2 组成。圆盘两面的榫位于互相垂直的两条直径方向，可分别嵌入半联轴器相应的凹槽中。滑块联轴器结构简单，制造方便，可补偿一定径向位移，但工作时会产生较大离心力，主要用于没有剧烈冲击又允许两轴线有径向位移的低速轴连接。

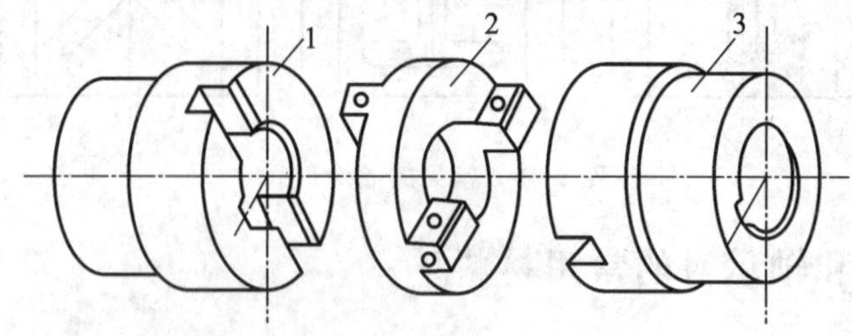

图 9-33 滑块联轴器

1,3—半联轴器；2—中间圆盘

(2) 齿轮联轴器如图9-34所示，齿轮联轴器由两个外齿轴套2、4和两个具有内齿环的凸缘外壳1、3组成。两凸缘外壳用螺栓连成一体，两半联轴器通过内、外齿环的轮齿相互啮合相连。齿轮联轴器内、外齿环的轮齿间留有较大齿侧间隙，外齿轮的齿顶做成球面，球面中心位于轴线上，故能补偿两轴的综合位移。齿轮联轴器工作可靠，承载能力大，可用于高转速场合，但制造成本高，多用于启动频繁，经常正、反转的重型机械中。

(3) 万向联轴器如图9-35所示，万向联轴器由两个叉形接头1、3和一个十字接头2组成。万向联轴器结构紧凑，维护方便，可传递的转矩较大，允许有较大的角偏移，两轴线间夹角可达40°～45°，但当主动轴等角速度回转时，从动轴角速度在一定范围内作周期性变化。

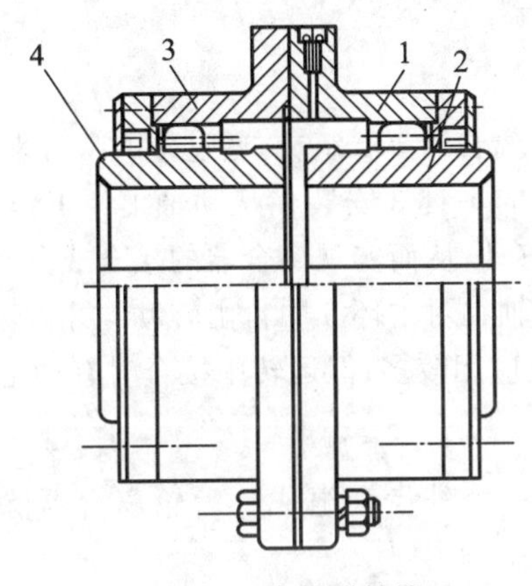

图9-34 齿轮联轴器

1,3—凸缘外壳;2,4—外齿轴套

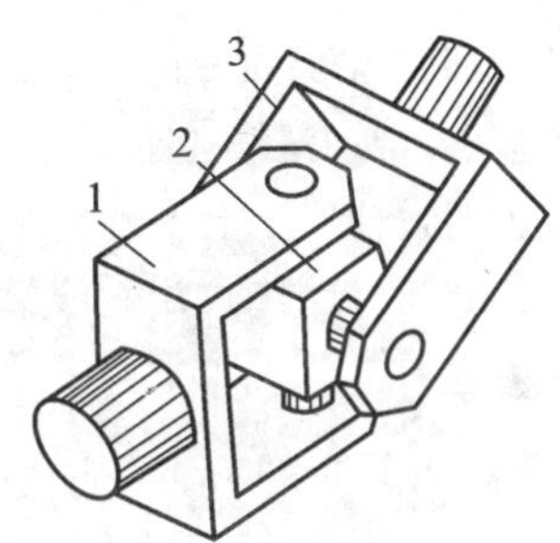

图9-35 万向联轴器

1,3—叉形接头;2—十字接头

3. 弹性联轴器

(1) 弹性套柱销联轴器如图9-36所示，弹性套柱销联轴器的结构与凸缘联轴器相似，只是用套有弹性套1的柱销2代替了连接螺栓。弹性套柱销联轴器结构简单，价格便宜，安装方便，且能吸振，适用于转速较高、有振动和经常正反转、启动频繁的场合。

(2) 弹性柱销联轴器如图9-37所示，弹性柱销联轴器采用尼龙柱销1将两半联轴器连接起来，为防止柱销滑出，两侧装有挡板2。其特点及应用情况与弹性套柱销联轴器相似，而且结构更为简单，维修安装方便，可传递较大转矩。但外形尺寸和转动惯量较大。

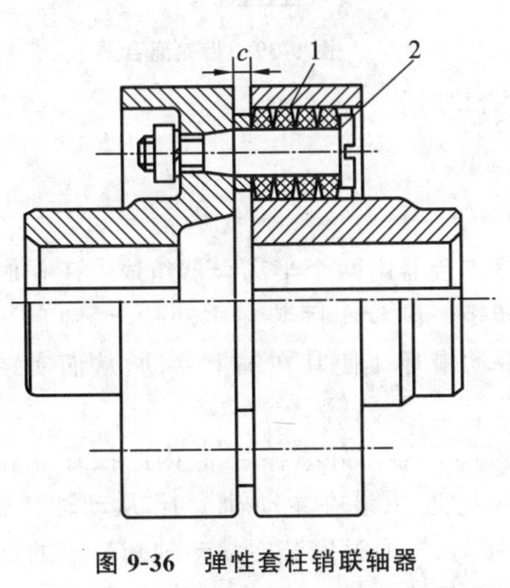

图9-36 弹性套柱销联轴器

1—弹性套;2—柱销

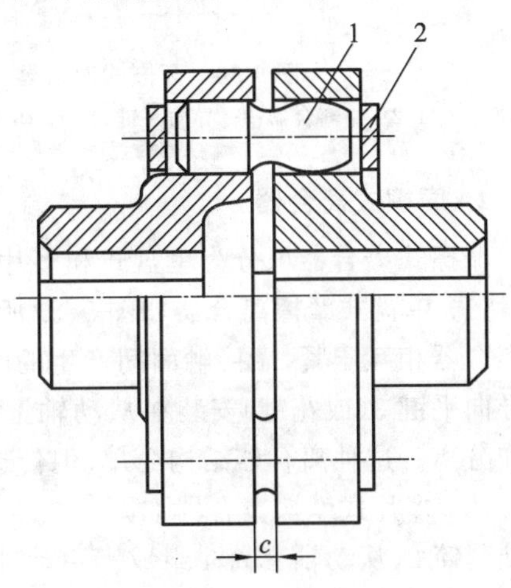

图9-37 弹性柱销联轴器

1—尼龙柱销;2—挡板

9.4.2 离合器

离合器种类很多,常用的有嵌入式和摩擦式两类,嵌入式离合器靠齿的啮合来传递转矩,摩擦式离合器靠工作面间的摩擦力传递转矩。

离合器的操纵方式可以是机械、电磁、液压等,此外还可以制成自动离合器。自动离合器不需要外力操纵,根据一定条件自动离合。

1. 嵌入式离合器

常用的嵌入式离合器有牙嵌离合器和齿轮离合器。

1) 牙嵌离合器

如图 9-38 所示,牙嵌离合器由端面带牙的两个半离合器 1、2 组成,通过牙的啮合来传递转矩。其中半离合器 1 固装在主动轴上,半离合器 2 利用导向平键 3 安装在从动轴上。工作时,利用操纵杆(图中未画出)带动滑环 4,使半离合器 2 作轴向移动,从而实现离合器的接合或分离。为了便于两轴对中,在半联轴器 1 上安装一个对中环 5,从动轴在对中环 5 中自由转动。牙嵌离合器结构简单,尺寸小,工作时无滑动,并能传递较大的转矩,故应用较多;但运转中接合时有冲击和噪声。

2) 齿轮离合器

齿轮离合器如图 9-39 所示,它由一个内齿套和一个外齿套组成。齿轮离合器除具有牙嵌离合器的特点外,其传递转矩的能力更大。

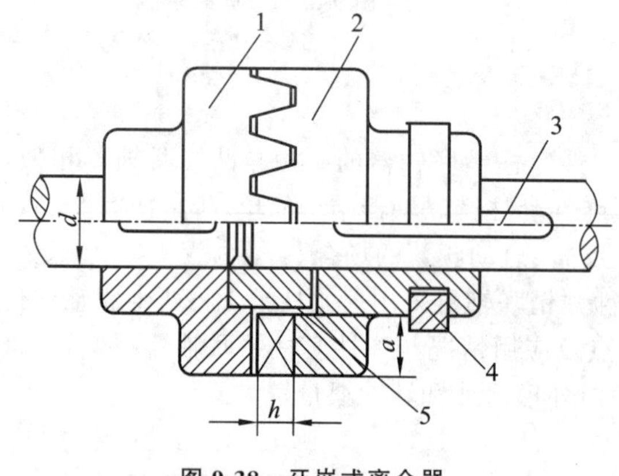

图 9-38 牙嵌式离合器

1,2—半离合器;3—导向平键;4—滑环;5—对中环

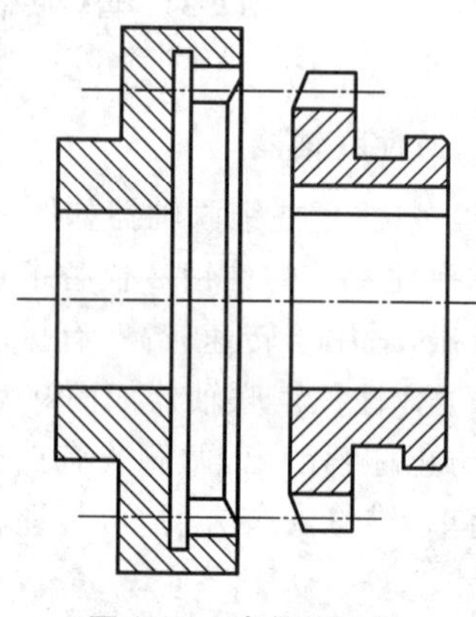

图 9-39 齿轮离合器

2. 摩擦式离合器

摩擦式离合器可分为单盘式和多片式。

(1) 单盘式摩擦离合器如图 9-40 所示,单盘式摩擦离合器由两个半离合器组成。工作时两半离合器相互压紧,靠接触面间产生的摩擦力来传递转矩。圆盘 1 固装在主动轴上,圆盘 2 利用导向平键 3(或花键)安装在从动轴上,通过操纵杆带动滑环 4 使其在轴上移动,从而实现接合和分离。这种离合器结构简单,但传递的转矩较小。

(2) 多片式摩擦离合器如图 9-41 所示,多片式摩擦离合器由外摩擦片 5、内摩擦片 6 和主动轴套筒 2、从动轴套筒 4 组成。主动轴套筒用平键(或花键)安装在主动轴 1 上,从动轴套筒 4 与从动轴 3 之间为动连接。当操纵杆拨动滑环 7 向左移动时,通过安装在从动轴套筒上的杠杆 8,使内、外摩擦片压紧并产生摩擦力,从而使主、从动轴一起转动;当滑环向右移动时,两组摩擦片放松，主、从动轴分离。压紧力的大小可通过从动轴套筒上的调节螺母来控制。多片式摩擦离合器径向尺寸小，承载能力大，连接平稳，适用的载荷范围大，应用较广。但其片数多，结构复杂，离合动作缓慢，发热、磨损较严重。

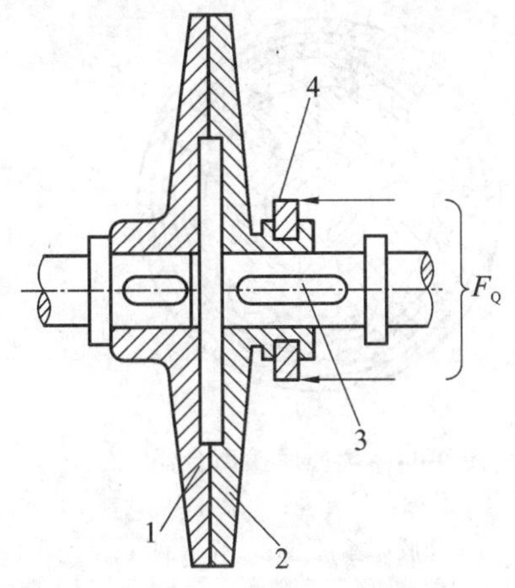

图 9-40　单盘式摩擦离合器

1，2—圆盘；3—导向平键；4—滑环

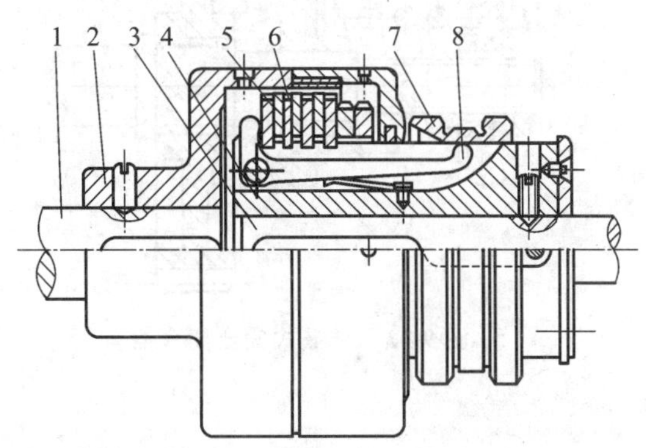

图 9-41　多片式摩擦离合器

1—主动轴；2—主动轴套筒；3—从动轴；4—从动轴套筒；5—外摩擦片；6—内摩擦片；7—滑环；8—杠杆

当摩擦离合器的操纵力为电磁力时，即成为电磁摩擦离合器。如图 9-42 所示为一种多片式电磁摩擦离合器，当电流由接头 5 进入绕线圈 6 时，可产生磁通，形成磁力，吸引衔铁 2 将摩擦片 3、4 压紧，使外套 1 和内套 7 之间得以传递转矩。

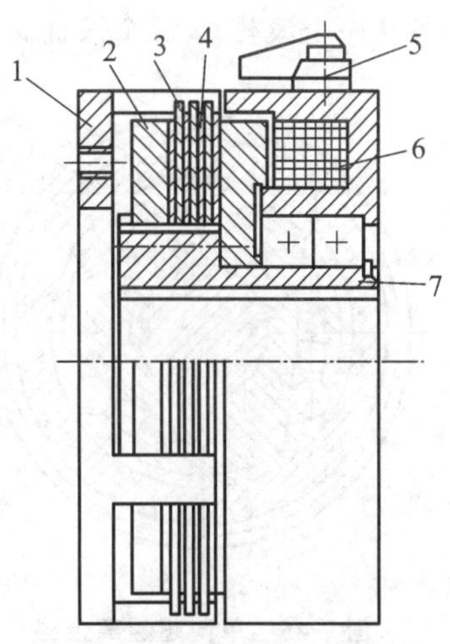

图 9-42　电磁摩擦离合器

1—外套；2—衔铁；3，4—摩擦片；5—接头；6—绕线圈；7—内套

与嵌入式离合器相比，摩擦离合器的优点是：①在运动过程中能平稳地离合；②当从动轴过载时，离合器摩擦表面之间发生打滑，因而能保护其他零件免于损坏。摩擦离合器的缺点是：摩擦表面之间存在相对滑动，磨损大，容易过热。

3. 自动离合器

自动离合器分为安全离合器、离心离合器和超越离合器。

1）安全离合器

这种离合器当传递的转矩达到某一定值时就自动分离，具有防止过载的安全保护作用。如图 9-43 所示为牙嵌式安全离合器。结合时由弹簧压紧使牙嵌合，当传递的转矩超过某一定值过载时，牙间的轴向分力克服弹簧的压力使离合器分开，当转矩恢复正常时，离合器又自动地重新结合。

2）离心离合器

这种离合器是依靠离心力工作的，当转速达到某一定值时，离合器便自动地结合起来。如图 9-44 所示为一种离心摩擦离合器，芯体 1 固定在主动轴上，外壳 2 固定在从动轴上，三个离心块 3 通过弹簧圈 5 拉紧在芯体上，离心块外弧面镶有橡胶摩擦衬垫 4。当主动轴转速较低时，衬垫外缘与外壳内表面之间不接触，外壳不动，当主动轴转速达到一定数值时，离合器就将两轴结合起来一起转动。

离心离合器常用于电动机输出轴上，可使电动机在空载或较小的负载下启动，从而改善电动机发热情况，保护了电动机，减少了功率损耗，而且还可以减小传动系统的冲击，延长传动件的使用寿命。

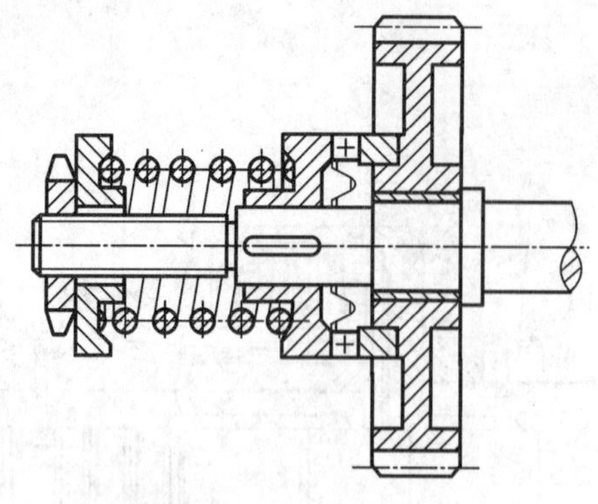

图 9-43　牙嵌式安全离合器

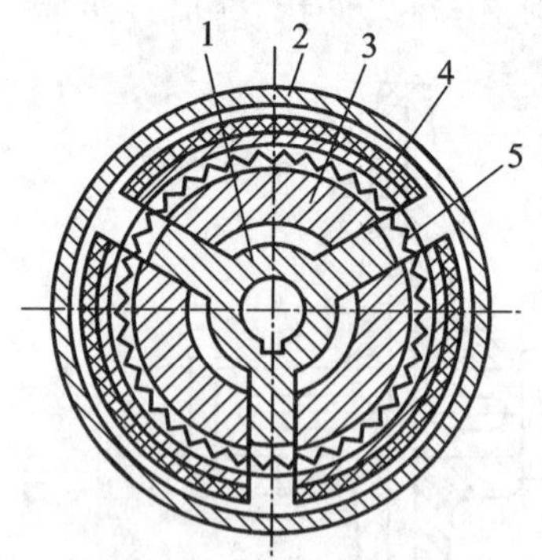

图 9-44　离心摩擦离合器

1—芯体；2—外壳；3—离心块；4—橡胶摩擦衬垫；5—弹簧圈

3）超越离合器

如图 9-45 所示为一单向超越离合器，它主要由星轮 1、外环 2、滚柱 3、顶杆 4 和弹簧 5 等组成。星轮 1 通过键与轴 6 连接，外环 2 通常做成一个齿轮，空套在星轮上。在星轮的三个缺口上各装一个滚柱 3，每个滚柱又被弹簧 5 和顶杆 4 推向外环与星轮的缺口所形成的楔缝中。

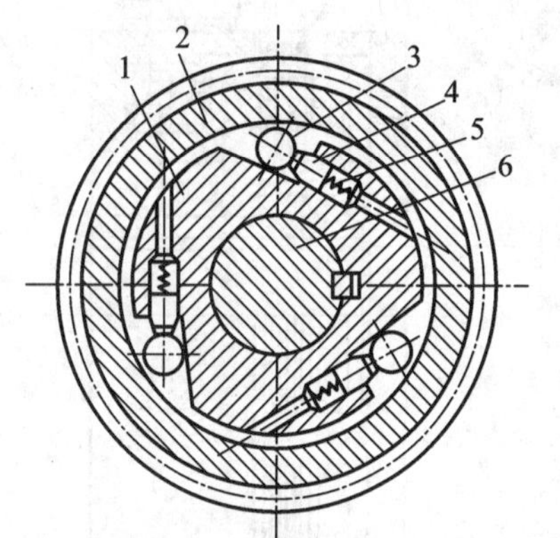

图 9-45　单向超越离合器

1—星轮；2—外环；3—滚柱；4—顶杆；5—弹簧；6—轴

当外环 2 以慢速逆时针回转时，滚柱 3 在摩擦力作用下被楔紧在外环与星轮之间，因此外环带动星轮使轴 6 也以慢速逆时针回转。在外环以慢速作逆时针回转的同时，若轴 6 由另外一个快速电动机带动也作逆时针方向回转，星轮 1 将由轴 6 带动沿逆时针方向高速旋转，由于星轮的转速高于外环的转速，滚柱从楔缝中松开，外环与星轮自动脱离接触，分别按各自的速度回转。这种情况下是星轮的转速超越外环的转速而自由运转，所以这种离合器称为超越离合器。

当快速电动机不带动轴 6 旋转时，滚柱又在摩擦力的作用下，被楔紧在外环与星轮之间，外环与星轮又自动联系在一起，使轴 6 随外环作慢速回转。

由于超越离合器的上述作用，所以被大量地用于机床、汽车和飞机等的传动装置中。

实训项目：拆装二级减速器中的轴

项目实施步骤具体如下。

（1）熟悉轴系零件的装配位置，如图 9-46 所示。

（2）拆卸轴系零件。

用扳手做装拆工具，拧下固定螺钉，放置在规定位置，用轴用弹性挡圈拆卸轴端挡圈，取下半联轴器，接着用手钳卸出平键，同样用扳手拧下与轴承端盖连接的螺钉，将两端的端盖取下

1
2
3
4
5
6
7
8
9
10
11
12
13

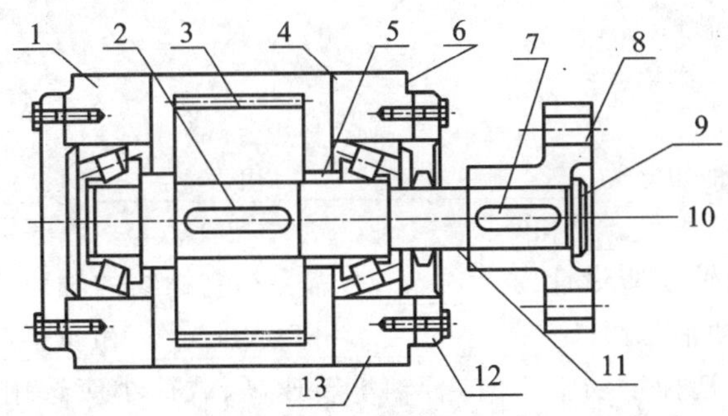

图 9-46　轴系零件的拆装

1—滚动轴承；2，7—平键；3—齿轮；4—套筒；5—箱盖；6—轴承端盖；
8—半联轴器；9—轴端挡圈；10—螺钉；11—轴；12—调整垫片；13—箱座

来，调整垫片也依次取下，接着取上、下箱盖，滚动轴承，套筒，最后取出齿轮和键。

(3) 测量轴的尺寸，画出轴的零件图草图。

(4) 安装轴系零件。安装顺序与拆卸顺序正好相反。

通过轴系零件的拆装，掌握轴的定位及固定方法，熟悉其拆装步骤。

知识树

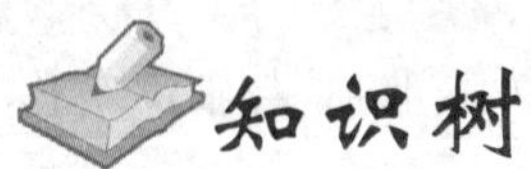

轴系零部件
轴
轴的类型
轴的功用
轴的结构
轴上零件的定位要求
轴的阶梯轴径、长度
轴的加工、装配要求
键槽、倒角、中心孔、圆角、砂轮越程槽、退刀槽
轴的材料和选用
碳素钢
中低速、轻载荷
合金钢
高速、重载荷
轴承
滚动轴承
结构
标准
选择
滑动轴承
轴瓦的结构
轴瓦的材料
联轴器
标准型号
选用原则
离合器
类型
选用原则

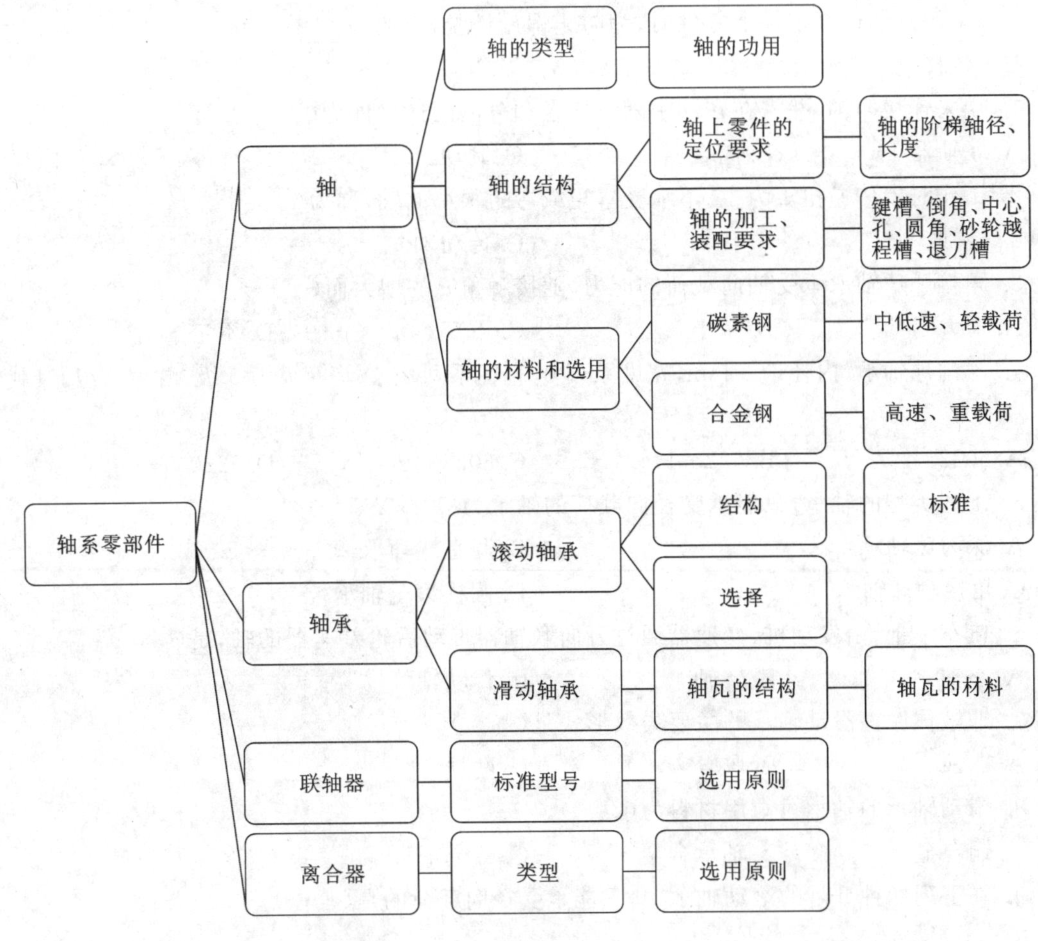

【巩固与练习】

一、填空题

1. 按照承载不同，轴可分为________、________和________。

2. 轴的常用材料有________和________。

3. 轴上需要磨削的轴段应设计出________，需要车制螺纹的轴段应用________。

4. 通常情况下，滚动轴承由________、________、________和________等零件组成。

5. 根据工作条件来选择滚动轴承时，若轴承转速高、载荷小应选用________轴承；若承受重载荷或冲击载荷时，应选用________轴承。

6. 增大轴在剖面过渡处的圆角半径，是为了________。

7. 滚动轴承的安装方法有________、________和________。拆卸滚动轴承用________和________。

8. 若轴上零件毂孔的倒角或圆角半径很小，不可能增大轴肩圆角半径时，可采用________或________。

9. 当轴与轴上零件采用过盈配合时，边缘处会产生应力集中，为减小应力集中，需要增大配合处直径，也可以在轮毂或轴上开________。

10. 滚动轴承内圈为基准孔，与轴颈的配合采用________；轴承外圈为基准轴，与轴承座孔的配合采用________。

11. 采用圆螺母固定轴上零件时，为防止螺母松脱，应加________或________。

二、选择题

1. 用来连接两轴，并需在转动中随时接合和分离的连接件为(　　)。

A. 联轴器　　B. 离合器　　C. 制动器

2. 工作时以传递扭矩为主，不承受弯矩或弯矩很小的轴，称为(　　)。

A. 心轴　　B. 转轴　　C. 传动轴

3. 角接触球轴承承受轴向载荷的能力，随接触角 α 的增大而(　　)。

A. 增大　　B. 减小　　C. 不变　　D. 不定

4. 深沟球轴承，内径 100 mm，宽度系列 0，直径系列 2，公差等级为 0 级，游隙 0 组，其代号为(　　)。

A. 60220　　B. 6220/P0　　C. 60220/P0　　D. 6220

5. 下列类型的轴承，只能承受径向载荷的轴承为(　　)。

A. 深沟球轴承　　B. 调心球轴承

C. 角接触球轴承　　D. 圆柱滚子轴承

6. 汽车下部，由发动机、变速器通过万向联轴器带动后轮差速器的轴，是(　　)。

A. 心轴　　B. 转轴　　C. 传动轴

7. 非液体摩擦滑动轴承的主要失效形式是(　　)。

A. 点蚀　　B. 胶合　　C. 磨损

8. 滑动轴承的轴承衬常用材料为(　　)。

A. 铜合金　　B. 轴承合金　　C. 合金钢

9. 在下列四种型号的滚动轴承中，只能承受径向载荷的是(　　)。

A. 6208　　B. N208　　C. 30208　　D. 51208

10. 在下列四种型号的滚动轴承中,(　　)必须成对使用。

A. 深沟球轴承　　B. 圆锥滚子轴承

C. 推力球轴承　　D. 圆柱滚子轴承

三、简答题

1. 轴的常用材料有哪些？各有何特点？说明其应用场合。

2. 进行轴的结构设计时,应考虑哪些问题？

3. 什么一般将轴设计成阶梯形？确定阶梯轴各段直径和长度的原则和依据是什么？

4. 轴承的双支点单向固定和单支点双向固定,各应用在何种场合？

5. 滑动轴承的主要形式有几种？各有什么特点？

6. 为什么要在轴承座内装轴瓦？

7. 联轴器和离合器的主要区别是什么？

8. 指出图 9-47 中 1、2、3、4、5 处轴的结构是否合理？为什么？画出改进后的结构图。

9. 指出图 9-48 所示减速器的输出轴的结构错误之处,并加以改正。

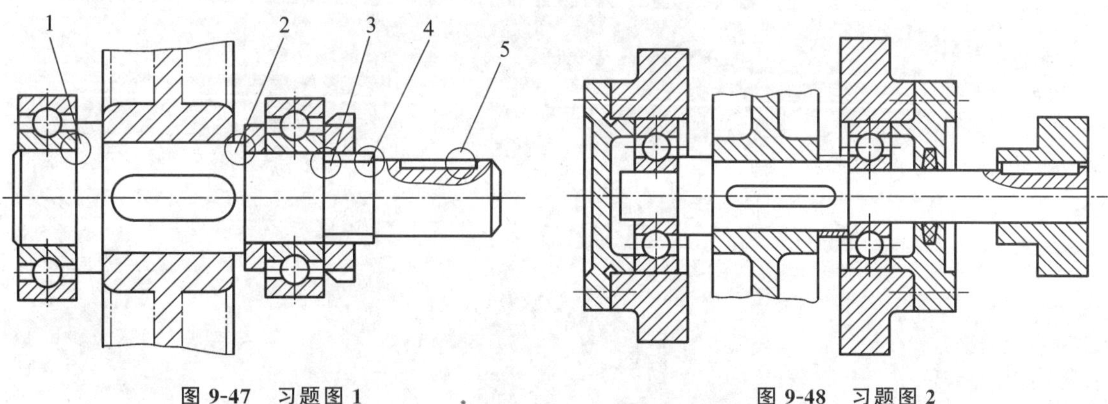

图 9-47　习题图 1　　图 9-48　习题图 2

10. 说明下列型号轴承的类型、尺寸系列、精度及适用场合。

61806、1209/P5、N2310、22308/P63、32909、51408/C4。

11. 选择以下机械设备中滚动轴承的类型:(1) Y 系列电动机转子轴;(2)起重机卷筒轴;(3)蜗杆轴和蜗轮轴。

12. 试指出图 9-49 所示轴系结构设计中不正确之处,并绘图改正。

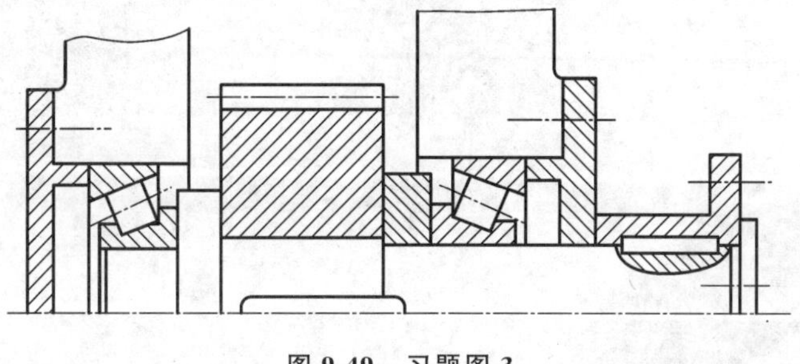

图 9-49　习题图 3

第 10 章
机械中的润滑和密封

能力目标

1. 能根据常用零件的摩擦和磨损类型，选择合适的润滑方式。

2. 能根据机械装置的工作条件，选择合适的密封方式。

知识目标

1. 了解常用零件的摩擦和磨损类型及产生原因。

2. 认识润滑剂的常用类型。

3. 掌握常见传动装置的润滑方式。

4. 掌握常见机械装置的密封形式。

10.1 摩擦、磨损和润滑

在机械传动过程中，零、部件的相对运动会在接触表面产生摩擦，造成传动的能量损耗和机械磨损，甚至导致零件失效，影响机械运动精度和使用寿命。润滑则是减少摩擦、磨损的有效措施。当然，对一些靠摩擦原理工作的零、部件，如带传动、摩擦离合器、制动器等，设计时应设法加大摩擦，减少磨损。

10.1.1 摩擦的类型

按摩擦副相对运动表面润滑情况，摩擦可分为干摩擦、边界摩擦、液体摩擦和混合摩擦。其摩擦状态示意图如图10-1所示。

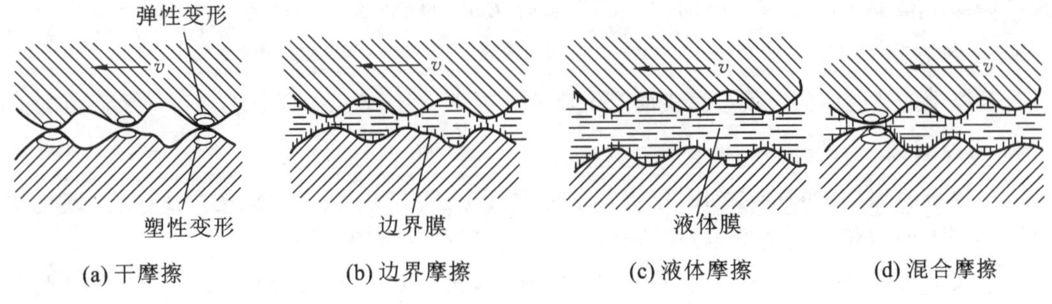

图10-1 摩擦状态

1. 干摩擦

两摩擦表面微观凸峰直接接触，中间不存在任何润滑剂的摩擦，称为干摩擦，如图10-1(a)所示。其摩擦性质取决于摩擦表面的材料。干摩擦的摩擦功耗大，磨损严重，温升很高，零件使用寿命短。在机械传动零件接触中不允许出现干摩擦。

2. 边界摩擦

润滑剂在摩擦表面由吸附作用或化学反应(例如金属氧化物、硫化物)生成一层边界膜。当两摩擦表面的边界膜直接接触传递载荷时，就处于边界摩擦状态，如图10-1(b)所示。边界层厚度很薄，为几个分子到10 μm的数量级，厚度小于摩擦表面的不平度，因此摩擦表面仍会有一定的摩擦功耗和磨损。

3. 液体摩擦

如果油膜厚度较大，两摩擦表面被液体层完全隔开，表面微观凸峰不直接接触，形成液体摩擦，如图10-1(c)所示。此时可避免发生磨损，摩擦也只发生在油层液体内部，摩擦因数很小。

4. 混合摩擦

当摩擦表面间有润滑油，但不足以保证液体摩擦时，就可能有部分接触处是边界摩擦，其余部分是液体摩擦；也可能在局部粗糙凸峰接触处是干摩擦，其余部分则为边界摩擦与液体摩擦，如图10-1(d)所示。这两种状态，统称为混合摩擦。混合摩擦在机器中是很常见的。

10.1.2 磨损

摩擦表面在相对运动过程中，表层材料不断损失或转移的现象称为磨损。通常应当设法避免或成少磨损，以能较长时期保持机器的精度，延长其使用寿命。按照失效机理，可将磨损分为以下四种基本类型。

1. 黏着磨损

当摩擦副表面的边界油膜被微凸体的峰尖刺破时，微凸体的峰尖便会发生黏着形成冷焊点。当摩擦副相对运动时，冷焊点遭到剪断。如果被剪断面不是原来的界面，则发生材料从这个表面转移到另一个表面的磨损现象。黏着磨损是金属摩擦副间较为普遍的一种磨损类型。特别在高温、重载情况下容易使接触表面润滑不良时，黏着磨损的程度会比较严重。

2. 磨料磨损

摩擦面间落入游离的硬颗粒(如尘土或磨损的金属碎屑)或表面上具有硬质的凸起物，由此而在摩擦面上造成不断的微切削而产生的磨损称为磨料磨损。

3. 疲劳磨损

反复作用的接触应力会使金属表面产生疲劳点蚀，点蚀使表层金属材料剥落导致疲劳磨损。

4. 腐蚀磨损

大多数金属表层材料会与周围介质发生化学反应而在摩擦面上生成化学反应物，该化学反应物在摩擦表面相对运动中发生破碎导致脱落的过程称为腐蚀磨损。

磨损类型可随工作条件的改变而转化。实际上，大多数的磨损是以上述几种磨损类型的复合形式出现的。黏着磨损与疲劳磨损产生的摩擦若不及时从润滑剂中清除出去，将使摩擦表面产生磨料磨损。

10.1.3 润滑的作用

润滑的主要作用大致可归纳为以下几点。

1. 减少摩擦，减轻磨损

加入润滑剂后，在摩擦表面形成一层薄膜，可防止金属直接接触，从而大大减少摩擦磨损和机械功率的损耗。

2. 降温冷却

摩擦表面经润滑后其摩擦因数大为降低，使摩擦发热量减少；对于液体润滑剂，润滑油流过摩擦表面带走部分摩擦热量，起散热降温作用，保证运动时的温度不会升得过高。

3. 清洗作用

润滑油流过摩擦表面时，带走磨损落下的金属磨屑和污物。

4. 防止腐蚀

润滑剂中都含有防腐、防锈添加剂，可避免或减少由腐蚀引起的损坏。

5. 缓冲减振作用

润滑剂都有在金属表面附着的能力，且本身的剪切阻力小，所以在运动副表面受到冲击载荷时，具有吸振的能力。

6. 密封作用

半固体润滑剂具有自封作用，一方面可以防止润滑剂流失，另一方面可以防止水分和杂质的侵入。

10.2 常用润滑剂的选择

生产中常用的润滑剂包括润滑油、润滑脂、固体润滑剂和气体润滑剂等几大类。其中矿物油和皂基润滑脂性能稳定，成本低，应用广。

10.2.1 润滑油

1. 润滑油的性能指标

在润滑剂中应用最广泛的是润滑油，包括矿物油、动物油和植物油，其中应用最多的是矿物油。要正确选用润滑油，需要先了解润滑油的主要性能指标。

1）黏度

黏度是润滑油最重要的物理性能指标，它是选择润滑油的主要依据。黏度的大小表示了液体流动时其内部摩擦阻力的大小，黏度越大，摩擦阻力越大，流动性越差。润滑油的黏度并不是固定不变的，而是随着温度和压强而变化的。当温度升高时，黏度降低；压力增大时，黏度增高。润滑油的黏度分为动力黏度、运动黏度和相对黏度，各黏度的具体含义及换算关系可参看有关的标准。

2）油性

油性又称润滑性，是指润滑油润湿或吸附于摩擦表面而构成边界油膜的能力。这层油膜如果对摩擦表面的吸附力大，不易破裂，则润滑油的油性就好。油性受温度的影响较大，温度越高，油的吸附能力越低，油性越差。

3）闪点

润滑油在火焰下闪烁时的最低温度称为闪点。它是衡量润滑油易燃性的一项指标，另一方面闪点也是表示润滑油蒸发性的指标。油的蒸发性越大，其闪点越低。润滑油的使用温度低于闪点 20～30 ℃。

4）凝点、倾点

凝点是指在规定的冷却条件下，润滑油冷却到不能流动时的最高温度，润滑油的使用温度应比凝点高 5～7 ℃。倾点是润滑油在规定的条件下，冷却到不能继续流动的最低温度，润滑油的使用温度应高于倾点 3 ℃以上。

2. 常用润滑油

常用润滑油主要分为矿物润滑油、合成润滑油和动植物润滑油三类。矿物润滑油主要是石油制品，具有规格品种多、稳定性好、防腐蚀性强、来源充足且价格较低等特点，因而应用广泛。矿物润滑油主要有全损耗系统用油、齿轮油、汽轮机油、机床专用油等。合成润滑油具有独特的使用性能，主要用于特殊条件下，如高温、低温、防燃以及需要与橡胶、塑料接触的场合。动植物润滑油产量有限，且易变质，故只用于有特殊要求的设备或用作润滑添加剂。

润滑油的选用原则：载荷大或变载、冲击场合、加工粗糙或未经跑合的表面，选黏度较高的润滑油；转速高时，为减少润滑油内部的摩擦功耗，或采用循环润滑、芯捻润滑等场合，宜选用黏度低的润滑油；工作温度高时，宜选用黏度高的润滑油。

表 10-1 所示为常用润滑油的主要性能指标和用途。

表 10-1　常用润滑油的主要性能指标和用途

名　称	牌　号	主要性能指标					简要说明及主要用途
		运动黏度 /($mm^2 \cdot s^{-1}$) 40 ℃	凝点/℃（不高于）	倾点/℃（不高于）	闪点/℃（不低于）	黏度指数	
全损耗系统用油	L-AN15	13.5～16.5	−15		65		适用于对润滑油无特殊要求的锭子、轴承、齿轮和其他低负荷机械等部件的润滑，不适用于循环系统
	L-AN22	19.8～24.2	−15		170		
	L-AN32	28.8～35.2	−15		170		
	L-AN46	41.4～50.6	−10		180		
	L-AN68	61.2～74.8	−10		190		
L-HL 液压油	L-HL32	28.8～35.2		−6	180	90	抗氧化、防锈、抗浮化等性能优于普通机油。适用于一般机床主轴箱、液压齿轮箱以及类似的机械设备的润滑
	L-HL46	41.4～50.6		−6	180	90	
	L-HL68	61.2～74.8		−6	200	90	
	L-HL100	90.0～110		−6	200	90	
工业闭式齿轮油	L-CKB100	90.0～110		−8		90	一种抗氧防锈型润滑油，适用于正常油温下运转的轻载荷工业闭式齿轮润滑
	L-CKB150	135～165		−8		90	
	L-CKB220	198～242		−8		90	
普通开式齿轮油	150	135～165			200		适用于正常油温下轻载荷普通开式齿轮润滑
	220	198～242			210		
	320	288～352			210		
蜗轮蜗杆油	L-CKE220	198～242		−12	200		适用于正常油温下轻载荷蜗杆传动的润滑
	L-CKE320	288～352		−12	200		
	L-CKE460	414～506		−12	200		
主轴、轴承和有关离合器用油	L-FC22	19.8～24.2					适用于主轴、轴承和有关离合器的润滑
	L-FC32	28.8～35.2					
	L-FC46	41.4～50.6					

10.2.2　润滑脂

润滑脂也称为黄油，是一种稠化的润滑油。其油膜强度高，黏附性好，不易流失，易密封，使用时间长，但散热性差，摩擦损失大。它常用于不易加油、重载低速的场合。

1. 润滑脂的性能指标

1）锥入度

锥入度是衡量润滑脂黏稠程度的指标。它是指用一个标准的锥形体，在其自重作用下，置于 25 ℃的润滑脂表面，经 5 s 后，该锥形体沉入脂内的深度（以 0.1 mm 为单位）。国产润滑脂都是按锥入度的大小进行编号的，一般使用 2、3、4 号。锥入度越大的润滑脂，其稠度越小，编号的顺序数字也越底。

2）滴点

滴点是指在规定的条件下，将润滑脂加热至从标准的测量杯孔滴下第一滴时的温度。它反映润滑脂的耐高温能力。选择润滑脂时，工作温度应低于滴点 15～20 ℃。

2. 常用润滑脂

根据稠化剂皂基的不同，润滑脂主要有钙基润滑脂、钠基润滑脂、锂基润滑脂、铝基润滑脂等类型。润滑脂类型的选用主要根据润滑零件的工作温度、工作速度和工作环境条件。

常用润滑脂的主要质量指标及用途见表 10-2。

表 10-2 常用润滑脂的主要质量指标及用途

名　称	代　号	滴点/℃（不低于）	工作锥入度/10^{-1} mm（25 ℃，1.5 N）	主要用途
钙基润滑脂	1 号 2 号 3 号	80 85 90	310～340 265～295 220～250	有耐水性能。用于工作温度低于 60 ℃的各种工农业、交通运输设备的轴承润滑，特别是有水、潮湿处
钠基润滑脂	2 号 3 号	160 160	265～295 220～250	不耐水（潮湿）。用于工作温度在 −10～10 ℃的一般中等载荷机械设备轴承的润滑
通用锂基润滑脂	1 号 2 号 3 号	170 175 180	310～340 265～295 220～250	多效通用润滑脂。适用于各种机械设备的滚动轴承和滑动轴承及其他摩擦部位的润滑。使用温度为 −20～120 ℃
钙钠基润滑脂	1 号 2 号	120 135	310～340 265～295	用于有水、较潮湿环境中工作的机械润滑，多用于铁路机车、列车、发电机滚动轴承的润滑。不适用于低温工作。使用温度为 80～100 ℃
7407 号齿轮润滑脂		160	75～90	用于各种低速，中、高载荷齿轮、链和联轴器的润滑。使用温度小于 120 ℃
7014-1 高温润滑脂	7014-1	55～75		用于高温下工作的各种滚动轴承的润滑，也用于一般滑动轴承和齿轮的润滑。使用温度为 −40～200 ℃

3. 固体润滑剂

用固体粉末代替润滑油膜的润滑，称为固体润滑。最常见的固体润滑剂有石墨、二硫化钼、二硫化钨、聚四氟乙烯等。固体润滑剂耐高温、高压，因此适用于速度很低、载荷很大或温度很高、很低的特殊条件下及不允许有油、脂污染的场合。此外，还可以作为润滑油或润滑脂的添加剂使用。

10.3 常用传动装置的润滑

10.3.1 齿轮传动的润滑

1. 闭式齿轮传动的润滑

大部分的闭式齿轮传动靠边界油膜润滑，因此要求润滑油有较高的黏度和较好的油性。润滑油的黏度可根据齿轮的材料和圆周速度，在表 10-3 中查取，然后由机械设计手册选定润滑油的牌号。

齿轮润滑方式包括浸油润滑、飞溅润滑、压力润滑等，润滑方式的选择及注意事项见表 10-4。

表 10-3 齿轮润滑油的黏度推荐值

mm^2/s

齿轮材料	抗拉强度 σ_b/MPa	齿轮圆周速度 $v/(m \cdot s^{-1})$						
		<0.5	0.5～1	1～2.5	2.5～5	5～12.5	12.5～25	>25
塑料、铸铁、青铜		320	220	150	100	68	46	
钢	470～1 000	460	320	220	150	100	68	46
	1 000～1 250	460	460	320	220	150	100	68
	1 250～1 580	1 000	460	460	320	220	150	100
渗碳或表面淬火的钢		1 000	460	460	320	220	150	100

表 10-4 齿轮润滑方式的选择及注意事项

齿轮速度 $v/(m \cdot s^{-1})$	润滑方式	注意事项
<0.8	涂抹或充填润滑脂	润滑脂中加油性或极压添加剂
<12	浸油润滑 (图示：h_1、h_2)	齿轮圆周速度 v<12 m/s 时，一般采用浸油润滑 润滑油中加抗氧化、抗泡沫添加剂 图中齿轮浸油深度 h_1=1～2 个齿高(≥10 mm) 齿顶线到箱底内壁距离 h_2>30～50 mm 每千瓦功率的油池体积>0.35～0.7 L 锥齿轮浸油深度要保证全齿轮宽接触油

续表

齿轮速度 $v/(\mathrm{m \cdot s^{-1}})$	润滑方式	注意事项
3～12	飞溅润滑	润滑油中加抗氧化、抗泡沫添加剂
＞12～15	压力喷油 喷嘴	润滑油中加抗氧化、抗泡沫添加剂 喷油压力 0.1～0.25 MPa 喷嘴放在啮入侧(一般情况下)
	油雾润滑	一般用于高速、轻载场合，润滑油黏度稍低 喷油压力＜0.6 MPa

2. 开式、半开式齿轮传动的润滑

开式齿轮传动一般速度较低、载荷较大、接触灰尘和水分、工作条件差且油膜易流失。为维持润滑油膜，应采用黏度很高、防锈性好的开式齿轮油。速度不高的开式齿轮也可采用脂润滑。开式齿轮传动的润滑可用手动、滴油、油池浸油等方式供油。

10.3.2 链传动的润滑

链传动的润滑是影响传动工作能力和工作寿命的重要因素之一。良好的润滑可缓和冲击，减轻磨损，延长链条使用寿命。润滑方式可根据链速和链节距的大小由图 10-2 来选择。人工润滑时，在链条的松边内外链板间隙中注油，每班一次；滴油润滑时一般每分钟滴油 5～10 滴，链速高时取大值；油浴润滑时，链条浸油深度为 6～12 mm；飞溅润滑时，链条不得浸入油池，油盘浸油深度为 12～15 mm。

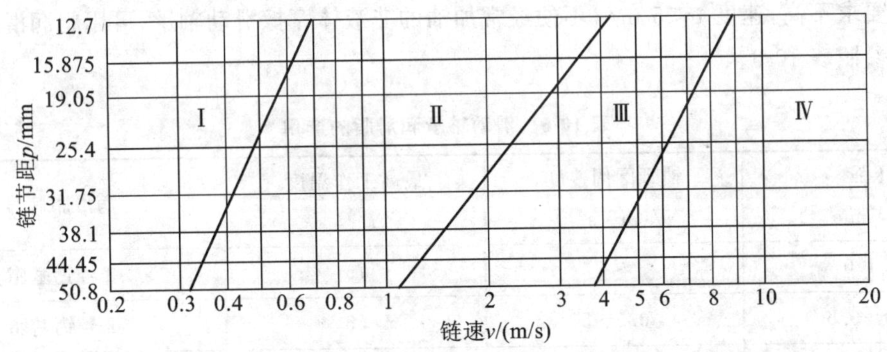

图 10-2 链传动的润滑方式

Ⅰ—人工定期润滑；Ⅱ—滴油润滑；Ⅲ—油浴或飞溅润滑；Ⅳ—压力喷油润滑

10.3.3 滑动轴承的润滑

大部分的滑动轴承都采用油润滑。可根据轴颈速度和工况，参照表 10-5 选取润滑油。

表 10-5　滑动轴承润滑油的选择

轴颈速度 $v/(\mathrm{m\cdot s^{-1}})$	轻载（$P<3$ MPa）工作温度（10～60 ℃）		中载（$P=3\sim7.5$ MPa）工作温度（10～60 ℃）		重载（$P>7.5$ MPa）工作温度（20～80 ℃）	
	常选牌号	运动黏度/（$\mathrm{mm^2\cdot s^{-1}}$）	常选牌号	运动黏度/（$\mathrm{mm^2\cdot s^{-1}}$）	常选牌号	运动黏度/（$\mathrm{mm^2\cdot s^{-1}}$）
＜0.1	L-AN100 L-AN150	85～150	L-AN150	140～220	L-CKC460	470～600
0.1～0.3	L-AN68 L-AN100	65～125	L-AN100 L-AN150	120～170	L-CKC320 L-CKC460	250～600
0.3～1.0	L-AN46 L-AN68	45～70	L-AN68 L-AN100	100～125	L-CKC100 L-CKC150 L-CKC220 L-CKC320	90～350
1.0～2.5	L-AN68	40～70	L-AN68	60～90		—
2.5～5.0	L-AN32 L-AN46	40～55		—		—
5.0～9.0	L-AN15 L-AN22 L-AN32	15～45		—		—
＞9.0	L-AN7 L-AN10 L-AN15	5～22		—		—

对于要求不高，速度 $v<5$ m/s 不便经常加油的非液体摩擦滑动轴承，可用脂润滑。脂润滑的选择可参照表 10-6。

表 10-6　滑动轴承润滑脂的选用

压强 $p/(\mathrm{N\cdot mm^{-2}})$	轴颈圆周速度 $v/(\mathrm{m\cdot s^{-1}})$	最高工作温度 t/℃	润滑脂牌号
≤1.0	≤1	75	3 号钙基脂
1.0～6.5	0.5～5	55	2 号钙基脂
1.0～6.5	≤1	50～100	2 号钙基脂
≤6.5	0.5～5	120	2 号钙基脂
＞6.5	≤0.5	75	3 号钙基脂
＞6.5	≤0.5	110	1 号钙基脂
＞6.5	0.5	60	2 号钙基脂

10.3.4 滚动轴承的润滑

滚动轴承可采用油润滑或脂润滑。润滑方式可按轴承类型与 DN 值按表 10-7 所示选取。

表 10-7 滚动轴承润滑方式的选用

轴承类型	DN/(×10⁴ mm·r·min⁻¹) 脂润滑	DN/(×10⁴ mm·r·min⁻¹) 油润滑			
		浸油	滴油	压力循环	油雾
深沟球轴承	16	25	40	60	>60
调心球轴承	16	25	40		
角接触球轴承	16	25	40	60	
圆柱滚子轴承	12	25	40	60	>60
圆锥滚子轴承	10	16	23	30	>60
推力球轴承	4	6	12	15	

在 DN 值较高或具备润滑油源的装置(如变速器、减速器等),可采用油润滑。润滑油黏度按 DN 值及工作温度,由表 10-7 中选出,然后从润滑油产品目录中选取相应的润滑油牌号。

在 DN 值较小时,采用脂润滑。它具有不易流失、密封性好、使用周期长等优点。在使用时,润滑脂的填充量不得超过轴承空隙的 1/3,过多会引起轴承发热。

滚动轴承润滑脂的选择:首先根据速度、工作温度、工作环境选择润滑脂的类型,比如工作温度在 70 ℃以下可以选用钙基脂,在 100～120 ℃ 可选钠基脂或钙钠基脂,150 ℃以上高温或 DN>40 000 mm·r/min 时可选二硫化钼锂基脂,潮湿环境下选钙基脂等;然后根据载荷及供油方式选择润滑脂牌号,比如中载、中速球轴承常选 2 号润滑脂;滚子轴承摩擦大,可选 0 号或 1 号润滑脂;重载或有强烈振动的轴承可选 3 号及 3 号以上的润滑脂;集中润滑要求流动性好,常选 0 号或 1 号润滑脂等。

10.4 机械装置的密封

机械装置的密封有两个主要作用。

(1) 防止液体、气体工作介质、润滑剂泄漏。

(2) 防止灰尘、水分进入润滑部位。

密封装置的类型很多,两个具有相对运动的结合面必然有间隙(比如减速器外伸轴与轴承端盖之间),它们之间的密封称为动密封。两个相对静止不动的结合面之间的密封称为静密封,比如减速器箱体与轴承端盖或减速器箱体与减速器箱盖等。所有的静密封和大部分的动密封都是靠密封面互相靠近或嵌入以减少或消除间隙,达到密封的目的。这类密封方式称为接触式密封。密封面间有间隙,依靠各种方法减少密封间隙两侧的压力差而阻漏的密封方式,称为非接触式密封。

10.4.1 静密封

1. 研磨面密封

如图 10-3(a)所示，要求结合面研磨加工，间隙小于 5 μm，在螺栓预紧力的作用下贴紧密封面。

2. 垫片密封

如图 10-3(b)所示，在结合面间加垫片，螺栓压紧使垫片产生弹塑性变形填满密封面上的不平处，从而消除间隙，达到密封的目的。在常温、低压、普通介质下工作时可用纸、橡胶等垫片；在高压及特殊高温和低温场合可用聚四氟乙烯垫片；一般高温、高压下可用金属垫片。

3. 密封胶密封

如图 10-3(c)所示，密封胶有一定的流动性，容易充满结合面的间隙，黏附在金属面上能大大减少泄漏，即使在较粗糙的表面上密封效果也很好。密封胶型号很多，使用时可查机械设计手册。

4. O 形圈密封

如图 10-3(d)所示，在结合面上开密封圈槽，装入 O 形密封圈，利用其在结合面形成严密的压力区来达到密封的目的。

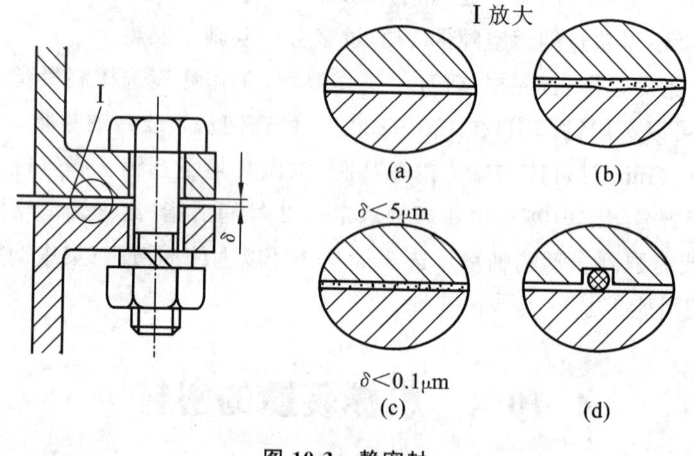

图 10-3 静密封

10.4.2 动密封

两个具有相对运动的结合面之间的密封称为动密封。在回转轴的动密封中，有接触式、非接触式和组合式三种类型。

1. 接触式密封

1）毡圈密封

如图 10-4 所示，矩形断面的毡圈安装在梯形的槽中，受变形压缩而对轴产生一定的压力，可消除间隙，达到密封的目的。毡圈密封结构简单，便于安装、加工，一般用于轴的圆周速度

$v<4$ m/s,工作温度 $t<90$ ℃的脂润滑处,主要起防尘作用。

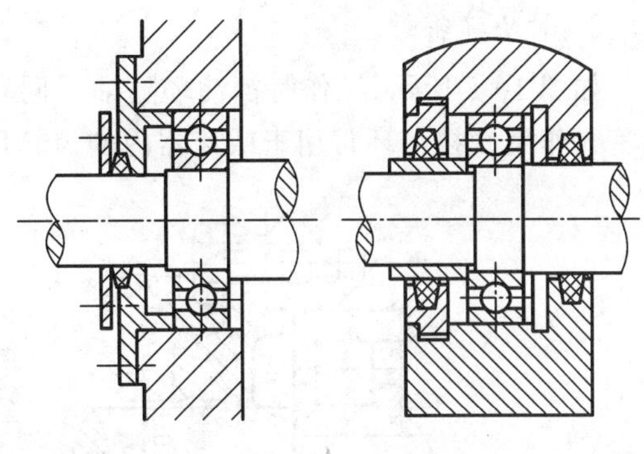

图 10-4 毡圈密封

2) 密封圈密封

密封圈用耐油橡胶、塑料或皮革等弹性材料制成,靠材料本身的弹力及弹簧的作用,以一定压力紧套在轴上起密封作用。唇形密封圈应用较多。图 10-5 所示密封圈唇口朝内,目的是防漏油;圈口朝外,主要目的是防灰尘、杂质侵入。这种密封广泛用于油密封,也可用于脂密封和防尘。一般用于轴的圆周速度 $v<7$ m/s,工作温度范围在 $-40\sim100$ ℃的场合。

3) 机械密封

机械密封又称端面密封。图 10-6 所示的是一种简单的机械密封,动环 1 与轴一起转动;静环 2 固定在机座端盖上,动环与静环端面在弹簧 3 的弹簧力作用下互相贴紧,起到很好的密封作用。

机械密封的优点是动静环端面相对滑动,摩擦及磨损集中在密封元件上,对轴没有损伤。密封环若有磨损,在弹簧力的作用下仍能保持密封,密封性能可靠,使用寿命长。缺点是零件多,加工质量要求高,装配较复杂。这种密封方式适用于轴的圆周速度≤30 m/s,温度在 $-196\sim400$ ℃之间,工作环境恶劣的场合。如用于与灰尘、沙泥、污水等接触的工程机械、拖拉机、汽车的轮毂轴承处。

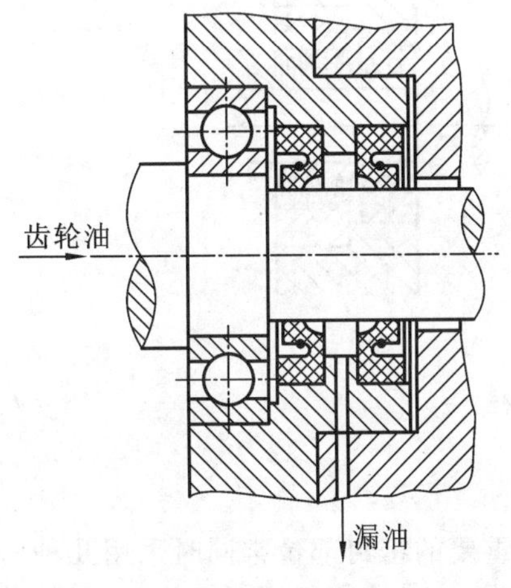

图 10-5 密封圈密封

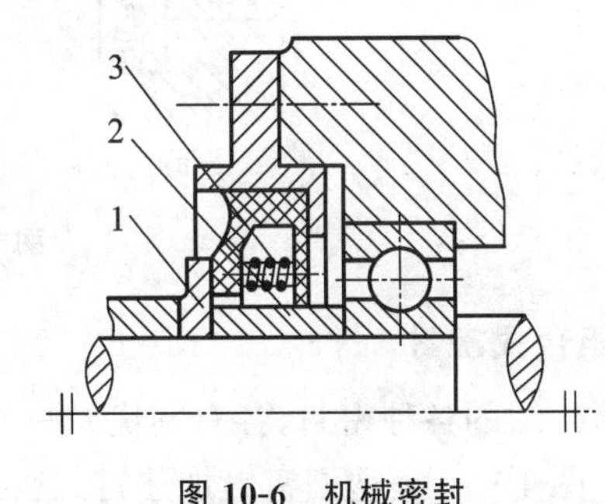

图 10-6 机械密封

1—动环;2—静环;3—弹簧

2. 非接触式密封

1) 间隙密封

如图 10-7 所示,在静止件(轴承端盖通孔)与转动件(轴)之间有很小的间隙(0.1~0.3 mm)。它可用于脂润滑轴承密封,若在端盖上车出环槽,在槽中填充密封润滑脂,密封效果会更好。用于油润滑时,须在端盖上车出螺旋槽,以便把欲向外流失的润滑油借螺旋槽的输送作用,送回到轴承腔内。螺旋槽的左右旋向由轴的转向而定。

2）封油环密封

如图 10-8 所示，工作时挡油环随轴一同转动，利用离心力甩去落在封油环上的油和杂物，起密封作用。挡油环常用于减速器内的齿轮用油润滑、轴承用脂润滑时轴承的密封。

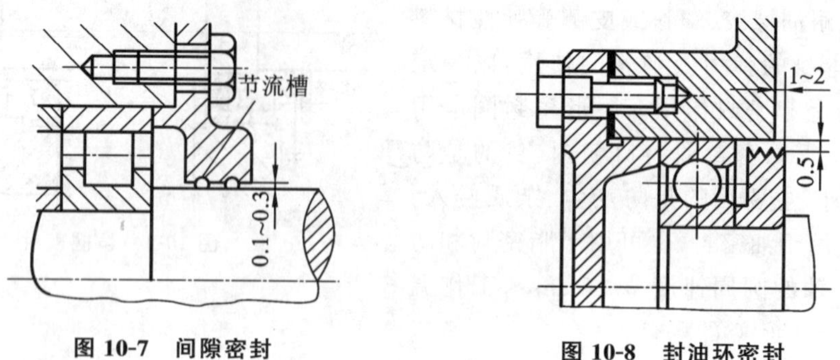

图 10-7　间隙密封　　**图 10-8　封油环密封**

3）迷宫式密封

如图 10-9 所示，将旋转的零件与固定的密封零件之间做成迷宫（曲路）。若间隙中充满密封润滑脂，密封效果会更好。根据部件结构不同分为径向、轴向两种。图 10-9(a)所示为径向曲路，径向间隙不大于 0.2 mm；图 10-9(b)所示为轴向曲路，考虑轴的伸长，间隙大些，取 1.5～2 mm。这种密封方式可用于脂润滑和油润滑，密封效果好，但结构复杂，加工要求高。常用于多尘、潮湿和轴表面圆周速度 $v<30$ m/s 的场合。

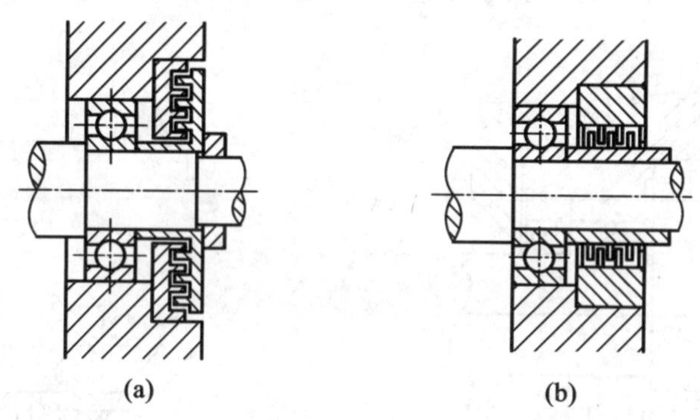

图 10-9　迷宫密封

3. 组合式密封

前面介绍的各种密封，各有其优、缺点，在一些较重要的密封部位常同时采用几种密封的组合方式。图 10-10 是毡圈密封加迷宫式密封组合方式，可充分发挥各自的优点，提高密封效果。

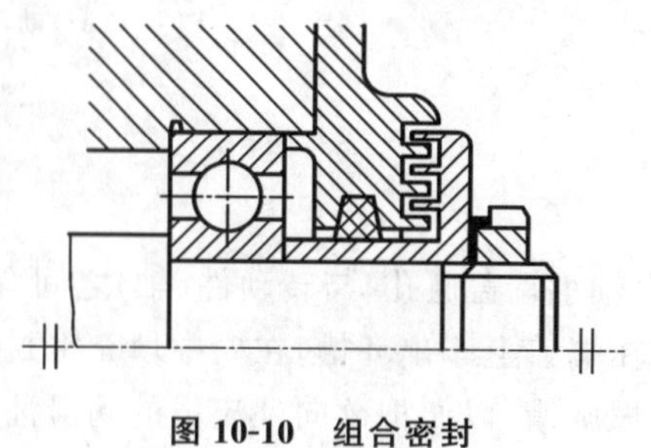

图 10-10　组合密封

实训项目：滚动轴承的润滑

项目实施步骤具体如下。

1. 滚动轴承的拆卸

如图 10-11～图 10-13 所示，选择合适的工具从轴上拆下滚动轴承。拆卸方式有三种。

(1) 使用机械的或液压的拆卸器。

(2) 使用机械的或液压的压力机。

(3) 用锤子或合适的拆卸工具。

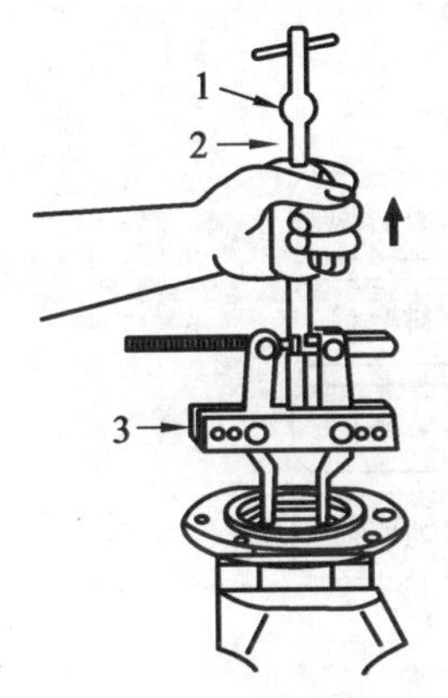

图 10-11 滑动锤式拆卸器

1—挡块；2—承载手柄；3—拆卸器

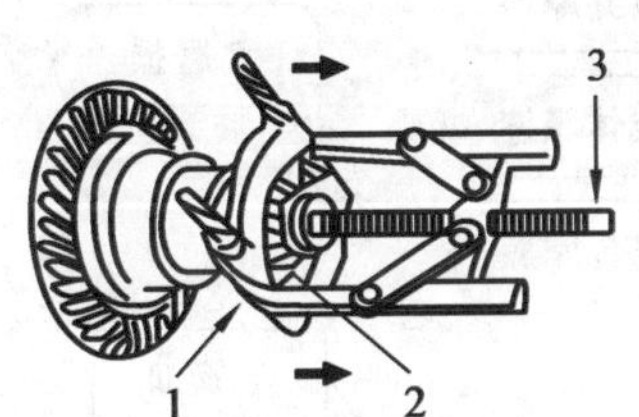

图 10-12 螺杆式拆卸器

1—钳口；2—要拆卸的零件；3—螺杆

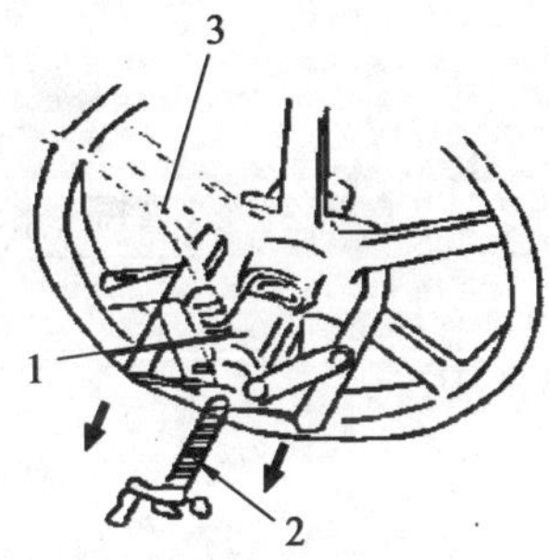

图 10-13 液压驱动式拆卸器

1—压头；2—螺杆；3—持续液压泵和油缸的软管

2. 滚动轴承的润滑

滚动轴承的润滑方法主要有油润滑和脂润滑。

对于有些轴承，如车轮上的轴承不需要经常润滑，通常是用黄油填入器或人工填满黄油，如图 10-14 所示。

轴承润滑油过多或过少都是有害的。如果轴承润滑油过多，运转时会产生剧烈的搅拌作用，从而引起摩擦或过热，使轴承过早损坏，润滑油量的多少应根据制造厂的要求确定。根据一般规则，在滚动轴承中，黄油填塞至半满即可。在轴承装入轴承座之前，用黄油部分地填塞轴承座孔，不要全部涂满，防止稀的黄油从轴承中溢出。

3. 安装滚动轴承

如图 10-15 所示，压力法安装轴承就是使用锤子或压力机对轴承施加锤击力或压力压装轴承。锤击法操作简单方便，在轴颈或轴承内圈的内表面涂一层润滑油后，将轴承套在轴端，用手锤和铜棒对称而均匀地将轴承打入。在有压力机的情况下，应用压入法代替锤击法。

4. 注意事项

(1) 拆卸轴承时，应卡住轴承的内圈；从座孔中拆卸轴承，应用反向爪拆卸轴承的外圈，操作时拆卸器的丝杠一定要顶住轴的中心，并使轴承内圈(或外圈)受力均匀，不可用手锤猛锤，以免造成轴与轴承的损坏。

（2）轴承安装前应清洗干净。安装时，不要直接锤击轴承端面和非受力面，应使用专用工具将轴承平直均匀地压入，切勿通过滚动体传递压力来安装。

图 10-14　人工填黄油　　　图 10-15　轴承的安装

知识树

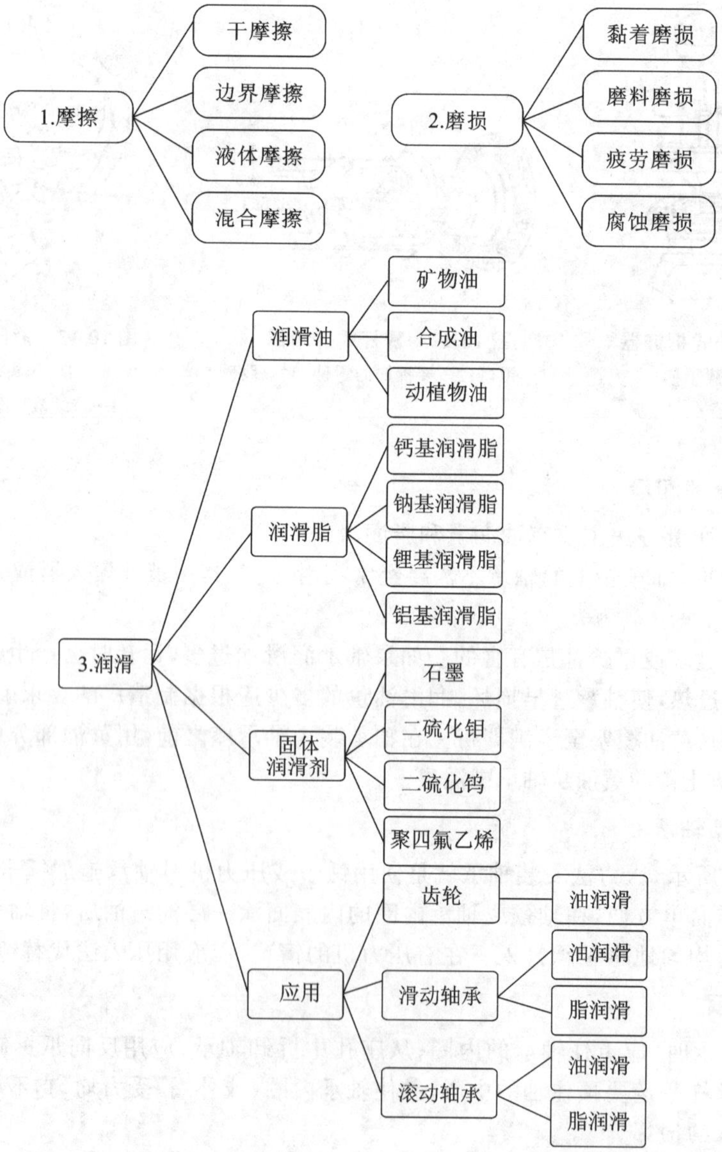

- 1.摩擦
  - 干摩擦
  - 边界摩擦
  - 液体摩擦
  - 混合摩擦
- 2.磨损
  - 黏着磨损
  - 磨料磨损
  - 疲劳磨损
  - 腐蚀磨损
- 3.润滑
  - 润滑油
    - 矿物油
    - 合成油
    - 动植物油
  - 润滑脂
    - 钙基润滑脂
    - 钠基润滑脂
    - 锂基润滑脂
    - 铝基润滑脂
  - 固体润滑剂
    - 石墨
    - 二硫化钼
    - 二硫化钨
    - 聚四氟乙烯
  - 应用
    - 齿轮
      - 油润滑
    - 滑动轴承
      - 油润滑
      - 脂润滑
    - 滚动轴承
      - 油润滑
      - 脂润滑

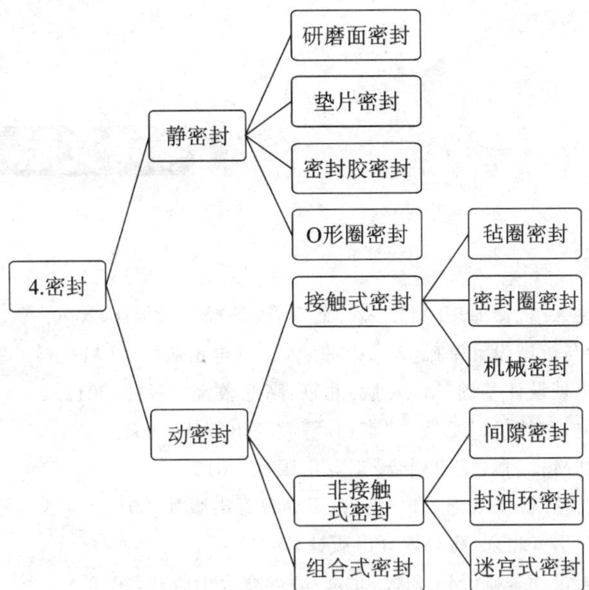

【巩固与练习】

1. 按摩擦表面间的润滑情况,滑动摩擦可分为哪几种?
2. 按照磨损失效机理分类,磨损有哪几种基本类型?它们各有什么主要特点?
3. 润滑剂的主要作用是什么?常用润滑剂有哪几种?
4. 润滑油的主要性能指标有哪些?润滑脂的主要性能指标有哪些?
5. 滚动轴承的润滑方式是如何确定的?DN 值的大小对润滑剂的选用有何影响?
6. 机械密封的主要作用是什么?在轴的动密封中常用的结构形式有哪几种?各有何特点?

参考文献 CANKAOWENXIAN

[1] 孙桓,陈作模,葛俊杰.机械原理[M].7版.北京:高等教育出版社,2006.
[2] 钟丽萍.工程力学与机械设计基础[M].北京:人民邮电出版社,2011.
[3] 徐钢涛,张建国.机械设计基础[M].2版.北京:高等教育出版社,2017.
[4] 马永林.机构与机械零件[M].2版.北京:高等教育出版社,1991.
[5] 胡家秀.机械基础[M].2版.北京:机械工业出版社,2013.
[6] 钟建宁,李兵,罗友兰.机械基础[M].北京:高等教育出版社,2015.
[7] 张定华.工程力学[M].北京:高等教育出版社,2011.
[8] 邓昭铭,张莹.机械设计基础[M].2版.北京:高等教育出版社,2000.
[9] 柴鹏飞.机械设计基础[M].北京:机械工业出版社,2019.
[10] 张国俊,付正江.机械设计基础[M].北京:中国电力出版社,2005.
[11] 常新中.机械基础[M].北京:化学工业出版社,2007.
[12] 李红.机械工程基础[M].北京:电子工业出版社,2014.
[13] 杨明霞,王锦翠.机械基础项目化教程[M].北京:电子工业出版社,2014.
[14] 李红.机械制造基础[M].北京:北京邮电大学出版社,2012.
[15] 吴建蓉.工程力学与机械设计基础[M].2版.北京:电子工业出版社,2007.